Metallfachkunde 3

Konstruktionsmechanik und Metallbau

Von Studiendirektor Dr. Dieter Ollesky, Hamburg
mit 455 Bildern, 55 Tabellen, 115 Beispielen
und 329 Aufgaben

B. G. Teubner Stuttgart 1993

Die Deutsche Bibliothek – CIP-Einheitsaufnahme

Metallfachkunde. – Stuttgart : Teubner.
3. Konstruktionsmechanik und Metallbau : mit 55 Tabellen, 115 Beispielen und 329 Aufgaben / von Dieter Ollesky. – 1993
   ISBN-13: 978-3-519-06707-8   e-ISBN-13: 978-3-322-84862-8
   DOI: 10.1007/978-3-322-84862-8
NE: Ollesky, Dieter

Gesamtherstellung: Passavia Druckerei GmbH Passau
Umschlaggestaltung: Peter Pfitz, Stuttgart

Das Buch richtet sich in erster Linie an den Auszubildenden, der im Handwerk oder in der Industrie den Beruf des Konstruktionsmechanikers erlernt. Die Lerninhalte sind so aufbereitet, daß sie eigenständig erarbeitet werden können. Wo immer möglich, wird der Praxisbezug hergestellt, so daß eigene Anschauung und selbstgemachte Erfahrung in den Lernverlauf einbezogen werden können. Bewußt wurde darauf verzichtet, Ausführungen so zu vertiefen, daß sie über die Lernziele der Berufsschule hinausgehen. Wer sein Wissen in dieser Richtung vertiefen will, muß sich weiterführende Literatur besorgen.

Soweit Lerninhalte der Grundstufe angesprochen werden, um den Bezug zum weiterführenden Fachwissen herzustellen, geschieht dies schwerpunktmäßig. Müssen zum Verständnis Grundlagenkenntnisse aufgefrischt werden, wird auf das im gleichen Verlag erschienene Buch *Engel/Kestner, Metallfachkunde 1: Grundlagen* hingewiesen, in dem ausführlich Grundlagen der Fertigungstechnik und der Werkstofftechnologie behandelt werden.

Um das Buch als Klassensatz im Unterricht verwenden zu können, wurde Wert darauf gelegt, ein didaktisches Grundkonzept einzuhalten, das dem unterrichtenden Lehrer den erforderlichen methodischen Gestaltungsspielraum gewährt.

Kein Werk ist vollkommen. Deshalb sind Verlag und Autor für jeden Verbesserungs- oder Änderungsvorschlag dankbar.

Frühjahr 1993   Dieter Ollesky

Inhaltsverzeichnis

1.1 Beanspruchung von Bauteilen

Bauteile in technischen Erzeugnissen sind verschiedenen Belastungen ausgesetzt. Von außen wirken unterschiedliche Kräfte auf sie ein, von innen materialtypische Gegenkräfte. Sie verteilen sich auf den jeweils belasteten Querschnitt des Bauteils und erzeugen eine *Spannung*. Das Bauteil muß so bemessen sein, daß es durch sie nicht zerstört wird. Je nach Belastungsart entstehen Zug-, Druck-, Knick-, Biege-, Schub- oder Torsions-(Verdrehungs-)spannungen.

Auf Zug werden z. B. die Seile am Kran 1.1a beansprucht. Die am Kranhaken hängende Last übt eine senkrecht nach unten wirkende Kraft aus. Die Gegenkraft ergibt sich aus der Zugfestigkeit der Stahlseile. Die gleiche Belastung wirkt – mit veränderten Kräften – auf das als Stropp verwendete Stahlseil (1.1b).

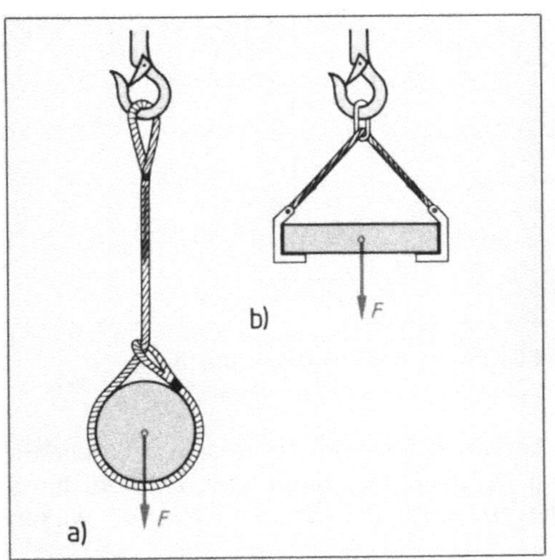

1.1 Zugbeanspruchung
  a) durch senkrecht wirkende Kräfte,
  b) durch resultierende Kräfte

1.2 Lager einer Brücke, auf Druck beansprucht

Auf Druck beansprucht sind z. B. die Auflager einer Brücke (1.2) oder die Lagerschale eines Gleitlagers (1.3 auf S. 8). Lager stützen ein Bauteil ab. Das Lagermaterial muß so bemessen sein, daß es durch die auftretende Pressung nicht zerstört wird.

Auf Knickung werden z. B. die Pleuelstange eines Dieselmotors (1.4) wie auch teilweise die Streben eines Fachwerks beansprucht (1.5). Knickbeanspruchung entsteht, wenn ein Bauteil mit verhältnismäßig kleinem Querschnitt, aber großer Länge durch Druck beansprucht wird. Sie ist vom Schlankheitsgrad – dem Verhältnis aus Querschnitt und Länge eines Bauteils abhängig (1.6).

1.3 Lagerschale, auf Druck beansprucht

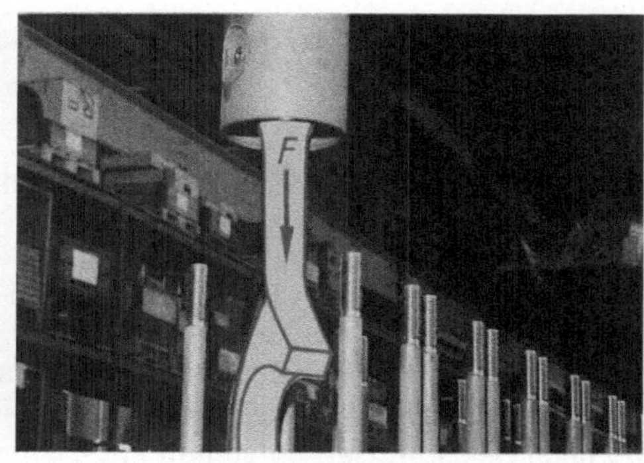

1.4 Pleuel, auf Knickung beansprucht

1.5 Fachwerkstäbe, teilweise auf Knickung
beansprucht

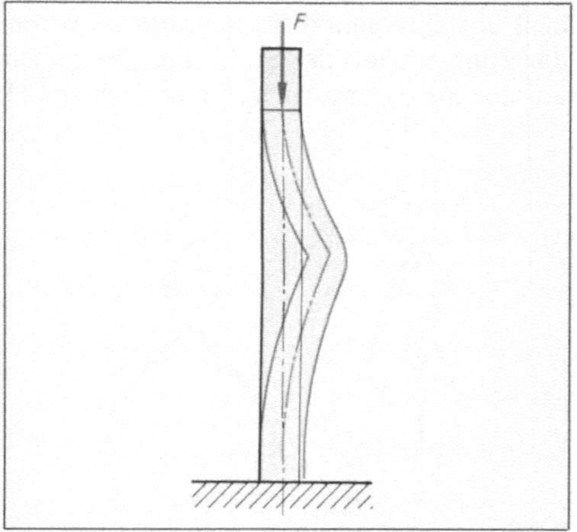

1.6 Prinzip der Knickbeanspruchung

Biegung. Auf tragende Bauteile der Deckenkonstruktion einer Werkhalle z.B. wirken Kräfte ein, die die Träger durchbiegen wollen (1.7a). Biegespannungen können durch Punkt- oder Streckenlasten auftreten. Auf die abgebildete Deckenkonstruktion wirken

a)

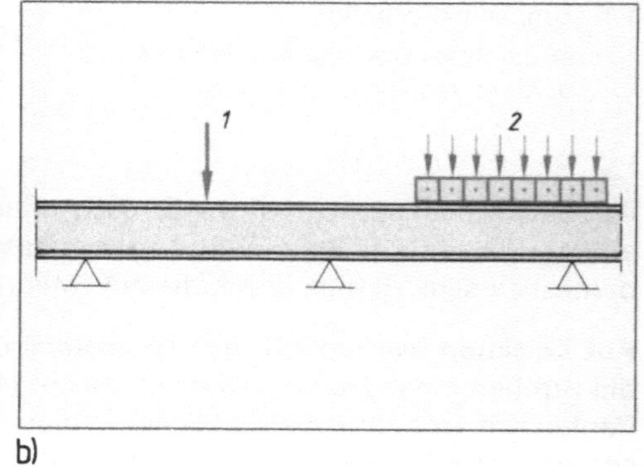

b)

1.7 a) Deckenkonstruktion einer Werkhalle, b) Belastung durch Punkt- (*1*) und Streckenlast (*2*)

Kräfte ein, die sich aus dem Eigengewicht und z. B. dem zusätzlichen Gewicht von Schnee ergeben (Streckenlast **1.7 b**).

Schub (Abscheren). Die Niete im Knotenblech **1.8 a** z. B. müssen Schubkräfte aufnehmen. Der einzelne Niet wird durch Schub beansprucht. Dies sind Kräfte, die den Werkstoffquerschnitt gegeneinander verschieben wollen (**1.8 b**). Führt die Schubspannung zum Bruch des Werkstoffs, spricht man von *Abscheren*.

a)

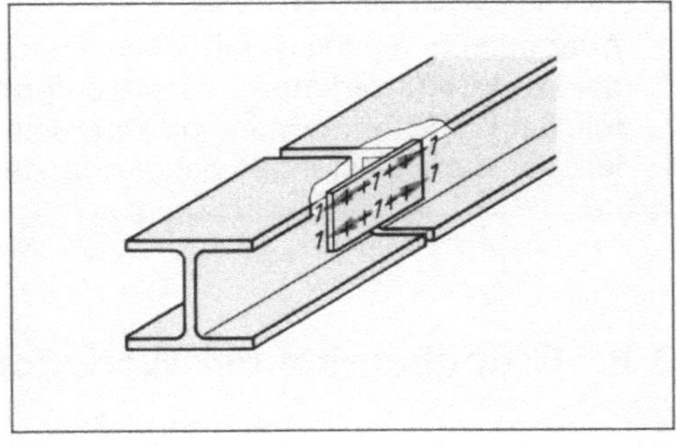

b)

1.8 a) Knotenblech, b) Beanspruchung durch Schubkräfte (*1*)

Verdrehung (Torsion). Die Welle der Schiffsschraube (**1.9 a**) z. B. wird im Betrieb durch die auf sie einwirkenden Kräfte erheblich verdreht. Die Belastung erfolgt durch Torsion, die die Querschnittsflächen der Welle gegeneinander verdrehen will (**1.9 b**).

Die sechs Grundbeanspruchungsarten kommen in der Praxis häufig kombiniert vor. So wird die Schiffswelle **1.9 a** nicht nur auf Torsion, sondern auch auf Biegung beansprucht (**1.9 c**).

a)

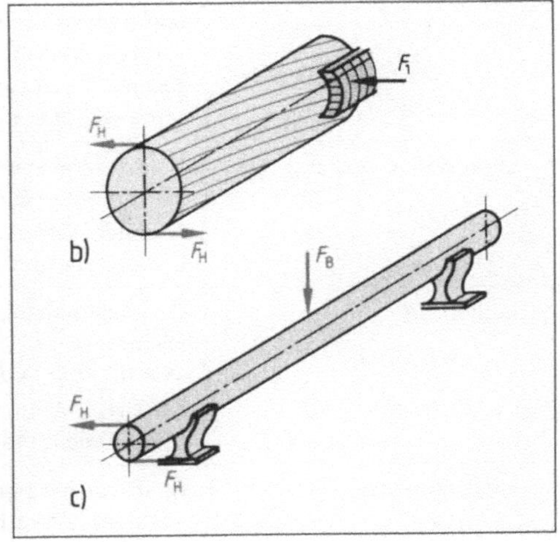

1.9 a) Welle einer Schiffsschraube, b) Beanspruchung durch Torsionskräfte, c) Beanspruchung durch Verdrehung und Biegung

F_H Torsionskraft F_B Biegekraft F_1 Haltekraft zur Veranschaulichung der Gegenkraft

Bauteile werden aber nicht nur mechanisch belastet, sondern auch thermisch (also durch Wärme) oder durch Schwingungen. Beispiele dafür bieten die Pleuelstange und der Kolben des Dieselmotors (**1.4**).

> Der Konstrukteur muß die Auswirkungen der Belastung von Bauteilen kennen, um beurteilen zu können, welcher Werkstoff für das zu fertigende Werkstück geeignet ist. Er wählt das geeignete Material nach den DIN-Normenblättern und schreibt es verbindlich in der Zeichnung vor.
>
> Aber auch in der Werkstatt fallen Aufträge an, die Kenntnisse über Eigenschaften der Werkstoffe verlangen. Es gilt, aufgrund der geforderten Ansprüche an das Bauteil, der Werkstoffnormen und Verarbeitungsmöglichkeiten das Material auszuwählen, das den Belastungen bei der Herstellung und während des Betriebs standhält.

1.2 Grundbegriffe der Werkstofftechnologie

Die Eigenschaften eines Werkstoffs ergeben sich im wesentlichen aus seinem molekularen Aufbau. Bei der Werkstoffherstellung lassen sie sich durch das Verfahren und gezielt ausgewählte Legierungsbestandteile beeinflussen. Deshalb sind Kenntnisse über die Behandlung des Werkstoffs während der Gewinnung, über seinen kristallinen Aufbau und über die verändernden Eigenschaften wichtiger Legierungsbestandteile erforderlich.

Um Einzelheiten der Werkstofftechnologie zu verstehen, prägen wir uns die wichtigsten Grundbegriffe ein (**1.10**).

Tabelle 1.10 **Grundbegriffe der Werkstofftechnologie**

Begriff	Erläuterung und Beispiel
physikalischer Vorgang	Beim physikalischen Vorgang ändern sich Lage, Form und Zustand eines Stoffes durch Einwirkung äußerer Kräfte. Der Stoff selbst bleibt unverändert. **Beispiel** Ein Gemisch aus Stahlspänen und Schwefel kann man ohne weiteres magnetisch wieder trennen.
chemischer Vorgang	Beim chemischen Vorgang entsteht durch Verbindung von Stoffen ein neuer Stoff mit neuen Eigenschaften. **Beispiel** Mit Stahlspänen vermengter Schwefel wird entzündet. Es entsteht unmagnetisches Schwefeleisen.
Legierung	Gemisch eines Metalls mit einem oder mehreren Metallen oder Nichtmetallen. Die Eigenschaften der Legierungen unterscheiden sich oft völlig von denen der Legierungselemente. **Beispiel** Während Stahl magnetisch ist, sind ausgewählte Legierungen nicht magnetisch.
Neutralisation	Beim Vermischen von Laugen und Säuren heben sich die Eigenschaften beider Flüssigkeiten auf. Es bleibt ein in Wasser gelöstes Salz zurück. **Beispiel** Salzsäure mit Natronlauge vermischt ergibt Kochsalz in Wasser gelöst.

Fortsetzung s. nächste Seite

Tabelle **1**.10, Fortsetzung

Begriff	Erläuterung und Beispiel
Oxidation	Chemische Verbindung mit Sauerstoff. Es entsteht ein Oxid. **Beispiel** Rosten von Eisen
Reduktion	Entzug von Sauerstoff **Beispiel** Roheisengewinnung
Element	Ein Stoff, der sich nicht mehr in andere Stoffe zerlegen läßt. Metalle und Nichtmetalle sind Elemente.
Metall	ist u.a. dadurch gekennzeichnet, daß es Elektrizität leitet. **Beispiele** Blei, Eisen, Kupfer, Magnesium
Nichtmetall	leitet Elektrizität nicht (**1.11**)
Atom	kleinstes Teil eines Elements
Molekül	kleinstes Teil einer Verbindung, bestehend aus mindestens zwei Atomen, die eine Verbindung eingegangen sind. **Beispiel** $C + O = Kohlenmonoxid$
Säure	entsteht durch Lösen eines Nichtmetalloxids in Wasser. Sie ist ätzend, greift Metalle an oder löst sie auf. **Beispiele** Salzsäure, Schwefelsäure
Base	entsteht aus Metalloxyd und Wasser, ist ätzend und seifig. **Beispiel** Natronlauge

Tabelle **1**.11   **Merkmale ausgewählter Nichtmetalle**

Nichtmetall	Eigenschaften	Vorkommen und Gewinnung	Verwendung	Wirkung auf Metalle
Wasserstoff (H)	leichtestes Element, gasförmig, geruch- und geschmacklos, brennbar, in Verbindung mit Sauerstoff hochexplosiv	in Luft und Wasser aus Wasser durch Elektrolyse, aus Wassergas	Brenngas beim Schweißen	Wasserstoffkrankheit beim Eindringen ins Werkstoffgefüge
Sauerstoff (O)	gasförmig, geruch-, geschmack- und farblos; nicht brennbar, unterhält aber die Verbrennung	in chemischer Verbindung fast überall auf der Erde, in der Luft als Gasgemisch durch Luftverflüssigung und Elektrolyse	zum Schweißen und Brennschneiden bei der Stahlgewinnung	Stahl wird rotbrüchig in Stahl unerwünscht, da verbindungsfreudig mit Kohlenstoff fördert Korrosion

Fortsetzung s. nächste Seite

11

Tabelle 1.11, Fortsetzung

Nicht-metall	Eigenschaf-ten	Vorkommen und Gewinnung	Verwendung	Wirkung auf Metalle
Stick-stoff (N)	gasförmig, farb-, ge-ruch- und geschmack-los, nicht brennbar, wenig reak-tionsfreudig	zu 79 Vol.-% in der Luft durch Luftverflüssi-gung	N-Verbindungen in der Technik wichtig Nitrieren	macht Material spröde und kaltbrüchig fördert Härte von Stahl verursacht Altern von Stahl
Kohlen-stoff (C)	als Diamant härtester Stoff, als Grafit feuer-fest gute elektri-sche Leitfä-higkeit	häufig in mehr als 300 000 chemischen Verbindungen		in Stahl und Eisen er-wünscht, da er Festig-keit, Härte und Härtbar-keit erhöht zuviel C mindert die Schweiß- und Härtbar-keit setzt Schmelzpunkt des Roheisens herab
Schwefel (S)	fest, spröde, geruch- und geschmack-los	frei in der Natur	u. a. zum Vulka-nisieren von Kautschuk	macht Stahl rotbrüchig und spröde bis 0,3% in Automaten-stählen zur Bildung von Bröckelspänen

1.3 Eisen und Stahl

DIN 17 006 legt in einer dreiteiligen Kurzbezeichnung Herstellung, Zusammensetzung und Behandlung des Werkstoffs durch Kennbuchstaben und Kennzeichen fest. Die Werkstoff-bezeichnung enthält Angaben über die Zugfestigkeit oder Legierungsbestandteile.

Bezeichnung nach der Festigkeit

Allgemeine Baustähle sind unlegierte Stähle und nicht für Wärmebehandlung bestimmt. Bewertet werden sie nach ihrer Zugfestigkeit und Streckgrenze. Die Kennzahl der Güte-gruppe wird durch Bindestrich angehängt.

Gütegruppe 1 einfache Anforderungen

Gütegruppe 2 für gehobene Anforderungen (z. B. Siemens-Martin-Stahl, Oxygenstahl mit geringen Verunreinigungen an Phosphor und Schwefel, gute Sprödbruchsicherheit)

Gütegruppe 3 für höhere Anforderungen (z. B. Stahl mit niedrigen Phosphor- und Schwefelgehalten, besonders ruhig vergossen)

Beispiel   **St 37-2**

St = Stahl

37 = Mindestzugfestigkeit 370 N/mm^2

2 = Gütegruppe 2

Eisengußwerkstoffe sind unlegiert und nicht wärmebehandelt. Die Kennzeichnung für ausgewählte Gußarten sind:

GS = Stahlguß
GG = Gußeisen mit Lamellengraphit
GGG = Gußeisen mit Kugelgraphit
GTS = schwarzer Temperguß
GTW = weißer Temperguß

Beispiel　　**GG-20**
GG = Gußeisen mit Lamellengraphit
20 = Mindestzugfestigkeit 200 N/mm^2

Bezeichnung nach der Zusammensetzung

Unlegierte Qualitäts- und Edelstähle (z. B. für Wärmebehandlung bestimmte Vergütungs-
stähle) werden nach dem Kohlenstoffgehalt bewertet. Edelstahl mit besonders geringen
Phosphor- und Schwefelgehalten bekommen noch den Buchstaben k.

Beispiel　　**C 45**
C = unlegierter Vergütungsstahl, Qualitätsstahl
45 = 0,45% C-Gehalt

Ck 15
C = unlegierter Einsatzstahl
k = Edelstahl mit niedrigem S- und P-Gehalt
15 = 0,15% C-Gehalt

Niedriglegierte Stähle sind Qualitäts- und Edelstähle mit weniger als 5% Legierungs-
bestandteilen. Die Kennzahl der Legierungselemente teilt man durch festgelegte Werte,
um den Legierungsgehalt in Prozenten zu erhalten (**1.12**).

Tabelle **1.12**　**Teiler zum Berechnen der Legierungsbestandteile**

4	für Chrom, Kobalt, Nickel, Silizium, Wolfram
10	für Aluminium, Kupfer, Molybdän, Titan, Vanadium
100	für Kohlenstoff, Phosphor, Schwefel, Stickstoff

Beispiele　　**34 Cr 4**
34 = legierter Vergütungsstahl mit $^{34}/_{100}$ = 0,34% C-Gehalt
Cr = Legierungsbestandteil Chrom
4 = $^4/_4$ = 1% Chromgehalt

Niedriglegierte Eisengußwerkstoffe erhalten noch das Gußzeichen.

Beispiel　　**GS-25 Cr Mo 56**
GS   = Stahlguß
25   = $^{25}/_{100}$ = 0,25% C-Gehalt
Cr, Mo = Legierungsbestandteile Chrom und Molybdän
5   = $^5/_4$ = 1,25% Chromgehalt
6   = $^6/_{10}$ = 0,6% Molybdängehalt

Hochlegierte Stähle sind Qualitäts- und Edelstähle mit mehr als 5% Legierungsbestand-
teilen. Ihr Prozentanteil wird direkt angegeben.

Beispiel　　**x5 Cr Ni 18 9**
x   = hochlegierter Stahl
5   = $^5/_{100}$ = 0,05% C-Gehalt
Cr, Ni = Legierungsbestandteile Chrom und Nickel
18   = 18% Chromgehalt
9   = 9% Nickelgehalt

Herstellung und Behandlung werden bei Bedarf vorangestellt bzw. angehängt.

Beispiele   **MU St 37.6**
Allgemeiner Baustahl (Siemens-*Martin-Stahl*), *u*nberuhigt, vergossen, mit etwa *370* N/mm² Mindestzugfestigkeit, gewährleistete Streckgrenze und Kerbschlagzähigkeit (*.6*)

A St 42.6 N
Allgemeiner Bau*stahl*, *a*lterungsbeständig, mit ca. *420* N/mm² Mindestzugfestigkeit, gewährleisteter Streckgrenze und Kerbschlagzähigkeit (*.6*), *n*ormalgeglüht

E 13 CrV 53.8 V
Niedriglegierter Stahl (*E*lektrostahl) mit 0,*13*% Kohlenstoff, (*5*/4) 1,25% *Ch*rom, (*3*/10) 0,3% *V*anadium, gewährleisteter Warm- und Dauerstandfestigkeit (*.8*), *ver*gütet

---

Aufgaben zu den Abschnitten 1.1 bis 1.3

1. Ein Träger liegt auf dem Kopf einer Stütze. Wie werden der Träger, der Stützenkopf und die Stütze beansprucht?

2. Mit einem Kran wird eine Last angehoben. Wie wird der Kranhaken beansprucht?

3. Welche Kräfte erzeugen Spannung in einer Welle?

4. Welcher Unterschied besteht zwischen einem physikalischen und einem chemischen Vorgang?

5. Nennen Sie drei Nichtmetalle und deren besondere Eigenschaften.

6. Woran sind hochlegierte Stähle in der Werkstoffbezeichnung zu erkennen?

1.4   Nichteisenmetalle (NE-Metalle) und Legierungen

Bei NE-Metallen unterscheidet man nach der Dichte *Leichtmetalle* (bis 4,5 kg/dm³, z.B. Aluminium, Magnesium) und *Schwermetalle* (4,5 kg/dm³, z.B. Blei, Kupfer, Zink, Zinn).

Benennung. DIN 1700 legt Kurzzeichen für die Herstellung und Verwendung, Zusammensetzung und besondere Eigenschaften fest.

Herstellung und Verwendung kennzeichnet man mit Großbuchstaben.

Beispiele

G-	= (unbehandelter Sand-)Guß	
GD	= Druckguß	
GK-	= Kokillenguß	
GL	= Gleit(Lager-)metall	

L-	= Lot
S-	= Schweißzusatzwerkstoff
E-	= Werkstoff für Elektronikbauteile
GZ-	= Schleuderguß

Für die chemische Zusammensetzung gibt man die chemischen Symbole und die Gehalte in Prozent an.

Beispiele

CuZn37	= Kupfer-Zinklegierung mit 37% Zn
AlMg3Si	= Aluminium-Magnesiumlegierung mit 3% Mg und Siliziumzusatz
CuNi25Zn15	= Kupfer-Nickel-Zink-Legierung mit 25% Ni und 15% Zn
Pb99,99	= Feinblei mit 99,99% Pb
L-Sn60	= Zinnlot mit 60% Sn, Rest Blei
GD-AlMg9	= Aluminium-Magnesium-Druckgußlegierung mit 9% Mg
G-CuSn14	= Kupfer-Zinn-Gußlegierung mit 14% Sn

Kurzzeichen für besondere Eigenschaften stehen mit Zwischenraum am Ende.

<table>
<tr><td>Beispiele</td><td>E-Cu 58</td><td>= Kupfer für elektrisches Leitermaterial mit 58 m/Ωmm² Mindestleitfähigkeit</td></tr>
<tr><td></td><td>CuZn40 F35</td><td>= Kupfer-Zink-Legierung mit 40% Zn und 345 N/mm² Mindestfestigkeit</td></tr>
<tr><td></td><td>G-Alsi10Mg wa</td><td>= Aluminium-Silizium-Gußlegierung mit 10% Si, Rest Mg, warmausgehärtet</td></tr>
<tr><td></td><td>GK-AlSi12 g</td><td>= Aluminium-Silizium-Gußlegierung (Kokillenguß) mit 12% Si, geglüht und abgeschreckt</td></tr>
</table>

1.4.1 Aluminium

> Aussehen: silbrig-weiß, Dichte: 2,8 g/cm³
>
> Schmelzpunkt 658 °C, Siedepunkt 2400 °C
>
> Festigkeit je nach Verarbeitungszustand 40 bis 180 N/mm²; gegossenes Aluminium hat geringere Festigkeitswerte als geglühtes oder geschmiedetes.
>
> Besondere Eigenschaften: korrosionsfest, geringes Gewicht, witterungsbeständig, gut zu bearbeiten, gute elektrische Leitfähigkeit

Aluminium (Al) ist witterungsbeständig. Wirkt Sauerstoff auf Aluminium ein, bildet sich auf der Oberfläche eine sehr dünne Oxidschicht, die das darunter liegende Metall vor weiterer Korrosion schützt. *Elektrisch oxidiertes Aluminium Eloxal* hat eine verstärkte Schutzschicht.

Technologische Eigenschaften. Aluminium läßt sich gut kalt und warm umformen, läßt sich ziehen, pressen oder stanzen und zu dünnen Folien auswalzen. Beim Kaltumformen steigt die Festigkeit bis auf das doppelte, allerdings unter Verlust der Dehnbarkeit. Wird kaltumgeformtes Aluminium wieder erwärmt, vermindert sich die Festigkeit schon bei 100 °C merklich. Läßt man kaltverfestigtes Aluminium bei Raumtemperatur liegen, verliert es nach einigen Tagen ebenfalls an Festigkeit. Der Werkstoff ist am weichsten und am zähesten, wenn er zunächst auf etwa 300 °C erwärmt und dann abgekühlt wird.

Reinaluminium läßt sich kaum als Gußwerkstoff verwenden, da es begierig Gase aufnimmt und daher im erstarrten Zustand porös ist, was zur Verringerung der Festigkeit führt. Hinzu kommt das verhältnismäßig große Schwundmaß von 1,75% beim Abkühlen. Dabei besteht die Gefahr von Lunkern und Spannungsrissen. Reines Al wird daher nur in speziellen Bereichen der Elektroindustrie als Druckguß verarbeitet.

Aluminium läßt sich gut gasschmelz- und elektrisch schweißen. Jedoch ist es schlecht zu löten, weil die Oxidschicht die Legierung von Werkstoff und Lot behindert. Das Metall läßt sich gut zerspanen, „schmiert" allerdings dabei (Minderung durch geeignetes Schmiermittel, z. B. Petroleum).

Aluminium als Legierungsbestandteil von Stahl. In gegossenen Stahlblöcken können Gasblasen eingeschlossen sein, die die Qualität des Werkstoffs dann nicht beeinflussen, wenn sie beim späteren Walzen durch den Walzdruck zusammengepreßt und an der Oberfläche verschweißt werden. Hat sich in der Gasblase jedoch eine Oxidhaut gebildet, verschweißt der Werkstoff nicht mehr ordentlich. Aluminiumbeigabe in die Stahlschmelze vor dem Vergießen verhindert die Gasblasenbildung. Der Stahl ist beruhigt.

Aluminiumlegierungen

Die breitgefächerte Anwendung des Aluminiums in der Leichtbautechnik beruht auf den besonderen Eigenschaften der Aluminiumlegierungen. Sie verbinden den Vorteil des geringen Gewichts mit an Stahl heranreichenden Festigkeitswerten bis zu 500 N/mm². Unterteilt werden sie in Knet- und Gußlegierungen, diese wiederum nach ihren Zusammensetzungen. Die Legierungshauptbestandteile Kupfer (Cu), Magnesium (Mg), Silizium (Si) und Mangan (Mn) bestimmen die Eigenschaften der Legierung.

Knetlegierungen

Knetlegierungen werden zu Blechen, Drähten und Profilen verarbeitet.

Al-Cu-Mg-Legierungen (Duralumin) verarbeitet man zu hochbeanspruchten Teilen. Bei Zugabe von Silizium eignet sich der Werkstoff für hochfeste Schmiedeteile. Die Zugfestigkeit von 400 N/mm² läßt sich durch Warmauslagern noch steigern. Da hierbei jedoch die Korrosionsbeständigkeit sinkt, begnügt man sich mit Kaltauslagern.

1.13   Bröckelspäne

Technologische Eigenschaften. In hartem Zustand läßt sich Duralumin schlecht verformen. Deshalb wird es vor dem Auslagern bearbeitet. Bei spanender Bearbeitung mit Hartmetallwerkzeugen sind Schnittgeschwindigkeiten bis zu 1200 m/min möglich. Die ausgehärtete Legierung kann immer noch mit 300 m/min Schnittgeschwindigkeit zerspant werden – ein gegenüber Stahl mit 420 N/mm² doppelt so hoher Wert. Für die Weiterverarbeitung mit Automaten fügt man geringe Bleimengen hinzu. Durch Blei verringert sich zwar die Festigkeit, jedoch bilden sich bei der Zerspanung Bröckelspäne, die den Verarbeitungsprozeß vereinfachen (1.13). Al-Cu-Mg-Legierungen sind gut schweiß- und lötbar. Weil dabei aber die Festigkeit sehr schnell abnimmt, zieht man das Nieten oder Kleben vor.

Al-Mg-Si-Legierungen behalten ihre Korrosionsbeständigkeit auch nach dem Schweißen. Spangebende Verarbeitung ist wie bei den Al-Cu-Mg-Legierungen möglich. Die Festigkeit erzielt man durch Warmauslagern. In weichgeglühtem Zustand lassen sich gut Tiefziehteile herstellen. Verwendung in der Elektro- und Feinwerktechnik, im Fahrzeug- und im Schiffbau, hochglänzend und eloxiert im Hochbau.

Al-Zn-Mg-Legierungen erreichen mit bis zu 510 N/mm² die höchste Zugfestigkeit der Aluminiumwerkstoffe. Sie sind kerbempfindlich und deshalb schwierig zu verarbeiten. Hauptverwendung im Flugzeug- und Fahrzeugbau.

Al-Mg-Mn-Legierungen sind seewasserfest und werden überwiegend im Fahrzeug- und Schiffbau verwendet. Je höher der Mg-Gehalt, desto schwieriger ist die Bearbeitung. Deshalb gibt man nicht mehr als 5,5% Magnesium in die Legierung.

Gußlegierungen

Sie werden im Sand- und Kokillenguß, im Druck- und Schleudergußverfahren verarbeitet, haben ein gutes Formfüllungsvermögen und ein geringes Schwindmaß (deshalb geringe Spannungen beim Abkühlen, somit keine Warmrisse). Magnesium und Kupfer erhöhen die Festigkeit. Der Mg-Anteil führt aber auch zu erhöhter Sprödigkeit, so daß die Werkstücke nicht mehr stoß- oder schlagartig belastet werden können. Die Zugfestigkeit liegt zwischen 160 N/mm² und 330 N/mm². Für elastischere Gußlegierungen verwendet man einen Werkstoff mit hohem Si-Gehalt *(Silumin)*. Wird Magnesium in die Legierung gegeben, kann man den Werkstoff warm aushärten. Die Festigkeitswerte liegen dann mit etwa 200 N/mm² über denen von Grauguß. Durch Veredeln magnesiumhaltiger Legierungen erhält man ein sehr feinkörniges Gefüge mit verbesserten Eigenschaften.

Al-Si-Legierungen werden mit Kupfer und Nickelbeimengungen im See- und Luftfahrzeugbau verwendet, weil sie besonders korrosions- und warmfest sind. Sie dehnen sich außerdem bei Erwärmung nur geringfügig aus.

Das Härten von Aluminiumlegierungen geschieht in drei Stufen: Lösungsglühen – Abschrecken – Aushärten.

Beim Lösungsglühen wird die Al-Legierung auf etwa 500 °C erwärmt. Bei dieser Temperatur gehen die Legierungsbestandteile in Lösung über. Die Glühtemperatur für die jeweilige Al-Legierung muß genau eingehalten werden, weil der Werkstoff sonst unbrauchbar wird.

Abschrecken. Nachdem die Legierungsbestandteile im Aluminiumkristall in Lösung übergegangen sind, schreckt man den Werkstoff in Wasser ab. Obwohl er nach dem Abschrecken (im Gegensatz zu Stahl) weich ist, ist dieser Arbeitsgang notwendig, damit der beim Glühen erreichte Gefügezustand erhalten bleibt.

Aushärten. Nach dem Abschrecken bleibt der Werkstoff ohne Weiterbehandlung liegen, er wird *ausgelagert*. Je nach Bestandteilen erhält die Legierung ihre größte Härte durch Kalt- oder Warmauslagern.

- **Beim Kaltauslagern** sammeln sich Kupferatome ohne äußere Einwirkung regellos an verschiedenen Stellen des Aluminiumgitters. Dadurch entstehen Verspannungen im Gefüge, in deren Folge sich der Formänderungswiderstand erhöht. Formänderungsfähigkeit und Korrosionsbeständigkeit bleiben aber erhalten.
- **Beim Warmauslagern** wird die Legierung nach dem Abschrecken auf Temperaturen über 100 °C erwärmt. Kupfer- und Aluminiumatome bilden ein Kristallgitter, das den Werkstoff gegenüber Formveränderungen erheblich widerstandsfähiger macht. Allerdings verringert sich die Korrosionsbeständigkeit.

1.4.2 Magnesium

> Aussehen: silbrig-glänzend, Dichte: 1,75 g/cm³
> Schmelzpunkt 650 °C, Siedepunkt 1097 °C
> Festigkeit gegossen 100 bis 120 N/mm², gepreßt bis 200 N/mm²
> Besondere Eigenschaften: Oberhalb des Siedepunkts verbrennt Magnesium mit greller Flamme.

Magnesium (Mg) wird heute oft statt Zink verwendet, z.B. für die Ummantelungen von Trockenbatterien. Zunehmend dient es auch als Werkstoff für Opferanoden (Korrosionsschutz z.B. von Rohrleitungen im Erdreich, von Erdtanks, Heißwassergeräten oder Schiffswänden). Die Schutzwirkung beruht auf elektro-chemischen Vorgängen, bei denen sich das Magnesium zersetzt und der zu schützende Werkstoff nicht korrodiert.

Als Legierungsbestandteil von Eisen und Stahl entzieht Magnesium der Schmelze Sauerstoff, dient also als Desoxidationsmittel. Ebenso wird es dem Gußeisen zugesetzt, wenn Sphäroguß hergestellt werden soll.

Magnesiumlegierungen. Seine Bedeutung als Werkstoff erhält Magnesium durch Legierung mit ausgewählten chemischen Elementen (**1.14**). Wie bei Aluminium unterscheidet man Knet- und Gußlegierungen.

Tabelle **1.14** **Bestandteile von Magnesiumlegierungen**

Element	Auswirkung auf die Eigenschaften
Aluminium (Al)	Hauptlegierungselement des Magnesiums, ermöglicht dessen Warmbehandlung, wobei sich gleichzeitig die Festigkeit erhöht, ohne daß die Dehnbarkeit vermindert wird. Bei Al-Gehalt über 6% besteht Versprödungsgefahr. Der Werkstoff wird zwar härter, doch nehmen Festigkeit und Dehnbarkeit ab.
Cer (Ce)	zählt zu den seltenen Erden und ist chemisch dem Aluminium verwandt; erhöht die Warmfestigkeit.
Mangan (Mn)	verringert die Korrosionsanfälligkeit und erhöht die Festigkeit. Durch Manganzusatz wird außerdem die Warmfestigkeit verbessert.
Thorium (Th)	zählt zu den radioaktiven Metallen, ist warmformbar und erhöht die Warmfestigkeit.
Zink (Zn)	erhöht die Zugfestigkeit und Schwingungsfestigkeit.
Zirkon (Zr)	zählt chemisch zu den Schwermetallen. Durch Zr-Zusatz entsteht eine feinkörnige Legierung mit größerer Zugfestigkeit.

Magnesiumknetlegierungen werden zu Blechen, Drähten, Profilen und Gesenkschmiedestücken verarbeitet. Die Dichte liegt bei 1,8 kg/dm^3, die Zugfestigkeit reicht bis 300 N/mm^2 und liegt somit erheblich unter der entsprechender Aluminiumlegierungen. Beim Erwärmen einer Magnesiumlegierung sinkt der Festigkeitswert so weit ab, daß der Werkstoff schon bei 100 °C im Dauerversuch nicht mehr als Reinaluminium belastet werden kann. Durch Thoriumbeimengungen läßt sich die Warmfestigkeit zwar erhöhen, doch ist diese Legierung sehr teuer und bleibt Spezialanwendungen (z. B. in der Luft- und Raumfahrt) vorbehalten. Setzt man Magnesiumlegierungen der Kälte aus, sinken die Festigkeitswerte. Hinzu kommt eine zunehmende Kerbschlagempfindlichkeit.

Obwohl Magnesium nicht besonders korrosionsbeständig ist, sind seine Legierungen so widerstandsfähig, daß man sie ohne aufwendigen Oberflächenschutz verwenden kann. Dies gilt aber nicht für Spalt- und Kontaktkorrosion oder bei Berührung mit See- oder Schwitzwasser! Hier ist die Oberfläche durch Zwischenlagen, Lack oder Fett zu schützen.

Technologische Eigenschaften. Magnesiumlegierungen lassen sich schlecht umformen. Beim Kaltumformen besteht die Gefahr der Rißbildung, beim Warmumformen bildet sich bei Temperaturen über 350 °C ein grobkörniges Gefüge. Deshalb verwendet man Magnesiumlegierungen im wesentlichen dort, wo sie durch Trennen weiterverarbeitet werden.

Die Zerspanbarkeit der Magnesiumlegierungen ist sehr gut (Schnittgeschwindigkeiten bis zu 1200 m/min). Beim Trennen von Magnesium besteht die Gefahr von Spänebränden, besonders wenn feine Späne entstehen. Sie sind deshalb zu vermeiden. Einen *Magnesiumbrand* darf man nicht mit Wasser oder normalen Feuerlöschern bekämpfen, die den Brand anfachen würden. Als Löschmittel eignen sich Sand oder Graugußspäne, mit denen man die Flammen ersticken kann.

Magnesiumlegierungen werden im Sand-, Kokillen- oder Druckgußverfahren verarbeitet. Da sie kein so gutes Formfüllungsvermögen haben und zur Feinlunker- und Warmrißbildung neigen, ist der Druckguß vorwiegend verbreitet. Man stellt Teile für den Fahrzeug- und Flugzeugbau sowie die optische und elektrotechnische Industrie her.

1.4.3 Kupfer

Aussehen: rotglänzende Bruchfläche, Außenhaut schwarz-grüne Schutzschicht (Patina), Dichte 8,96 kg/dm^3

Schmelzpunkt 1084°C, Siedepunkt 2595°C

Festigkeit etwa 200 N/mm^2, kaltumgeformt bis 600 N/mm^2

Besondere Eigenschaften: Sehr gute elektrische Leitfähigkeit, jedoch bei zunehmender Erwärmung und Kaltverfestigung ansteigender Widerstand; wegen des dichten Gefüges gute Wärmeleitfähigkeit; Neigung zur Wasserstoffkrankheit.

Technologische Eigenschaften. Die Eigenschaften des Kupfers (Cu) bestimmen seine Bearbeitungsmöglichkeiten. Es läßt sich gut kaltumformen und eignet sich für alle Tiefzieh- und Treibarbeiten. Kupferdrähte werden bis zu einem Durchmesser von 10^{-2} mm gezogen. Kupferniete sind leicht zu schlagen, wenn man sie vor dem Verarbeiten glüht und in Wasser abschreckt. Das Metall wird im Gegensatz zu Stahl durch das Abschrecken weich. Beim Bearbeiten durch Treiben verdichtet sich das Gefüge. Dies führt zu übermäßiger Härte, die durch Zwischenglühen beseitigt wird. Dabei darf die Glühtemperatur nicht zu hoch werden, weil es sonst zur Grobkornbildung kommt und der Werkstoff versprödet.

Kupfer kann gut weich- und hartgelötet werden, doch sind sauerstofffreie Sorten zu verwenden, weil es sonst zur *Wasserstoffkrankheit* kommen kann. Sie entsteht, wenn sauerstoffhaltige Kupfersorten bei Temperaturen über 500°C einem reduzierenden Gas ausgesetzt werden. In diesem Bereich kann Wasserstoff in den Werkstoff eindringen. Es verbindet sich mit dem im Kupfer vorhandenen Sauerstoff zu Wasserdampf, der den Werkstoff aufsprengt. Es bilden sich feine, zum Teil an der Werkstückoberfläche sichtbare Risse, die das Material verspröden. Löten und Hartlöten zieht man dem Schweißen von Kupfer vor, denn seine Wärmeleitfähigkeit ist so gut, daß die Schweißstelle schlecht zu erwärmen ist. Wegen der hohen Schweißtemperaturen entsteht außerdem ein grobkörniges Gefüge, das die Werkstoffeigenschaften ungünstig beeinflußt.

Reines Kupfer ist spangebend schlecht zu verarbeiten, es „schmiert". Die Zerspanbarkeit läßt sich durch Legierungsbestandteile wie Zinn oder Zink, durch besondere Winkel an der Werkzeugschneide und durch geeignete Schmiermittel wie Petroleum verbessern.

Kupfer ist schlecht gießbar, weil das Schwindmaß über 2% liegt und sich deshalb leicht Risse bilden. Zinn- und Zinkzusätze verringern diese Gefahr, denn sie setzen die Warmstreckgrenze des Kupfers herauf. Wegen der Schwierigkeiten beim Urformen wird Kupfer hauptsächlich zu Blöcken und Platten gegossen, die man durch Strangpressen oder Walzen weiterverarbeitet.

Tabelle **1.15** auf S. 20 gibt eine zusammenfassende Übersicht über die Bearbeitbarkeit von Kupfer.

Verwendung. Wegen der guten elektrischen Leitfähigkeit wird Kupfer in vielen Bereichen der Elektrotechnik und im Elektromaschinenbau verwendet. Etwa die Hälfte der Kupferproduktion dient dem Bau elektrischer Leitungen. Wegen der guten Wärmeleitfähigkeit stellt man Heiz- und Kühlschlangen sowie Lötspitzen aus Kupfer her. Der Korrosionsbeständigkeit wegen nutzt man es als Dacheindeckung, für Regenrinnen und Fallrohre.

Kupferlegierungen. Um bestimmte Eigenschaften zu verbessern, setzt man dem Kupfer andere Elemente in geringer Menge zu und erhält so niedriglegierte Kupferlegierungen. Sie neigen alle zur Wasserstoffkrankheit. Tabelle **1.16** gibt eine Übersicht über die Legierungsbestandteile von Kupfer.

Tabelle **1.15** **Bearbeitbarkeit von Kupfer**

Verfahren	Eignung	Besonderheiten
tiefziehen	sehr gut	Drähte bis $^1/_{100}$ mm Durchmesser
nieten	sehr gut	Niete vor dem Schlagen glühen und abschrecken
treiben	sehr gut	durch Schlagen entstehende Härte des Werkstoffs durch Zwischenglühen beseitigen
weich-/hartlöten	sehr gut	sauerstofffreie Kupfersorten verwenden, sonst Gefahr der Wasserstoffkrankheit
schweißen	gut	aber Gefahr der Grobkornbildung
trennen	weniger gut	z.B. Petroleum als Schmiermittel und besondere Winkel an der Werkzeugschneide verbessern die Zerspanbarkeit
gießen	weniger gut	Gefahr der Rißbildung

Tabelle **1.16** **Bestandteile von Kupferlegierungen**

Element	Veränderung der Materialeigenschaften
Chrom (Cr)	Beimengung bis 1,2% machen den Werkstoff warmaushärtbar. Beim Kaltumformen nach dem Aushärten erreicht man Festigkeitswerte bis 500 N/mm^2. Die Härte bleibt auch bei höheren Temperaturen erhalten.
Cadmium (Cd)	erhöht Zugfestigkeit, ohne die elektrische Leitfähigkeit wesentlich herabzusetzen. Verwendung für Überlandleitungen.
Mangan (Mn)	erhöht Wärmebeständigkeit und verbessert das Korrosionsverhalten. Kupfer mit einem Mangananteil bis 5% ist gut schweißbar.
Nickel (Ni)	ergibt in Verbindung mit Silizium warmaushärtbare Legierungen. Wird das Material vor dem Aushärten kaltumgeformt, erhält man hohe Festigkeiten bei guter Dehnbarkeit.
Silizium (Si)	erhöht die Festigkeit, macht die Legierung löt- und schweißbar, im warmen und kalten Zustand gut zu verarbeiten, gut zerspanbar. Siliziumbronzen werden wegen schlechter elektrischer Leitfähigkeit nur im Apparate- und Kesselbau verwendet.
Silber (Ag)	erhöht die Erweichungstemperatur, ohne die elektrische Leitfähigkeit zu verschlechtern. 7% Silberanteil ergeben einen vorzüglichen Kontaktwerkstoff.
Tellur (Te)	verbessert die Zerspanbarkeit. Legierungen mit Tellur heißen *Automatenkupfer.*
Zirkon (Zr)	steigert die Festigkeit auch ohne Warmbehandlung. Nach Warmbehandlung steigt die Zugfestigkeit bis 500 N/mm^2.

Kupfer-Zink-Legierungen (Kupfergehalt über 50%, Restanteil Zink; früher Messing genannt) sind gelb-rot, bei steigendem Zinkanteil gelblicher. Dichte 8,73 kg/dm^3. Sie leiten Elektrizität und Wärme gut und sind seewasserbeständig. In weichgeglühtem Zustand liegt die Festigkeit einer Legierung mit einem Zinkanteil von 37% zwischen 240 N/mm^2 und 370 N/mm^2. Durch Kaltumformen bis zum Erreichen des federharten Zustands erge-

20

ben sich Werte bis 680 N/mm². Das Korrosionsverhalten der Kupfer-Zink-Legierungen ist dem des Kupfers ähnlich, doch fehlt die Neigung zur Wasserstoffkrankheit. Die Legierungen können aber durch Entzinkung (Lochfraß) zerstört werden. Diese Gefahr wächst mit dem Zinkanteil.

Durch Beimengung anderer Metalle lassen sich die Eigenschaften der Kupfer-Zink-Legierung erheblich verändern (*Sondermessing*, 1.17). Die Festigkeitswerte von Sondermessing reichen bis zu 850 N/mm², seine Verwendungsmöglichkeiten sind vielfältiger als die von vergütetem Stahl. Besonders hervorzuheben sind die besseren Gleiteigenschaften und das Nichtrosten. Sondermessing ist korrosionsbeständiger als Messing, kann aber auch durch Entzinken zerstört werden.

Tabelle **1.17** **Legierungsbestandteile in Cu-Zn-Legierungen**

Element	Auswirkungen auf die Eigenschaften
Aluminium (Al)	erhöht Beständigkeit gegen Oxidation, doch läßt sich der Werkstoff schlechter löten und schweißen.
Blei (Pb)	verbessert die Zerspanbarkeit des Werkstoffs.
Eisen (Fe)	fördert die Bildung eines feineren Korns, macht den Werkstoff aber korrosionsanfälliger und magnetisch.
Mangan (Mn) Silizium (Si)	erhöhen die Seewasserbeständigkeit und die Gleitfähigkeit.

Technologische Eigenschaften. Die Bearbeitungsverfahren eignen sich nicht gleich gut für alle Cu-Zn-Legierungen. Unterschiede ergeben sich aus dem kristallinen Aufbau und der Zusammensetzung. Über die spezielle Eignung für bestimmte Bearbeitungsverfahren geben die DIN-Normen Auskunft, wir beschränken uns hier auf grundsätzliche Aussagen.

Cu-Zn-Legierungen lassen sich besser als Kupfer schweißen und sind besonders gut zu löten. Beim Gasschmelzschweißen mit Azetylen-Sauerstoffgemisch ist mit Sauerstoffüberschuß zu arbeiten, um ein Absinken der Festigkeitswerte zu vermeiden. Die Zerspanbarkeit ist vor allem bei kaltumgeformter Legierung gut und durch geringe Bleizusätze noch zu verbessern. Beim Zerspanen werden hohe Standzeiten der Werkzeugschneide erzielt. Beim Gießen können Probleme wegen des ungünstigen Formfüllungsvermögens auftauchen. Ein Aluminiumzusatz schwächt diese unerwünschte Eigenschaft ab.

Warmbearbeitete Bauteile aus Messing oder Sondermessing sind von Zunder überzogen. Man entfernt ihn durch Beizen in Schwefelsäurelösung. Anschließend wird das Bauteil in einem Säurebad glanzgebrannt. So erhält es eine glänzende Oberfläche. Säurereste werden abgespült, das Teil anschließend getrocknet.

Verwendung. Kupfer-Zink-Legierungen werden überall dort verwendet, wo die Eigenschaften von Stahl als Konstruktionsmerkmal eines Bauteils nicht ausreichen (1.18 auf S. 22).

Die Legierungen lassen sich sehr gut kaltumformen, verchromen, vernickeln und versilbern. Man kann sie schweißen und löten. Sie sind gegen Säuren korrosionsbeständig und können hochglanzpoliert werden. Man verwendet sie für Schmuck, Bestecke und im Apparatebau. Wegen des hohen Nickelanteils spricht man auch von *Kupfernickel*.

Eine Kupfer-Zink-Legierung mit einem Nickelanteil zwischen 10% und 26% wird als *Neusilber* bezeichnet. Es ist auch unter den Namen Argentan und Alpaka bekannt. Die Dichte beträgt 8,7 kg/dm³, die Zugfestigkeit reicht bis 750 N/mm².

Tabelle **1**.18   **Verwendung von Kupfer-Zink-Legierungen nach DIN 1709**

Legierung	Verwendung
Gußlegierungen	
G-CuZn15	Flansche, Teile für den Schiffbau, optische Geräte, Feinwerktechnik, Maschinenbau, Elektrotechnik
G-CuZn33Pb	Armaturen, Konstruktionsteile mit guter elektrischer Leitfähigkeit, Beschlagteile
GD-CuZn37Pb GK-CuZn37Pb	Beschlagteile, Sanitärarmaturen, Druckgußteile für Maschinenbau, Elektrotechnik, Feinmechanik, optische Geräte
GK-CuZn38Al	komplizierte Konstruktionsteile in der Elektroindustrie und im Maschinenbau
G-CuZn40Fe GZ-CuZn40Fe	Armaturengehäuse für hohe Gas- und Wasserdrücke, Bauteile in der Tieftemperaturtechnik
GK-CuZn37Al1	Konstruktionsteile in der Elektrotechnik, der feinmechanischen Industrie, dem Maschinenbau
G-CuZn35Al1 GZ-CuZn35Al1 GK-CuZn35Al1	Druckmuttern in Spindelpressen, Grund- und Stopfbuchsen, Schiffsschrauben
G-CuZn34Al2 GZ-CuZn34Al2 GK-CuZn34Al2	Ventil- und Steuerungsteile
G-CuZn25Al5 GZ-CuZn25Al5 GK-CuZn25Al5	hoch belastete, langsam laufende Lager und Schneckenradkränze, Innenteile von Hochdruckarmaturen
G-CuZn15Si4	hochbeanspruchte, dünnwandige, komplizierte Konstruktionsteile im Maschinen- und Schiffbau, in der optischen und feinmechanischen Industrie
Knetlegierungen	
CuZn33	besonders geeignet für Kühlerbänder
CuZn40	Beschlag- und Schloßteile
CuZn20Al2	Rohre und Rohrböden für Wärmeaustauscher, meerwasserführende Leitungen
CuZn35Ni2	Konstruktionswerkstoff im Apparate- und Schiffbau
CuZn38Sn1	Konstruktionswerkstoff im Apparatebau, Bootsbeschläge
CuZn40Mn2	witterungsbeständiger Konstruktionswerkstoff im Apparate- und Schiffbau, in der Architektur

Kupfer-Zinn-Legierungen heißen *Bronzen,* wenn sie mindestens 60% Kupfer, außer Zinn einen oder mehrere Hauptlegierungsbestandteile wie Aluminium, Beryllium, Blei oder Mangan enthalten und der Zinnanteil nicht überwiegt. Je nach Legierungsbestandteil spricht man von Aluminium-, Beryllium-, Blei-, Mangan- oder Zinnbronzen. Verwendet werden sie dort, wo die Eigenschaften des Messings nicht genügen. Sie haben bessere

Gleiteigenschaften, höhere Festigkeit, geringere Verschleißanfälligkeit und höhere Korrosionsbeständigkeit als Messing (**1.**19).

Tabelle **1.**19 **Eigenschaften und Verwendung von Bronzen**

Werkstoff	Eigenschaften und Verwendung
*Knet*aluminiumbronze	gut kaltumformbar, Mehrstoffaluminiumbronzen lassen sich besser warmumformen; Mindestzugfestigkeit bis 700 N/mm²; bei Oxidation bildet sich auf der Oberfläche eine Schicht, die das Werkstück gegen Korrosion schützt. Mehrstoffaluminiumbronzen sind besonders warmfest und verschleißbeständig; Verwendung für Lagerschalen, Zahnräder und Schnecken.
*Guß*aluminiumbronzen Gußaluminium*mehrstoff*bronze	für Teile, die besonders korrosionsbeständig sein müssen; Mehrstoffbronzen bei zusätzlich geforderter hoher Festigkeit: Verwendung für Schiffsschrauben, Turbinenschaufeln und Zahnräder für hohe Zahndrücke.
Berylliumbronze	durch Kaltumformen und anschließendes Auslagern werden Zugfestigkeiten bis zu 1400 N/mm² erreicht. Verwendung für Federn, Getriebe, Lager, in der chemischen Industrie sowie im Bergbau für nichtfunkende Werkzeuge (keine Schlagwettergefahr).
Manganbronze	besonders warm- und korrosionsfest, Verwendung z. B. für Kesselarmaturen.
*Knet*zinnbronze *Guß*zinnbronze	korrosionsbeständig, gut kaltumformbar, gute Gleiteigenschaften. Verwendung in der chemischen Industrie, im Schiffbau und für Gleitlager, für säure- und seewasserbeständige Teile, Kupplungsteile, harte Federn und Schneckenräder.
Guß-Zinn-Bleibronze	haben besondere Notlaufeigenschaften. Verwendung für Gleitlager.
Guß*mehrstoff*zinnbronze (Rotguß)	Verwendung im Armaturenbau.
Guß-Nickelbronze	Zugfestigkeit bis 500 N/mm², für Heißdampfarmaturen und verschleißfeste Teile im Pumpenbau.

Aufgaben zu Abschnitt 1.4.1 bis 1.4.3

1. Bis zu welcher Dichte werden Metalle als Leichtmetalle bezeichnet?
2. Wodurch ist Aluminium korrosionsgeschützt?
3. Was wird durch Aluminium als Legierungsbestandteil von Stahl erreicht?
4. Aluminiumlegierungen werden warmausgelagert. Warum?
5. Magnesium dient u.a. als Legierungsbestandteil von Gußeisen. Was für ein Werkstoff entsteht?
6. Nennen Sie Anwendungsbereiche für Magnesiumknetlegierungen.
7. Nennen Sie eine wesentliche Werkstoffeigenschaft abgeschreckten Stahls und abgeschreckten Kupfers.
8. Wodurch entsteht die Wasserstoffkrankheit bei Kupfer und welche Folgen hat sie?
9. Welche negativen Eigenschaften entwickelt Kupfer, wenn man es schweißt?
10. Cu-Zn-Legierungen sind im Gegensatz zu Kupfer besser zu schweißen. Mit welcher Flamme ist zu arbeiten, wenn ein Azetylen-Sauerstoffgemisch verwendet wird?

1.4.4 Blei

> Aussehen: bläulich-weiß, Schnittfläche blank; Dichte: 11,34 kg/dm^3
> Schmelzpunkt 327 °C, Siedepunkt 1750 °C   Festigkeit gering
> Besondere Eigenschaften: schirmt kurzwellige Strahlen (z. B. Röntgenstrahlen) ab.

Technologische Eigenschaften. Blei (Pb) läßt sich gut verarbeiten, ist gut gieß-, schweiß- und lötbar. Die Zerspanbarkeit läßt zu wünschen übrig, da Blei stark schmiert. Aufgrund seiner Dehnbarkeit und geringen Festigkeit läßt es sich gut umformen und zu Folien auswalzen. Bleidrähte können jedoch nicht gezogen werden. Die *elektrische Leitfähigkeit* von Blei ist schlecht, hoch dagegen seine Widerstandsfähigkeit gegen Chemikalien wie Schwefel- oder Salzsäure.

> **Blei und seine Verbindungen sind sehr giftig.** Bleivergiftungen äußern sich durch Lähmungen, Krämpfe, Bewußtseinsverlust, Augen- und Nierenschäden. In besonders schweren Fällen führen sie auch zum Tod.

Trotzdem besteht bei existierenden Trinkwasserleitungen kaum Gesundheitsgefährdung, weil die geringen Mineralmengen im Trinkwasser mit Blei eine ungiftige Verbindung eingehen. Diese bildet eine Schutzschicht zwischen dem Wasser und dem Blei des Rohres.

Verwendung. Aus Feinblei stellt man Akkuplatten her (**1.20**), für die chemische Industrie fertigt man Rohre aus Blei, in der Elektroindustrie benutzt man es für die Kabelummantelung. Bleifolien von 0,01 mm Dicke braucht man in der Hochfrequenztechnik. Radioaktive Stoffe werden in Bleibehältern transportiert und gelagert, um die gefährliche Strahlung abzuschirmen. Das gleiche gilt für die Herstellung von Röntgengeräten und -schutzkleidung.

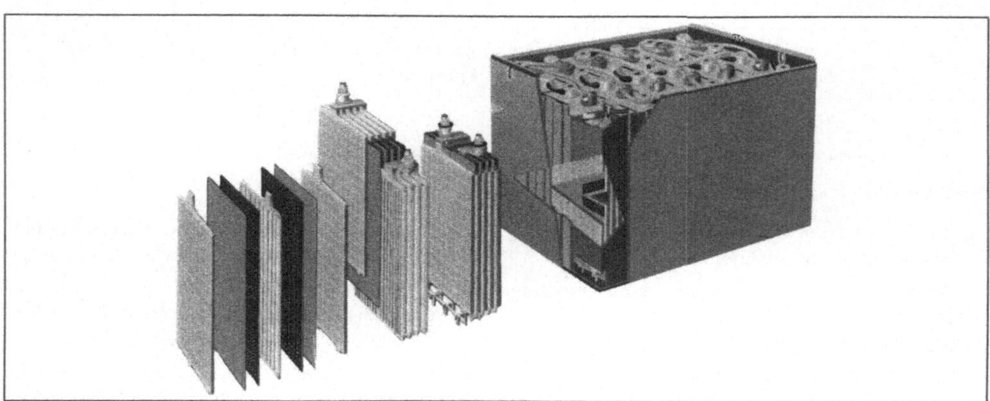

1.20 Plattenanordnung in einem Akku

Bleilegierungen verwendet man für Lagermetalle (gute Notlaufeigenschaften!), Lettermetalle im Druckereiwesen und Lote.

Bleiverbindungen sind Grundlagen für Farben wie Mennige und Bleiweiß. Die Verwendung von Bleitetraethyl als Klopfbremse in Kraftstoffen wurde wegen der Giftigkeit und Umweltschädlichkeit stark eingeschränkt.

1.4.5 Zink

Aussehen: bläulich-weiß, Dichte 7,13 kg/dm³

Schmelzpunkt 420 °C, Siedepunkt 906 °C

Festigkeit: Feinzink gegossen bis 40 N/mm², gepreßt oder gewalzt je nach Verfahren zwischen 120 N/mm² und 180 N/mm².

Da die Festigkeit von Zink mit zunehmender Temperatur schnell abnimmt, kann das Metall bis höchstens 80 °C verwendet werden.

Technologische Eigenschaften. Obwohl Zink (Zn) den gleichen Gefügeaufbau wie Magnesium hat, läßt es sich wesentlich besser bearbeiten. Es kann gut gebogen, gebördelt, gefalzt, geprägt, tiefgezogen, geschweißt und weichgelötet werden. Beim Schweißen ist für gute Entlüftung des Arbeitsplatzes zu sorgen, da die entstehenden Zinkdämpfe giftig sind. Gegenüber feuchter Luft ist Zink besonders korrosionsfest, denn es bildet unter Einfluß der Atmosphäre ein Karbonat, das als graue Schutzschicht die weitere Korrosion des darunter liegenden Metalls verhindert. Säuren und konzentrierte Laugen greifen Zink stark an. Gegenüber Wasser ist es widerstandsfähig, wird aber bei höheren Temperaturen von Wasserdampf zerstört.

Zinklegierungen erreichen Festigkeitswerte bis zu 280 N/mm². Wichtigste Legierungsbestandteile sind Aluminium und Kupfer. Sie ergeben ein feinkörniges Gefüge und erhöhen den Widerstand gegenüber Formänderungen. Wir unterscheiden Knet- und Gußlegierungen. Ähnlich wie bei Stahl verändert sich auch bei den Zinklegierungen während des Abkühlens das Gefüge. Dies geschieht jedoch so langsam, daß der endgültige Gefügeaufbau erst nach vollständigem Abkühlen erreicht wird. Lagern Zinklegierungen an feuchter Luft oder unterliegen sie starken Temperaturschwankungen, verändern sich die Maße des Werkstücks auch nach dem Abkühlungsprozeß. Je nach Legierungsbestandteil wird das Werkstück größer oder kleiner. Man spricht von *Altern*. Parallel dazu verschlechtern sich die mechanischen Eigenschaften. Das Material wird rissig, so daß daraus gefertigte Bauteile nicht belastbar sind. Eine Legierung von Zink mit Aluminium und Kupfer ergibt eine befriedigende Gebrauchsfähigkeit. Die Alterungserscheinungen werden durch Tempern und geringe Magnesiumanteile weitgehend vermieden. Solche Teile zeichnen sich durch Korrosionsbeständigkeit aus.

Verwendung

Knetlegierungen werden zu Blechen, Profilen, Drähten und Stangen verarbeitet. Sie haben bei ausreichender Maßbeständigkeit gute Festigkeitswerte, sind zäh und verschleißfest und lassen sich gut spangebend bearbeiten.

Gußlegierungen haben gutes Formfüllungsvermögen und gute Festigkeitswerte. Sie sind verschleißfest und werden überwiegend im Druckverfahren verarbeitet, das Serienfertigung zuläßt. Aus Druckguß stellt man Teile für den Vergaserbau, Beschläge, Teile für die Feinwerktechnik, den Uhren-, Phono- und Videogerätebau her (**1.21**).

1.21 Teile aus Zinkdruckguß

1.4.6 Zinn

> Aussehen: silbrig glänzend, grobkörniges Gefüge; Dichte 7,3 kg/mm^2
>
> Schmelzpunkt 232°C, Siedepunkt 2270°C
>
> Festigkeit: etwa 28 N/mm^2

Technologische Eigenschaften. Zinn (Sn) ist korrosionsbeständig und läßt sich gut verarbeiten, besonders gießen.

Verwendung. Reinzinn verwendet man bei der Herstellung von Weißblech (verzinntes Stahlblech), das in großen Mengen zur Fertigung von Konservendosen dient. Folien aus Zinn, *Stanniol* genannt, braucht man für Verpackungen.

Zinnlegierungen haben Zugfestigkeiten bis zu 110 N/mm^2. Sie werden für Druckgußteile in der feinmechanischen Industrie und für Lagermetalle verwendet.

Aufgaben zu Abschnitt 1.4.4 bis 1.4.6

1. Nennen Sie wesentliche Eigenschaften des Bleis, die a) die Zerspanbarkeit, b) die elektrische Leitfähigkeit kennzeichnen.
2. Kann man Salzsäure in Bleibehältern lagern? Begründen Sie Ihre Antwort.
3. Welche Funktion übernimmt Blei beim Arbeiten mit Röntgenstrahlen?
4. Blei ist sehr giftig. Warum bilden existierende Trinkwasserleitungen aus Blei keine herausragende Gesundheitsgefährdung?
5. Nennen Sie einige wichtige technologische Eigenschaften von Zink.
6. Was ist beim Schweißen von Zink zu beachten?
7. Unter welchen Voraussetzungen greift Wasser Zink an?
8. Welche Folgen hat das Altern von Zinklegierungen?
9. Wodurch vermeidet man das Altern von Zinklegierungen?
10. Was versteht man unter Weißblech?
11. Wie kann die Festigkeit von Zinn erhöht werden?

1.5 Sintermetalle

Sintern heißt, ein Metallpulver in eine Form zu pressen, wobei es bis kurz unter den Schmelzpunkt erhitzt wird. Die kleinen Werkstoffteilchen mit einer Korngröße von etwa 0,06 mm kleben dabei zu einem porigen Werkstoff zusammen.

Die Herstellung von Werkstücken aus Sintermetallen ist – verglichen mit spangebend oder spanlos gefertigten Teilen – unter Umständen sehr teuer. Trotzdem wird das Sintern häufig angewendet, weil es besondere Vorteile bietet.

Vorzüge

- Es lassen sich Metalle höchster Reinheit herstellen.
- Stoffe lassen sich vereinen, die in der gewünschten Form nicht zu legieren sind (z. B. bestehen die Schleifkohlen für Elektromotore und Generatoren aus einem Sinterwerkstoff, der aus Grafit- und Kupferstaub entstanden ist).
- Metalle mit sehr hohem Schmelzpunkt wie Molybdän, Wolfram und Tantal können verarbeitet werden.

- Man kann Legierungen herstellen, die in gegossenem Zustand nicht die Eigenschaften eines entsprechenden Sintermetalls aufweisen.
- Hartmetalle sind gesintert wesentlich leistungsfähiger als gegossen.
- Gesinterte Lagerschalen können im Gegensatz zu gegossenen Schmierstoffe aufsaugen.
- Durch Sintern hergestellte Teile haben eine saubere Oberfläche, sind maßgenau und brauchen nicht nachgearbeitet zu werden. Deshalb kann man auch komplizierte Teile herstellen, die man nicht gießen kann, weil ein Nacharbeiten unmöglich ist.
- Die Materialkosten für komplizierte Teile sind günstig, weil keine Späne anfallen.

Herstellung. Sinterwerkstoffe werden in drei Arbeitsgängen hergestellt: Herstellen des Metallpulvers, Pressen der Teile, Sintern. Unter Umständen erfolgt noch eine Weiterbehandlung, um die Werkstücke fester und zäher zu machen.

Pulverherstellung. Die Metallpulver stellt man auf mechanischem oder chemischem Wege her.

- **Mechanische Verfahren.** Die Erze werden unter Einwirkung von Kohlenmonoxid verflüssigt und verdampft. Beim Kondensieren des Dampfes bildet sich das Metallpulver. Eine andere Möglichkeit ist das Zerstäuben flüssigen Materials in einen Luft- oder Dampfstrom bzw. in ein Schlagwerk, das den Strahl zerhackt. Dabei entstehen feine Metallkügelchen. Spröde, zähe oder poröse Metalle werden durch Zerschlagen oder Zermahlen zu Pulver verarbeitet.
- **Chemische Verfahren.** Eisen- und Kupferpulver gewinnt man als Grundstoffe für Sinterlager durch Elektrolyse. Molybdän- und Wolframpulver entsteht aus Oxiden dieser Metalle durch Wasserstoffreduktion. Die Oxide werden dazu unter Wasserstoffeinwirkung geglüht. So entsteht das entsprechende Metallpulver.

Pressen der Teile. Die Metallpulver werden vor dem Weiterverarbeiten je nach Verwendung mit Bindemitteln vermengt und in eine Preßform gefüllt. Mit einem Stempeldruck von 8000 bar wird das Pulver zum Werkstück gepreßt.

Sintern. Die gepreßten Teile werden in sauerstofffreier Atmosphäre auf Temperaturen von etwa 65% der Schmelztemperatur erhitzt. Die beigemengten Bindemittel verflüssigen sich dabei, das Metallpulver klebt zusammen. Die Sintertemperaturen hängen vom Werkstoff ab. Für Bronzen liegen sie bei 600 bis 800 °C, für Hartmetalle um 1600 °C. Außerdem bestimmen sie und der Preßdruck die Härte des Werkstücks. Bei niedrigem Preßdruck steigt die Härte mit zunehmender Temperatur an. Bei hohem Preßdruck und zunehmender Temperatur fällt sie zunächst beträchtlich ab, um dann wieder anzusteigen. Die Festigkeit erreicht dabei fast den Wert des verarbeiteten Metalls in erschmolzenem Zustand. Weil Preßdruck und Sintertemperatur nicht nur die Zähigkeit, sondern auch die Porösität des Werkstoffs beeinflussen, kann man das Material gezielt, dem Verwendungszweck entsprechend herstellen.

Legieren von Sinterwerkstoffen. Um besonders gute mechanische Eigenschaften von Sintereisen zu erzielen, wird der Werkstoff legiert. Dazu mengt man kohlenstoffhaltiges Kupferpulver unter das Eisenpulver oder tränkt den Preßling während des Sintervorgangs mit Kupfer, indem man ein Stück Kupfer auf den Preßling legt und dann preßt. Durch den Druck dringt das Kupfer in den Preßling ein. Die Festigkeitswerte legierten Sintereisens liegen über denen von St 70-2 (Stahl mit etwa 700 N/mm^2).

Hartmetalle sind durch Sintern verarbeitete Metallkarbide. Ohne sie ist eine leistungsfähige wirtschaftliche Fertigung nicht möglich. Bekannte Handelsnamen sind z. B. Böhlerit, Titanit, Widia. Hartmetalle sind fast so hart wie Diamant, dem härtesten aller bekannten Stoffe. Sie ermöglichen sehr hohe Zerspanleistungen bei Schneidwerkzeugen und bis zu 100fache Standzeit bei Schnitt- und Stanzwerkzeugen. Während beim Bearbeiten von

Stahl mit HSS-Werkzeugen z. B. Schnittgeschwindigkeiten von 20 m/min zulässig sind, sind es beim Hartmetallwerkzeug bis zu 150 m/min. Beim Bearbeiten von Aluminium mit HSS-Stahl werden Schnittgeschwindigkeiten bis zu 200 m/min gewählt. Bei Hartmetallwerkzeugen erhöht sich die zulässige Schnittgeschwindigkeit auf bis zu 1200 m/min, beim Schlichten sogar bis zu 2500 m/min. Das entspricht einer „Fließgeschwindigkeit des Spanes" von 150 km/h!

Mit Hartmetallwerkzeugen lassen sich außerdem sehr harte Werkstoffe wie Glas, Porzellan, hochvergütete Chrom-Nickel-Stähle und andere sonst nur schwer zu bearbeitende Werkstoffe wirtschaftlich zerspanen.

Hartmetallherstellung. Je nach Sorte bestehen Hartmetalle aus Karbiden der Metalle Wolfram, Titan oder Tantal. Als Bindemittel dient Kobalt. Das Gemisch aus Kobaltpulver und dem Metallpulver wird zu Vierkantstäben oder Schneidplättchen gepreßt. Bevor die Vierkantstäbe in Schneidplättchen zerschnitten werden, erhalten sie durch Vorsintern die erforderliche Festigkeit und werden dann bei 1600°C fertig gesintert.

Beim Umgang mit Hartmetallwerkzeugen sind besondere Arbeitsregeln einzuhalten, um das Werkzeug zu schonen.

Arbeitsregeln für Hartmetallwerkzeuge

- Stoßbelastung vermeiden; die Schneide bricht sonst leicht aus.
- Für ausreichende Kühlung während der Spanabnahme sorgen! Das Ausstreichen eines Pinsels am Werkstück, der ab und zu in eine mit Kühlmittel gefüllte alte Konservendose getaucht wird, reicht *nicht* aus.
- Zum Anschleifen nur Scheiben für Hartmetall verwenden. Nur sie bewirken wegen ihrer weichen Bindung und des besonders harten Schleifmittels einen zufriedenstellenden Schliff.
- Naß schleifen. Hartmetalle vertragen kein schlagartiges Abkühlen. Dadurch würden Risse im Material entstehen, in deren Folge die Schneide bei der Spanabnahme ausbröckelt.

Aufgaben zu Abschnitt 1.5

1. Was versteht man unter Sintern?
2. Werkstücke aus Sintermetallen herzustellen, ist häufig sehr teuer. Warum geschieht dies trotzdem?
3. Welche besondere Eigenschaft kennzeichnet eine gesinterte Lagerschale gegenüber einer gegossenen?
4. Nennen Sie die drei wesentlichen Arbeitsgänge zur Herstellung eines Sintermetalls.
5. Metallpulver für Sintermetalle werden in mechanischen und chemischen Verfahren hergestellt. Nennen Sie die wesentlichen Unterschiede.
6. Welchen Einfluß haben beim Sintern Temperatur und Preßdruck auf das Werkstück?
7. Wie erzielt man besonders gute Eigenschaften von Sintereisen?
8. Was sind Hartmetalle?
9. Welche Vorteile haben Hartmetall-Schneidwerkzeuge gegenüber solchen aus HSS-Stahl?
10. Eine wievielmal höhere Schnittgeschwindigkeit können Sie beim Zerspanen von Stahl wählen, wenn Sie statt eines Werkzeugs aus HSS-Stahl Hartmetall verwenden?
11. Nennen Sie Metalle, aus deren Karbiden Hartmetalle hergestellt werden.
12. Hartmetallwerkzeuge sind empfindlich. Welche Arbeitsregeln sind deshalb einzuhalten?

1.6 Kunststoffe

Technologische Eigenschaften. In vielen Bereichen der Technik werden ehemals aus Metallen hergestellte Bauteile durch Kunststoffteile ersetzt. Gründe dafür sind die besonderen Eigenschaften der Kunststoffe und die Möglichkeiten, die ihre Herstellungsverfahren bieten. Kunststoffe können „konstruiert" werden. D. h., man stellt sie mit Eigenschaften her, wie sie für den bestimmten Zweck benötigt werden. Außerdem sind sie gut umzuformen und können je nach Bedarf weich oder hart, glasklar oder farbig hergestellt werden. Wärme und Elektrizität leiten sie schlecht, gegen Korrosion sind sie beständig. Alle Kunststoffe lassen sich plastisch umformen, wenn man sie vorher erwärmt.

Thermoplastische Kunststoffe behalten diese Eigenschaft nach dem Umformen bei. Sie sind im erwärmten Zustand immer wieder umformbar.

Härtende Kunststoffe können nach dem Erstarren auch unter Wärmeeinwirkung nicht wieder umgeformt werden.

Weil alle Kunststoffe schlecht Wärme leiten, sind den Schnittgeschwindigkeiten beim Trennen Grenzen gesetzt. Es besteht die Gefahr, daß das Werkzeug ausglüht, weil die bei der Spanabnahme an der Werkzeugschneide auftretende Wärme schlecht abgeführt wird. Kühlen mit Kühlflüssigkeit schafft keine Abhilfe, weil der Werkstoff aufquellen würde.

Kunststoffe lassen sich sehr gut kleben und schweißen. Ihre Dichte liegt zwischen $0,9 \text{ g/cm}^3$ und $2,3 \text{ g/cm}^3$.

Verwendung. Tabelle **1.22** gibt einen Überblick. Genauere Angaben sind den Herstellerinformationen oder den Kunststoffnormen zu entnehmen.

Tabelle **1.22** **Wichtige Kunststoffe**

Bezeichnung	Handelsname	Verwendung
Acrylnitril/Butadien	Novodur, Teluran	Gehäuse, verchromb. Zierleisten, Bootskörper
Polyamid	Durethan, Vestamid	Zahnräder, Riemenscheiben, Gehäuse, Gleitlager, Beschläge
Polycarbonat	Makralon	Sicherheitsverglasungen, Maschinenteile
Polychlortrifluorethylen	Hostaflon C2	Dichtungen, Schläuche
Polyethylen	Baylon, Hostalen	Dichtungen, Folien, Isoliermaterial in der E-Technik
Polyoxymetylen	Hostaform, Ultraform	leichtere Getriebeteile, Zahnräder, Laufräder
Polypropylen	Novolen, Vestolen P	Gehäuse, Ventilatoren
Polystyrol	Luran, Vestoran	Gehäuseteile, Schaugläser
Polytetrafluorethylen	Hostaflon TF, Teflon	Dichtungen, Gleitlager, Schläuche
Polyurethan-Elastomere	Desmopan, Vulkollan, Urepan	Buchsen, Dichtungen, Lager, Rollen, Schläuche, Zahnräder
Polyvenylchlorid (hart oder weich)	Hostalit, Vestolit, Vinoflex	Dichtungen, Rohrleitungen, Dachrinnen, Behälter für die chemische Industrie

1.7 Dämmstoffe

Die Technik ist heute ohne Berücksichtigung des Umweltschutzes und Energieeinsparung nicht mehr denkbar. Hinzu kommen Überlegungen zur Humanisierung der Arbeitswelt. So ist z.B. Arbeitslärm die Ursache der Lärmschwerhörigkeit, einer sehr häufigen Berufskrankheit. Deshalb werden Maschinen so konstruiert, daß die Lärmbelästigung möglichst gering bleibt. Mobile Kompressoren – früher eine erhebliche Lärmquelle – sind heute so schallgedämmt, daß sie keine besondere Belastung mehr für die Umwelt bilden. Werk- oder Lagerhallen baut man so, daß Klimatisierung und Beeinträchtigung durch Schall im Umfeld des Arbeitsplatzes erträglich sind.

Diesen Anforderungen kann man nur gerecht werden, wenn man über die physikalischen Grundlagen von *Schall* und *Wärme* informiert ist sowie Struktur und Anwendung von Dämmstoffen kennt.

1.7.1 Schalldämmung

Schall entsteht durch Schwingungen, die sich von einer Schallquelle aus in einem Medium verbreiten. Dies kann ein Gas, eine Flüssigkeit oder ein fester Stoff sein. Die Anzahl der Schwingungen (Frequenz) wird in Hertz (Hz) bzw. Kilohertz (kHz) angegeben. Niedrige Frequenzen empfindet das menschliche Ohr als tiefe Töne, hohe Frequenzen als hohe. Der Hörbereich des Menschen liegt zwischen 16 Hz und 16 000 Hz (das sind 16 kHz). Frequenzen unterhalb dieses Bereichs bezeichnet man als *Infraschall,* darüberliegende als *Ultraschall.*

Schallwellen können gebrochen, gebeugt, reflektiert oder überlagert werden. Eine bekannte Erscheinung ist das *Echo.* Dabei handelt es sich um Schallwellen, die z.B. von einer Wand zurückgeworfen werden. In der Schiffahrt nutzt man die Reflexion von Schallwellen bei der Tiefenmessung mit dem Echolot. Bei der zerstörungsfreien Werkstoffprüfung kontrolliert man mit Hilfe von Ultraschall die Unversehrtheit von Werkstücken (z.B. Schiffswellen oder Gasflaschen).

Ohne Medium kann sich Schall nicht ausbreiten. Deshalb herrscht im luftleeren Raum Stille.

Schallarten Nach der Ausbreitungsart unterscheiden wir Luft-, Körper- und Trittschall.

Luftschall entsteht durch Schallwellen, die sich von der Schallquelle aus in der Luft verbreiten. Treffen sie auf feste Körper, werden sie reflektiert. Ein Teil versetzt den Körper in Schwingungen; es entsteht Körperschall, der teilweise wieder als Luftschall abgestrahlt wird.

Körperschall entsteht durch Schallwellen, die sich in festen oder flüssigen Körpern ausbreiten. Ursachen können Vibrationen von Maschinenteilen, Pumpen, Schläge (z.B. Niethämmer) sein. Körperschall kann von einem Bauteil in ein anderes übertragen werden. Ein Teil der Schallenergie verbleibt während der Fortpflanzung im Körper, der Rest wird als Luftschall abgestrahlt.

Trittschall entsteht durch Begehen fester Körper, teilweise als Körper-, teilweise als Luftschall.

Lärm ist Schall, den der Mensch als störend empfindet. Die Lärmempfindlichkeit ist individuell bedingt. Sie hängt nur mittelbar von der Tonhöhe und der Lautstärke ab. Schon eine verhältnismäßig geringe Lärmeinwirkung kann auf Dauer zu Gesundheitsschäden führen.

Schallgeschwindigkeit. Schallwellen brauchen eine bestimmte Zeit für den Weg vom Sender zum Empfänger. Typisch sind die Erscheinungen bei einem entfernten Gewitter:

Zunächst wird der Blitz wahrgenommen, der Donner ist erst nach einer bestimmten Zeit zu hören.

Die Ausbreitungsgeschwindigkeit des Schalls hängt von der Dichte des Mediums ab, diese wiederum von der Temperatur. Wir erinnern uns, daß alle Stoffe bei Temperaturänderungen ihr Volumen und damit ihre Dichte ändern. Bei festen und flüssigen Stoffen ist die temperaturabhängige Volumenänderung und damit die Veränderung der Dichte verhältnismäßig gering. Unterschiede der Schallgeschwindigkeit in festen oder flüssigen Körpern können deshalb unberücksichtigt bleiben. Anders bei den Gasen, wo Temperaturänderungen die Ausbreitungsgeschwindigkeit des Schalls erheblich beeinflussen (**1.**23).

Tabelle **1.**23   **Schallgeschwindigkeiten** (Auswahl, angenäherte Werte)

Gase			
Luft	in Erdbodennähe	bei 0 °C	332 m/s
	in Erdbodennähe	bei 15 °C	340 m/s
	in 11 km Höhe		296 m/s
Kohlendioxid		bei 20 °C	260 m/s
Wasserstoff		bei 20 °C	1330 m/s
Flüssigkeiten			
Alkohol			1180 m/s
Wasser			1480 m/s
feste Stoffe, Metalle			
Kork			500 m/s
Mauerwerk			3700 m/s
Holz/Glas		bis	5500 m/s
Blei			1200 m/s
Kupfer			3900 m/s
Stahl		bis	5000 m/s

Lautstärke. Wie Menschen den Schall empfinden, hängt vom Schallpegel und den wahrgenommenen Frequenzen ab. Die sich daraus ergebende Lautstärke wird nach dem amerikanischen Erfinder des Telefons Graham Bell (1847–1922) in Dezibel (dB) gemessen. Ein Dezibel sind $^1/_{10}$ Bel. Die bei der Messung verwendeten Geräte dämpfen extreme Frequenzen auftreffender Schallwellen so, daß sich der Schallpegel menschlichem Hörempfinden angleicht. Die auf dieser Grundlage ermittelten Werte der Lautstärke kennzeichnet man als dB(A). Da die Angabe in Dezibel auf einer logarithmischen Teilung beruht, steigt die Lautstärke nicht linear zur Wertveränderung. Vielmehr empfindet das menschliche Ohr die Zunahme um 10 dB(A) als eine Verdoppelung der Lautstärke (1.24 auf S. 32).

Durch Schallschutz soll die Schallenergie so verringert werden, daß der Lärm weder als Körperschall noch als Luftschall störend oder gar gesundheitsschädigend wirkt. Um die Wirkungen der dem menschlichen Ohr abträglichsten Frequenzen zwischen 100 und 3200 Hz zu mildern, schreibt DIN 4109 Schallschutzmaßnahmen vor. Dies geschieht durch Schalldämmung oder durch Schallschluckung, häufig durch deren Kombination und unterstützt durch konstruktive Maßnahmen.

Tabelle **1.24   Lautstärken**

Lautstärke in dB(A)		Beispiele	Beeinträchtigung
0	Hörschwelle		
0 bis 10	unhörbar		
20 bis 30	sehr leise	Uhr, gerade noch hörbare Sprache, Schritte auf weichem Teppich	gesundheitlich unbedenklich
30 bis 50	leise	Geräusch eines Kühlschranks, leise bis halblaute Unterhaltung	noch unbedenklich, psychische und vegetative Reaktionen möglich
50 bis 70	laut	normale Sprache, Staubsauger, Schreibmaschine	teilweise störend, erstes Auftreten nervöser Reaktionen
70 bis 100	sehr laut	lautes Schreien, elektrische Schlagbohrmaschine, größte Rundfunklautstärke, Handkreissäge, Werkzeugmaschine, Disco	bis max. 90 dB(A) für Fabriklärm bei häufigen kurzen Erholungspausen ab 90 dB(A) gesundheitsgefährdend, Beginn von Gehörschäden, Gefahr heftiger Reaktionen des vegetativen Nervensystems
100 bis 150 unerträglich		Preßlufthammer, Kesselschmiede, Düsenflugzeug	Gesundheitsschädigungen; Schmerzschwelle bei 120 dB(A) ab 120 dB(A) Verletzung des zentralen Nervensystems; unheilbare Hörschäden
über 150		Explosionen	Lähmungen und Tod

Durch Schalldämmung dämpft man die in einen Körper eindringende Schallenergie so, daß sie beim Austritt möglichst klein ist. Das Schalldämmaß R gibt die Dämmfähigkeit eines Dämmstoffs in dB an. R ist um so größer, je größer die Masse des Dämmaterials ist (**1.25**).

Tabelle **1.25   Ausgewählte Dämmaße R in dB**

Material	
Ziegelmauerwerk (25 cm, verputzt)	50
Betonwand (20 cm)	48
Holzwollematte (z. B. Heraklith)	50
Türen	
einfach, Holz	20
doppelt, 12 cm Luft	40
Fenster	
einfach	15
doppelt, 12 cm Luft	30

Je größer das Schalldämmaß, desto größer die Schalldämmfähigkeit.

Die Schalldämmung verliert an Wirksamkeit, wenn *Schallbrücken* entstehen. Das können Öffnungen in Wänden, Risse, Fugen, Rohre oder Lüftungskanäle sein.

Schallschluckung. Flächen reflektieren Schallwellen. Um deren Energie zu verringern und damit den Lärmpegel zu senken, bringt man auf die reflektierende Oberfläche schallschluckende Stoffe auf. Die Schallwellen können in deren Oberfläche eindringen, werden dort mehrmals reflektiert und verlieren so einen beträchtlichen Teil ihrer Energie. Die Schallschluckzahl gibt an, wieviel Prozent der Schallenergie ein Stoff schluckt. Sie ist von der Frequenz abhängig (**1.26**).

Tabelle **1.26** **Schallschluckzahlen** (Auswahl)

Material	Minderung in Prozent bei			
	125	500	2000	4000 Hz
Holz	3	6	14	17
Textilbeläge	4	15	52	59
Schallschluckplatte	13	27	72	76
– auf Mineralwolle	40	71	62	72

Je größer die Schallschluckzahl, desto größer die Schallschluckfähigkeit.

Konstruktive Maßnahmen dienen dazu, den Schall am Entstehungsort weitgehend zu mindern oder an der Ausbreitung zu hindern. So baut man Kompressoren in schalldichte Gehäuse ein, stellt Kessel auf schwingungsabsorbierende Unterlagen und legt Rohrschellen mit schalldämmendem Material aus (**1.27**). Isolierglas besteht aus unterschiedlich dicken Scheiben, zwischen denen sich Schalldämmgas befindet (**1.28**).

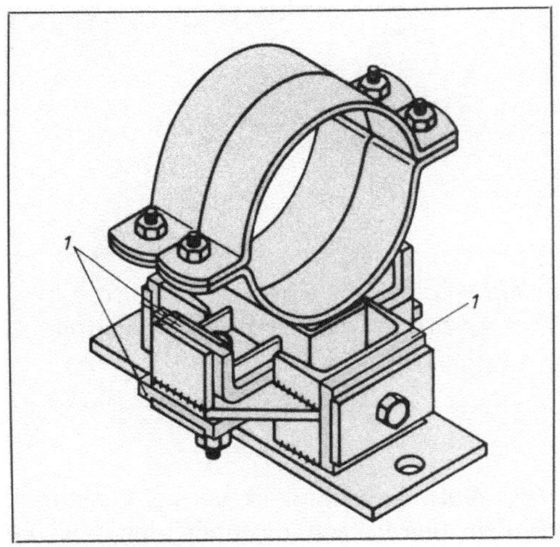

1.27 Rohrschelle mit Dämmungselementen aus Gummi (*1*)

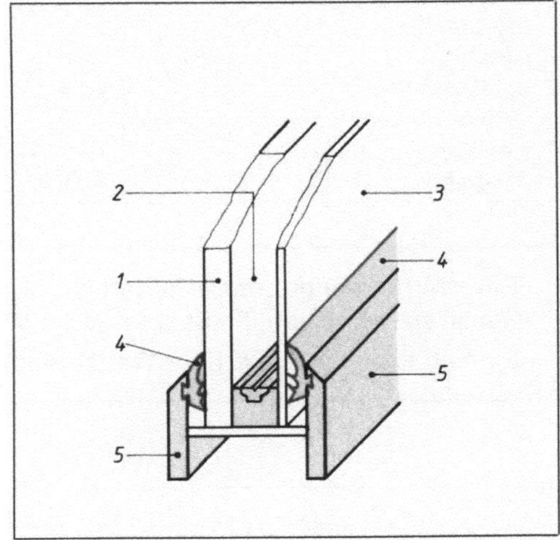

1.28 Querschnitt durch ein Lärmschutzglas
1 dicke Außenscheibe
2 Schalldämmgas zwischen Außen- und Innenscheibe
3 dünne Innenscheibe
4 Dichtungen
5 Rahmenprofile

1.7.2 Wärmedämmung

Wärmemenge. Wärme ist Energie. Sie entsteht durch die Bewegung der Moleküle eines Körpers. Ihre Einheit ist das Joule (J) oder die Wattsekunde (Ws). Um mit annehmbaren Größen rechnen zu können, sind in der Technik die Einheiten Kilojoule (kJ) oder Kilowattstunde (kWh) gebräuchlich.

> Ein Kilojoule ist die Wärmemenge, die man braucht, um 0,238 kg Wasser um 1 Kelvin (K) zu erwärmen.
>
> Um 1 kg Wasser um 1 K zu erwärmen, ist eine Wärmemenge von 4,2 Kilojoule erforderlich.

Temperatur. Wird einem Körper Wärme zugeführt, oder gibt er Wärme ab, ändert sich seine Temperatur. Temperaturen werden in Grad Celsius (°C) gemessen, Temperaturdifferenzen in Kelvin (K) angegeben.

Spezifische Wärmekapazität. Um gleiche Massen verschiedener Stoffe um 1 K zu erwärmen, sind unterschiedliche Wärmemengen erforderlich. Wärmemengen sind also stoffspezifisch (**1.29**).

Tabelle **1.**29   **Spezifische Wärmekapazität c ausgewählter Stoffe**

Werkstoff	$\dfrac{kJ}{kg \cdot K}$	$\dfrac{Wh}{kg \cdot K}$
Blei	0,13	0,036
Kupfer-Zink-Legierung	0,38	0,106
Kupfer	0,39	0,107
Stahl	0,48	0,132
Gußeisen (GG)	0,54	0,150
Kalksandstein	0,71	0,200
Beton	0,88	0,244
Wasser	4,20	1,160

> Die Wärmemenge, die erforderlich ist, um ein Kilogramm eines Stoffes um ein Kelvin zu erwärmen, heißt spezifische Wärmekapazität (c) oder spezifische Wärme. Einheit: kJ je kg mal K oder Wattstunden je kg mal K.

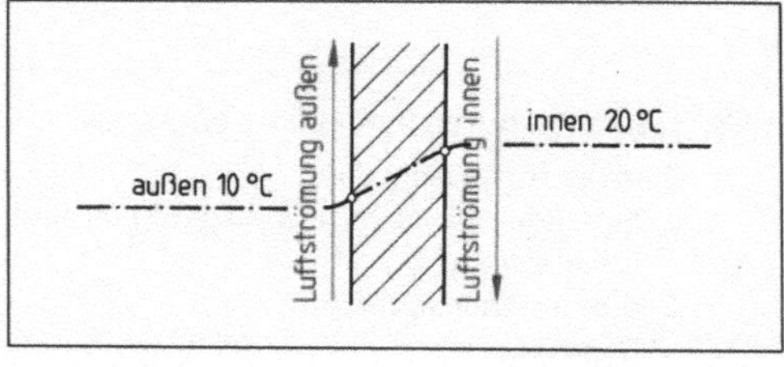

1.30   Wärmestrom durch eine einschalige Wand

Die Wärmeleitfähigkeit versteht man im Prinzip beim Nachvollziehen des Auskühlungsvorgangs eines Raumes. Im Inneren herrscht z.B. eine Temperatur von 20 °C, die Außentemperatur beträgt 10 °C. Da Wärme immer zum kälteren Medium hinströmt, wird sie so lange von innen nach außen geleitet, bis Innen- und Außentemperatur übereinstimmen (**1.**30). Die Intensität der Auskühlung ist abhängig von der Wärmeleitfähigkeit der Trennwand. Sie ist materialgebunden (**1.31**).

Die rotgedruckten Materialien bezeichnet man als Wärmedämmstoffe. Ihre λ-Werte sind auffallend klein. So ist z.B. die Wärmedämmzahl des Dämmstoffs Hartschaum im Vergleich zu der des guten Wärmeleiters Kupfer besonders klein.

Tabelle **1.31** **Wärmeleitfähigkeit** λ **ausgewählter Materialien in** $\dfrac{W}{K \cdot m}$

Luft	0,023
Hartschaum	0.03
Mineralfaser	0,041
Kork (Rohdichte 160 kg/m³)	0,044
Holzwolleleichtbauplatten (ca. 30 mm dick)	0,093
Gasbeton (Rohdichte 600 kg/m³)	0,23
Kalksandlochstein (Rohdichte 1200 kg/m³)	0,56
Wasser	0,58
Fensterglas	0,81
Kalksandvollstein (Rohdichte 1800 kg/m³)	0,99
Stahl	60,00
Kupfer	380,00

> Die Wärmeleitfähigkeit λ gibt den Wärmestrom bei einem Temperaturunterschied von 1 K über 1 m² eines 1 m dicken Stoffes in *Watt je Kelvin mal Meter* an.
>
> Je kleiner die Wärmeleitfähigkeit, desto größer die Wärmedämmung.
>
> Unter Rohdichte versteht man die Dichte eines Stoffes unter Berücksichtigung aller im Material eingeschlossenen Fremdstoffe, einschließlich Luft.

Durch Wärmedämmung soll der Verlust von Wärmeenergie verringert werden. Die Dämmfähigkeit der verwendeten Dämmstoffe beruht vor allem auf der in ihnen eingeschlossenen Luft.

Beispiel Bild **1.32** zeigt den Querschnitt durch die Wand einer Lagerhalle. Die zwischen der Innen- und Außenschale angebrachte Wärmedämmschicht schirmt im Winter gegen die Kälte von außen ab und vermeidet im Sommer das unangenehme Aufheizen des Innenraums durch Sonneneinstrahlung.

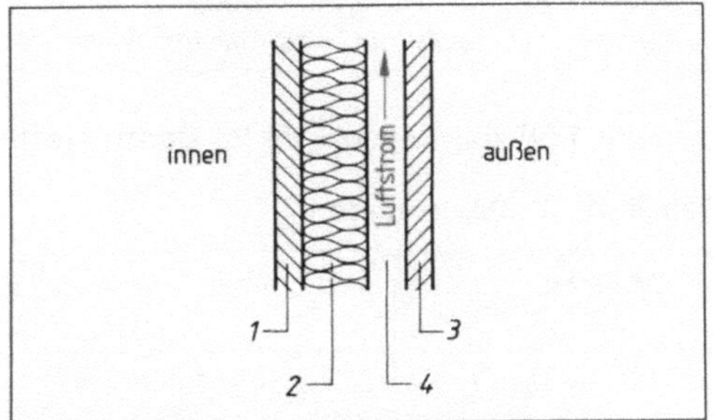

1.32 Querschnitt durch eine zweischalige Fassade
1 Innenschale
2 Wärmedämmschicht
3 Wetterhaut gegen Witterungseinflüsse
4 Luftschicht zum Hinterlüften

Eine nicht fachgerecht ausgeführte Wärmedämmung kann besonders im Fassadenbau zur *Taupunktunterschreitung* führen. Die Folge ist Kondenswasserbildung, die besonders nachteilig wirkt, wenn die Wärmedämmschicht feucht wird. Ein Blick in die Tabelle **1.31** zeigt, daß Wasser eine Wärmeleitfähigkeit von 0,58 W/(K · m), Mineralfaser dagegen nur von 0,041 W/(K · m) hat. Wasser leitet Wärme also vierzehnmal besser als Mineralfaser. Eine Durchfeuchtung der Wärmedämmschicht würde deren Dämmfähigkeit erheblich herabsetzen. Deshalb ist die Fassade durch konstruktive Maßnahmen zu hinterlüften.

Beispiele Gegen Wärmeverlust schützt die Ummantelung der Heißdampfleitung **1.33** auf S. 36. Das wärmedämmende Material wird durch eine Blechummantelung gegen mechanische Einwirkungen von außen geschützt.

1.33 Im Bau befindliche Heißdampfleitung mit Dämmung

1.34 Konstruktiver Aufbau einer Dämmung

Bild **1.34** zeigt den konstruktiven Aufbau der Dämmung, deren äußere Schale bei Außenanlagen noch besonders abgedichtet wird, um z.B. das Eindringen von Feuchtigkeit zu verhindern.

Brandverhalten von Dämmstoffen. Zur Wärmedämmung sind keine leichtentflammbaren Dämmstoffe zugelassen. Das Brandverhalten kennzeichnet DIN 4102 (**1.35**).

Tabelle **1.35** **Brandverhalten von Dämmstoffen nach DIN 4102**

A1	nicht brennbar
A2	nicht brennbar
B1	schwer entflammbar
B2	normal entflammbar
B3	leicht entflammbar (im Bauwesen nicht mehr erlaubt)

Tabelle **1.36** zeigt ausgewählte Dämmstoffe und ihre Eigenschaften.

Tabelle **1.36** **Dämmstoffe**

Material	bekannt als	Brand- verhalten	Eigenschaften	Eignung
Mineralfasern	Glaswolle, Steinwolle, Schlackenwolle	A1, A2	offenporig, elastisch	Wärmedämmung, Trittschalldäm-mung, Schallschutz
Polystyrol-Hartschaum	Styrodur, Roofmate	B1, B2	zähhart, wasser-abweisend, alterungsbeständig, verrottungsfest	Wärmedämmung, Trittschallschutz
Polyurethan-Hartschaum		B1, B2	chemisch sehr beständig	Wärmedämmung, Schalldämmung
	Sprühschaum			Wärmedämmung, Ortschaum zur Schalldämmung
Holzwolle-Leichtbauplatten	Heraklith u.a.	B1	alterungsbeständig, verrottungsfest	Wärmedämmung, unverputzt zur Schallschluckung

1. Was versteht man unter dem Satz „Kunststoffe können konstruiert werden"?

2. Kunststoffe können maschinell nur mit niedrigen Schnittgeschwindigkeiten bearbeitet werden. Warum?

3. Was versteht man unter thermoplastischen Kunststoffen?

4. Wie verändern sich die Bearbeitungsmöglichkeiten härtender Kunststoffe?

5. Was versteht man unter Luft-, Körper- und Trittschall?

6. Um wieviel Dezibel muß sich ein Geräusch verändern, um als doppelt so laut empfunden zu werden?

7. Welchen Einfluß hat die Masse eines Stoffes auf die Schalldämmung?

8. Wie wirken schallschluckende Stoffe?

9. Worin beruht die Wirkung von schalldämmenden Fenstern?

10. Was ist Wärme?

11. In welcher Einheit werden Temperaturgrade und -differenzen gemessen?

12. Was versteht man unter Wärmeleitfähigkeit?

13. Welche Beziehung besteht zwischen Wärmeleitfähigkeit und Wärmedämmwirkung?

14. Warum müssen Wärmedämmschichten vor Durchfeuchtung geschützt werden?

15. Was versteht man unter dem Taupunkt?

16. Wie entsteht Schwitzwasser z.B. an Hallenaußenwänden?

17. Welche Dämmstoffe dürfen nicht zur Wärmedämmung verwendet werden?

1.8 Korrosion und Korrosionsschutz

> **Korrosion** Der Werkstoff wird durch chemische oder elektrochemische Vorgänge zerstört.
>
> **Erosion** Der Werkstoff wird aufgrund mechanischer Einwirkung zerstört.
>
> **Kavitation** Der Werkstoff wird durch Gasblasenbildung in strömenden Flüssigkeiten zerstört.

Ursache der Korrosion. Alle Metalle außer den Edelmetallen kommen in der Natur in Form chemischer Verbindungen vor. Diese Verbindungen sind stabil, d.h. existieren in der jeweiligen Form ohne besondere Veränderungen über lange Zeiträume. Um die darin enthaltenen Metalle zu gewinnen, sind recht aufwendige technische Verfahren notwendig wie die Roheisengewinnung, bei der Eisenoxide so aufgespalten werden, daß Eisen als technisch nutzbarer Werkstoff gewonnen werden kann. Das Eisen befindet sich jedoch in einem instabilen Zustand und ist bestrebt, wieder die Verbindung mit Sauerstoff einzugehen – es rostet.

> Alle unedlen Metalle haben das Bestreben, den chemisch stabilen Zustand wieder zu erreichen. Sie gehen deshalb mit anderen Stoffen Verbindungen ein – sie korrodieren.

Erscheinungsformen der Korrosion. Werkstoffe können auf verschiedene Arten angegriffen werden.

Die Oberflächenkorrosion ist leicht erkennbar. Der Werkstoff wird dabei gleichmäßig an der Oberfläche abgetragen (1.37). Durch Sichtkontrolle kann man beurteilen, ob seine Festigkeit noch gewährleistet ist. Bei einigen Metallen (z. B. Aluminium) ist Oberflächenkorrosion erwünscht und wird künstlich herbeigeführt, weil die Oxidschicht vor weiterer Korrosion schützt.

Lochfraß ist wesentlich gefährlicher. Hierbei korrodiert das Metall nur an einigen Stellen (1.38). Der Schaden ist unter Umständen erst zu erkennen, wenn der Werkstoff druchgefressen ist.

Interkristalline Korrosion oder Korngrenzenangriff betrifft Metall-Legierungen. Erstarrt z. B. Messing, kann sich an den Korngrenzen Zink ausscheiden, das durch Korrosion erheblich stärker angegriffen wird als Kupfer. Dadurch verringert sich der Zusammenhalt zwischen den Kristallen, der Werkstoff verliert seine Festigkeit. Äußerlich ist der Verlust an Festigkeit nicht zu erkennen (1.39).

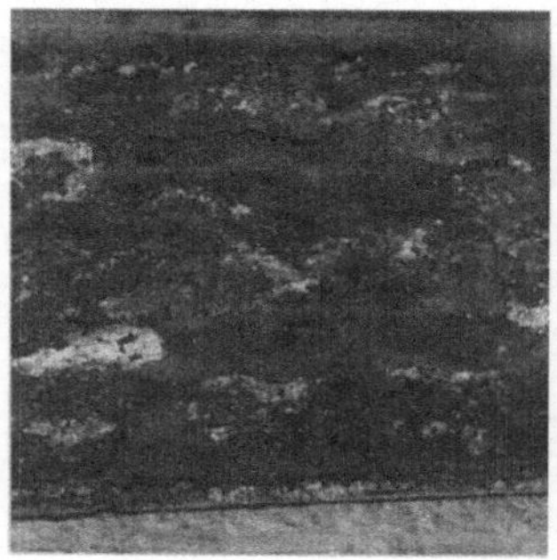

1.37 Oberflächenkorrosion an einem Stahlträger

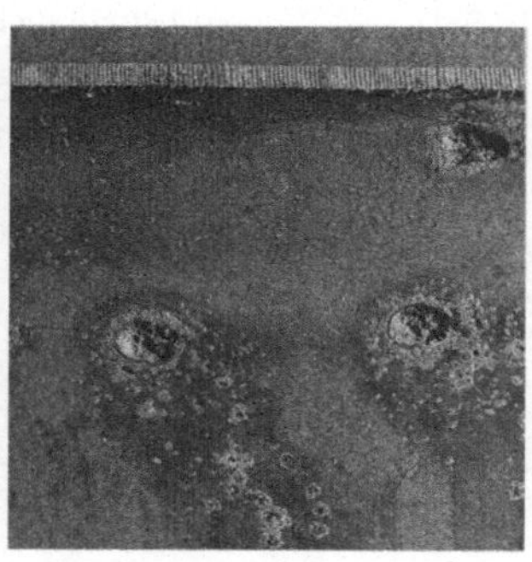

1.38 Lochfraß an einem Öltank

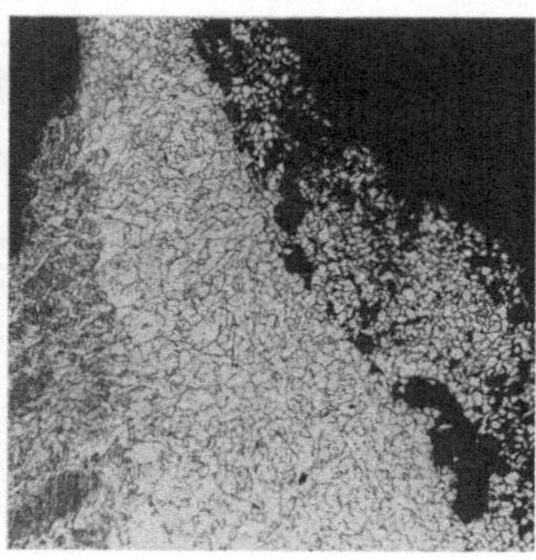

1.39 Korngrenzenangriff (Schliffbild)

Korrosionsarten. Wir unterscheiden die chemische, elektrochemische und Kontaktkorrosion.

Die chemische Korrosion entsteht, wenn Chemikalien auf die Werkstoffoberfläche einwirken. Am häufigsten geschieht das durch Sauerstoff. Diese Korrosion bedeutet nicht unbedingt die Zerstörung des Werkstoffs, sondern ist teilweise sogar erwünscht. Es können sich dabei wie bei Aluminium geschlossene Deckschichten an der Werkstoffoberfläche bilden, die den darunter liegenden Werkstoff vor weiterer Korrosion schützen.

Tabelle 1.40 **Spannungsreihe der Elemente** (Auswahl)

Magnesium	− 2,35 V
Aluminium	− 1,69 V
Zink	− 0,76 V
Chrom	− 0,56 V
Eisen	− 0,44 V
Nickel	− 0,24 V
Zinn	− 0,15 V
Blei	− 0,13 V
Wasserstoff	0 V
Kupfer	+ 0,35 V
Silber	+ 0,80 V
Platin	+ 1,2 V
Gold	+ 1,42 V

Die elektrochemische Korrosion ist in den Folgen weitaus gefährlicher als die chemische. Ausschlaggebend für den Umfang der Zerstörung eines Werkstoffs ist dessen Stellung in der Spannungsreihe der Elemente (1.40).

Das Element Wasserstoff (H) hat gegenüber einer Salzlösung die Spannung „0". Bezogen auf den Wasserstoff haben Metalle eine negative (−) oder positive (+) Ladung. Metalle mit negativer Ladung bezeichnet man als *unedel,* die mit positiver Ladung als *edel.* Je edler ein Metall ist, desto weniger korrodiert es.

Die Tabelle **1.40** zeigt, daß fast alle Gebrauchtsmetalle korrosionsfähig sind. Allerdings entspricht das Korrosionsverhalten nicht immer dem unedlen Charakter des Werkstoffs. So bildet sich an der Oberfläche von Aluminium oder Magnesium sofort eine Oxidschicht, die das Material vor weiterer Korrosion schützt. Erst wenn diese Schicht zerstört ist, reagiert der Werkstoff entsprechend der Stellung in der Spannungsreihe.

Wesentlich für die zu erwartende Korrosion sind auch die Korrosionsbedingungen. So hat man *praktische Spannungsreihen* aufgestellt, aus denen hervorgeht, wie ein Werkstoff unter verschiedenen Bedingungen reagiert.

Beispiel Baustahl wird von destilliertem Wasser stärker als von Leitungswasser angegriffen, da dieses den Stahl mit einer schützenden Kalkschicht überzieht. Bei einer relativen Luftfeuchtigkeit von 55% ist Baustahl das am stärksten korrodierende Gebrauchsmetall. Der Rost zerstört die Oberfläche mit einer Geschwindigkeit von etwa 0,004 mm im Jahr. Wirken Meeresluft oder Industrieabgase auf Baustahl ein, erhöht sich die Geschwindigkeit auf 0,17 mm jährlich und steigt in allen Fällen bei sich erhöhender Lufttemperatur noch weiter an.

Rost als Oxidschicht auf Baustahl bietet im Gegensatz zu der auf Aluminium keinen Korrosionsschutz. Die Rostschicht quillt auf und blättert ab, der darunter liegende Werkstoff wird erneut angegriffen.

In geschlossenen Räumen korrodiert Stahl weniger intensiv, da dort im allgemeinen die Luftfeuchtigkeit geringer ist. Zerstörungen treten dort eher durch Schwitzwasser oder durch Handschweiß auf.

Tabelle **1.41** **Korrosionsverhalten von Nichteisenmetallen**

Werkstoff	geschützt durch	beständig gegen	gefährdet durch
Aluminium	Oxidhaut	Wasser, alle Witterungseinflüsse	Salz-, Schwefelsäure, Quecksilber *Cu-haltige Legierungen* durch *interkristalline Korrosion* bei Seewassereinfluß
Kupfer	Patina (Grünspan ist keine Patina, sondern ein giftiges Salz!)	Säuren bei Sauerstoffausschluß, Witterungseinflüsse	Ammoniak, Salpetersäure
Magnesium	Schutzschichten aus Oxid, Hydroxid, Karbonat	Witterungseinflüsse	Seewasser, Schwitzwasser
Zink	Schutzschicht aus Oxid bzw. Karbonat	Witterungseinflüsse (bedingt)	Regenwasser ohne genügend CO_2-Gehalt, Seeluft, Industrieabgase, Schwitzwasser bei Temperaturen bis 70°
Zinn		bei Raumtemperatur gegen Luft, Wasser, Basen, schwache Säuren	

Kontaktkorrosion. Berühren sich zwei verschiedene Metalle und bildet sich an der Berührungsfläche Feuchtigkeit, entsteht ein galvanisches Element.

Zwischen zwei Metallen besteht durch eine elektrisch leitende Flüssigkeit eine Verbindung. Auf dem unedlen Metall befinden sich mehr freie Elektronen als auf dem edleren; die Elektronen fließen zum edleren Metall. Elektronenbildung und Elektronenfluß dauern so lange, bis das unedlere Metall vollständig gelöst ist. Das edlere Metall bleibt unbeschädigt.

In der Praxis tritt Kontaktkorrosion überall dort auf, wo sich verschiedene Metalle berühren, z.B. wenn Stahl durch Kupferniete verbunden wird oder wenn in Legierungen Gefügebestandteile ausgeschieden werden. Man vermeidet Kontaktkorrosion, indem man gleichartige Metalle verwendet oder verschiedene Metalle durch Isolierschichten (z.B. Plastikscheiben) trennt.

Es mag eigenartig klingen: Die Vorgänge, die Kontaktkorrosion bewirken, können auch als Korrosionsschutz dienen. Gemeint ist der *kathodische Schutz.* Bei Tanks oder bei Schiffen bildet man bewußt galvanische Elemente aus Stahl und Magnesium. Bei den elektrochemischen Vorgängen wird das unedlere Magnesium zersetzt, während der Stahl vor unliebsamer Korrosion bewahrt wird. Magnesium wirkt als *Opferanode.*

Korrosionsschutz dient der Werterhaltung von Bauteilen. Dazu gibt es verschiedene Möglichkeiten.

Schutz durch Einfetten. Das einfachste Mittel, Stahl und Leichtmetalle gegen Korrosion zu schützen, ist, die Oberfläche mit einer Fettschicht zu versehen. Sie verhindert die Berührung der metallischen Oberfläche mit dem Sauerstoff der Luft. Die Fette oder Öle dürfen keine Säuren enthalten, die den Werkstoff angreifen könnten. Durch Einfetten schützt man hauptsächlich Teile, die blank bleiben sollen.

Schutz durch Beschichten. Als Oberflächenschutz verwendet man Ölfarben oder Lacke, teilweise auch Asphalt oder Bitumen. Je nach Eignung werden sie gestrichen oder gespritzt. Einwandfreien Schutz erhält man nur, wenn vor der Beschichtung sämtliche Verunreinigungen von der Werkstückoberfläche sorgfältig entfernt worden sind. Dazu dienen Sandstrahlgebläse, bei Stahl besondere Entrostungsmittel. Anschließend entfettet man das Werkstück gründlich. Danach dürfen die Flächen nicht mehr berührt werden, weil an den Stellen, wo Fingerabdrücke vorhanden sind, die Schutzfarbe nicht mehr einwandfrei haftet. Nach dem Entfetten wird grundiert. Die Grundierung dient als Haftgrund für Beschichtung und muß wasserundurchlässig, hart und elastisch sein. Dies ist von besonderer Bedeutung, weil die Farbe sonst bei Erwärmung und Ausdehnung des Werkstücks abplatzt. Auf die Grundbeschichtung folgen nach Bedarf Zwischenbeschichtungen und zuletzt die Deckbeschichtung. Den eigentlichen Korrosionsschutz gewährleistet die Grundbeschichtung (**1.42**).

Für einen kurzfristigen Korrosionsschutz verwendet man *Abziehlacke.* Damit schützt man Teile z.B. während des Transports. Sie sind als blau- oder violett-transparente Überzüge von Beschlagteilen bekannt. Abziehlacke lassen sich wieder leicht entfernen, nachdem sie ihren Zweck erfüllt haben.

1.42 Aufbau einer Beschichtungs-
schutzschicht

1 1. Grundbeschichtung
2 2. Grundbeschichtung
3 Kantenschutz
4 1. Deckbeschichtung
5 2. Deckbeschichtung
6 Bodenzonenschutz

Schutz durch nichtmetallische Überzüge. Verbreitet ist das *Emaillieren.* Das Werkstück wird mit Emaillefarbe überzogen und im Brennofen Temperaturen bis 900 °C ausgesetzt. Dabei schmilzt das in der Emaillefarbe enthaltene Glaspulver und bildet eine gegenüber Chemikalien widerstandsfähige Schicht, die allerdings sehr schlagempfindlich ist.

Stahlblech kann man mit *Kunststoff* überziehen. Solche Bleche verbinden die guten Eigenschaften des Stahls und Kunststoffs. Sie lassen sich ohne besondere Schwierigkeiten in der Massenfertigung weiterverarbeiten.

Schutz durch metallische Überzüge. Die Schutzwirkung ergibt sich aus der Stellung des Materials in der Spannungsreihe der Elemente. Den sichersten Schutz des Bauteils erhält man durch eine Schicht aus einem unedleren Metall wie z. B. Zink. Die Schutzwirkung bleibt auch dann noch erhalten, wenn die Beschichtung beschädigt ist. Die elektrochemischen Vorgänge verhindern selbst dann noch Korrosion des Grundmetalls, wenn der metallische Überzug schon weitgehend zerstört ist.

Edlere Metalle als Stahl (wie Blei, Chrom, Edelmetalle, Kobalt, Kupfer, Nickel und Zinn) schützen nur, wenn der metallische Überzug dicht ist. Mechanische Beschädigungen (z. B. durchgehende Kratzer) führen dazu, daß das Grundmetall stärker als ohne Korrosionsschutz zerstört wird. Um eine einwandfreie Haftung des edleren Schutzmetalls auf dem Grundmetall zu gewährleisten, wird dessen Oberfläche zunächst verkupfert. Beim Verchromen wird auf die Kupferschicht noch eine Nickelschicht aufgetragen. *Chrom* dient nicht nur als Korrosions-, sondern auch als Verschleißschutz. Er ist sehr hart und wird in Schichten bis zu 1 mm Dicke aufgetragen – das Werkstück wird *hartverchromt.* So erhöht man die Verschleißfestigkeit von Zylinderlaufbuchsen, Meßzeugen, Tiefziehvorrichtungen und ähnlichen Werkzeugen (**1.43**).

1.43 Durch Korrosion zerstörte Hartverchromung

Verfahren zum Herstellen metallischer Überzüge. Einwandfreier Schutz erfordert sorgfältige Vorbehandlung des Bauteils. Der zu schützende Werkstoff muß metallisch rein sein.

Durch Aufdampfen im Vakuum werden Schichten um 1/1000 m Dicke erzeugt.

Durch das Metallspritzverfahren erhält man dickere Schichten. Es ist für alle Schutzmetalle geeignet, aus denen Drähte hergestellt werden können. Der Draht wird einer Spritzpistole zugeführt. Er brennt an einer Düse ab, das flüssige Metall wird auf die Werkstückoberfläche gesprüht.

Durch Aufwalzen des Schutzmetalls in etwa 5% bis 10% der Gesamtdicke des Fertigprodukts erhält man einen sehr guten Korrosionsschutz. Durch den Walzdruck verschweißen Schutzschicht und Grundmetall. Wird ein unedleres Schutzmetall als das Grundmetall verwendet, braucht man den freiliegenden Querschnitt an den Blechkanten nicht besonders zu behandeln, weil der metallische Überzug eine Fernschutzwirkung ausübt. Zum Aufwalzen auf Stahlblech eignen sich besonders Aluminium, Chromnickelstähle, Kupfer, Messing oder Nickel.

Tauchverfahren dienen zum Feuerverzinken. Die sorgfältig gesäuberten Werkstücke taucht man in das flüssige Schutzmetall. Es entsteht ein Film auf dem Grundmetall, der nach dem Erkalten die Schutzschicht ergibt.

1.44 Galvanisierungsanlage

Beim Galvanisieren bringt man das Werkstück in eine Salzlösung des Schutzwerkstoffs. Besonders geeignet hierzu sind Blei, Chrom, Kupfer, Kadmium, Nickel, Silber, Zink und Zinn. Eine Platte aus dem Schutzwerkstoff dient als Pluspol, das zu schützende Werkstück als Minuspol einer Gleichstromquelle. Das Werkstück überzieht sich mit einer dichten gleichmäßigen Schicht des Schutzmetalls (**1.44**). Beim Galvanisieren von Stahlteilen besteht die Gefahr, daß Wasserstoff aufgenommen wird. Um die sich daraus ergebende Versprödung zu vermeiden, setzt man die Werkstücke Temperaturen von etwa 250 °C aus, wobei der Wasserstoff entweicht.

Schutz durch Oberflächenbehandlung

Durch Schwarzbrennen ergibt sich ein einfacher, jedoch nicht dauerhafter Korrosionsschutz für Stahl. Das Werkstück wird in Lein- oder Mineralöl mit Wachszusatz getaucht und im Schmiedefeuer auf etwa 450 °C erwärmt.

Durch Brünieren erhält man einen besseren Rostschutz. Dabei wird das Werkstück bis zu 60 Minuten in 140 °C warme Natronlauge getaucht. So bildet sich auf der Oberfläche eine dicke Oxidschicht. Anschließend spült man die Teile abwechselnd in heißem und kaltem Wasser, bevor man sie zum Abkühlen in Maschinenöl legt. Eine brünierte Oberfläche erkennt man am blauschwarzen Aussehen. Vorteil des Verfahrens, das bei Stahl häufig angewendet wird, ist die geringe Maßveränderung unter 0,0001 mm.

Beim Phosphatieren wird auf der Oberfläche der aus Stahl hergestellten Werkstücke eine Eisenphosphatschicht erzeugt, indem man sie in Mangan- oder Zinkphosphatlösung taucht, deren Temperatur bei 100 °C liegt. Die korrosionsbeständige Schutzschicht gibt einen guten Haftgrund für Lackierungen ab.

Durch Eloxieren erhält Aluminium oder Magnesium eine korrosionsbeständige Oberfläche. Das Werkstück wird als Pluspol in ein Oxalsäurebad gehängt. Als Minuspol verwendet man Eisenblech. Während der Elektrolyse der Oxalsäure entsteht Sauerstoff, der in die Poren der schon vorhandenen Oxidschicht eindringt. Durch Einfärben der Werkstückoberfläche werden die Poren geschlossen, das Material ist dann besonders korrosionsfest.

Aufgaben zu Abschnitt 1.8

1. Welcher Unterschied besteht zwischen Korrosion und Kavitation?
2. Warum korrodieren unedle Metalle?
3. Nennen Sie Erscheinungsformen der Korrosion anhand von Beispielen.
4. In welchen Fällen ist Oberflächenkorrosion erwünscht?
5. Werden Kupfer- und Stahlteile miteinander verschraubt, müssen sie durch Kunststoffzwischenlagen getrennt werden. Warum?
6. Wie verhindern kathodische Schutzmaßnahmen Korrosion?
7. Nennen Sie gängige Korrosionsschutzmaßnahmen.
8. Begründen Sie, wann metallische Überzüge das Gegenteil von Korrosionsschutz bewirken.
9. Was versteht man unter einer Opferanode?
10. Bei welcher Beschichtung ist Korrosionsschutz auch dann noch gegeben, wenn die Schutzschicht beschädigt ist?
11. Was wird durch Hartverchromen erreicht?
12. Um Stahlteile vor Korrosion zu schützen, werden sie beschichtet. Welche Voraussetzungen sind zu erfüllen, um guten Korrosionsschutz zu erhalten?

1.9 Werkstoffprüfung

In der Werkstoffprüfung werden Materialeigenschaften ermittelt, deren Kenntnis u. a. für die weitere fachgerechte Verarbeitung von Bedeutung sind. Wir unterscheiden die Werkstoffprüfung mit Werkstattmitteln und im Labor.

1.9.1 Werkstoffprüfung in der Werkstatt

Die Verfahren liefern keine Meßwerte über Festigkeit, Härte oder Zähigkeit. Mit ihnen läßt sich aber feststellen, welche technologischen Eigenschaften ein Werkstoff hat und ob er sich für den geplanten Bearbeitungsvorgang eignet. Dazu wird eine Probe des Werkstoffs so bearbeitet, wie es im vorgesehenen Fertigungsprozeß geschehen soll. Die wichtigsten Prüfverfahren werden beschrieben.

Sichtprobe. Dem Fachmann kann schon das Aussehen eines Werkstoffs Erkenntnisse über dessen Eigenschaften vermitteln, da Aussehen und Beschaffenheit der Oberfläche materialtypisch sind.

Beispiele   **Grauguß** ist grau bis schwarzgrau, hat eine rauhe Oberfläche, ist in bearbeitetem Zustand grobporig.

Baustahl (gewalzt) hat durch Zunder eine blaugraue, unsaubere Oberfläche. Halbzeuge haben keine scharfen Kanten.

Werkzeugstahl (gewalzt) ähnelt Baustahl. Die Oberfläche ist glatter, die Kanten sind scharf.

Werkzeugstahl (blank gezogen) hat eine silbrig glänzende Oberfläche, genaue Form, ist maßhaltig nach ISO-Norm.

Bei der Bruchprobe wird das Prüfstück zerbrochen. Für Stahl kann angenommen werden, daß mit zunehmender Feinkörnigkeit der Bruchfläche auch die Festigkeit und Härte des Materials ansteigen.

Feil- und Klangprobe. Bei der Feilprobe führt man einige Feilstriche auf der Oberfläche des zu prüfenden Werkstoffs aus. Je härter das Material, desto schlechter greift die Feile an. Bei der Klangprobe schlägt man mit einem Hammer gegen den leicht zwischen den Fingern gehaltenen Stahl. Hochwertiger Stahl gibt einen hellen, einfacher Stahl einen dumpfen Klang.

Kaltproben. Mit der *Biegeprobe* untersucht man Bleche oder Vierkantprofile auf Verformbarkeit (1.45a). Das Prüfstück wird durchgebogen, bis an der Biegekante Risse auftreten. Der Biegewinkel α gibt Aufschluß über die Biegefestigkeit des Werkstoffs. Bei der *Falt-*

probe wird das Blech gefaltet. Es darf an der Biegekante keine Risse zeigen, um bis zu einem Biegewinkel von 180° noch verwendbar zu sein (1.45b). Bei der *Stauchprobe* wird ein Nietwerkstoff auf ungefähr ein Drittel seiner Länge gestaucht. Er darf keine Risse zeigen.

Bei Warmproben wird der Werkstoff z. B. auf Schmiedeeignung überprüft. Man erwärmt das Material auf Schmiedetemperatur und beansprucht es wie bei den Kaltproben.

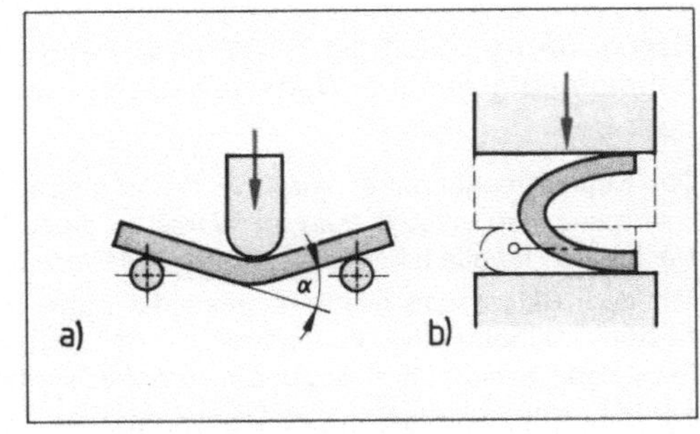

1.45   a) Biegeprobe, b) Faltprobe

Die Funkenprobe läßt aus dem beim Anschleifen eines Werkstoffs entstehenden Funkenbild Rückschlüsse auf die Materialzusammensetzung zu. Dazu hält man das Prüfstück
unter leichtem Druck an eine nicht zu grobe Schleifscheibe. Die Schleifspäne sind bis
zum Schmelzpunkt erwärmt. Bei diesen Temperaturen verbrennen besonders Kohlenstoff, Silizium und Mangan an der Luft. Als Verbrennungsprodukte entstehen u. a. Kohlenmonoxid und Kohlendioxid, die die herausgerissenen Werkstoffteilchen explosionsartig
zerspringen lassen. Je nach Werkstoffzusammensetzung erscheinen typische Funkenbilder. Sie geben dem Fachmann Aufschluß über Zusammensetzung des Stahls und erlauben damit Rückschlüsse auf seine Eigenschaften.

Unlegierte und niedriglegierte Stähle bilden bei geringem Kohlenstoffgehalt lange,
glatte Strahlen (1.46a). Mit zunehmendem C-Gehalt treten immer mehr Verästelun-
gen und Sternchen auf, die von den vermehrten Kohlenstoffexplosionen herrühren.
Die Funkengarben sind weiß-gelb gefärbt.

Siliziumstähle haben ein relativ einfach zu erkennendes Funkenbild. Die Farbe des
Funkenbüschels erscheint heller und intensiver, vor den zerspringenden Werkstoff-
partikeln zeichnet sich eine Verdickung in der Funkengarbe ab (1.46b). Der Werkstoff
kann gut gehärtet werden und hat erhöhte Elastizität und Festigkeit.

Hochlegierte Stähle enthalten höhere Legierungsanteile, die die Kohlenstoffexplo-
sion z. T. stark unterdrücken. Typisch ist das Funkenbild von Schnellschnittstahl, das
kaum Kohlenstoffexplosionen zeigt (1.46c). Die Funkengarbe erscheint rot gestri-
chelt, weil der hohe Wolframgehalt das Zersprühen verhindert. Wolframhaltige
Stähle sind besonders warmfest.

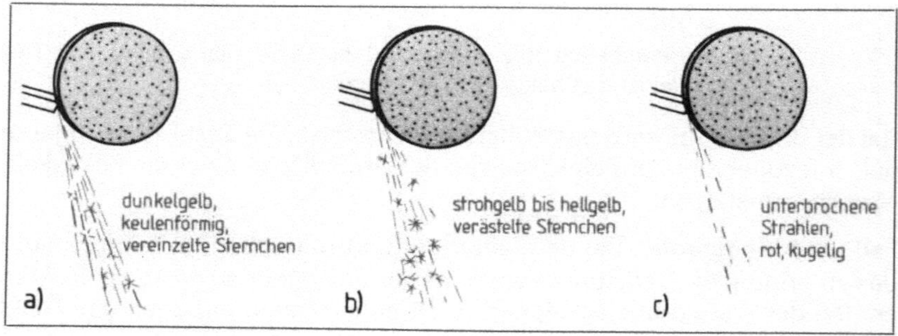

1.46 Funkenbilder von Stahl
a) unlegierter bzw. niedriglegierter Stahl, b) Siliziumstahl mit mehr als 1%
Si-Gehalt, c) HSS-Stahl

Alle anderen Legierungsbestandteile lassen sich im Funkenbild nur schwer erkennen. Es
ist deshalb grundsätzlich ratsam, Prüfungen anhand bekannter Werkstoffe durchzuführen
und deren Ergebnisse mit denen des unbekannten Werkstoffs zu vergleichen.

Härteprüfung. Auch die Härte eines Werkstoffs ist mit Werkstattmitteln feststellbar. Verhältnismäßig genaue Werte erhält man mit dem Kugelschlaghammer, dem Skleroskop
oder dem Duroskop.

Der Kugelschlaghammer wird zur Prüfung großer Werkstücke angewendet. Durch einen leichten
Hammerschlag erzeugt man im Werkstoff einen Kugeleindruck und ermittelt dessen Durchmesser.
Nach einer Tabelle läßt sich die Härte des Werkstoffs zuordnen (1.47a).

Mit dem Skleroskop bestimmt man die Härte eines Werkstoffs aus dem Verhältnis von Fallhöhe
zu Rückprallhöhe eines Fallhammers. Der Prüfung liegt die Erkenntnis zugrunde, daß eine auf eine
Stahlplatte fallende Stahlkugel um so höher springt, je härter die Platte ist (1.47b).

Mit dem Duroskop lassen sich Härteprüfungen an senkrechten Flächen ausführen. Der Prüfung liegt
das Prinzip des Skleroskops zugrunde (1.47c).

44

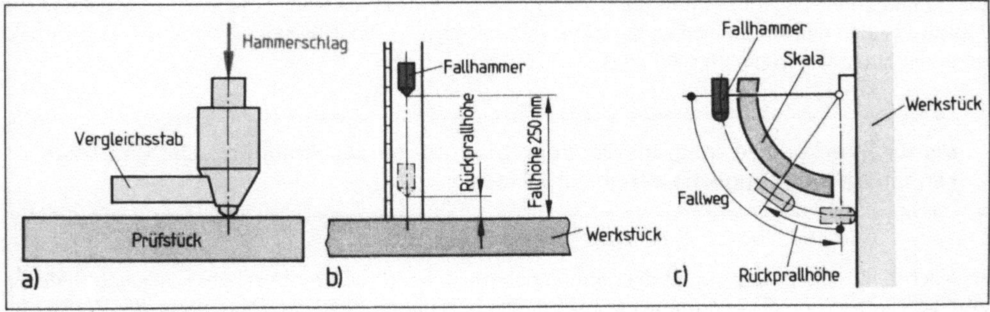

1.47   a) Kugelschlaghammer, b) Skleroskop (Fallhammer), c) Duroskop

1.9.2   Werkstoffprüfung im Labor

Genau lassen sich die Eigenschaften eines Werkstoffs nur im Labor bestimmen, denn nur dort stehen die erforderlichen Einrichtungen zur Verfügung. Soll z.B. der Gefügeaufbau eines Materials untersucht werden, schleift man davon eine Probe, ätzt die Schlifffläche und betrachtet diese unter dem Mikroskop. Das Schliffbild gibt Auskunft über die Zusammensetzung.

> Die chemische Zusammensetzung eines Werkstoffs bestimmt man durch eine Analyse. Sie ergibt genaue Zahlen über Art und Menge der im Werkstoff vorhandenen Legierungsbestandteile.

Zerstörende Werkstoffprüfung

Um die Belastbarkeit von Werkstoffen zu ermitteln, werden Materialproben zerstört. Man mißt die dazu notwendigen Kräfte und ermittelt daraus die Festigkeit.

> Festigkeit ist der Widerstand, den der Werkstoff der Zerstörung entgegensetzt.
>
> Spannung ist die Kraft, mit der der Querschnitt einer Werkstoffprobe belastet wird.
>
> Die Einheit für beide ist N/mm^2

Zugversuch nach DIN 50145. Ein genormter Probestab wird in eine Zerreißmaschine eingespannt und dort zerrissen. Das Werkstoffverhalten wird in einem Spannungs-Dehnungs-Diagramm aufgezeichnet (**1.48**), aus dem die Eigenschaften des Werkstoffs abzulesen sind. Vereinfacht läßt sich folgender Ablauf beschreiben:

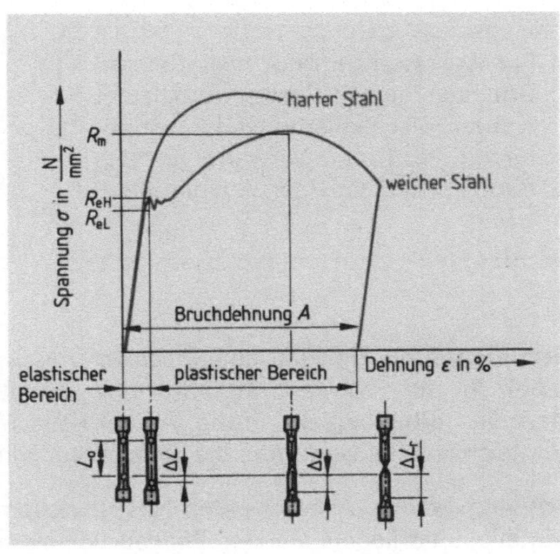

1.48   Spannungs-Dehnungs-Diagramm

Mit zunehmender Zugkraft nimmt die Dehnung bis zur *Streckgrenze* (R_e in N/mm^2) proportional zur Belastung zu. In diesem Bereich ist der Werkstoff elastisch. Er federt in seine Ursprungslänge zurück, wenn die Zugkraft weggenommen wird.

> **Bis zur Streckgrenze steigt die Dehnung proportional zur Spannung. Der Probestab kann in die ursprüngliche Länge zurückfedern.**

Bei wachsender Spannung nimmt die Dehnung oberhalb der Streckgrenze stärker zu als unterhalb. Es kann geschehen, daß die Spannung bei zunehmender Dehnung abnimmt. Das Gefüge des Werkstoffs verändert sich – es *fließt*. Diese Erscheinung tritt bei weichem Flußstahl am stärksten auf, während sie bei anderen Stählen wesentlich schwächer oder gar nicht zu verzeichnen ist.

Bei weiterer Belastung steigt die Spannung bei stark zunehmender Dehnung bis zu einem Punkt, an dem die Höchstkraft gemessen wird. Aus dieser Höchstkraft ergibt sich die Zugfestigkeit (R_m). Von diesem Punkt aus fällt die Spannung bei zunehmender Dehnung ab – der Stab schnürt sich ein und zerreißt.

Selbstverständlich darf ein Werkstoff im praktischen Gebrauch nicht bis an seine Festigkeitsgrenze belastet werden. Um die Sicherheit von Bauteilen und Baugruppen zu gewährleisten, werden sie vom Konstrukteur gezielt überdimensioniert, d. h. schwerer gebaut, als eigentlich nötig wäre. Dabei berücksichtigt man in langjährigen Erfahrungen gewonnene Sicherheitsfaktoren (**1.49**).

Tabelle **1.49** **Gebräuchliche Sicherheitsfaktoren**

Sicherheit gegen	Faktor
Bruch	2 bis 4
Dauerbruch	1,5 bis 4
Instabilität (z. B. Knicken)	3 bis 5

1.50 Tiefziehversuch

> Ein Werkstoff darf nur bis zu einem Bruchteil seiner Festigkeit belastet werden. Der Sicherheitsfaktor ist abhängig von der Verwendung des Bauteils und von der Art der Belastung.

Tiefziehprüfung. Die Tiefziehtauglichkeit von Blechen ermittelt man im Erichsen-Versuch (**1.50**). An der Prüfmaschine wird eine Probetiefung vorgenommen. Dabei überwacht man die Rißbildung der Probe. Anhand des Meßwerts für die erreichte Tiefe und von Vergleichskurven kann man die Tiefziehtauglichkeit des Werkstoffs beurteilen.

Schwingversuch. Achsschenkel, Nockenwellen, Kurbelwellen und viele andere Maschinenteile unterliegen starken Beanspruchungen durch Schwingungen. Schwingungen sind Lastwechsel zwischen einer Ober- und einer Unterspannung (**1.51**). Sind Werkstücke längere Zeit Schwingungen ausgesetzt, können Ermüdungsbrüche auftreten. Um zu prüfen, ob ein Werkstoff den Anforderungen gewachsen ist, wird er ähnlich der in der Praxis auftretenden Beanspruchung belastet. Man zählt die Lastwechsel und kann den Werkstoff danach seinem Verwendungszweck entsprechend einordnen. Ein Stahl gilt als dauerfest, wenn er zwischen $5 \cdot 10^6$ und $10 \cdot 10^6$ Lastwechsel aushält.

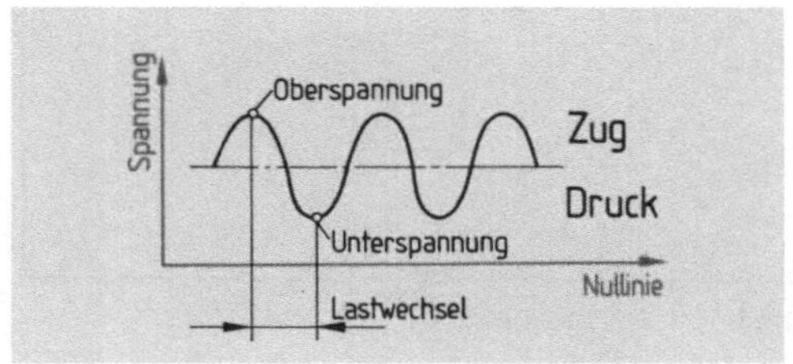

1.51   Verlauf von Schwingungen

Im Kerbschlagversuch wird die Kerbschlagzähigkeit eines Werkstoffs festgestellt. Sie läßt Rückschlüsse auf seine Sprödigkeit hauptsächlich bei tiefen Temperaturen zu. Das Prüfstück wird in einem Schlagwerk zerstört. Aus dem Verhältnis von Fallhöhe zu Rückfallhöhe ergibt sich die Kerbschlagarbeit (**1.52**).

Durch Härteprüfungen wird das Bauteil nicht zerstört. Sie können deshalb auch am fertigen Teil vorgenommen werden.

Härte ist der Widerstand, den ein Körper dem Eindringen eines anderen entgegensetzt.

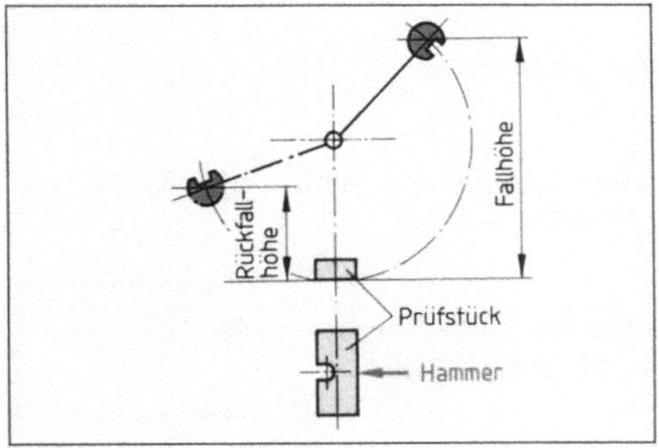

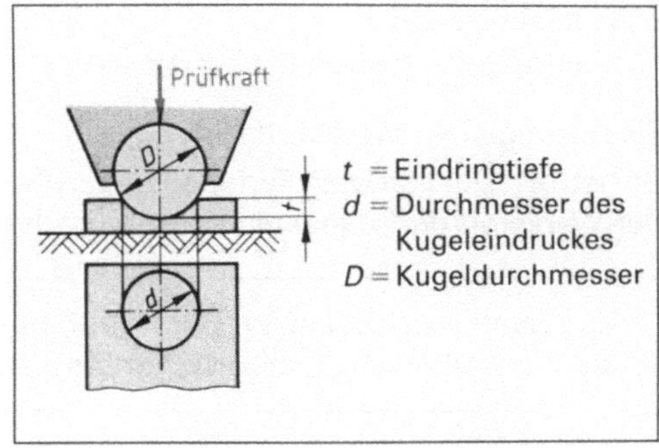

1.52   Kerbschlagversuch   1.53   Brinellhärteprobe

Diese Definition begründet die Verfahren zur Härteprüfung: Man drückt harte Stahlkugeln oder Diamantspitzen mit einer bekannten Kraft in das Prüfstück. Der Eindruck wird gemessen und aus dem Ergebnis unter Berücksichtigung der Druckkraft die Härtezahl bestimmt.

Brinellprobe. In einer Härteprüfmaschine wird eine Stahlkugel mit einer bekannten Prüfkraft in die Werkstückoberfläche gepreßt. Auf einer Meßvorrichtung an der Prüfmaschine liest man den Durchmesser des Kugeleindrucks ab. Der Quotient aus Prüfkraft und Oberfläche des Kugeleindrucks ergibt die Härtezahl nach Brinell (**1.53**).

Aus den Härtezahlen nach Brinell kann auf die Zugfestigkeit rückgeschlossen werden. Die berechneten Werte ersetzen aber nicht die des Zugversuchs. Wurde umgerechnet, schreibt DIN einen Vermerk vor, daß die Zugfestigkeit aus dem Härtewert berechnet wurde.

Für die Umrechnung eines Härtewerts in die Zugfestigkeit gilt
$R_m = 3{,}5 \cdot$ Brinellhärte in N/mm².

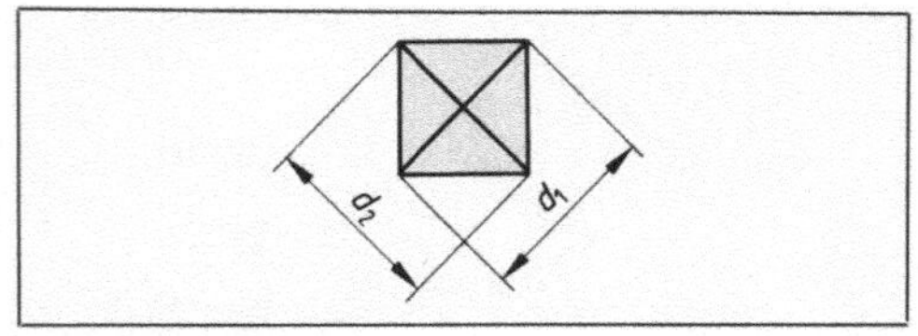

1.54 Vickersprobe

Vickersprobe. Statt der gehärteten Stahlkugel wird eine Diamantpyramide in das Werkstück gepreßt (1.54). Dabei entsteht ein so kleiner Eindruck, daß auch dünne Werkstücke geprüft werden können. Gemessen werden die Diagonalen des Eindrucks. Die Härtezahl ist der Quotient aus Prüfkraft und Oberfläche des Eindrucks.

Rockwellprobe. Gemessen wird die Eindringtiefe eines Kegels oder einer Kugel in den Werkstoff (1.55). Der Prüfkörper dringt zunächst unter einer Prüfvorkraft (Vorlast) und dann mit der Prüfkraft (Hauptlast) in den Werkstoff ein. Aus der Differenz der Eindringtiefen berechnet man die Härtezahl. An modernen Prüfmaschinen läßt sich die Härtezahl direkt ablesen.

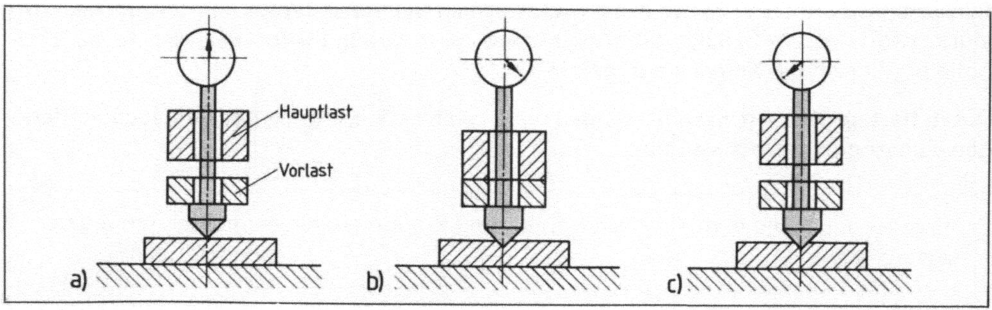

1.55 Rockwellprobe

   a) Vorlast aufgesetzt, b) Prüfkraft wirkt, c) Eindrucktiefe ablesen

Zerstörungsfreie Werkstoffprüfung

Oft ist die Qualität von Fertigteilen zu überprüfen, wie z. B. im Schiff- oder Kesselbau. Der Werkstoff darf dabei nicht zerstört oder beschädigt werden.

Zur zerstörungsfreien Werkstoffprüfung verwendet man Röntgen- oder Gammastrahlen, Ultraschall, elektrischen Strom oder Eindringmittel.

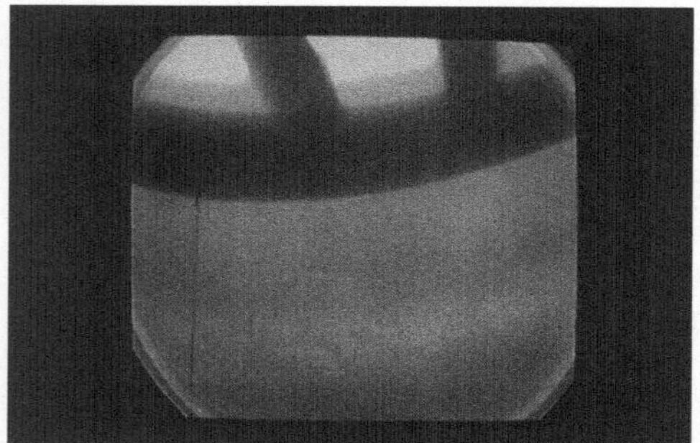

1.56 Röntgenprüfung – Riß in einer durchstrahlten Radfelge (Monitorbild)

Im Durchstrahlungsverfahren zeigen Röntgen- oder Gammastrahlen im Werkstoff vorhandene Fehler an. Wo Gasblasen oder Lunker vorhanden sind, ist der Werkstoffquerschnitt geschwächt. Die Intensität der austretenden Strahlen ist größer, der Röntgenfilm wird an dieser Stelle stärker belichtet. Der Fehler im Werkstoff erscheint als deutlich geschwärzter Fleck oder bei einem Riß als Linie. Je nach Strahlungsquelle kann man Werkstücke bis zu 200 mm Dicke prüfen (1.56).

Bei der Prüfung von Werkstücken mit Durchstrahlungsverfahren unbedingt die Strahlenschutzregeln einhalten!

Bei der Ultraschallprüfung wird das Werkstück mit einem Schallkopf abgetastet, der als Sender und Empfänger dient. Die gegenüberliegende Wand des Werkstücks reflektiert die ultrakurzen Wellen und ergibt das Rückwandecho. Bei einem Fehler im Werkstoff werden die Schallwellen als Fehlerecho eher reflektiert. Auf dem Monitor können Lage und Größe der Fehlerquelle abgelesen werden (**1.57**).

1.57   Ultraschallprüfung

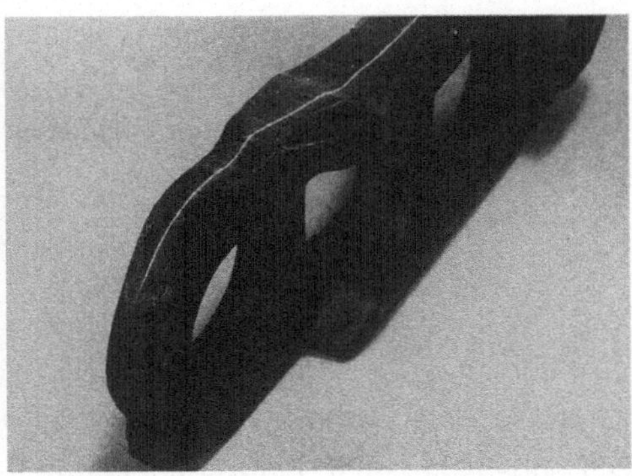

1.58   Magnetpulververfahren – Riß in einem Kettenglied

Das Magnetpulververfahren kann nur bei magnetisierbaren Werkstoffen angewendet werden. Eisenoxidpulver wird auf die Prüfstücksoberfläche gebracht, das dann magnetisiert wird. Fehler erscheinen als Unregelmäßigkeiten in der Pulverbeschichtung (**1.58**).

Beim Prüfen wird das Prüfstück magnetisiert. Bestimmte Bauteile (z. B. Wellen) dürfen aber nicht magnetisch sein, damit der an ihnen während des Betriebs entstehende Metallabrieb nicht haften bleibt und zu Schäden führt. Deshalb müssen die Teile nach Prüfungsende entmagnetisiert werden.

Das Eindringverfahren dient zum Prüfen von Metallen und Nichtmetallen. Es eignet sich jedoch nur zum Auffinden von Fehlern, die das Prüfmittel von außen in das Werkstück eindringen lassen (z. B. Risse). Das Prüfmittel wird aufgetragen, die Fläche danach gereinigt. Bestreicht man sie anschließend mit einem Entwickler, entstehen an den beschädigten Stellen deutlich sichtbare Verfärbungen. Nachdem die Fehler lokalisiert worden sind, muß das Werkstück gesäubert werden.

Aufgaben zu Abschnitt 1.9

1. Nennen Sie einfache Verfahren der Werkstoffprüfung in der Werkstatt.
2. Durch welche Funkenbilder sind a) kohlenstoffarmer, b) kohlenstoffreicher, c) HSS-Stahl gekennzeichnet?
3. Erklären und begründen Sie die Härteprüfung mit dem Skleroskop.
4. a) Was versteht man unter der Festigkeit eines Werkstoffs? b) Was bedeutet Spannung bei der Werkstoffprüfung?
5. Erklären Sie das „Fließen" eines Werkstoffs.
6. Welche Aufgabe haben Sicherheitsfaktoren?
7. Wann besteht die Gefahr von Ermüdungsbrüchen?
8. Was versteht man unter Härte?
9. Nennen Sie zerstörungsfreie Verfahren der Werkstoffprüfung.
10. Worauf ist beim Prüfen mit dem Magnetpulververfahren zu achten?

Fügen ist ein Fertigungsverfahren. Es dient dazu, mindestens zwei Werkstücke zusammenzufügen, d.h. durch Schrauben, Nieten, Löten, Schweißen, Falzen, Kleben, Pressen kraft- oder formschlüssig zu verbinden.

> Kraftschlüssige Verbindungen lassen sich ohne, formschlüssige nur mit Zerstörung des Werkstücks trennen.

2.1 Schrauben

Schrauben werden in Befestigungs- und Bewegungsschrauben unterteilt (**2.1**). Es gehören immer Bolzen und Mutter, bei Bewegungsschrauben Spindel und Mutter zusammen. Die gegenseitige Längsbewegung zwischen Bolzen bzw. Spindel und Mutter und die Kraftübertragung erfolgen durch das Gewinde. Bolzen und Spindel haben ein *Außen*gewinde, die Mutter ein *Innen*gewinde. Eine Bohrung in einem Bauteil mit Innengewinde hat die gleiche Funktion wie eine Mutter.

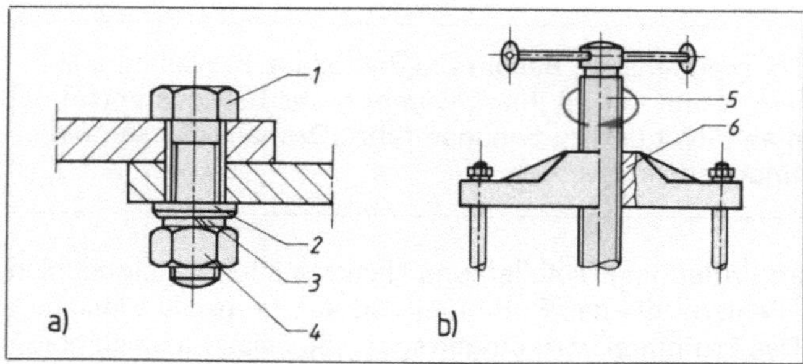

2.1
Schrauben
a) Befestigungsschraube,
b) Bewegungsschraube

1 Bolzen
2 Unterlegscheibe
3 Federring
4 Mutter
5 Spindel
6 Spindelmutter

2.1.1 Gewinde

Gewinde unterscheidet man nach Art, Profil, Drehsinn und Gangzahl.

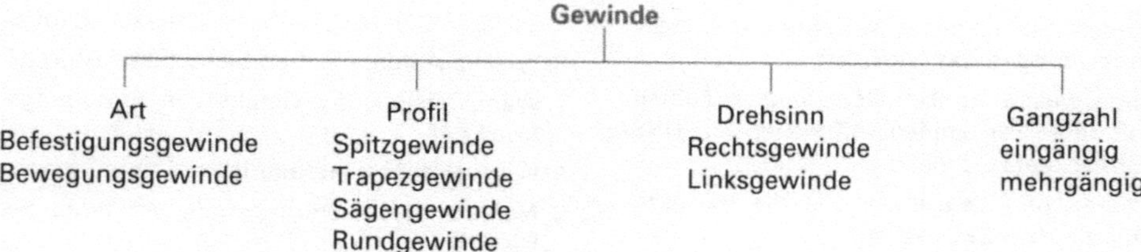

Art	Profil	Drehsinn	Gangzahl
Befestigungsgewinde	Spitzgewinde	Rechtsgewinde	eingängig
Bewegungsgewinde	Trapezgewinde	Linksgewinde	mehrgängig
	Sägengewinde		
	Rundgewinde		

Befestigungsgewinde dienen zur kraftschlüssigen und lösbaren Verbindung von Bauteilen, *Bewegungsgewinde* wandeln Dreh- in Längsbewegungen um. Physikalisch gesehen ist das Gewinde eine *Schiefe Ebene*.

In Bild **2.2**a wird die Schiefe Ebene aus den Strecken h (Höhe), l (Länge) und b (Basis) gebildet. Die Neigung ergibt sich aus dem Neigungswinkel α. Wird er verkleinert, verlängern sich automatisch l und b, um die gleiche Höhe der Schiefen Ebene zu erreichen. Der Weg wird länger.

Auf der Schiefen Ebene liegt eine Last L (**2.2**b). Ihre Gewichtskraft F_G wirkt senkrecht nach unten, die Normalkraft F_N senkrecht auf die Auflagefläche. Aus F_G und F_N ergibt sich die Hangabtriebskraft F_H. Sie will die Last nach unten bewegen. Weil die Last aber durch die Normalkraft auf die Schiefe Ebene gedrückt wird und sich dort zwei Werkstoffe berühren, entsteht Reibung. Die Reibungskraft F_R wirkt der Hangabtriebskraft entgegen. F_R berechnet sich aus der Normalkraft und dem Reibungsbeiwert μ. Dieser ist eine Verhältniszahl, die angibt, wieviel Prozent der Normalkraft die Reibungskraft beträgt. Solange die Hangabtriebskraft kleiner als die Reibungskraft ist, bleibt die Last auf der Schiefen Ebene liegen. Ist die Hangabtriebskraft gleich der Reibungskraft, beginnt die Last zu gleiten. In diesem Fall wird der Neigungswinkel als Reibungswinkel bezeichnet. μ entspricht dann dem Tangens des Neigungswinkels.

> Entspricht μ dem Tangens des Neigungswinkels, ist die Hangabtriebskraft genau so groß wie die Reibungskraft.

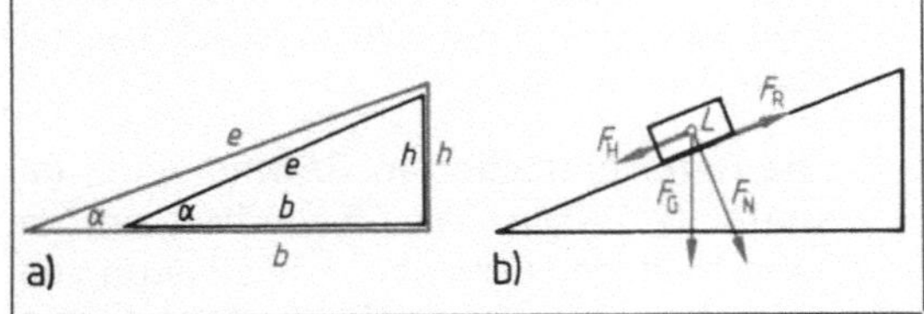

2.2 Schiefe Ebene
a) Bezeichnungen, b) Kräfte

2.3 Schraubenlinie

Schraubenlinie. Wickelt man eine Schiefe Ebene um einen Zylinder, entsteht eine Schraubenlinie. Das Maß vom Startpunkt der Schraubenlinie bis zum Endpunkt nach einer einmaligen Umwickelung heißt *Steigung h*. Ein Gewinde erhält man, wenn entlang der Schraubenlinie ein prismatischer Körper verläuft. Sein Querschnitt bestimmt das Gewindeprofil (**2.3**).

Steigt die Schraubenlinie rechts herum, spricht man von einem *Rechtsgewinde*. Bolzen oder Mutter werden rechtsherum verschraubt. Verläuft die Schraubenlinie links herum, ist es ein *Linksgewinde* (**2.4**). Überwiegend Muttern werden linksherum verschraubt. Befestigungsschrauben haben normalerweise Rechtsgewinde. Nur wenn sich ein Rechtsgewinde im Betrieb von selbst lösen würde, verwendet man Linksgewinde. So befinden sich an Trennschleifern Linksgewinde, um das Lösen der Mutter an der Schleifscheibe auszuschließen (**2.5**). Soll bei einer Schraubenumdrehung ein größerer Weg in axialer Richtung zurückgelegt werden, verwendet man mehrgängige Gewinde.

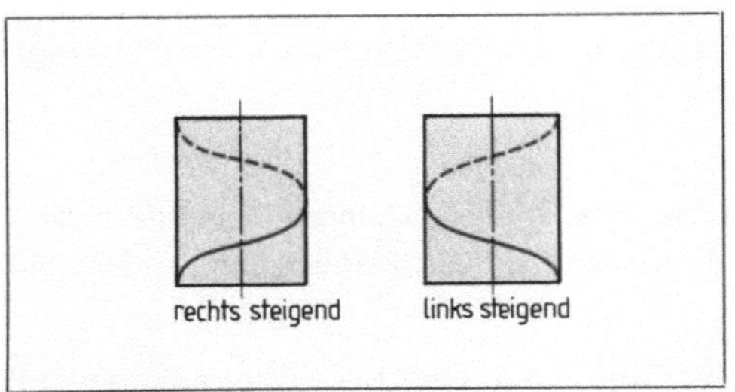

2.4 Rechts- und Linksgewinde

2.5 Anwendungsbeispiel eines Linksgewindes

Selbsthemmung. Am Beispiel der Schiefen Ebene zeigte sich, daß ein Körper um so leichter ins Gleiten kommt, je größer der Steigungswinkel ist. Auf das Gewinde übertragen bedeutet dies, daß sich eine Schraube um so leichter löst, je steiler die Gewindesteigung verläuft. Oder umgekehrt: Je flacher ein Gewindegang ansteigt, desto geringer ist die Wahrscheinlichkeit, daß sich die Schraubenverbindung von selbst löst. Diese Erscheinung heißt Selbsthemmung. Sie ist vom Werkstoff der Schraubenverbindung abhängig.

> Selbsthemmung tritt je nach Werkstoff bei Steigungswinkeln von mindestens $< 17°$ bis $< 4°$ auf.

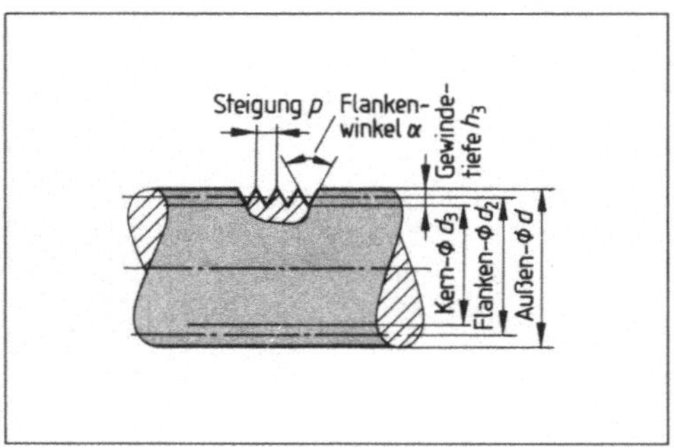

2.6   Bezeichnungen am Gewinde

Bei Feingewinden steigt der Gewindegang unter einem besonders kleinen Winkel an. Deshalb haben sie eine besonders gute Selbsthemmung. Der kleine Steigungswinkel bewirkt außerdem während des Verschraubens eine hohe Anzugskraft bei kleinem Drehmoment.

Die Bezeichnungen am Gewinde sind genormt **(2.6)**. Dies ist erforderlich, um die verschiedenen Gewindearten eindeutig beschreiben und einwandfrei fertigen zu können.

Gewindebelastung. Schrauben werden durch Zug, Verdrehen und Kerbwirkung beansprucht. Die Zugspannung entsteht durch das Anziehen von Mutter oder Bolzen, die Kerbwirkung durch die eingeschnittenen Gewindegänge. Das Schrauben erzeugt ein Drehmoment. Es wirkt auf den Kernquerschnitt des Bolzens. Wird dabei das Drehmoment zu groß, besteht die Gefahr, daß die Schraube „abgewürgt" wird. Der Praktiker merkt das daran, daß die Gegenkraft am Schraubenschlüssel plötzlich spürbar nachläßt.

Auf die Gewindeflanken wirken Biegung und Pressung. Um den Werkstoff nicht überzubeanspruchen, darf die Pressung die zulässigen Werte nicht überschreiten. Die wirksame Kraft ist deshalb so auf die Gewindegänge zu verteilen, daß die Beanspruchung unter Berücksichtigung angemessener Sicherheiten innerhalb der Festigkeitswerte des Werkstoffs liegt.

Für Bewegungsgewinde (außer z. B. bei Meßzeugen) werden ausschließlich Trapez- oder Sägengewinde verwendet, weil der Verschleiß an den Gewindegängen zu keiner Schwächung des Profils führt.

Das Gewindeprofil (d. h. die Gewindeart) wird hauptsächlich durch den Verwendungszweck bestimmt. Grundsätzlich wählen wir

- für Befestigungen Spitzgewinde
- für Kraftübertragung axial in einer Richtung Sägengewinde, in zwei Richtungen Trapezgewinde
- für Kraftübertragung axial unter erschwerten Bedingungen (z. B. bes. Kerbwirkung, extreme Verschmutzung) Rundgewinde.

Gewinde sind nach DIN 202 genormt. Tabelle **2.7** gibt einen Überblick über ausgewählte Gewindeprofile und ihre Verwendung.

Tabelle **2.7** **Ausgewählte Gewindeprofile**

Gewindeart	Beschreibung	Verwendung
Spitzgewinde Metrisches ISO-Gewinde Kennbuchstabe **M**	scharfgängig, ohne Spitzen-spiel, abgeflachte Gewindespit-zen, ausgerundete Gewinde-füße; Steigung in mm, Flanken-winkel 60° Maßangabe d in mm **Beispiel** M 12	alle Arten von Befestigun-gen
Metrisches ISO-Feingewinde Kennbuchstabe **M**	Maßangabe $d \times h$ in mm **Beispiel** M 104 × 4	
Whitworthgewinde Kennbuchstabe **W**	scharfgängig, ohne Spitzen-spiel, abgerundete Gewinde-spitzen, ausgerundete Gewin-defüße; Steigung in Gangzahl/Zoll, Flankenwinkel 55° Maßangabe d in Zoll **Beispiel** 1½″	Whitworthgewinde nur noch für Reparaturen
Whitworthrohrgewinde Kennbuchstabe **R**	Maßangabe Rohrnennwert in Zoll **Beispiel** R 4	im Rohrleitungsbau weit verbreitet
Trapezgewinde Kennbuchstabe **Tr**	Flankenwinkel 30°, Steigung in Millimeter, in beiden Richtun-gen belastbar Maßangabe $d \times h$ in mm **Beispiel** Tr 48 × 8	ein- und mehrgängig für Bewegungsgewinde jeder Art
Sägengewinde Kennbuchstabe S	Flankenwinkel 30° und 45°; tragende Flanke (nahezu senk-rechte Flanke) um 3° geneigt; nur in einer Richtung belastbar Maßangabe $d \times h$ in mm **Beispiel** S 70 × 10	ein- und mehrgängig, be-sonders geeignet zum Übertragen hoher Drücke
Rundgewinde Kennbuchstabe **Rd**	Flankenwinkel 30°, Durchmesser in mm, Steigung in Zoll Maßangabe d in mm, h in Gang/Zoll **Beispiel** Rd 110 × ¼	hohe Beanspruchungen, besonders bei erschwer-ten Betriebsbedingungen wie Verschmutzung

Durch Zusätze werden besondere Anforderungen an das Gewinde gekennzeichnet (**2.8**).

Selbstdichtendes Gewinde. Spitzgewinde wird auch als kegeliges Gewinde gefertigt. Es dient für selbstdichtende Verbindungen. Aus wirtschaftlichen Gründen schneidet man das kegelige Gewinde auf das Rohr; das Innengewinde (z. B. am Fitting) verläuft zylin-drisch. Kegelige Gewinde gelten bis M26 als öl-, flüssigkeits- und gasdicht. Über M26 sind Dichtungsmittel zu verwenden.

Gewindeherstellung (siehe auch Metallfachkunde 1, Abschn. 11.3.6). Spitzgewinde kann man in der Werkstatt von Hand oder maschinell fertigen. Bewegungsgewinde werden ge-fräst oder an der Drehmaschine geschnitten. Außerdem können Gewinde gewalzt werden.

Tabelle 2.8 **Zusätzliche Gewindekennzeichnungen**

Anforderungen		Zusatz	Beispiel
gas- und dampfdicht		dicht	M20 dicht R4 dicht
Linksgewinde Rechtsgewinde		LH (Left Hand) RH (Right Hand) wird nur eingetragen, wenn am selben Werkstück Links- und Rechtsgewinde vorkommen	M16-LH M16-RH
mehrgängig	rechts links	(P..) P = pitch = Teilung (P..) LH	Tr48×24 (P8)[1] Tr48×24 (P8) LH

[1] Die Gangzahl berechnet sich aus der Steigung P_h und der Teilung P.

Beispiel $\text{Gangzahl} = \dfrac{\text{Steigung } P_h}{\text{Teilung } P} = \dfrac{24}{8} = \textbf{3-gängig}$

Gewindeherstellung von Hand. Um ein Innengewinde herzustellen muß man ein *Kernloch bohren* und mit dem *Gewindebohrer schneiden.* Dazu braucht man

– **Bohrer** zum Bohren des Kernlochs,
– **einen Satz Gewindebohrer** (Vor-, Mittel-, Fertigschneider) oder beim Schneiden in einem Durchgangsloch einen
– **Gewindebohrer für Durchgangslöcher,** auf dem die drei Schnitte nacheinander eingeschliffen sind.

Der Kernlochdurchmesser d_1 hängt vom zu schneidenden Gewinde ab. Bis 10 mm Durchmesser berechnet er sich für metrische Gewinde aus $0,8 \cdot d$. Darüber hinaus ist er gängigen Tabellenbüchern zu entnehmen. Das Kernloch soll an beiden Seiten auf etwa Gewindedurchmesser angesenkt werden. Dadurch erreicht man ein besseres Anschneiden des Gewindebohrers und verhindert ein Aufdrücken des Gewindegangs (**2.9**). Sacklöcher bohrt man etwa um den Gewindedurchmesser tiefer als die nutzbare Gewindelänge (**2.10**).

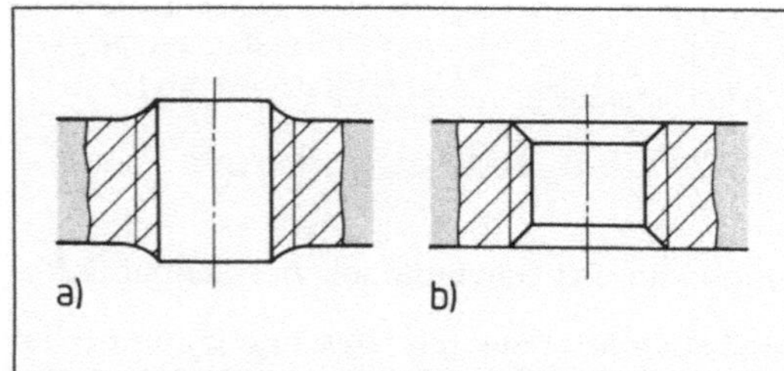

2.9 Kernlochbohrung
  a) nicht angesenkt, b) angesenkt

2.10 Sackloch, richtige Bohrtiefe

Zum Schneiden des Gewindes benutzt man geschliffene Gewindebohrer in der Toleranz „fein" oder geschnittene Gewindebohrer in der Toleranz „mittel". Schon der erste Arbeitsgang mit dem Vorschneider ist wesentlich für die Qualität des Gewindes. Der Gewindebohrer muß senkrecht angesetzt und hineingedreht werden (**2.11**). Nach jeweils zwei bis drei Vorwärtswindungen wird er kurz zurückgedreht, damit sich Späne lösen können. Mittel- und Fertigschneider dreht man zuerst von Hand in die vorgeschnittenen Gewindegänge und schneidet dann mit dem Windeisen fertig. Neben korrektem Arbeiten ist eine gute Schmierung wichtig.

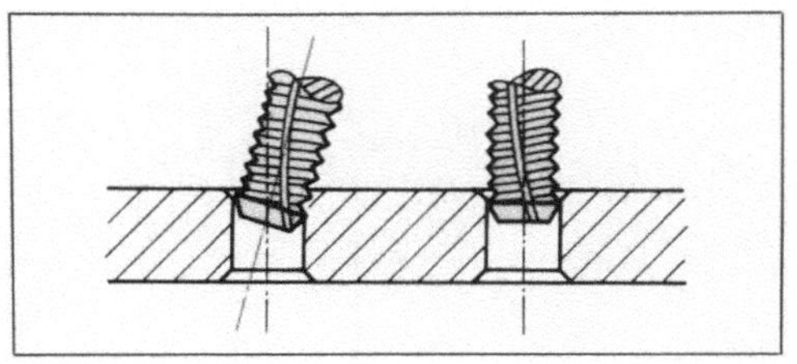

2.11 Falsches und richtiges Ansetzen des Gewindebohrers

> Beim Schneiden eines Gewindes gut schmieren! Als Schmiermittel Schneid- oder Maschinenöl verwenden.

Bei unsachgemäßem Umgang bricht der Gewindebohrer ab. Ursachen sind meist schiefes Anschneiden, eine zu kleine Kernbohrung, schlechte Schmierung oder ungenügende Spanabfuhr (**2.12**).

Tabelle **2.12** **Entfernen eines abgebrochenen Gewindebohrers**

Gewindebohrerauszieher	Gibt bestes Ergebnis. Ist jedoch nicht immer möglich, weil für kleine Gewinde häufig kein Auszieher vorhanden ist oder sich der abgebrochene Bohrer nicht fassen läßt.
Herausdrehen mit einer Zange	Steht noch ein Teil des Bohrers aus der Bohrung heraus, lockert man ihn mit leichten Hammerschlägen, faßt ihn mit der Zange und dreht ihn vorsichtig heraus. Das gelingt jedoch selten, weil das spröde Bohrermaterial leicht abbricht.
Funkenerosionsbohren	Der Gewindebohrer wird ausgebohrt. Die Reste lassen sich leicht entfernen.
Ausglühen und anschließendes Ausbohren des Bohrers oder Zerschlagen	Bedeutet meist zusätzliche Zerstörung des Werkstücks. Die Bohrung muß dann ausgebuchst, das Gewinde neu geschnitten werden.

Maschinelle Gewindeherstellung. Wir beschränken uns hier auf das Anschleifen des Drehmeißels zum Schneiden eines Trapezgewindes. Trapezgewinde werden z. B. an Spindeln verwendet.

Bild **2**.13 veranschaulicht den Weg des Drehmeißels am Rohling. h ist die Gewindesteigung, also der axiale Weg, den der Drehmeißel bei einer Umdrehung des Rohteils zurücklegt. α bezeichnet den Steigungswinkel des Gewindes. Die Schneide des Drehmeißels A bewegt sich an der Gewindelinie entlang. Damit der Meißel einwandfrei im Gewindegang

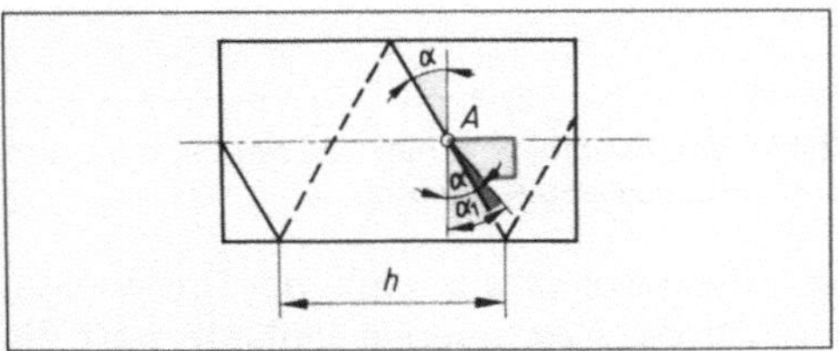

2.13 Weg eines Drehmeißels am Rohteil

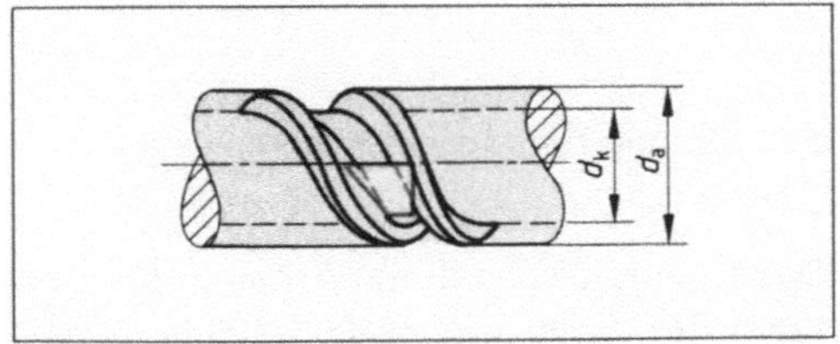

2.14 Drehmeißel im Trapezgewinde

55

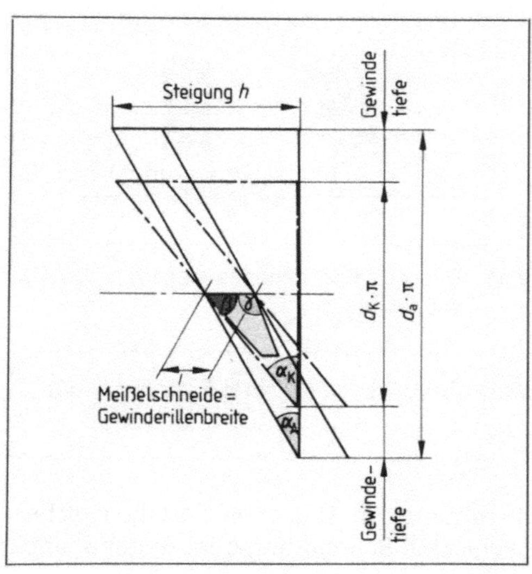

2.15 Abwicklung der Gewindelinien am Oberteil

schneidet, muß er unter dem Winkel α' angeschliffen werden. α' ist 3° größer als α zu wählen. Bild **2.14** zeigt, wie der Drehmeißel in der Gewinderille läuft. Wir erkennen, daß der Gewindegang auf dem Kerndurchmesser eine andere Steigung als am Außendurchmesser hat. Der Drehmeißel darf nicht an der Gewindeflanke drücken, sondern muß im gesamten Bereich frei schneiden. Im Bild **2.15** sind die Gewindelinien am Kern- und am Außendurchmesser abgewickelt. Deutlich ist, daß α_K größer als α_A ist. Der Drehmeißel schneidet frei, wenn α_A den Winkel γ und α_K den Winkel β bestimmen. Beim Bestimmen von β und γ ist außerdem der Anstellwinkel σ zu berücksichtigen, der 3° beträgt. γ wird stets ein stumpfer Winkel sein. Damit die Schneide dort nicht schabt, ist der Meißel auszukehlen.

Bezogen auf den Anschliffwinkel ergeben sich:

$$\beta = 90° - (\alpha_K + 3°) \qquad \gamma = 90° + (\alpha_A - 3°)$$

Damit das Gewindeprofil nicht verzerrt geschnitten wird, spannt man den Drehmeißel genau auf Mitte und senkrecht zur Längsachse des Rohteils ein (**2.16**). Man verbessert die Qualität eines Gewindes, wenn man die Gewinderille mit einem entsprechend angeschliffenen Meißel vorschneidet (**2.17**). Bei jedem Schnitt wird in Richtung Werkstückachse und in Vorschubrichtung zugestellt, wodurch sich die Belastung des Drehmeißels verringert.

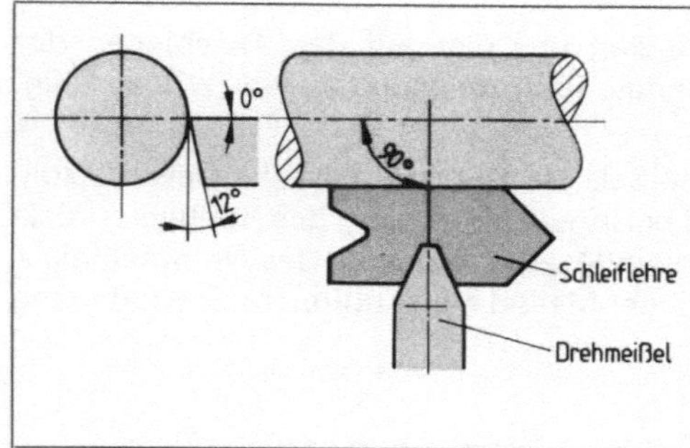

2.16 Richtig eingespannter Drehmeißel

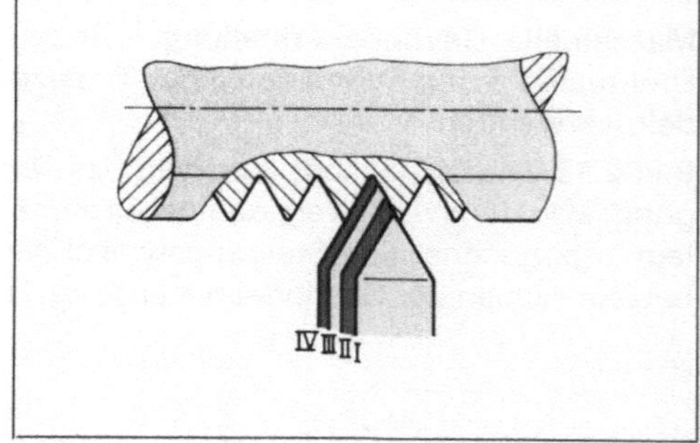

2.17 Vorschneiden eines Gewindegangs am Beispiel Spitzgewinde

Das Gewinde wird durch Arbeiten mit der Leitspindel geschnitten. Damit der Drehmeißel nach Abnahme des ersten Spans wieder genau in die Gewinderille einläuft, darf die Schloßmutter nicht geöffnet werden, wenn der Meißel zurückläuft.

56

Genau angeschliffene Schneidenwinkel sind wichtig für ein einwandfrei geschnittenes Gewinde. Der Drehmeißel ist genau auf Mitte und rechtwinklig zur Werkstückachse einzuspannen. Durch Vorschneiden bei mehrfacher Spanabnahme verbessert man die Gewindequalität.

2.1.2 Schraubverbindungen

Mit Schrauben stellt man lösbare Verbindungen her. Durch Anziehen der Mutter werden die zu verbindenden Teile zusammengepreßt. Zunehmende Pressung vergrößert die Reibungskraft zwischen den Teilen. Die Bauteile werden zusammengehalten, sie bleiben in der ihnen bestimmten Lage (2.18). Die Verbindung ist kraftschlüssig.

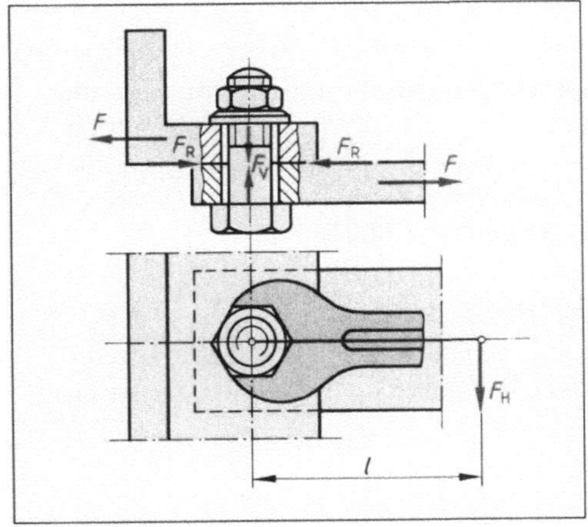

2.18 Kräfte an einer Schraubenverbindung

F_R Reibungskraft
F_V Vorspannkraft
F_H Torsionskraft

2.19 Schraube mit Scherbuchse

Befestigungsschrauben sollen auf Zug beansprucht werden. Ist Scherbeanspruchung nicht zu vermeiden, darf sie nicht im Gewindebereich auftreten, denn dort könnte die Verbindung durch auftretende Kerbwirkung zerstört werden. Bei unvermeidbarer Scherung ist auf die richtige Gewindelage zu achten oder es sind Scherbuchsen zu verwenden, die die auftretenden Querkräfte aufnehmen (2.19).

Anzugsdrehmoment. Die im Bereich der elastischen Dehnung des Schraubenwerkstoffs liegende Zugspannung ist die *Vorspannkraft*. Sie entsteht durch ein Anzugsdrehmoment. Es wirkt als Produkt aus der Kraft F und dem Hebelarm l und darf eine bestimmte Größe nicht überschreiten, damit der Schraubenwerkstoff nicht durch Torsions- und Zugspannungen überbeansprucht wird. Deshalb haben Schraubenschlüssel eine unterschiedliche Grifflänge. Je kleiner die Schlüsselweite, desto kürzer ist die Grifflänge. Sie ist so gewählt, daß das Anzugsdrehmoment bei normaler Handkraft im zulässigen Bereich liegt. Darum darf die Grifflänge an Schraubenschlüsseln, z.B. durch Aufsetzen von Rohren beim Anziehen von Schrauben oder Muttern nicht verlängert werden. Maximale Vorspannkräfte und Anzugsdrehmoment sind den DIN-Normen zu entnehmen.

Drehmomentenschlüssel. Bei besonders beanspruchten Schraubverbindungen *muß* das Anzugsdrehmoment genau eingehalten werden. Dazu verwendet man Drehmomentenschlüssel (**2.20**). Es gibt sie in verschiedenen Ausführungen. So kann man z.B. auf einer Skala während des Verschraubens ablesen, ob das zulässige Drehmoment erreicht ist. An anderen Schlüsseln stellt man das geforderte Drehmoment ein. Ein Knacken zeigt an, daß es erreicht ist. Beachtet man die Drehmomentenvorschrift nicht, können Bauteile unzulässig verspannt werden. Der Schraubenwerkstoff wird bis zum Bereich bleibender

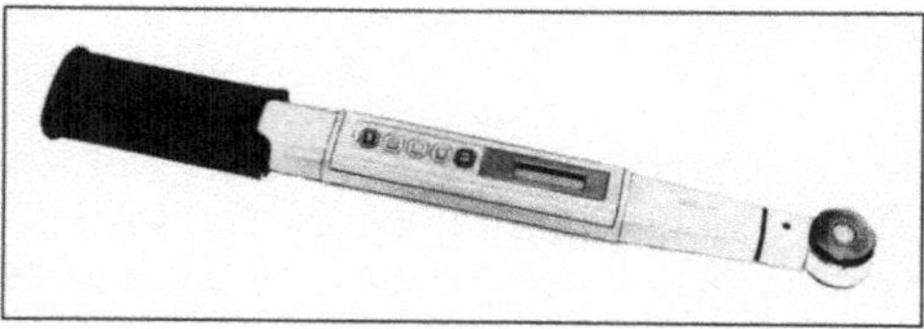

Dehnung belastet, so daß Bruchgefahr besteht. Die Teile können sich im Betrieb aber auch erwärmen, so daß sich der Schraubenbolzen ausdehnt und die Vorspannkraft auf einen unzulässig niedrigen Wert absinkt. Dann besteht die Gefahr, daß sich Bauteile gegeneinander verschieben oder eine Abdichtung in ihrer Wirkung nachläßt.

2.20 Drehmomentenschlüssel

Schraubverbindungen mit vorgeschriebenem Anzugsdrehmoment müssen mit Drehmomentenschlüsseln hergestellt werden.

Die Bezeichnung von Schrauben ist nach DIN 962 genormt (**2.21**).

Sechskantschraube	DIN 933	–	M 12	×	50	–	Ak	–	8.8
Benennung	DIN Hauptnummer		Gewinde		Nennlänge		Form		Festigkeit

2.21 Schraubenbezeichnung nach DIN

Der Kennbuchstabe für die Form (in **2.21** Ak) kann auch vor der Gewindebezeichnung stehen (im Beispiel A).

Beispiel Zylinderschraube DIN 84-A M6× 40 − 5.8

Schrauben wählt man nach dem Verwendungszweck aus (**2.22**).

Tabelle 2.22 **Zuordnung von Schraubenformen zur DIN-Norm**

Schraubenform und DIN	Bemerkungen und Bezeichnungsbeispiele
Blechschraube DIN 7971, 7972, 7973, 7976 —— DIN 7971 —— DIN 7976	Das Gewinde formt das Muttergewinde beim Einschrauben. Verwendung bei Blechverschraubungen und bei Preßlochverschraubungen, wenn Bleckdicke < Gewindesteigung. Gebohrte oder gestanzte Kernlöcher können etwas kleiner als durchgezogene oder gedornte sein. **Vorteil gedornter Löcher:** Sicherung der Schraube durch den sich in den Gewindegang einpressenden Blechwulst. **Beispiel** Blechschraube DIN 7971 − B 3,5×9,5

Fortsetzung s. nächste Seite

Schraubenform und DIN	Bemerkungen und Bezeichnungsbeispiele
Flachrundschraube mit Vierkantansatz DIN 603	Der Vierkantansatz verhindert, daß sich die Schraube beim Verschrauben dreht. **Beispiel** Flachrundschraube DIN 603 – M 10 × 60
Gewindestift mit Schlitz DIN 551 mit Spitze DIN 553 mit Zapfen DIN 417 mit Ringschneide DIN 438 DIN 417 – mit Innensechskant entsprechend DIN 913, 914, 915, 916	sichert Maschinenteile gegen Verdrehen und Verschieben. **Beispiel** Gewindestift DIN 913 – M6 × 12 – 45H
Halbrundschraube mit Nase DIN 607	Die Nase verhindert, daß sich die Schraube beim Anziehen verdreht. **Beispiel** Halbrundschraube DIN 607 – M6 × 20
Hammerschraube DIN 186	Verschiedene Befestigungsarten, bei denen die Konstruktion ein Gegenhalten z. B. am Kopf der Schraube nicht ermöglicht. **Beispiel** Hammerschraube DIN 186 – B – M10 × 60 – 3.6
Ringschraube DIN 580	wird in Bauteile geschraubt, um z. B. Seile mit Schäkeln befestigen zu können. Die Schraube ist dem Lastfall und der Lastgröße entsprechend zu bemessen. Sie muß, mit der Auflagefläche vollständig auf dem Bauteil aufliegend, fest angezogen werden. **Beispiel** Ringschraube DIN 580 – M20
Schneidschraube DIN 7513 – selbstfurchend DIN 7500	schneidet das Muttergewinde beim Einschrauben. Kann bis M8 verwendet werden, wenn die Einschraublänge nicht größer als zweimal Durchmesser ist. Die Formung der Gewindegänge erlaubt, in das Muttergewinde auch andere Schrauben zu drehen. Gewindefurchende Schrauben bilden das Muttergewinde beim Einschrauben in das Kernloch spanlos. An den Schraubenwerkstoff werden besondere Anforderungen gestellt, weil die Schraube weder beim Einschrauben noch bei normaler Belastung verformt oder zerstört werden darf. **Beispiel** Schneidschraube DIN 7513 – A M4 × 25 – St

Fortsetzung s. nächste Seite

Schraube mit Dehnschaft DIN 2510	Der Durchmesser des Schaftes ist kleiner als der Kerndurchmesser. Verwendung z.B. dort, wo Wechselbeanspruchungen durch Temperaturschwankungen über 300 °C auftreten. Große Dehnschrauben sind in Längsrichtung aufgebohrt. Heizstäbe im Bolzen wärmen die Schrauben vor, so daß sich beim Abkühlen zusätzlich zum Anzugsdrehmoment die erforderliche Vorspannng ergibt. **Beispiel** Schraube mit Dehnschaft DIN 2510
Sechskantschraube DIN 933, 609, 7668, 7990	für die üblichen Schraubenverbindungen. DIN 7990 für Stahlkonstruktionen. Paßschrauben (z.B. DIN 609 und DIN 7968) mit ISO-Toleranz h11 dienen dazu, die Lage von Bauteilen zueinander genau zu bestimmen und Querkräfte aufzunehmen. **Beispiel** Sechskantschraube DIN 7990–M22×80 – 5.6
– mit dünnem Schaft DIN 7964	gilt als unverlierbar. Durchgangs- und Gewindeloch sind mit Gewinde versehen. Der Schraubenschaft ist länger als das zu verschraubende Werkstück und hat geringeren Durchmesser als der Kern. Beim Eindrehen wird die Schraube durch das Durchgangsloch geschraubt. Wird die Verschraubung gelöst, kann die Schraube nicht durch das Durchgangsloch fallen.
Stiftschraube DIN 938, 939, 835	bleibt mit einer Seite in dem Bauteil eingeschraubt, mit dem ein anderes verschraubt wird. Geringere Gefahr, das Bauteil bei häufigerem Lösen der Verbindung zu beschädigen. Verschiedene DIN-Angaben für unterschiedliche Bolzenlängen aus verschiedenen Materialien. Wird die Stiftschraube z.B. in Aluminium geschraubt, ist der Bolzen doppelt so lang wie bei Stahl. **Beispiel** Stiftschraube DIN 938 – M10×80 – 5.6

Muttern. Schraube und Mutter erzeugen beim Verschrauben die erforderliche Vorspannkraft. Muttern sind nach dem Verwendungszweck gestaltet und entsprechend der Festigkeitsklasse zu wählen. Die Paarung Schraube–Mutter gibt DIN so an, daß das Muttergewinde beim Vorspannen bis zur Prüfkraft der Schraube nicht beschädigt wird – das Gewinde streift nicht ab. Wird eine Schraubverbindung über die Prüfkraft der Schraube hinaus angezogen, muß die Schraube (nicht das Muttergewinde!) zerstört werden. Sinn dieser Vorgabe ist, eine schon beim Einbau überbelastete Schraubverbindung zu zerstören, um so eine unbelastbare Zusammenfügung von Bauteilen zu vermeiden.

Eine Auswahl gebräuchlicher Muttern unter Hinweis auf ihre Verwendung zeigt Tabelle **2.23**. Die Angaben sind als Beispiele zu verstehen. Einzelheiten zu den Mutterformen und deren Festigkeit sind den DIN-Normen zu entnehmen.

Unterlegscheiben sind grundsätzlich für jede Schraubverbindung vorzusehen (**2.24**). Sie verhindern ein mögliches Fressen des Werkstoffs durch die Drehbewegung beim Anziehen und die mit zunehmender Vorspannkraft entstehende Pressung – die Werkstückoberfläche bleibt unbeschädigt.

Gewalzte, geschmiedete oder gegossene Werkstücke haben eine rauhe und unebene Oberfläche. Werden sie verschraubt, sind Unterlegscheiben besonders wichtig, denn die

Tabelle 2.23 Gebräuchliche Mutterformen

Mutterformen nach DIN	Bemerkungen und Bezeichnungsbeispiele
Hutmutter DIN 917, 986, 1587	deckt den bei einer normalen Verschraubung aus der Mutter herausragenden Schraubenbolzen ab und beseitigt so eine mögliche Verletzungsgefahr. Schützt außerdem das Bolzengewinde vor Beschädigungen von außen. Der Bolzenüberstand muß stets unter der Einschraubtiefe der Mutter bleiben, sonst kann das Gewinde beschädigt werden. **Beispiel** Hutmutter DIN 1587 – M8 – 6
Kreuzlochmutter DIN 548, 1816 **Nutmutter** DIN 981, 1804	Beide werden fast ausschließlich an Wellen und Lagern verwendet, um das Axialspiel einzustellen. **Beispiel** Nutmutter DIN 981 – KM7
Kronenmutter DIN 935, 979	Verwendung, wenn durch einen Splint verhindert werden soll, daß sich die Mutter verdreht (s. Schraubensicherung). Es gibt Muttern mit 6 oder 10 Schlitzen. Dadurch wird eine vielseitige Fixierung der Mutter sichergestellt. **Beispiel** Kronenmutter DIN 979 – M10 – 04
Sechskantmutter DIN 439, 555, 934, 2510 6923 bis 6927 für Spanzeuge DIN 6330, 6331	Gebräuchlichste Mutter für alle Befestigungsarten, verfügbar in verschiedensten Formen (z.B. mit und ohne Fase, flach, mit Flansch und selbstsichernd). Sechskantmuttern mit großen Schlüsselweiten werden in Stahlkonstruktionen verwendet. Für die Verwendung in Spanzeugen sind Sechskantmuttern mit Bund oder mit kugeliger Auflagefläche versehen. **Beispiele** Sechskantmutter DIN 555 – M12 – 6 Sechskantmutter DIN 6915 – M24
Schweißmutter DIN 928, 929	Wenn man in Bleche aus konstruktionsbedingten Gründen keine Muttergewinde schneiden kann oder Blechschrauben ungeeignet sind, verwendet man Schweißmuttern. Ebenso für Befestigungen an Blechkonstruktionen, wo durch Gegenhalten ein Mitdrehen der Mutter nicht verhindert werden kann. **Beispiel** Schweißmutter DIN 928 – M5 – St
Sicherungsmutter DIN 7967	Verwendung bei Schraubensicherungen. **Beispiel** Sicherungsmutter DIN 7967 – M10

Tabelle **2.24** **Gängige Unterlegscheiben**

Bezeichnung nach DIN	Bemerkungen
DIN 125 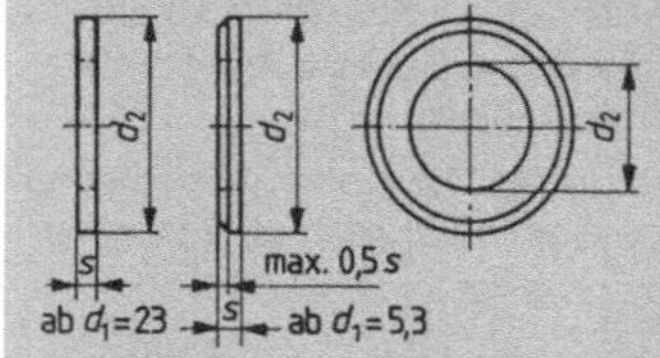	2 Formen A und B, vorwiegend für Sechskantschrauben und -muttern verwendet. Form B ist einseitig mit einer Fase versehen.
DIN 433 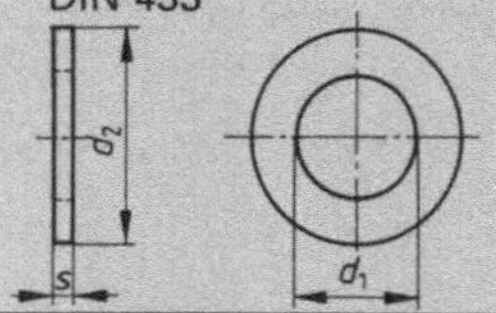	Überwiegend für Zylinderschrauben. Da deren Kopfdurchmesser kleiner ist als das Eckenmaß von Sechskantmuttern bzw. -schrauben, ist auch der Außendurchmesser der Scheibe kleiner als der in DIN 125.
DIN 6916, 7989 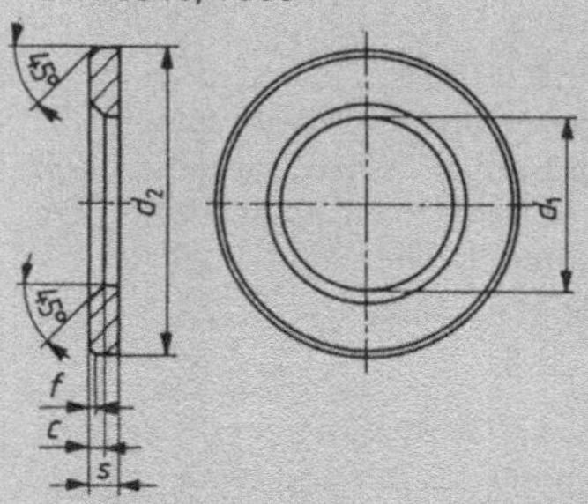	Vor allem für Verschraubungen in Stahlkonstruktionen. Scheiben nach DIN 6916 haben eine Senkung und werden für HV-Verbindungen im Stahlbau benutzt.
DIN 434, 435 DIN 6917, 6918 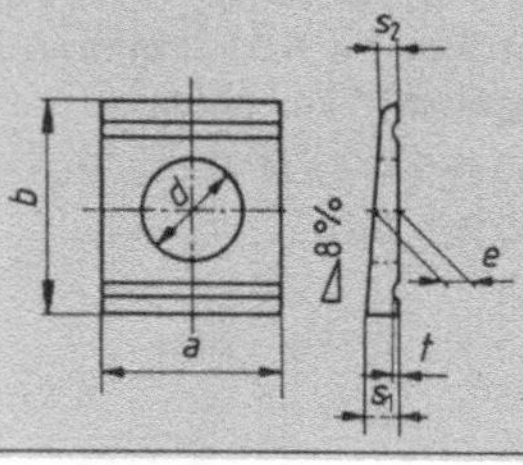	Für Verschraubungen an Trägern. Bei der Auswahl ist darauf zu achten, an welchen Profilen verschraubt werden soll, da die Scheiben mit unterschiedlichen Neigungen versehen sind (U-Träger 8% = 2 Rillen an der Scheibe, T-Träger 14% = 1 Rille). Beim Vertauschen der Scheiben treten durch Anziehen der Mutter Verspannungen am Schraubenbolzen auf (**2**.25). **Bezeichnungsbeispiele** gebräuchliche Unterlegscheibe: Scheibe DIN 125 – B13 – St Scheibe für U-Profile: U-Scheibe DIN 434 – 14 – ST

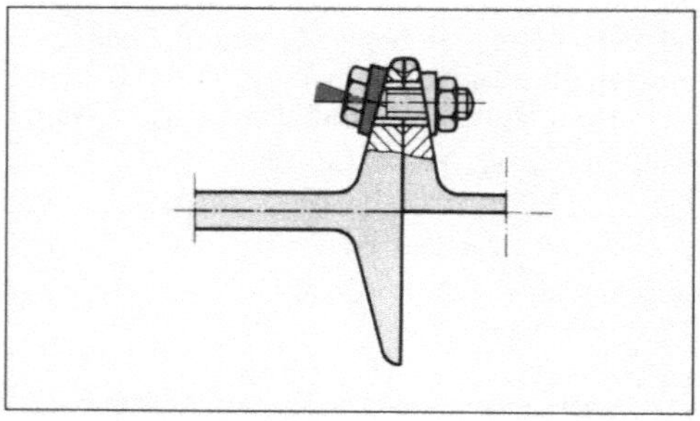

2.25 Verspannwirkung falscher U-Scheiben im Stahlbau

Unebenheiten drücken sich bei steigender Vorspannung entweder in die Scheibe oder werden von ihr abgeplattet. Dadurch liegen Mutter und ggf. Schraubenkopf besser auf, und die Anpreßkraft wird gleichmäßig verteilt.

Für Schraubenverbindungen an U- oder T-Trägern gleichen besondere Scheiben die Schrägen an den Gurten aus. Weil diese je nach Profil unter verschiedenen Winkeln verlaufen, dürfen nur jeweils passende Scheiben benutzt werden. Um die Scheiben nicht zu verwechseln, sind sie durch Rillen gekennzeichnet: 2 Rillen für 8% Neigung bei U-Trägern, 1 Rille für 14% Neigung bei T-Trägern. Bei falschen Scheiben liegt der Schraubenkopf oder die Mutter nicht richtig auf, durch die Vorspannkraft verkantet sich die Schraube – die Schraubverbindung genügt nicht mehr der erforderlichen Festigkeit (**2.25**).

Schraubensicherung

Zur Schraubverbindung verwendet man grundsätzlich selbsthemmende Schrauben. Die Vorspannkraft preßt die Gewindeflanken so aufeinander, daß die dabei entstehende Reibungskraft ein Lösen der Mutter verhindert. Bei Befestigungsschrauben unter ruhender Belastung reicht die Selbthemmung aus, um das Lösen der Schraubverbindung zu verhindern. Ist eine Schraubverbindung jedoch wechselnder Belastung ausgesetzt, die kurzzeitig die Vorspannkraft und damit die Selbsthemmung verringert, wird eine Schraubensicherung erforderlich. Das ist z. B. der Fall, wenn Schwingungen, Erschütterungen oder Stoßbelastungen auftreten. Dann können sich Schraube oder Mutter „losklappern". Auch Temperaturschwankungen bewirken, daß die Vorspannkraft aufgrund der Längenänderung des Schraubenbolzens nachläßt. In der Praxis wirken sich die genannten Einflüsse, oft kombiniert, auf die Sicherheit der Schraubverbindung aus.

Schraubverbindungen bei wechselnder Belastung müssen gesichert werden!

Die Schraubensicherung verhindert kraft-, form- und stoffschlüssig, daß sich Bolzen und Mutter gegeneinander verdrehen und sich so die Verbindung löst, wobei in manchen Fällen neben der Mutter auch der Schraubenbolzen gesichert werden muß. Verschiedene Verfahren werden angewendet.

Kraftschlüssige Sicherungen erhalten die Selbsthemmung des Gewindes in jedem Fall. Die erforderliche Pressung der Gewindeflanken wird durch Federringe, Zahn-, Fächer- oder Federscheiben gewährleistet. Zahn- oder Fächerscheiben setzt man vor allem ein, wenn bei der Verschraubung gleichzeitig ein elektrischer Kontakt zum Bauteil hergestellt werden muß. Die scharfen Metallkanten der Scheiben durchdringen isolierende Schichten wie Lacke oder Korrosionsschutz (**2.26**). Bei Federringen ist zu prüfen, ob ein Links- oder Rechtsgewinde vorliegt. Danach sind die Federringe auszuwählen. Sonst besteht die Gefahr, daß sich die Schraubensicherung beim Anziehen der Mutter aufbiegt und ihre Wirkung verliert (**2.27**).

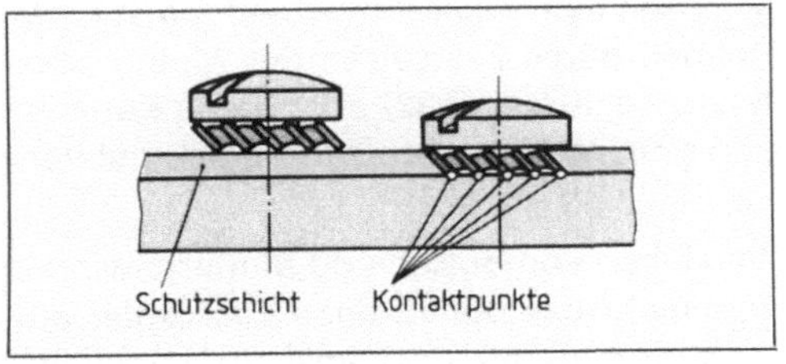

2.26 Wirkung einer Fächerscheibe

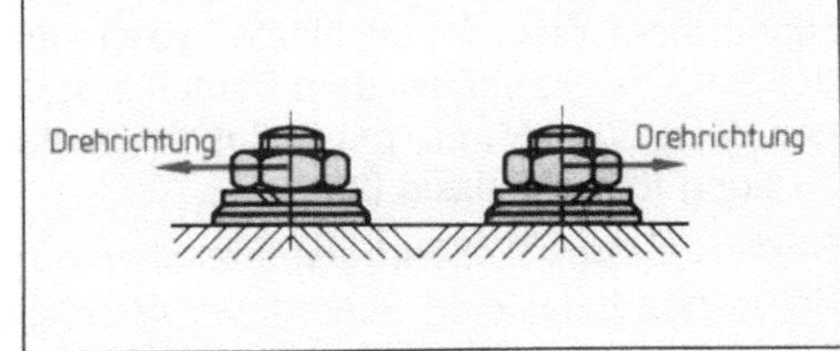

2.27 Federringe links/rechts

Sicherungsmuttern wirken wie eine Feder, die konstantes Anpressen der Gewindegänge sicherstellt (**2.28**). *Kontern* geschieht mit zwei Muttern, die beim Verschrauben auseinandergedrückt werden und sich gegen die Gewindegänge pressen. Durch die zusätzliche Kraft erhöht sich die Reibung in den Gewindegängen, die Selbsthemmung nimmt zu (**2.29**). Statt der üblichen Muttern sollte man spezielle *Kontermuttern* nehmen, die preis-

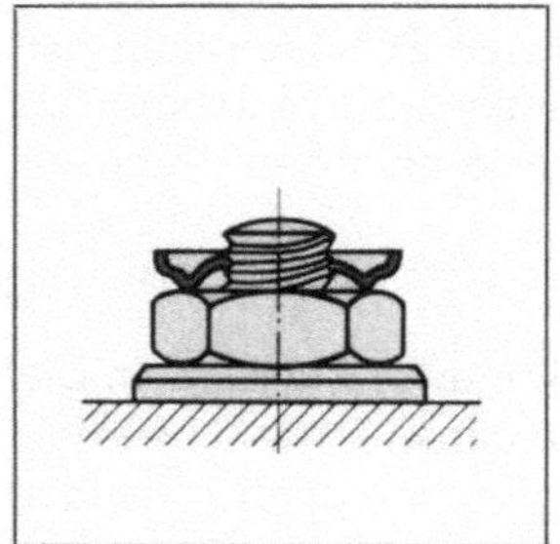

2.28 Sicherungsmutter

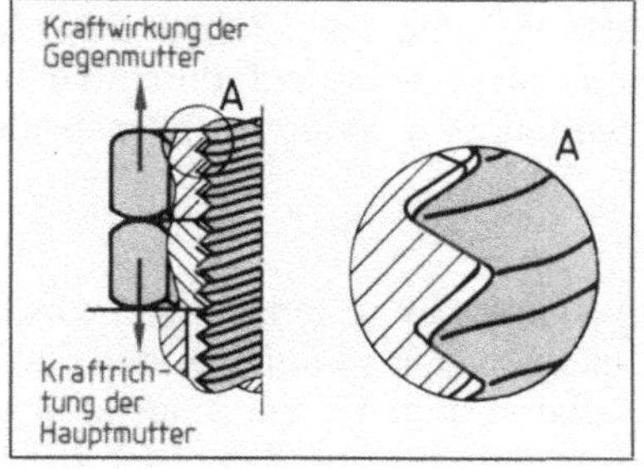

2.29 Aufbau und Kräfte
an einer Konterung

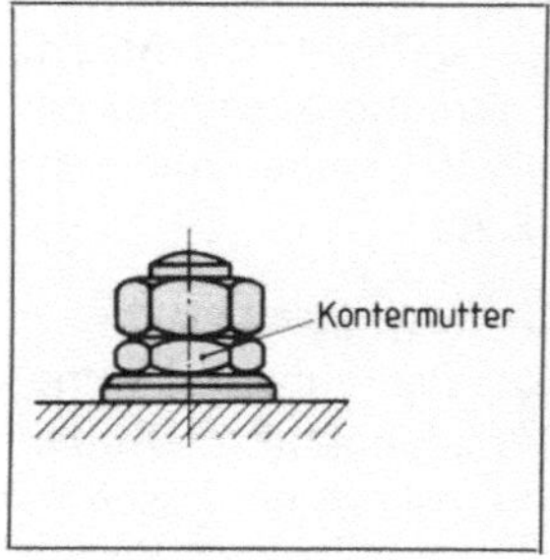

2.30 Richtige Konterung

günstiger sind und daher die Kosten besonders umfangreicher Konstruktionen senken helfen. Kontermuttern sind flacher als normale Muttern und bilden somit den schwächeren Teil einer Schraubverbindung. Da beim Kontern aber die Gegenmutter und nicht die Hauptmutter trägt, muß die Kontermutter immer als Hauptmutter aufgeschraubt werden (**2.30**).

> **Beim Kontern muß die flache (Konter-)Mutter immer als erste auf den Bolzen geschraubt werden!**

Kraftschluß wird auch durch geschlitzte Muttern oder in Muttern eingepreßte Kunststoffringe erreicht (**2.31**).

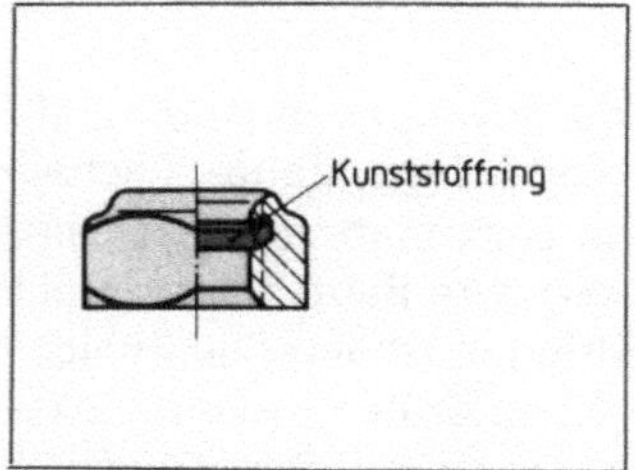

2.31 Elastic-Stop-Mutter

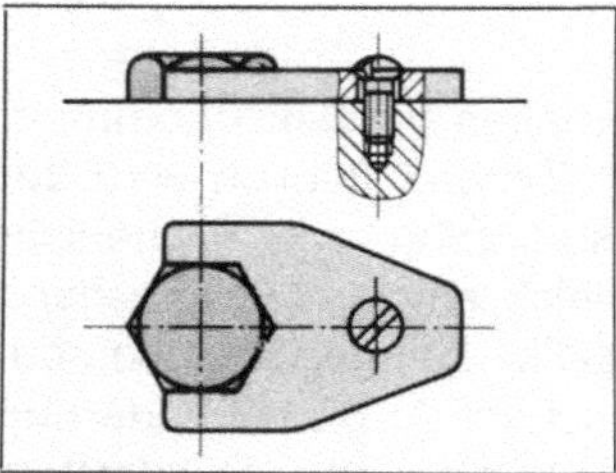

2.32 Legeschlüssel

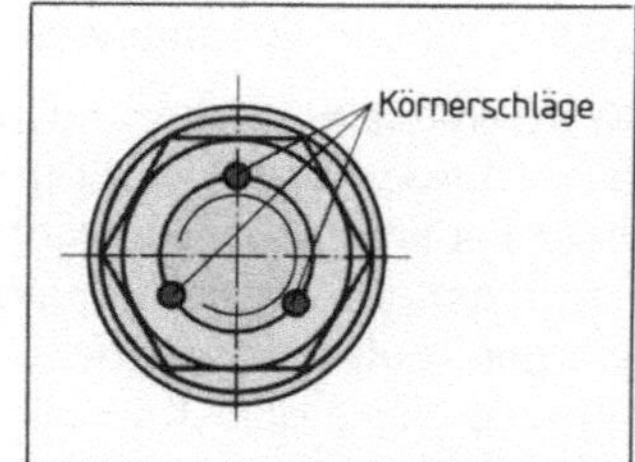

2.33 Schraubensicherung
durch Körnerschläge

Formschlüssige Sicherungen verhindern das Sichlösen einer Schraubverbindung auf mechanischem Weg. Möglichkeiten dazu sind gegeben durch Festsetzen der Mutter bzw. des Bolzens gegenüber dem Bauteil z. B. durch Legeschlüssel (**2.32**) oder durch Kuppeln von Bolzen und Mutter mit Splint. Am einfachsten sichern *Körnerschläge* die Schraubverbindung formschlüssig (**2.33**).

Stoffschlüssige Sicherungen entstehen durch Verkleben von Bolzen und Muttergewinde. Bei gering belasteten Schraubverbindungen geschieht das durch einen Lacktupfer auf die Mutter. Für höher belastete Verbindungen nimmt man mikroverkapselte Schrauben. Deren Gewindegänge sind mit einem oberflächengeschützten, nicht ausgehärteten Kunststoff gefüllt. Beim Anziehen der Schraube wird der Oberflächenschutz zerstört, der Kunststoff dringt in die Gewindegänge von Mutter und Bolzen und verklebt diese.

> **Mikroverkapselte Schrauben dürfen ohne weitere Sicherung nur einmal verwendet werden!**

1. Schreiben Sie Fügeverfahren getrennt nach lösbaren und unlösbaren Verfahren auf.

2. Eine Maschinenschraube ist mit Gewinde M16, die Spindel einer Handspindelpresse mit Tr28×5 versehen. Welcher Gewindegruppe ist das Gewinde der Schraube, welcher das der Spindel zuzuordnen?

3. Warum haben Feingewinde eine besonders gute Selbsthemmung?

4. Warum verwendet man Spitzgewinde nicht für Bewegungsschrauben?

5. Mit einem kegeligen Spitzgewinde M30×1,5 soll eine dichte Rohrverbindung hergestellt werden. Worauf ist zu achten?

6. Welche Folge kann ein zu klein gebohrtes Kernloch haben?

7. Beim Entfernen eines abgebrochenen Gewindebohrers wird das Werkstück beschädigt. Welche Möglichkeit bleibt zu seinem Erhalt?

8. Warum muß der Drehmeißel besonders exakt angeschliffen werden, wenn ein Trapezgewinde geschnitten werden soll?

9. Mit welchem Werkzeug wird der Drehmeißel beim Schneiden eines Trapezgewindes genau ausgerichtet eingespannt?

10. Um eine Schraube ordentlich „anzuknallen", wird oft ein Rohr auf den Schraubenschlüssel gesetzt. Warum ist das nicht zulässig?

11. Für besonders beanspruchte Schraubverbindungen ist ein Anzugsdrehmoment vorgeschrieben. Wie wird es eingehalten?

12. Welcher Unterschied besteht zwischen kraft-, form- und stoffschlüssigen Schraubensicherungen?

13. Eine Schraubverbindung wird mit einer (flacheren) Kontermutter gesichert. In welcher Reihenfolge müssen Sie Mutter und Kontermutter auf den Bolzen schrauben?

2.2 Stifte und Keile

Mit Stiften oder Keilen stellt man lösbare Verbindungen her. Stiftverbindungen sind formschlüssig, Keilverbindungen kraftschlüssig. Nach DIN sind Keilverbindungen „Spannungsverbindungen mit Anzug".

2.2.1 Stifte

Mit Paßstiften positioniert man Bauteile nach der Montage oder Demontage wieder exakt zueinander (2.34). Verwendet werden zylindrische oder kegelige Stifte. Sofern sie als Befestigungsstifte dienen, werden sie auf Scherung beansprucht. Um die einwandfreie Positionierung der Bauteile zu gewährleisten, ist schon während der Fertigung auf die genaue Lage der Bohrungen zueinander zu achten. Die Bauteile müssen deshalb während des Bohrens sorgfältig gespannt werden.

Kegelstifte haben ein genormtes Kegelverhältnis von 1:50. Wenn der Stift in die Bohrung getrieben wird, entstehen große Kräfte, die seine Oberfläche gegen die Wandung der ebenfalls kegeligen Bohrung pressen. Dadurch ergibt sich nach der Formel $F_R = F_N \cdot \mu$ eine große Reibungskraft zwischen Stift und Bohrung. Somit eignet sich ein Kegelstift auch dazu, Bauteile zu befestigen.

Montage. Werden Stifte in Sacklöcher getrieben, kann die Luft daraus nicht entwei-

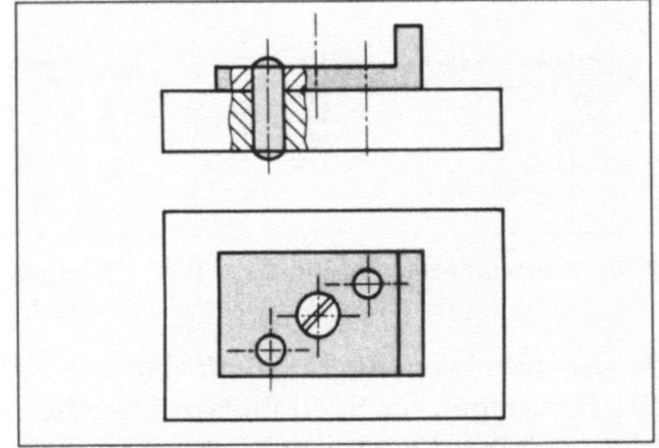

2.34 Anwendungsbeispiel für Paßstifte

chen – um so weniger, als der Stift zum Eintreiben eingefettet werden soll. (Geschieht das nicht, besteht durch die Belastung an der Oberfläche die Gefahr der Kaltverschweißung.) Die Fettschicht wirkt aber wie eine zusätzliche Abdichtung. Es bildet sich ein Luftpolster, das ein Hineintreiben des Stiftes verhindert – der Stift federt immer wieder zurück. Um dies zu verhindern, versieht man die Paßstifte mit einer Längsrille, durch die die im Sackloch eingeschlossene Luft entweichen kann.

Eine Stiftverbindung wird gelöst, indem man den Stift herausschlägt. Bei Sacklöchern geht das jedoch nicht. Deshalb verwendet man Stifte mit Außen- oder Innengewinde. Im Beispiel **2.35** läßt sich der Stift durch das Anziehen einer Mutter aus der Bohrung herausziehen. Damit die Werkstückoberfläche nicht beschädigt wird, sollte man immer eine Unterlegscheibe verwenden. Zum Herausziehen von Stiften mit Innengewinde dienen einfache Abziehvorrichtungen.

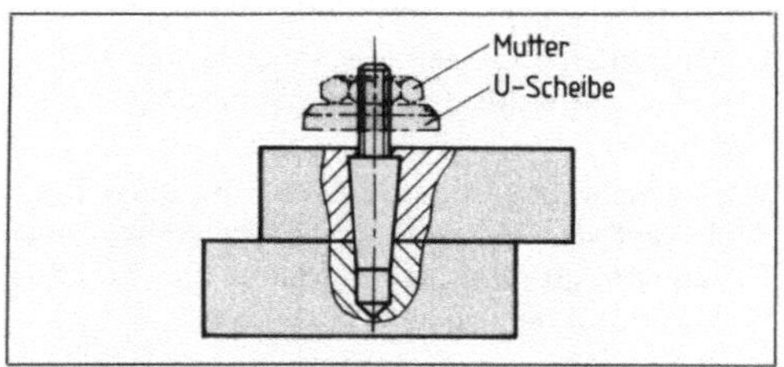

2.35   Kegelstift im Sackloch

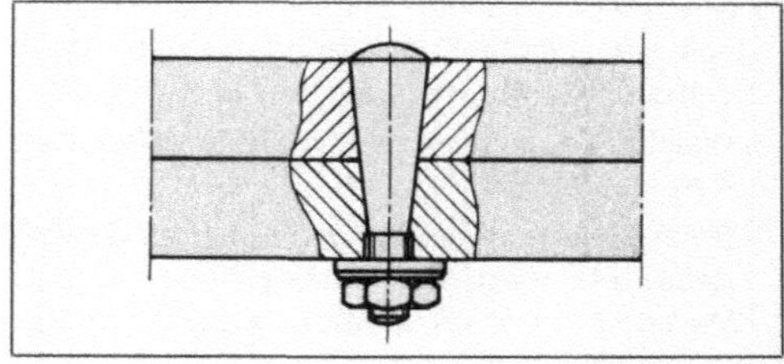

2.36   Gesicherte Kegelstiftverbindung

Kegelstifte werden auch mit Gewinden an der Seite mit dem kleineren Durchmesser geliefert. Diese Stifte werden an stark schwingenden Bauteilen verwendet und durch Aufschrauben einer Mutter gesichert (**2.36**).

Bohrungen für Kegel- oder Paßstifte müssen den ISO-Passungen genügen. Das bedeutet eine recht aufwendige Fertigung, weil die Bohrung noch aufgerieben werden muß. Ihre Qualität liegt dann häufig über den Anforderungen an die Stiftverbindung. Eine kostengünstigere Lösung bieten Kerbstifte.

Kerbstifte dienen als Befestigungsstifte. Sie sind auf dem Umfang mit Längskerben versehen, die den Nenndurchmesser vergrößern (**2.37**). Die Aufkerbung ist so berechnet, daß sich der Stift aufgrund der elastischen Werkstoffverformung in der Bohrung verklemmt. Kerbstifte können bis zu fünfzigmal verwendet werden. Die Bohrung muß nicht aufgerieben werden. Es genügt eine normale Bohrung im Durchmesser des Kerbstiftes.

Kerbnägel benutzt man z. B. zum Befestigen von Typenschildern (**2.38**).

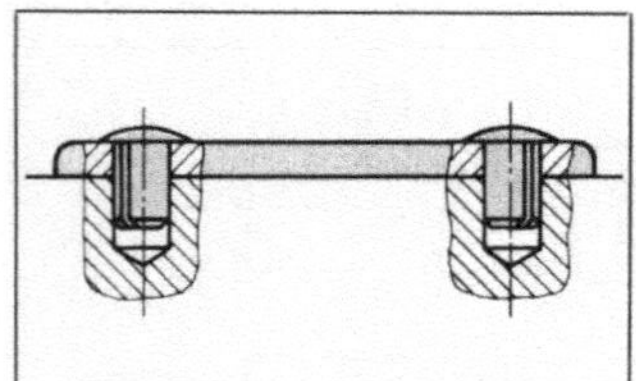

2.37   Kerbstift im Querschnitt

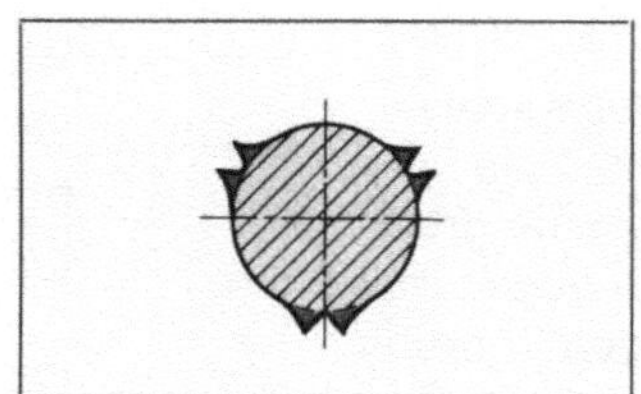

2.38   Typenschild, mit Kerbnägel befestigt

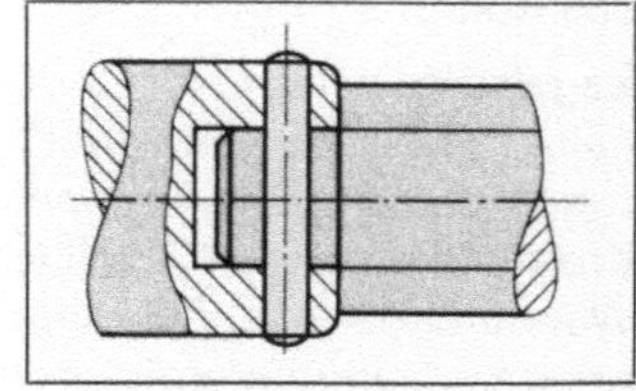

2.39   Abscherstift

Spannstifte verwendet man oft statt Kerbstiften. Es sind aus Federstahl gefertigte Hülsen. Die Bohrungen für Spannhülsen brauchen ebenfalls nicht aufgerieben zu werden. Beim Eintreiben wird die Hülse leicht zusammengepreßt und verspannt sich so mit dem Werkstück.

Abscherstifte werden als Sollbruchstellen eingebaut. Sie schützen wertvolle Maschinenteile, indem sie bei Überbelastung vor dem Teil zu Bruch gehen. Wir finden sie z.B. an Leitspindeln von Drehmaschinen (**2.39**).

2.2.2 Keile

Keile bilden lösbare Verbindungen. Sie haben einen Anzug von 1:100. Das bedeutet: Bei 100 mm Keillänge nimmt das Dickenmaß um 1 mm ab. Der Keil bildet somit eine Schiefe Ebene mit sehr geringer Steigung. Beim Eintreiben entstehen verhältnismäßig große Kräfte, die die Bauteile gegeneinander verspannen. So ergeben sich hohe Reibungskräfte, weshalb es sich um eine kraftschlüssige Verbindung handelt (**2.40**).

Keilverbindungen sind lösbar. Sie wirken durch Kraftschluß.

Wir unterscheiden Längs-, Nasen-, Flach- und Hohlkeile, Federn sowie Querkeile.

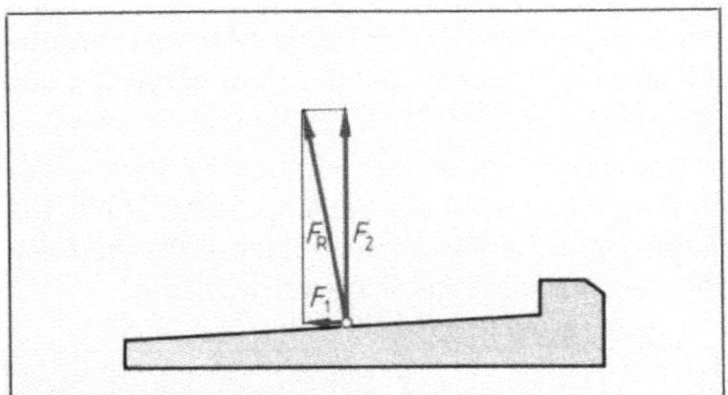

2.40   Kräfteparallelogramm am Keil

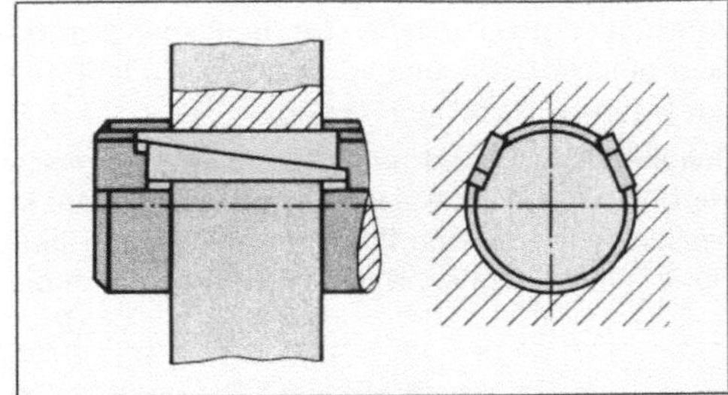

2.41   Um 120° versetzte Tangentialkeile

Längskeile übertragen Drehmomente zwischen einer Nabe und einer Welle. Zugleich verhindern sie, daß sich die Nabe in Längsrichtung verschiebt. Längskeile sind so genormt, daß sie etwa 1,5mal so lang wie der Wellendurchmesser sind, über den das gesamte, von der Welle übertragbare Drehmoment weitergeleitet werden soll. Dieses Maß gilt für *Gußnaben. Stahlnaben* können geringer dimensioniert werden. Weil in diesem Fall oft nicht genügend Platz für einen entsprechend großen Keil zur Verfügung steht, baut man zwei kleinere Keile um 120° versetzt ein (**2.41**) – vielfach als Tangentialkeile, die den Wellenquerschnitt weniger schwächen und besonders bei wechselnder und stoßartiger Belastung größere Drehmomente übertragen.

Nasenkeile sind so konstruiert, daß sie sich aus dem Bauteil herausheben lassen. Sie erzeugen jedoch eine Unwucht, die bei Verwendung von Einlegekeilen vermieden wird (**2.42**).

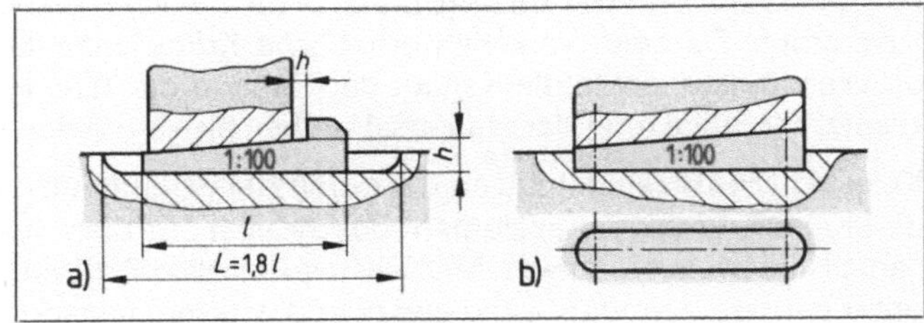

2.42
a) Nasenkeil
b) Einlegekeil

Flach- und Hohlkeile schwächen zwar die Welle nicht, übertragen aber nur kleine Drehmomente (**2.43**).

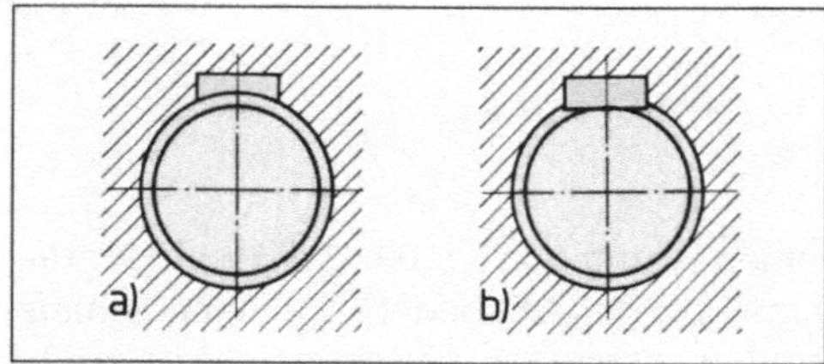

2.43   a) Flachkeil, b) Hohlkeil

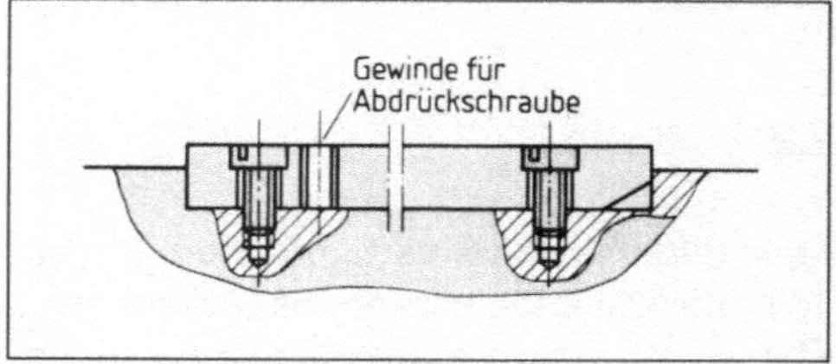

2.44   Gleitfeder mit Abdrückschraube und Anschrägung

Federn sind Keile ohne Anzug und werden auch Paßfedern genannt. Nach DIN handelt es sich um Mitnehmerverbindungen ohne Anzug.

Paßfedern stellen nur formschlüssige Verbindungen her. Sie übertragen Drehmomente, sichern die Nabe aber nicht gegen Längsverschiebung.

Gleitfedern ermöglichen dagegen die Längsverschiebung der Nabe über die gesamte Federlänge. Paß- oder Gleitfedern werden in eine Nut der Achse oder Welle eingelegt und durch Halteschrauben befestigt. Um sie aus der Nut herausnehmen zu können, ist ein Gewinde für eine Abdrückschraube oder eine Abschrägung vorgesehen. So läßt sich die Feder durch einen leichten Hammerschlag aus der Nut herausschlagen (**2.44**).

Scheibenfedern sind häufig an Werkzeugmaschinen oder im Elektromaschinenbau zu finden. Sie werden nicht in einer flachen, sondern in einer kreisförmigen Längsnut der Welle montiert (**2.45**). Sie passen sich aufgrund ihrer Formgebung in einem konischem Zapfen ohne Probleme der geraden Nut in einer Nabe an. Nachteilig ist die durch die Form verursachte erhebliche Kerbwirkung.

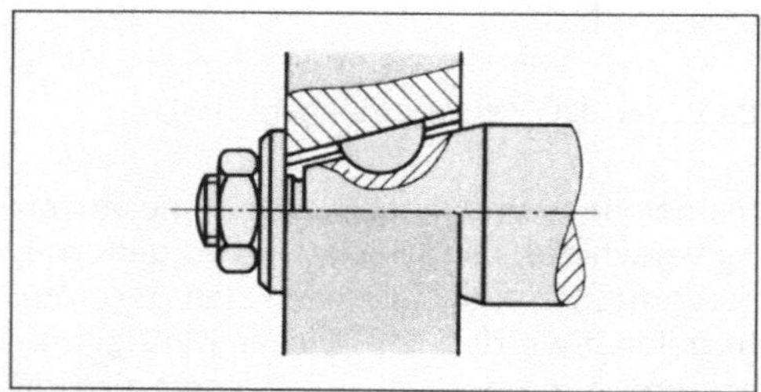

2.45   Scheibenfeder in Zapfen

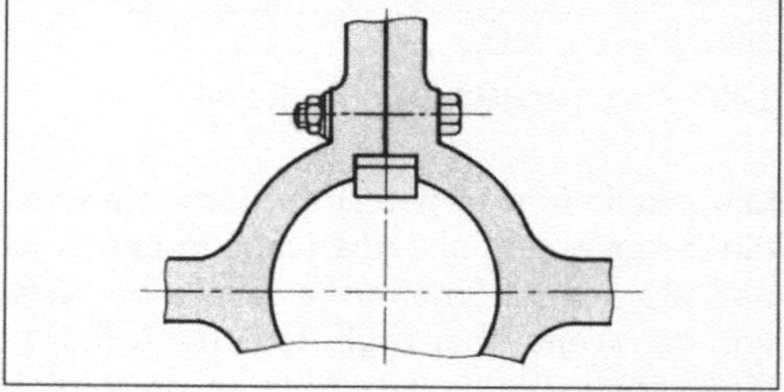

2.46   Verschraubung einer geteilten Nabe mit Keilnut

Herstellen und Anordnen von Längskeilnuten. Je nach Nutart benutzt man Scheiben- oder Fingerfräser. Auslaufende (durchgängige) *Wellennuten,* werden mit Scheibenfräsern gefräst. Für rundstirnig begrenzte Wellennuten verwendet man Fingerfräser. *Nabennuten* werden geräumt oder gestoßen. Sie sollen immer an die stärkste Stelle der Nabe gesetzt werden (z. B. bei einteiligen Rädern unter eine Speiche). Bei geteilten Naben laufen die Teilfugen zweckmäßig durch eine Speiche. Nabenschrauben halten die Räder zusammen. Da beim Verkeilen erhebliche Kräfte entstehen, die die Nabe auseinanderdrücken wollen, sollte die Keilnut der Nabe in die Teilungsfuge gelegt werden, um eine zusätzliche Belastung der Nabenschrauben zu vermeiden (**2.46**).

Keile als Montagehilfe nutzen die durch Keilwirkung erzeugten Kräfte. Bisher haben wir den Keil als Verbindungselement beschrieben. Er dient aber auch als einfache und wirksame Hilfe bei der Montage. Mit Keilen lassen sich Werkzeugmaschinen oder Bauelemente unter geringem Kraftaufwand genau und wirksam festsetzen und ausrichten (**2.47**).

68

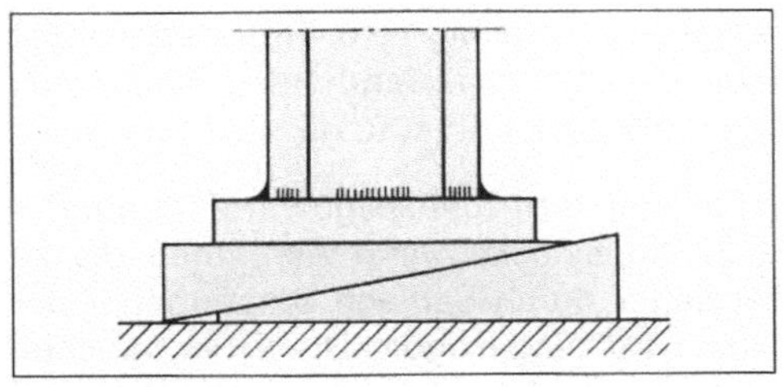

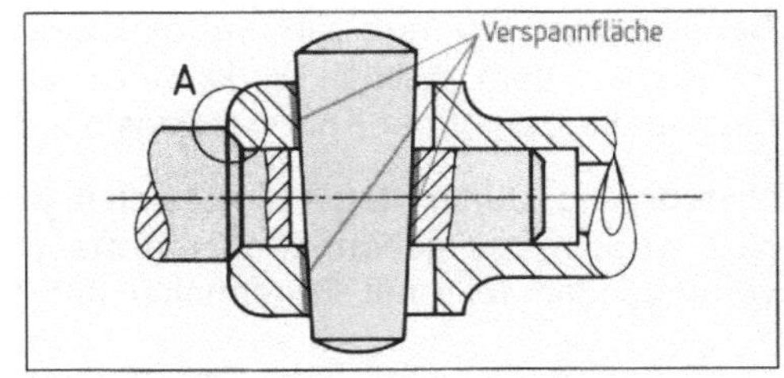

2.47 Keile zum Ausrichten eines Bauteiles

2.48 Querkeilverbindung mit Einzelheit bei A
(konische Stangenwurzel)

Querkeile dienen als kraftschlüssige Verbindungen z. B. zwischen einer Kolbenstange und einem Kreuzkopf (**2.48**). Die Stangenwurzel bei A wird auch konisch hergestellt. Allerdings sind damit Nachteile verbunden: Einerseits verteuert sich die Fertigung, weil die Stangenwurzel eingeschliffen werden muß. Andrerseits tritt durch den Konus eine Keilwirkung auf, die die Hülse zusätzlich beansprucht – sie wird auseinandergedrückt.

2.3 Niete

Niete stellen unlösbare Verbindungen her. Der nicht zu unterschätzende Nachteil von Nietverbindungen ist das hohe Gewicht, verursacht durch die zusätzlich zu den Konstruktionselementen verwendeten Niete. Deshalb haben Nietverbindungen an Bedeutung verloren. Vielfach werden sie durch Schweißen oder Kleben ersetzt. Dennoch kann man in einigen Fertigungsbereichen nicht auf Nietverbindungen verzichten, z.B. im Stahl-, Kessel- und Leichtmetallbau.

Einteilung der Nietverbindungen

- **Feste Nietverbindungen** übertragen Kräfte zwischen Blechen und Profilen. Sie werden z.B. im Stahlbau hergestellt.
- **Dichte Nietverbindungen** verwendet man im Behälterbau zum Abdichten gegen kleine Unter- oder Überdrücke. Gasometer erfordern, wenn nicht geschweißt, dichte Nietverbindungen.
- **Feste und dichte Nietverbindungen** übertragen größere Kräfte und dichten gleichzeitig ab. Sie sind z.B. im Kesselbau zu finden.
- **Überlappungsnietungen** entstehen durch Übereinandernieten von Blechen oder Laschen (**2.49**).
- **Laschennietungen** verbinden stumpf zusammenstoßende Bleche durch Übernieten von einer oder zwei Laschen (**2.50**).

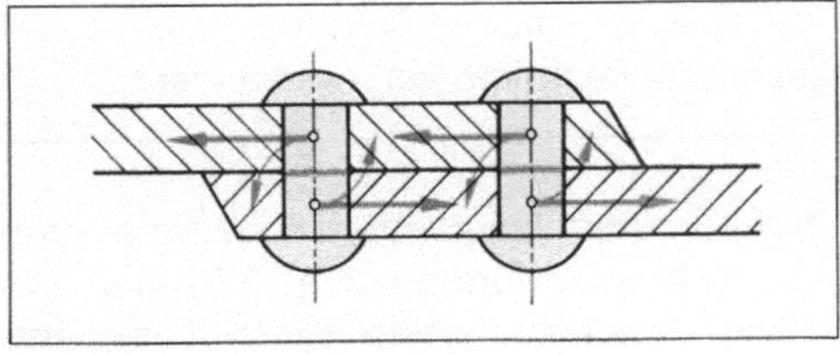

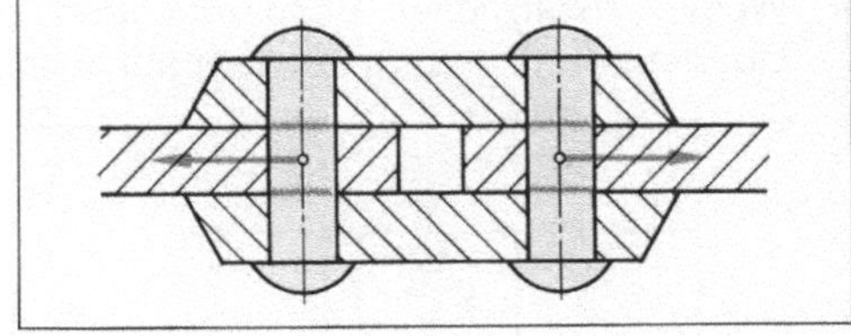

2.49 Überlappungsnieten, einschnittig

2.50 Laschennietung, mehrschnittig

Diese Nietverbindungen bezeichnet man nach Anzahl der Nietreihen in einem Blechrand als ein- oder mehrreihig bzw. nach Zahl der im Nietschaft zu verzeichnenden Scherflächen als ein- oder mehrschnittig.

Der Nietwerkstoff muß zäh und darf weder kalt noch rotbrüchig sein. Grundsätzlich ist der Niet aus dem gleichen Werkstoff zu wählen wie dem der zu verbindenden Teile. Sonst besteht die Gefahr der Kontaktkorrosion, die das Werkstück im Laufe der Zeit zerstört.

Nietvorgang. Durch Nieten ergibt sich in jedem Fall eine formschlüssige Verbindung. Der Niet wird in das gebohrte oder gestanzte Loch eingesteckt. Dann zieht man die zu verbindenden Teile mit Gegenhalter und Nietenzieher durch Schläge zusammen – der Niet wird eingezogen. Durch Anstauchen füllt er das Nietloch aus, der Werkstoff drückt gegen die Bohrungen. Anschließend formt man mit dem Kopfmacher – dem Döpper – den Schließkopf (**2.51**).

Niete bis 8 mm Durchmesser werden im allgemeinen kalt, über 8 mm Durchmesser warm geschlagen. Warmgeschlagene Niete schrumpfen beim Abkühlen. Dadurch werden die zu verbindenden Teile stärker verspannt, der Gleitwiderstand zwischen ihnen steigt. Warmnietungen gelten als besonders fest und dicht. Wir finden sie deshalb im Stahl- und Kesselbau.

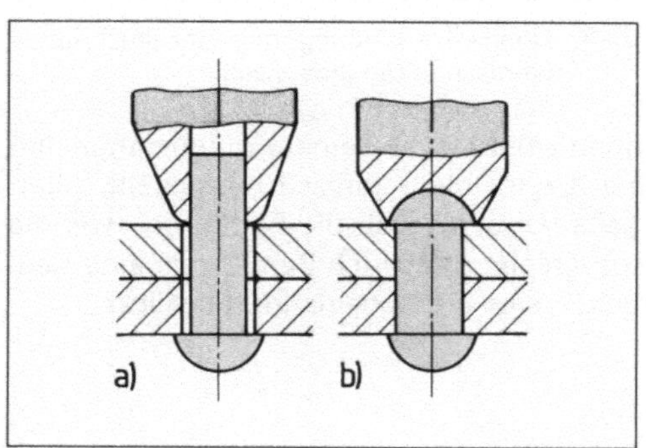

2.51   Niet a) beim Einziehen und b) Kopfmachen

> Gestanzte Nietlöcher sind im Stahl- und Kesselbau nur dann zugelassen, wenn sie vor dem Nieten aufgebohrt oder aufgerieben werden (Haarrisse!).

Die Nietverbindung läßt sich als Hand- oder Maschinennietung herstellen. Bei spröden Werkstoffen (z. B. Gußeisen) sind Maschinennietung und gestanzte Nietlöcher nicht zugelassen.

Nietbeanspruchung. Die Haltbarkeit einer Nietverbindung hängt von der Reibungskraft zwischen der Überlappung bzw. den Laschen und den Blechen ab. Ist die Zugkraft größer als die Reibungskraft (**2.49** und **2.50**), kann sie die Nietung durch Abscheren des Nietschafts zerstören. Der Nietschaft wird durch die Hebelwirkung bei der Überlappungsnietung noch zusätzlich beansprucht. Hinzu kommt die Lochleibung, die den Nietschaft und das Nietloch verformt.

> Wegen zusätzlicher Beanspruchung des Nietschafts durch Biegung soll die Überlappungsnietung bei höheren Festigkeitsansprüchen nicht verwendet werden!

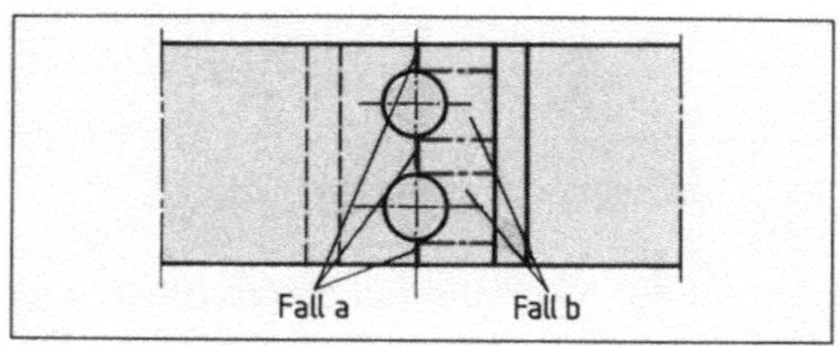

2.52   Belastungsfälle an einer Nietung

Darüber hinausgehende Beanspruchung von Nietverbindungen zeigt Bild **2.52**. Bei falsch dimensioniertem Blech kann entsprechend den eingezeichneten Beispielen das Nietloch oder das Blech im geschwächten Querschnitt ausreißen. Um dies zu verhindern, müssen Mindestabstände zum Blechrand und zwischen den

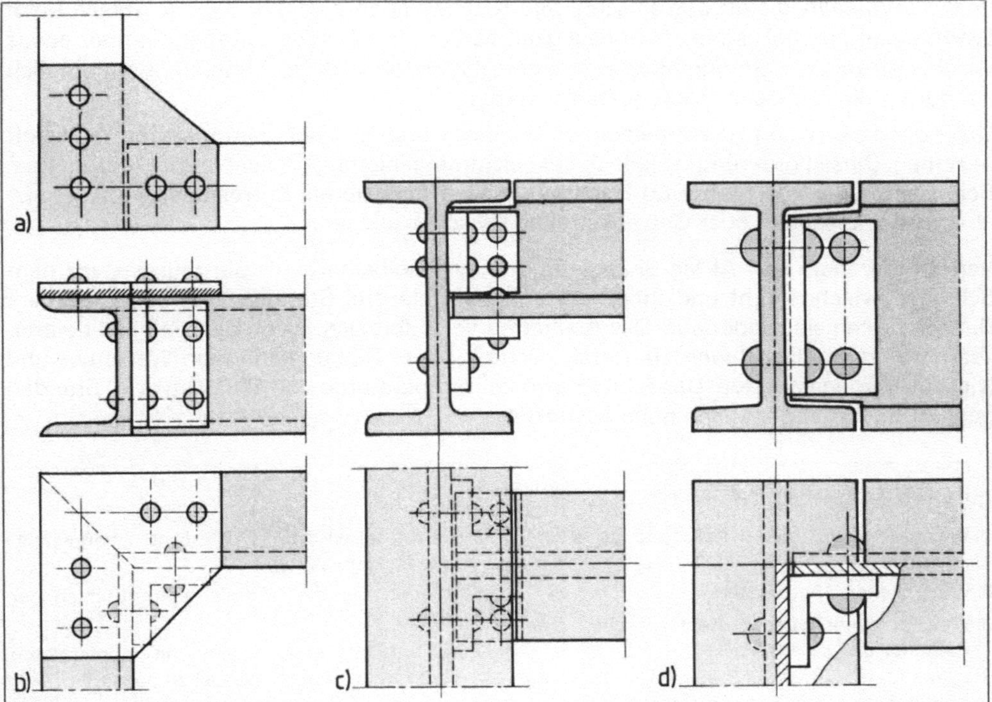

2.53 Nietverbindungen

a) Flachstahl-Eckverbindung, b) U-Stahl-Eckverbindung, c) gemischte Endverbindung, d) Trägeranschluß

Nieten eingehalten werden, die je nach Nietanordnung und Art der Nietverbindung festgelegt sind (s. Tabellenbücher).

Ausgewählte Nietverbindungen. Im Stahlbau werden häufig verschiedene Profile durch Niete verbunden. Als Verbindungselement dient ein geeignet geformtes Blech, das *Knotenblech.* Beispiele zeigt Bild **2.53**.

Nietfehler entstehen, wenn Nietungen nicht sorgfältig hergestellt werden (**2.54**). Die Ursachen liegen

- in der fehlerhaften Vorbereitung der Bohrungen,
- im falschen Verspannen der zu verbindenden Bauteile,
- in der Wahl eines falschen und nicht richtig dimensionierten Nietes,
- im unsauberen Formen des Nietkopfes.

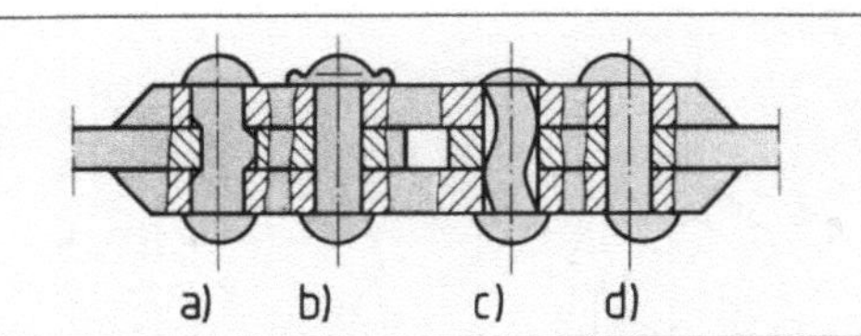

2.54 Nietfehler

a) Bohrung versetzt, b) Niet zu lang, c) Bohrung zu groß, Niet zu kurz, d) Kopf schief eingeschlagen

Nietfehler beeinflussen die Festigkeit einer Nietverbindung. Sie verringern die Kraft, mit der die Bleche oder Profile verspannt werden, und damit die Reibungskraft, die für die Festigkeit der Nietung ausschlaggebend ist.

71

Im *Leichtmetallbau* sind nur einschnittige Kaltnietungen zulässig, weil das Blech beim Warmnieten durch Ausglühen an Festigkeit verliert. Der Nietwerkstoff soll immer etwas weicher als das zu verbindende Material gewählt werden. Da Leichtmetall rißempfindlich ist, dürfen die Nietlöcher nicht gestanzt werden.

Um Kontaktkorrosion zu vermeiden, sollen Blech und Niet aus dem gleichen Werkstoff bestehen. Diese Forderung ist jedoch bei Leichtmetallnietungen nicht immer einzuhalten. Beim Verbinden von Stahl und Leichtmetall sind deshalb als Korrosionsschutz Schutzanstriche vorzusehen oder Gewebestreifen zwischenzulegen.

Vergütbare Niete aus Al-Mg-Si-Legierungen sind selbsthärtend. Sie müssen vor dem Schlagen weichgeglüht und innerhalb von zwei bis drei Stunden verarbeitet werden. Danach härten sie wieder aus. Das Aushärten verzögert sich, wenn die Niete bei tieferen Temperaturen gelagert werden. Durch nachträgliches Glühen kann man Werkstück und Niet zusammen vergüten. Das Bauteil wird bei Temperaturen von 180 °C etwa 30 Stunden geglüht und erlangt danach hohe Festigkeit.

Aufgaben zu Abschnitt 2.2 und 2.3

1. Welchen Vorteil bieten Kerbstifte gegenüber Paßstiften?
2. Wozu dienen Abscherstifte?
3. Welcher Unterschied besteht zwischen einer Paßfeder und einem Keil?
4. Unter welchen Voraussetzungen sind gestanzte Nietlöcher im Stahl- und Kesselbau erlaubt?
5. Ein Kessel wird mit 9 mm Nieten hergestellt. Was ist zu beachten?
6. Nennen Sie die Vorteile warmgeschlagener Nieten.
7. Leichtmetallbleche sollen mit Kupfernieten verbunden werden. Was ist zu beachten?
8. Vergütbare Niete sind selbsthärtend. Was ist vor dem Verarbeiten zu beachten?

2.4 Fügen durch Umformen

Bild **2.55** zeigt den Querschnitt durch eine Heißdampfleitung. Die Dämmschicht aus Mineralwolle wird gegen mechanische Beschädigung und Umwelteinflüsse durch eine Umhüllung aus Blech geschützt. In der Einzelheit bei A ist zu erkennen, wie die Blechenden der Umhüllung verbunden sind. Verwendet werden weder zusätzliche Bauteile noch Zusatzwerkstoffe. Die Verbindung erfolgt formschlüssig. Sie wird ausschließlich durch Umformen des Werkstoffs erreicht. Angewendet wird sie bei Baueinheiten aus dünnen Blechen oder Rohren.

Die Verbindung entsteht durch gegenseitiges Verformen und Zusammenpressen des Werkstoffs, im wesentlichen durch Bördeln, Falzen und Sicken.

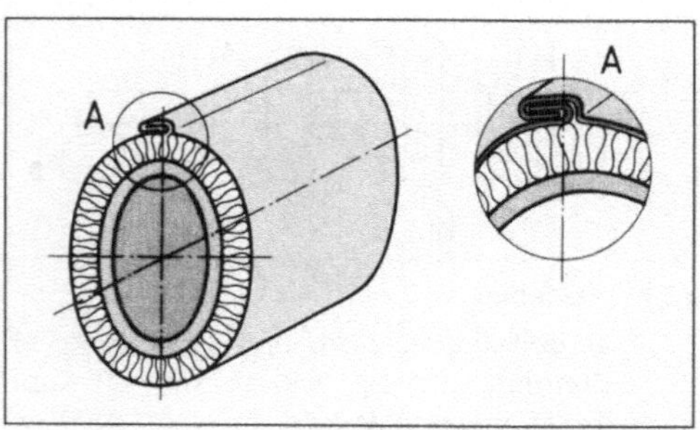

2.55 Querschnitt durch eine gedämmte Heißdampfleitung mit gefalzter Ummantelung bei A

Dünne Bleche oder Rohre können durch Umformen gefügt werden.

Bördeln dient zum Befestigen von Böden an Blechbehältern oder Abdeckungen an Rohrenden. Manchmal wird die Verbindung durch Löten zusätzlich abgedichtet. Bördeln ist aber auch eine unabdingbare Vorarbeit, um z. B. Bodenfalze herzustellen.

Bild **2.56** zeigt das Prinzip des Bördelns am Beispiel einer Rohreinführung. Während das Teil langsam gedreht wird, holt man die Blechkante bei A mit einem Holzhammer durch schnell aufeinander folgende Schläge herum. Um eine saubere Bördelung zu erhalten, ist das Werkstück langsam zu drehen. Dabei wird der Werkstoff durch dicht nebeneinander und schnell gesetzte Hammerschläge gedehnt. Weit gesetzte Hammerschläge hätten eine zu starke Dehnung und eine unsaubere Bördelung zur Folge.

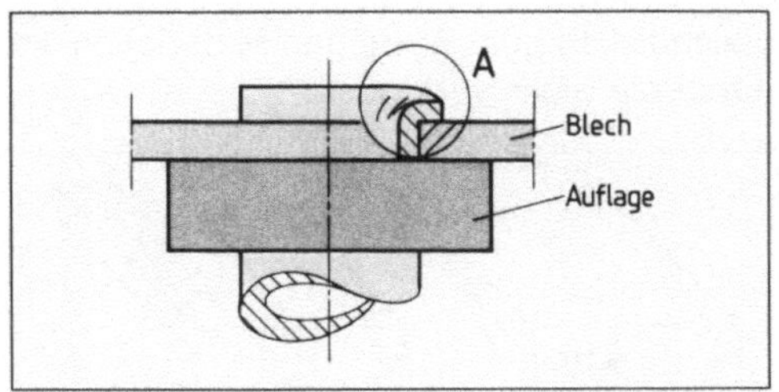

2.56   Rohreinführung

Falzen. Zur Verbindung dünner Bleche eignen sich die bisher genannten Fügeverfahren oft nicht. In diesen Fällen wird gefalzt, wie am Beispiel eines Rohrnaht- und eines Bodenfalzes erläutert.

Den *Rohrnahtfalz* zeigt die gefalzte Rohrummantelung (**2.55**). Um den Falz herzustellen, werden die Längsnähte des Rohrbleches zunächst abgekantet, eingehakt (**2.57 a**) und nach dem Zusammenschlagen (**2.57 b**) mit dem Falzmeißel durchgesetzt (**2.57 c**). Will man den Falz nach innen durchsetzen, geschieht dies auf einer scharfkantigen Unterlage mit dem Schlichthammer (**2.57 d**).

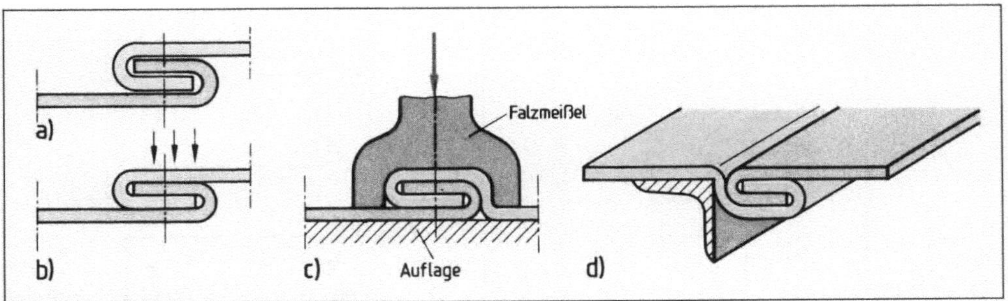

2.57   Herstellen eines Rohrnahtfalzes
   a) Umschlagen und einhaken, b) zusammenschlagen, c) mit dem Falzmeißel durchsetzen, d) Innenfalz durchsetzen

Um ein Gefäß aus Dünnblech herzustellen, setzt man den Boden mit einem *Bodenfalz* ein. Die Arbeitsgänge sind ähnlich wie bei der Rohrlängsnaht. Zusätzlich müssen die Einzelteile vor dem Zusammenschlagen aufgebördelt werden (**2.58**).

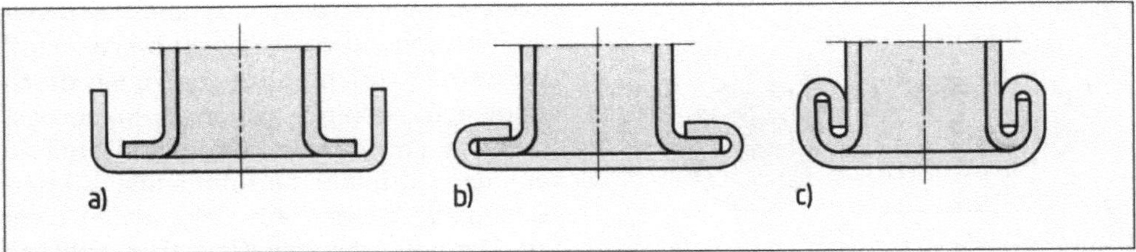

2.58   Herstellen eines Bodenfalzes
   a) Bördeln, b) zusammenschlagen, c) umschlagen

Sicken dient dazu, Bleche zu versteifen und sie so statisch stabiler zu gestalten (**2.59**). Die in das Blech geprägte Rille, die Sicke, vergrößert das Widerstandsmoment und erlaubt, das Blech höher zu belasten. Durch Sicken werden aber auch Teile gefügt (**2.60**). Der Werkstoff wird maschinell in die vorgefertigte Rille gepreßt. Bestehen die Teile aus gleichdicken dünnwandigen Materialien, kann man sie ineinandergeschoben gemeinsam durch die Sicke verbinden.

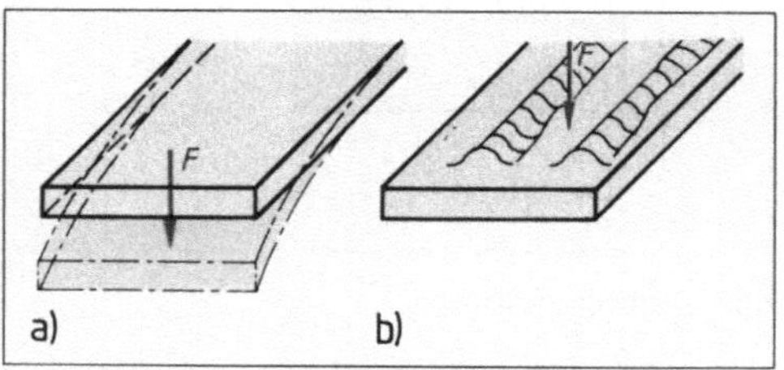

2.59   Blechversteifung durch Sicken

      a) ohne Sicke Durchbiegung bei Belastung, b) mit Sicke keine Durchbiegung

2.60   Sickenverbindung

Durch Weiten fügt man Einzelteile in kleineren Bauteilen zusammen (**2.61**). Ein Dorn mit größerem Durchmesser als dem Innendurchmesser der Hülse weitet diese auf, wenn er in sie hineingepreßt wird, und drückt sie gegen die Innenwand der Bohrung. So verspannen sie die Teile gegeneinander.

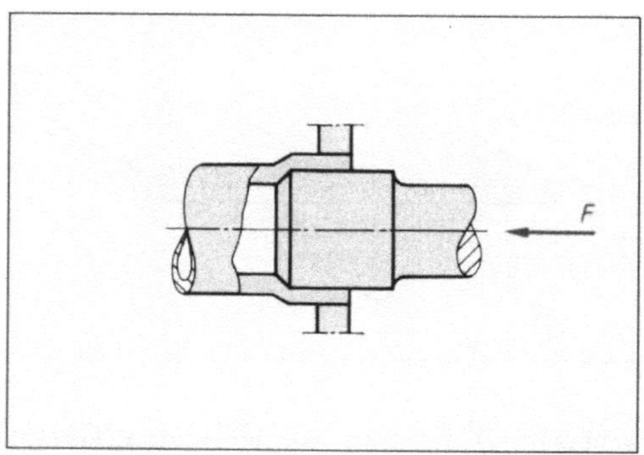

2.61   Fügen durch Weiten

2.62   Verlappte Blechkante

Verlappen. Relais oder andere elektrisch und mechanisch wirkende Bauteile schützt man häufig durch Blechkappen. Sie werden über das Bauteil gestülpt und gegen Herabfallen durch gebogene oder verdrehte Blechlappen gesichert (**2.62**).

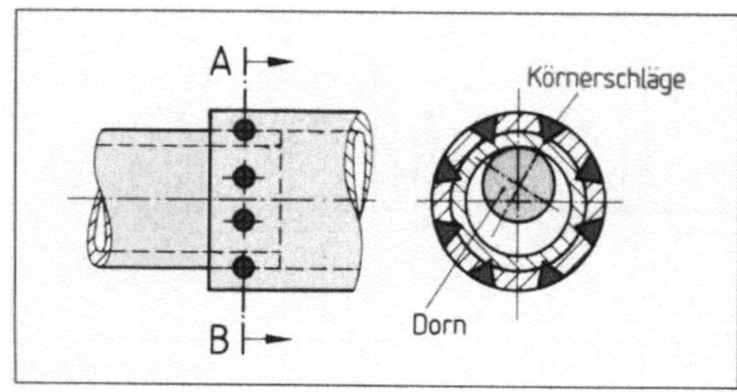

2.63   Fügen durch Körnen

Körnen. Ein sehr einfaches, aber bei richtiger Anwendung und geeignetem Werkstoff wirksames Verfahren ist das Fügen durch Körnen. Die Bauteile werden ineinandergeschoben und durch kräftige, gleichmäßig auf dem Umfang aufzutragende Körnerschläge verbunden. Als Gegenhalter dient ein Dorn, auf den das Werkstück während des Körnens sorgfältig aufgelegt wird (**2.63**).

2.5 Löten

Durch Löten entstehen unlösbare Verbindungen mit Hilfe eines leicht schmelzbaren Metalles (dem *Lot*) unter Zugabe von *Flußmitteln.* Das Flußmittel verhindert eine Oxidhaut auf der Werkstoffoberfläche und ermöglicht so die Legierungsbildung. Gelötet wird meist dann, wenn die Bauteile durch das beim Schweißen erforderliche Anschmelzen des Werkstoffs unbrauchbar würden oder wenn verschiedene Metalle zu verbinden sind.

Bevor gelötet wird, ist zu überprüfen, ob die in der Praxis vorliegenden Bedingungen und Belastungen die Sicherheit der Lötverbindung gewährleisten.

Die Lötbarkeit eines Bauteils hängt ab von

- den Eigenschaften der zu verbindenden Werkstoffe;

- den Betriebsbedingungen, denen das Bauteil in der Praxis unterliegt;

- den Fertigungsbedingungen, die die Anwendung eines Lötverfahrens zulassen müssen.

Lötverfahren. Die Löttemperatur und damit das anzuwendende Fertigungsverfahren ist vom verwendeten Lot und dessen Schmelztemperatur abhängig. Bei Temperaturen unter 450 °C spricht man von *Weichlöten,* über 450 °C von *Hartlöten.*

Weichlote sind hauptsächlich Zinn-Blei-Lote, deren Schmelzpunkte je nach Verwendungszweck zwischen 60 °C und 400 °C liegen. Am häufigsten wird Lötzinn (Sickerlot) verwendet.

Hartlote bestehen überwiegend aus Kupfer-Zink- oder Kupfer-Silber-Legierungen mit Schmelztemperaturen zwischen 600 °C und 1100 °C.

Weichlöten. Voraussetzung für eine gute Lötverbindung ist eine einfandfreie Lötfuge, damit das Lot gut legieren kann. Infolge der Kapillarwirkung dringt das geschmolzene Lot in den Lötspalt ein und geht mit den Werkstoffen der zu verbindenden Teile in Legierung über (**2.64** a). Es ist darauf zu achten, daß das Lot unter die gesamte Nahtbreite und nicht nur unter einen Teil fließt, da sonst die Festigkeit der Lötverbindung leidet (**2.64** b).

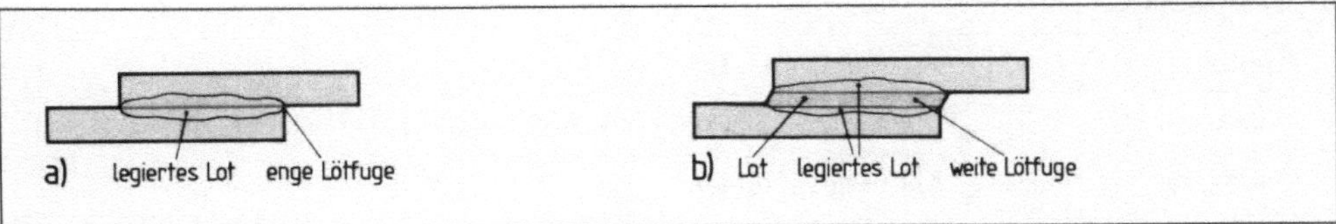

2.64 Löten

    a) enge Lötfuge: einwandfreie Legierung des Lotes mit dem Werkstoff – richtig

    b) weite Lötfuge: verminderte Festigkeit – falsch

Die Qualität einer Lötung hängt davon ab, in welchem Maß das Lot mit dem Werkstoff der zu verbindenden Bauteile in Legierung übergeht.

Die Forderung nach flächiger Legierungsbildung setzt eine sorgfältige Vorbereitung der Lötstelle, richtige Arbeitstechnik und gewisse konstruktive Überlegungen zur Gestaltung der Verbindungsstelle voraus (**2.65**).

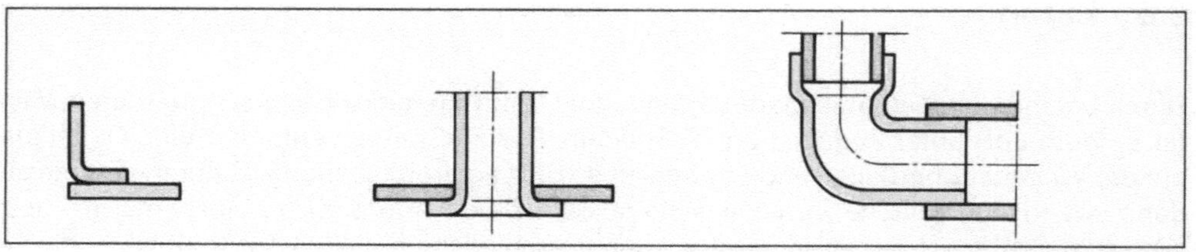

2.65 Gestalten von Lötverbindungen: möglichst große Verbindungsflächen, keine Stumpflötungen

Arbeitsregeln beim Löten

- Lötstelle gründlich säubern.
- Lötspalt klein halten, zu verbindende Teile eventuell mit Schraubzwinge oder Lötzange zusammenspannen.
- Lötkolben ruhig an der Naht entlangführen, Erschütterungen vermeiden; sie beeinflussen die Legierungsbildung.
- Löttemperatur einhalten. Höhere Temperaturen ergeben keine bessere Verbindung.
- Nach Abschluß der Lötarbeit Löttemperatur noch kurzzeitig beibehalten.

Hartlöten wählt man, wenn höhere Festigkeiten und höhere Temperaturbeständigkeit verlangt werden. Als Verbindungsmetall dient Hartlot. Ausgewählte Anwendungen zeigt Tabelle **2.66**.

Tabelle **2.66**   **Hartlote**

Lote	Verwendung
Messinglot	Verbindung von Messing, Stahl, Grauguß, Rotguß, Bronze, Nickel
Silberlot	Verbindung von Kupferlegierungen, Stahl, Nickel, Edelmetallen
Speziallote	
Kupferlot	Hartmetalle auf Stahl
Phosphorlot	Kupferverbindungen ohne Flußmittel möglich
Siluminlot	Al-Knetlegierungen
Aurelelot	Ergänzen fehlerhafter Al-Gußteile

Eine Hartlötung hat die Festigkeit einer Schweißverbindung. Sie ist wärmebeständiger als eine Weichlötung.

Die Lötstelle wird mit weicher Schweißflamme erwärmt, das heißt, es besteht Acetylenüberschuß. Die Lötstelle muß gleichmäßig auf etwa 800 °C vorgewärmt werden, da das Lot sonst perlt und nicht einwandfrei bindet. Als Flußmittel dient meist Borax. Die weiche Flamme bezeichnet man auch als *reduzierende Flamme*. Im Unterschied zur *neutralen Flamme* hat sie eine gelbliche Färbung und einen unscharfen Flammenkegel.

76

> Zur Erinnerung: Reduktion ist der Entzug von Sauerstoff.

Die meisten Metalle bilden unter Sauerstoffeinwirkung eine Oxidhaut. Diese chemische Reaktion wird durch Wärme beschleunigt. Erwärmt man mit dem Brenner eine hartzulötende Stelle, wird demnach die Bildung einer Oxidhaut gefördert, die wiederum eine einwandfreie Lötung verhindert. *Acetylen* ist ein Kohlenwasserstoff. Verbrennt er bei zu geringer Sauerstoffzufuhr, bindet der verbleibende Kohlenstoff zusätzlich Sauerstoff aus der Lötzone; die Bildung einer Oxidhaut wird verhindert.

Nach der Lötarbeit muß die Verbindung sorgfältig von Flußmittelresten gereinigt werden, weil diese das Metall angreifen und korrodieren.

Aufgaben zu Abschnitt 2.4 und 2.5

1. Es ist die Ummantelung für die Dämmung einer Heißdampfleitung zu fertigen. Wie können Sie die Ummantelungsbleche verbinden?

2. Wozu dienen Sicken?

3. Was versteht man unter einem Rohrnahtfalz?

4. Beim Löten treten Schwierigkeiten bei der Verbindung auf. Welche Ursachen kann das haben?

5. Beschreiben Sie, wie kleine Bauteile durch Weiten gefügt werden können.

6. Was erreicht man durch Verlappen eines Bauteils? Nennen Sie Anwendungsbeispiele.

7. Sie sollen eine Hartlötung herstellen. Wie stellen Sie den Brenner ein?

8. Was versteht man unter einer reduzierenden Flamme?

2.6 Schweißen

Schweißen ist die beste unlösbare Verbindung gleicher Metalle. Der Werkstoff wird über die Schmelztemperatur hinaus erwärmt. In die Schmelze schmilzt man zusätzlich gleiches Material hinein oder fügt unter Druck den angeschmolzenen Werkstoff der zu verbindenden Bauteile. Kohlenstoffarme Stähle sind gut und leicht schweißbar, kohlenstoffreiche und legierte Stähle neigen ebenso wie Thomasstähle zu Schweißrissen.

Schweißen hat das früher im Kessel-, Stahl- und Schiffbau weit verbreitete Nieten zurückgedrängt. Auch Gußkonstruktionen werden zunehmend durch Schweißkonstruktionen ersetzt, wenn nicht werkstoffspezifische Eigenschaften des Gusses genutzt werden müssen (z.B. bessere Schwingungsdämpfung als Stahl). Die Vorteile gegenüber dem Nieten liegen in der Gewichtsersparnis (keine Laschen, Überlappungen und Niete) und der vereinfachten und damit wirtschaftlicheren Fertigung (z.B. entfallen aufwendige Bohrarbeiten). Gewicht wird auch gegenüber Gußkonstruktionen gespart, weil man mit durchschnittlich halber Wandstärke auskommt.

Vorteile von Schweißkonstruktionen

- Gewichtsersparnis gegenüber Nietkonstruktionen 20% bis 30%, gegenüber Gußkonstruktionen 40% bis 60%,

- geringerer Fertigungsaufwand gegenüber Niet- und Gußkonstruktionen.

Schweißen wird nicht nur als Fügetechnik angewendet. Es dient auch dazu, Verschleiß an Bauteilen zu beseitigen. So trägt man z.B. durch Lichtbogenschweißen mit blanken Elektroden Material auf die verschlissenen Laufkränze von Eisenbahnwagen auf, die nach anschließender Bearbeitung durch Überdrehen wieder verwendungsfähig sind. Dieses Auftragsschweißen dient auch dazu, bei Neuanfertigungen Schichten aus korrosionsbeständigen oder harten Metallen auf weniger hochwertige Grundwerkstoffe aufzutragen.

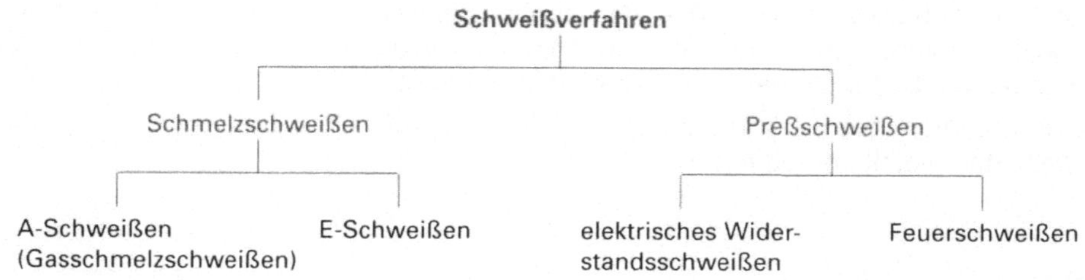

2.6.1 Gasschmelzschweißen

Gasgemisch. Die am häufigsten verwendeten Brenngase in Verbindung mit Sauerstoff sind Acetylen, Wasserstoff und Propan (**2.67**).

Tabelle 2.67 **Gebräuchliche Gasgemische**

Gemisch	Flammentemperatur
Acetylen + Sauerstoff	3120°C
Wasserstoff + Sauerstoff	2280°C
Propan + Sauerstoff	2200°C

Da Acetylen den größten Heizwert hat und die höchste Schweißtemperatur ergibt, wird das Acetylen-Sauerstoff-Gemisch am häufigsten zum Schweißen verwendet.

Acetylen gewinnt man durch Hochtemperaturpyrolyse von Kohlenwasserstoffen bei 1500°C oder im Acetylenentwickler aus Calziumkarbid und Wasser. Normalerweise steht es in Stahlflaschen zur Verfügung. Für größere Schweißarbeiten entnimmt man es auch direkt den Entwicklern. Als Sicherheitsvorrichtung im Entwicklerbetrieb dient die Wasservorlage. Sie ist gesetzlich vorgeschrieben. Außerdem erfordert der Entwicklerbetrieb besondere Unfallverhütungsmaßnahmen.

Unfallverhütungsvorschriften in Entwicklerräumen

- Rauchen und offenes Feuer sind verboten!
- Karbidtrommeln müssen trocken gelagert werden.
- Karbidtrommeln nicht mit Metallwerkzeugen öffnen (Funkengefahr)!
- Mindestabstand der Montageentwickler von Feuerstellen und vom Schweißplatz 3 Meter.
- Wasserstand in Wasservorlage täglich kontrollieren und ggf. nachfüllen.

Unter bestimmten Voraussetzungen ist Acetylen hochexplosiv – es kann bereits bei einem Druck über 2 bar explodieren. Deshalb kann man es nicht komprimieren und eine wirtschaftlich nutzbare Menge in Flaschen füllen. In Aceton gelöst, kann der Druck gefahrlos bis auf 15 bar erhöht werden. Die üblichen Gasflaschen sind mit einer porösen Masse gefüllt, die mit Aceton vollgesogen ist. Die Acetonmenge ist so bemessen, daß 6000 Liter Gas gebunden und für Schweißarbeiten entnommen werden können. Bei der Gasentnahme wird der Arbeitsdruck von etwa 0,6 bar durch einen auf die Flasche aufgeschraubten Druckminderer eingestellt.

Sauerstoff ist nicht brennbar, doch ist eine Verbrennung ohne Sauerstoff unmöglich. Das Gas wird durch Luftverflüssigung gewonnen.

Durch wiederholtes Komprimieren und Entspannen wird die Luft auf etwa $-200\,°C$ abgekühlt und ist dann flüssig. Da die Hauptbestandteile der Luft (Sauerstoff und Stickstoff) unterschiedliche Verdampfungstemperaturen haben, fällt beim Verdampfen der Luft zunächst Stickstoff (Verdampfungstemperatur $-196\,°C$) und dann Sauerstoff (Verdampfungstemperatur $-183\,°C$) aus.

Zum Schweißen auf der Baustelle wird Sauerstoff unter einem Druck von 150 bar in Stahlflaschen abgefüllt. Für den Arbeitsdruck sorgen ebenfalls Druckminderer.

Leichtfertiger Umgang mit Sauerstoff- oder Acetylenflaschen bzw. den darin enthaltenen Gasen kann zu schweren, nicht selten auch tödlichen Arbeitsunfällen führen. Deshalb müssen die einschlägigen Unfallverhütungsvorschriften unbedingt eingehalten werden.

Unfallverhütung im Umgang mit Gasflaschen

- Flaschen nur mit Schutzkappen transportieren! Bei beschädigten Flaschenventilen kann unkontrolliert Gas austreten, im Extremfall die ganze Flasche durch die Luft wirbeln!
- Flaschen nicht werfen und gegen Umfallen sichern, damit Ventile und Flaschen nicht beschädigt werden. In Sauerstoffflaschen herrscht ein Druck von 150 bar!
- Flaschen vor Sonneneinstrahlung schützen. Das eingeschlossene Gas dehnt sich bei Erwärmung aus, so daß es zu einem erheblichen Druckanstieg in der Flasche kommen kann.
- Eingefrorene Ventile mit heißem Wasser oder Sand auftauen. Durch den Druckabfall bei ausströmendem Gas können auch im Hochsommer (!) Flaschenventile einfrieren.
- Sauerstoffventile frei von Fett und Öl halten, nicht ölen! Wenn Sauerstoff und Öl bzw. Fett zusammenkommen, können explosionsartige chemische Reaktionen ablaufen.
- Keine „Luftverbesserung" durch Ausströmen von Sauerstoff vornehmen. Von der Arbeitskleidung aufgenommener Sauerstoff kann zu verpuffungsartiger Verbrennung führen!
- Niemals aus waagerecht liegenden Acetylenflaschen Gas entnehmen! Auch einen Ziegelstein unterzulegen, reicht nicht. Liegt die Flasche zu flach, kann das beim Schweißen oder Hartlöten ausströmende Gas Aceton mitreißen. Aceton aber verhindert, daß Acetylen bei geringem Überdruck explodiert.

Vorbereiten und Gestalten von Schweißnähten. Wenn der Bereich der Schweißnaht von Farbresten, Fetten, Ölen, Rost, Zunder und anderen Verunreinigungen gesäubert ist, bereitet man die Schweißstellen vor. Die erforderliche Naht wird im wesentlichen durch die Dicke des zu verbindenden Werkstücks bestimmt und durch Schleifen oder Bördeln geformt. Über die im folgenden behandelten Nahtformen gibt DIN 8551 Teil 1 Auskunft. Es ist zu beachten, daß zwischen *Schweißnaht* und *Schweißfuge* (das ist die noch nicht geschweißte Naht) unterschieden wird.

Die Bördelnaht dient zum Verschweißen von Blechen bis maximal 1 mm Dicke (**2.68**). Die Bleche werden an der Bördelung ohne Spalt zusammengelegt. Geschweißt wird ohne Zusatzdraht. Die Verbindung erfolgt durch Schmelzen der aufgebogenen Blechkante.

Die Stumpfnaht verwendet man zum Verbinden von Blechen bis maximal 4 mm Dicke (**2.69**). Als Spaltbreite wird etwa Blechdicke angenommen, als Zusatzmaterial Schweißdraht von etwa Blechdicke.

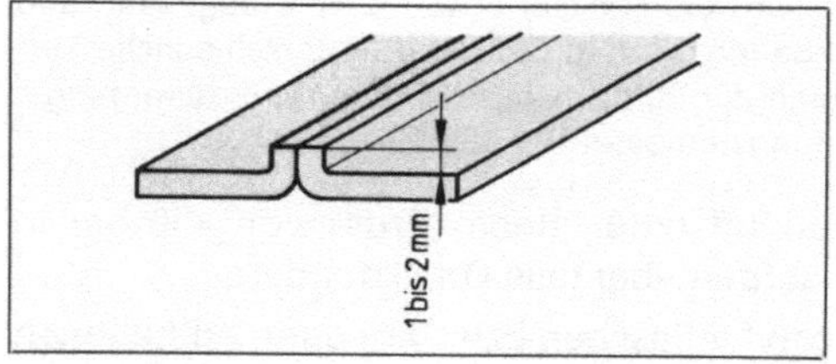

2.68   Bördelnaht

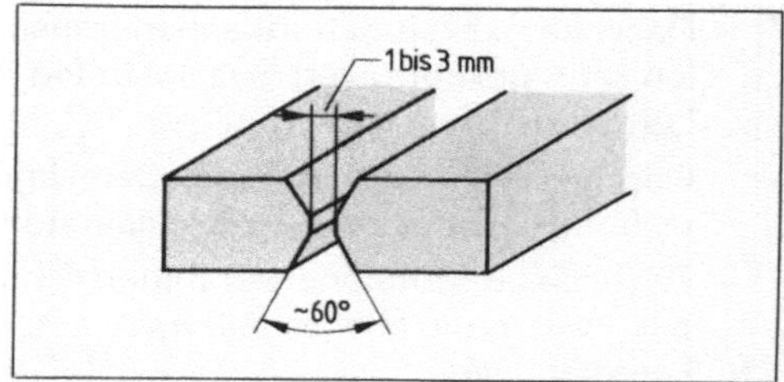

2.69   Stumpfnaht

V- und Y-Naht. Blechdicken zwischen 4 mm und 20 mm verschweißt man mit V-Nähten, deren Winkel zwischen 60° und 70° liegt. An der Nahtwurzel befindet sich ein Spalt von maximal 3 mm (**2.70**). Wird die Schrägung nicht über die gesamte Blechdicke geführt, weil das Blech an der scharfen Kante leicht

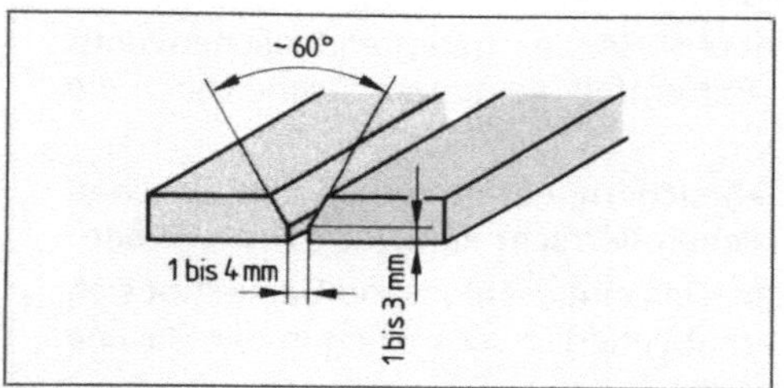

2.70   V-Naht

2.71   X-Naht

durchbrennt, spricht man von einer Y-Naht. Für beide Nahtformen wird als Zusatzmittel Schweißdraht bis zu 6 mm Durchmesser verwendet.

Die X-Naht dient zum Verschweißen von Blechen von 10 mm bis 30 mm Dicke (**2.71**). Sie entsteht aus einer Doppel-V- oder Doppel-Y-Naht.

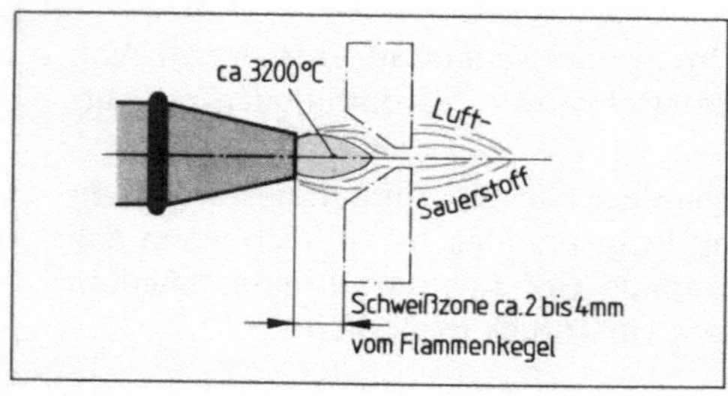

2.72   Richtig eingestellte Schweißflamme

Je nach Anforderungen an die Schweißverbindung muß die Wurzel einer Schweißnaht gegengeschweißt werden. Vorher wird sie jedoch (z. B. mit einer Handschleifmaschine) ausgearbeitet.

Einstellen der Schweißflamme. Die richtig eingestellte Schweißflamme bildet eine wichtige Vorraussetzung für die einwandfreie Schweißung (**2.72**).

> Geschweißt wird mit neutraler Flamme. Sie enthält Sauerstoff und Acetylen im Verhältnis 1:1.

Bei diesen Gasanteilen erhält man eine reduzierende Flamme, die zum Schweißen von Stahl eingestellt werden muß. Sie erzeugt an der Schweißstelle eine sauerstofffreie Zone und verhindert eine Oxidation der Schweißnaht durch Sauerstoffaufnahme aus der Umgebungsluft.

Sauerstoffüberschuß läßt den Werkstoff in der Schweißzone verspröden, weil das zudem noch geschmolzene Material oxidiert. Im Extremfall verbrennt der Werkstoff im Bereich der Schweißnaht (s. Abschn. Brennschneiden).

Acetylenüberschuß führt zum Aufkohlen der Schweißzone. Der überschüssige Kohlenstoff des Brenngases wird von der Schmelze gebunden. Die Naht härtet nach dem Erkalten.

Ob eine Schweißflamme mit Acetylen- oder Sauerstoffüberschuß brennt, erkennen wir am Flammbild (**2.73**). Weitere Merkmale sind

- stark leuchtende Flamme für Gasüberschuß,
- Knallen des Brenners für Gasmangel,
- rußende Flamme für Sauerstoffmangel,
- Flammenbildung einige Millimeter vor der Brennerspitze für zu weit geöffnete Gasventile.

Ausnahmen: Messing oder Grauguß schweißt man nicht mit neutraler Flamme, sondern mit Sauerstoff- bzw. Gasüberschuß.

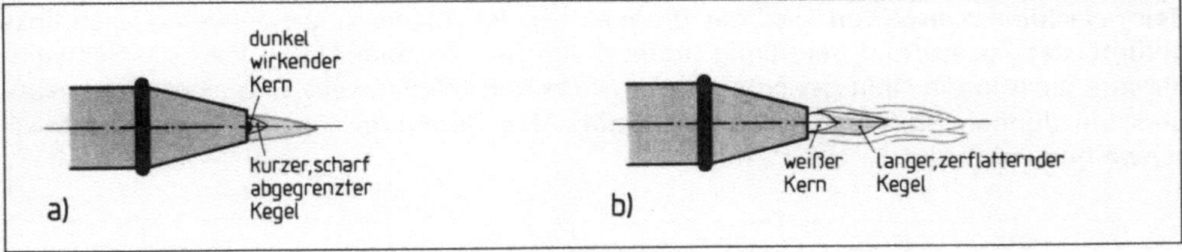

2.73 Schweißflamme mit a) Sauerstoff-, b) Acetylenüberschuß

> Messing schweißt man mit Sauerstoffüberschuß, Gußeisen mit Acetylenüberschuß.

Handhabung des Schweißbrenners. Schweißbrenner sind heute überwiegend Injektorbrenner (**2.74**). Sauerstoff und Acetylen werden im Mischrohr zusammengeführt, wobei der ausströmende Sauerstoff das Brenngas mitreißt. Der Brenner wird in Betrieb genommen, indem man zuerst das Sauerstoff- und dann das Brenngasventil gefühlsmäßig so

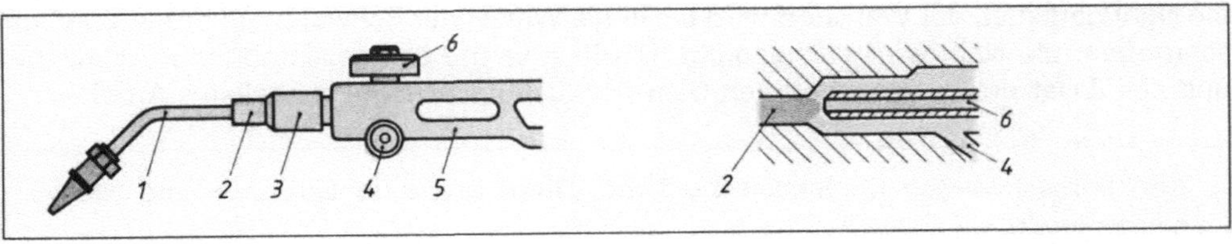

2.74 Schweißbrenner

1 Brennereinsatz	3 Überwurfmutter	5 Handgriff
2 Mischrohr	4 Brenngas	6 Sauerstoff

weit öffnet, daß ungefähr das Mischungsverhältnis 1:1 gegeben ist. Nach dem Zünden des Gasgemisches korrigiert man die erforderliche Gasmenge bis zum Brennen der neutralen Flamme durch Verändern der Gas- oder Sauerstoffmenge.

Konstruktionsbedingt muß ein Injektorbrenner auch korrekt abgestellt werden. Dies geschieht in umgekehrter Reihenfolge wie bei der Inbetriebnahme. Zuerst wird das Ventil für das Brenngas geschlossen. Der Flammenkegel wird immer kleiner und bricht schließlich zusammen. Danach schließt man das Sauerstoffventil. Bei anderer Reihenfolge verbrennt nach Schließen des Sauerstoffventils noch Acetylen mit heftiger Rußentwicklung. Bricht die Flamme beim Schließen des Brenngasventils schließlich zusammen, strömen noch geringe Mengen von Acetylen aus.

> Vor dem Anzünden der Schweißflamme erst Sauerstoffventil, dann Gasventil öffnen!
>
> Beim Abstellen der Schweißflamme erst Gasventil, dann Sauerstoffventil schließen!

Schweißverfahren. Je nach Schweißarbeit und Werkstoff verwendet man unterschiedliche Schweißverfahren. Die richtige Wahl ist mit Voraussetzung für eine einwandfreie Schweißnaht.

Beim Nachlinksschweißen wird der Brenner vor der Schweißnaht pendelnd nach links geführt, der Zusatzdraht geradlinig tupfend vor dem Brenner (**2.75**). Weil die Schweißflamme nicht in die Naht gerichtet ist, überhitzt sich die Schweißzone nicht. Die besonders bei dünnen Blechen bestehende Gefahr des Durchbrennens ist beim Nachlinksschweißen verringert.

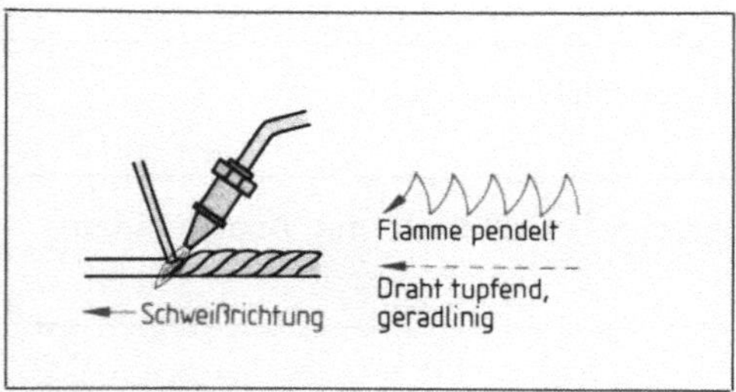

2.75 Nachlinksschweißung

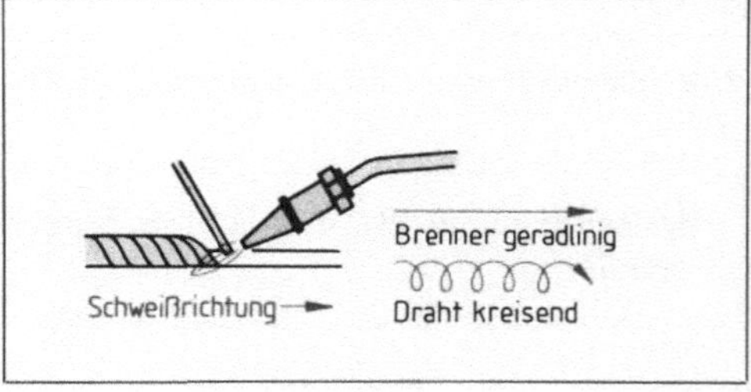

2.76 Nachrechtsschweißung

Beim Nachrechtsschweißen führt man den Brenner vor der Schweißnaht geradlinig nach rechts, den Zusatzdraht kreisend zwischen Brenner und Naht (**2.76**). Die Flamme ist gegen die Naht gerichtet, der Werkstoff wird bis in die Wurzel der Schweißnaht sicher durchgeschmolzen, die Naht wird nachgeglüht. Die Restwärme des geschmolzenen Werkstoffs und des Zusatzdrahts verringert den Gasverbrauch und erlaubt schnelleres Arbeiten.

> Nachlinksschweißen für Bleche bis 4 mm Dicke sowie für Gußeisen und Nichteisenmetalle.
>
> Nachrechtsschweißen für Bleche über 4 mm Dicke, für Waagerecht-, Senkrecht- und Überkopfschweißungen.

Gestaltung von Schweißverbindungen

Von der konstruktiven Gestaltung hängt die Belastbarkeit der Schweißverbindung ab (2.77).

Tabelle 2.77   **Gestaltung von Schweißverbindungen**

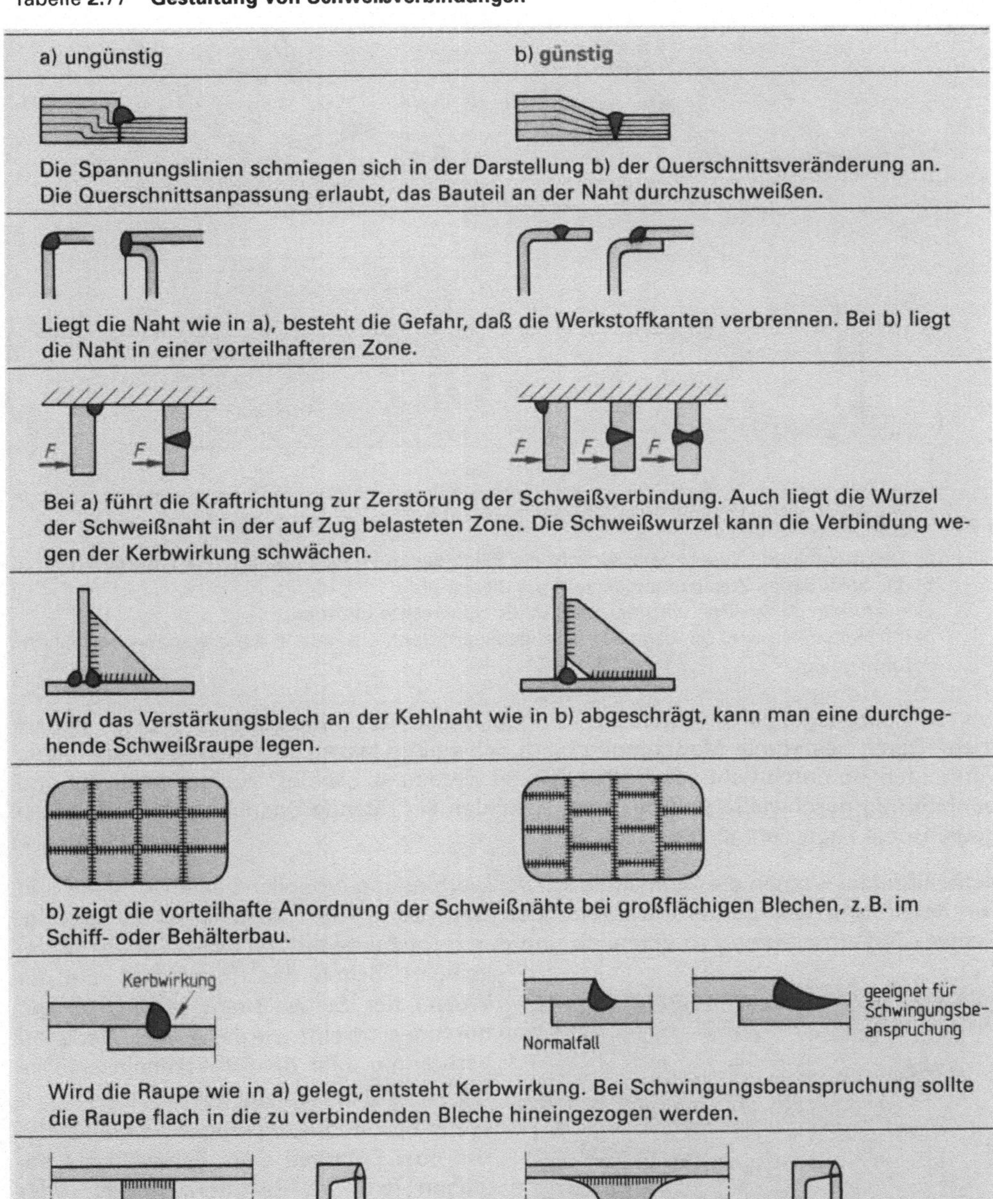

a) ungünstig	b) günstig
Die Spannungslinien schmiegen sich in der Darstellung b) der Querschnittsveränderung an. Die Querschnittsanpassung erlaubt, das Bauteil an der Naht durchzuschweißen.	
Liegt die Naht wie in a), besteht die Gefahr, daß die Werkstoffkanten verbrennen. Bei b) liegt die Naht in einer vorteilhafteren Zone.	
Bei a) führt die Kraftrichtung zur Zerstörung der Schweißverbindung. Auch liegt die Wurzel der Schweißnaht in der auf Zug belasteten Zone. Die Schweißwurzel kann die Verbindung wegen der Kerbwirkung schwächen.	
Wird das Verstärkungsblech an der Kehlnaht wie in b) abgeschrägt, kann man eine durchgehende Schweißraupe legen.	
b) zeigt die vorteilhafte Anordnung der Schweißnähte bei großflächigen Blechen, z. B. im Schiff- oder Behälterbau.	
Wird die Raupe wie in a) gelegt, entsteht Kerbwirkung. Bei Schwingungsbeanspruchung sollte die Raupe flach in die zu verbindenden Bleche hineingezogen werden.	
Müssen in Träger Verstärkungsbleche eingeschweißt werden, sind sie so zu gestalten, daß keine schroffen Übergänge entstehen. Bei a) besteht erhöhte Bruchgefahr.	

Schweißspannungen. Bekanntlich dehnen sich alle Metalle bei Erwärmung aus und ziehen sich beim Abkühlen wieder zusammen. Diese Eigenschaft führt dazu, daß sich in einem geschweißten Bauteil Spannungen aufbauen, die im Extremfall zu Rissen führen, mit Sicherheit aber das Werkstück verziehen. Bleche, die aneinandergeschweißt werden,

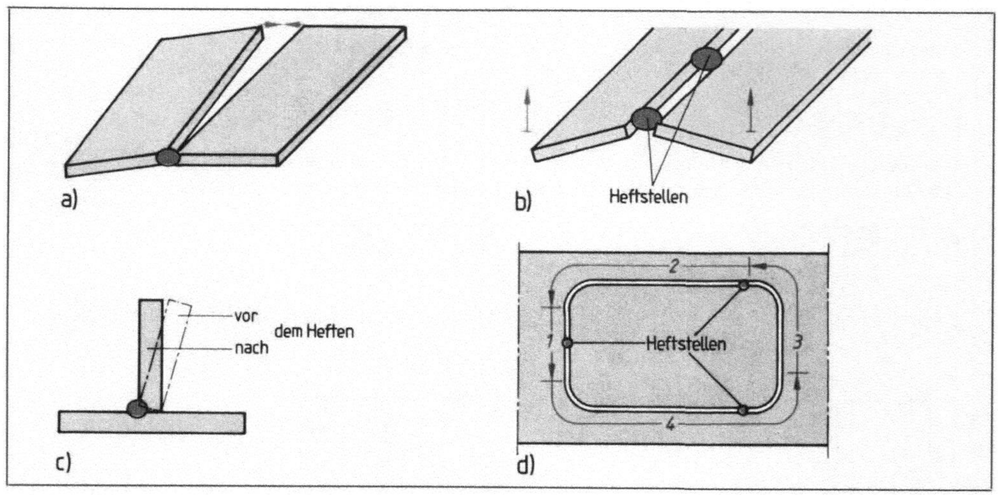

2.78 Schweißspannungen
  a) Das abkühlende Zusatzmaterial zieht die Blechteile auf gleiche Spaltbreite zusammen,
  b) das abkühlende Zusatzmaterial zieht die Bleche plan,
  c) nach dem Schweißen wird der Steg in die Senkrechte gezogen,
  d) mit Heftstellen wird die Lage des Bleches fixiert, dann die Naht in der angegebenen Reihenfolge gelegt.

werfen sich; Stege, die senkrecht zur Grundplatte stehen, bilden keinen Rechten Winkel mehr. Durch bestimmte Maßnahmen beim Schweißen lassen sich diese Erscheinungen vermeiden, so durch richtiges *Heften.* Bleche werden so „schief" zueinandergelegt und punktförmig geschweißt, daß die beim Abkühlen auftretende Spannung die Teile in die gewünschte Lage zieht (**2.78**).

Schweißfehler können die Güte einer Schweißverbindung erheblich beeinträchtigen und zur Zerstörung des Bauteils während des Betriebs führen. Deshalb ist es wichtig, Schweißfehler rechtzeitig zu erkennen und durch Nacharbeiten der Schweißnaht zu beseitigen. Schon das Raupenbild und die Wurzel der Schweißnaht zeigen, ob gut durchgeschweißt wurde, ob der Werkstoff verbrannte oder ob Schlackeneinschlüsse die Verbindung schwächen.

Wenn besondere Ansprüche an die Festigkeit oder Dichtheit einer Schweißnaht bestehen (z.B. im Behälter-, Kessel- oder Schiffbau), reicht die Sichtprüfung nicht aus. Dann ergeben Röntgen- oder Ultraschallprüfmethoden ein zuverlässiges Bild von der korrekten Ausführung der Schweißnaht (**2.79**).

2.79 Röntgenprüfung einer Schweißnaht

2.6.2 Lichtbogenschweißen

Als Wärmequelle dient der elektrische Lichtbogen mit Temperaturen um 4000 °C. Er wird durch Strom erzeugt, genau genommen durch einen Kurzschluß, der einen Lichtbogen hervorruft.

Schweißmaschinen. Die zum Schweißen erforderliche Stromstärke liegt zwischen 20 und 500 Ampère (A). Das normale Netz liefert solche Stromstärken nicht. Deshalb müssen sie in Schweißmaschinen erzeugt werden: *Schweißumspanner* liefern Wechselstrom, *Schweißumformer* erzeugen mit einem Generator (angetrieben von einem Drehstrommotor) Gleichstrom.

Umspanner	Umformer
Vorteile: fast wartungsfrei, niedrige Anschaffungskosten, geringer Strombedarf, fast keine Blaswirkung	**Vorteile:** zündwillig, für alle Elektrodenarten geeignet
Nachteile: größere Unfallgefahr (höhere Leerlaufspannung als Umformer), schwierige Lichtbogenzündung, blanke Elektroden können nicht verwendet werden	**Nachteile:** sorgfältige Wartung erforderlich, höhere Anschaffungskosten, mehr Stromverbrauch, Blaswirkung

Beim Arbeiten an Schweißmaschinen sind besondere Verhaltensmaßregeln erforderlich, um die Unfallgefahr zu vermindern.

Unfallverhütung an Schweißmaschinen

- Auf einwandfreie Erdung der Schweißmaschine achten.
- Das Gerät muß in einwandfreiem Zustand sein. Nur vorschriftsmäßig isolierte Kabel verwenden!
- Vor dem Umklemmen von Schweißkabeln Schweißmaschine abschalten!
- Nicht im Regen schweißen!
- Vorschriftsmäßige Schweißerkleidung tragen!
- Elektrodenhalter nicht unter den Arm klemmen!
- Beim Schweißen nicht auf elektrisch leitendem Untergrund stehen, Holz oder Gummimatten unterlegen!

Erste Hilfe bei Unfällen mit Stromdurchgang durch den Körper und Atemstillstand
Ununterbrochene künstliche Beatmung

Schweißelektroden. Beim E-Schweißen fließt der Strom vom Minuspol (Elektrode) zum Pluspol (Werkstück). Der Lichtbogen schmilzt das Werkstück an und die Elektrode ab. Das Material der Elektrode verbindet als Schweißgut die entsprechenden Bauteile. Die Wahl der Elektroden richtet sich nach der Schweißarbeit. Verwendet werden hauptsächlich blanke oder ummantelte Metallelektroden, zum Schweißen von Guß auch manchmal Kohleelektroden.

Nackte (blanke) Elektroden lassen sich nur mit Gleichstrom verarbeiten. Sie brennen gut ein und werden deshalb zum Auftragsschweißen verwendet. Blanke Elektroden haben hohe Spritzverluste. Da sich wegen der fehlenden Ummantelung um die Schweißstelle kein Gasmantel legt, nimmt die Schweißnaht Sauerstoff und Stickstoff auf. Das Zünden und Erhalten des Lichtbogens erfordern eine gewisse Übung – entweder bleibt die Elektrode am Werkstück kleben, oder der Lichtbogen reißt schnell wieder ab.

Seelenelektroden sind blank und enthalten einen mineralischen Kern. Schmilzt die Elektrode beim Schweißen ab, bilden die schmelzenden und verdampfenden Mineralien um die Schweißraupe eine Gasschutzschicht, die die Oxidation des Schweißguts verhindert. Beim Verarbeiten von Seelenelektroden gibt es keine Schwierigkeiten, den Lichtbogen zu zünden und zu erhalten. Seelenelektroden lassen sich mit Wechselstrom verschweißen.

Mantelelektroden werden als dünn-, mitteldick- und dickumhüllt geliefert. Dünnumhüllte (getauchte) Elektroden haben einen dünnen Mantel aus Mineralstoffen und die gleichen Eigenschaften wie die Seelenelektroden. Mitteldick- und dickumhüllte Elektroden benutzt man für hochwertige Schweißverbindungen mit Zugfestigkeiten bis zu 700 N/mm². Beim Abbrennen der Elektrode schmilzt die Ummantelung, bildet ein Schutzgas und eine dünnflüssige Schlacke. Das Schutzgas verhindert die Bindung von Sauerstoff und Stickstoff an das Schmelzgut, die Schlacke sorgt für langsames Abkühlen der Schweißnaht. Mantelelektroden lassen sich gut verarbeiten. Mit ihnen läßt sich problemlos ein stabiler Lichtbogen zünden.

Technik des Lichtbogenschweißens

Die Güte der Schweißnaht hängt vor allem von der Stromstärke und der Elektrodenhandhabung ab (2.80). Ziel ist eine gleichmäßige Raupe, an deren Rand keine Kerben eingebrannt sind.

Tabelle 2.80 **Empfohlene Stromstärken beim E-Schweißen**

Elektrode	Ampère je mm Durchmesser
blank	35
Seele	40
Mantel	45

Werden diese Empfehlungen nicht eingehalten, leidet die Güte der Schweißnaht (2.81).

Tabelle 2.81 **Schweißnaht und Stromstärken**

Stromstärke	Kennzeichen	Raupenbild
zu gering	schlechter Lichtbogen, Raupe nicht tief genug eingeschmolzen, Verbindung des Schweißguts mit Werkstoff mangelhaft	
richtig	Das Schweißgut brennt zu etwa $^1/_3$ der Raupendicke in das Werkstück ein, der Übergang von der Werkstoffoberfläche zur Schweißraupe bildet einen stumpfen Winkel.	
zu hoch	Das Werkstück wird unzulässig stark erwärmt, dadurch Gefahr von Schweißspannungen. Es entsteht eine flach verlaufende, unsaubere Raupe.	

Zünden des Lichtbogens. Der Lichtbogen wird durch kurzes Antippen des zu schweißenden Werkstücks gezündet. Der Schlag muß so kräftig sein, daß auch bei gebrauchten Mantelelektroden kurz eine metallische Verbindung entsteht. Bleibt die Elektrode kleben, läßt sie sich nur selten durch Hin- und Herbewegen des Elektrodenhalters lösen. Meist fängt sie an zu glühen und verbiegt sich. Besser ist es, sie aus dem Halter zu lösen und mit dem Schlackenhammer abzuschlagen.

Die Handhabung der Elektrode richtet sich nach der Schweißarbeit, der Nahtform und der Nahtlage. Für die Güte der Schweißung spielt dabei eine wesentliche Rolle, wie die Elektrode geführt wird.

Beim Auftragsschweißen führt man die Elektrode so, daß sich die Raupen gegeneinander überdecken (**2.82**). Sie sollen ohne Kerben ineinander übergehen. Ziel ist es, eine möglichst homogene Schweißgutschicht auf den Werkstoff aufzutragen. Dies gelingt am besten, wenn man die Elektrode ab der 2. Naht schräg gegen die vorhergehende Naht hält.

Bei V-Nähten legt man zunächst eine Raupe in die Nahtwurzel und führt die folgenden Raupen – entsprechend der V-förmig breiter werdenden Naht – mit pendelnder Elektrode aus (**2.83**). Durch die Querbewegung der Elektrode verringert sich die Schweißgeschwindigkeit. Senkrecht verlaufende V-Nähte werden von unten nach oben geschweißt. Die richtige Lage der Bauteile sichert man vorher durch Heften.

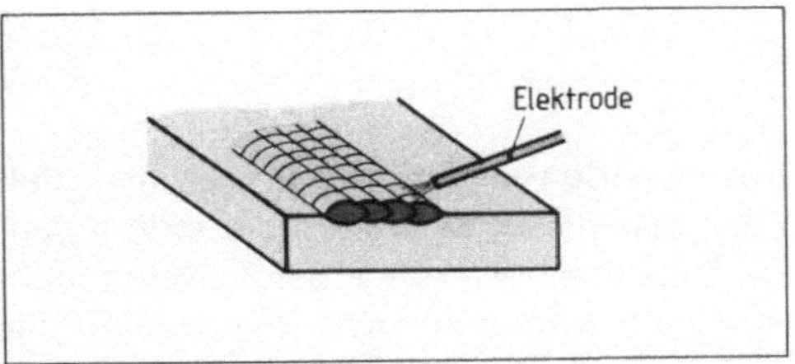

2.82 Elektrodenführung beim Auftragsschweißen

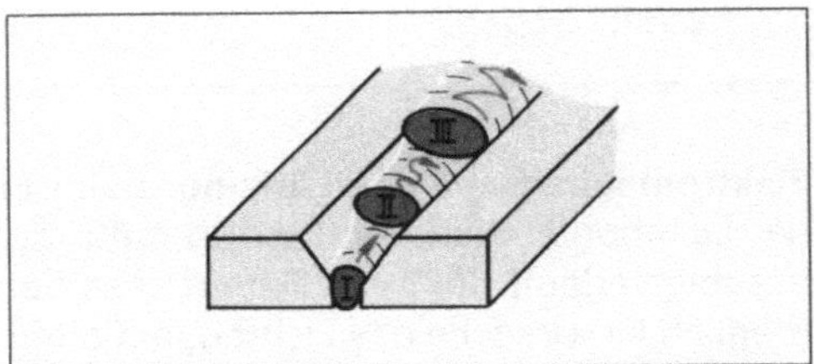

2.83 Elektrodenführung beim Schweißen einer
V-Naht

Bei der Kehlnaht muß die Elektrode möglichst genau die Winkelhalbierende bilden, weil der Lichtbogen weitgehend unkontrolliert entsteht (**2.84** a). Um einen kerbenfreien Übergang des Schweißguts zum Werkstück zu erzielen, führt man mit der Elektrode eine Pendelbewegung aus (**2.84** b). Durch sie wird das Schweißgut mit weichem Übergang in das Werkstück eingeschmolzen.

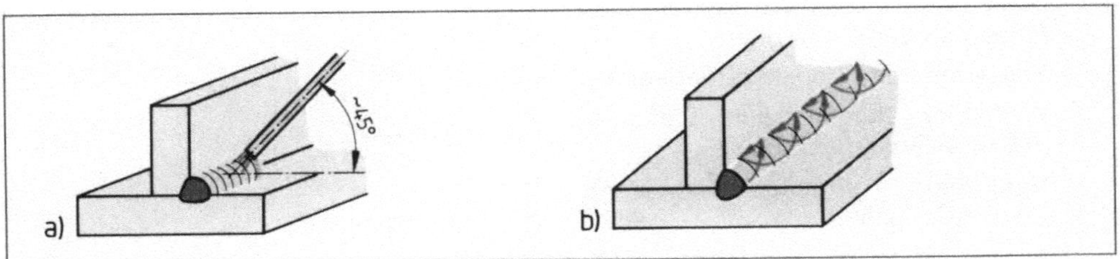

2.84 a) Elektrodenhaltung und b) -einführung beim Schweißen einer Kehlnaht

Wenn eine Naht geschweißt ist, muß die Raupe gesäubert werden. Man schlägt die Schlackeneinhüllung mit dem Schlackenhammer ab und entfernt noch verbleibende Reste mit einer Drahtbürste.

Unfallgefahren entstehen nicht nur durch den Lichtbogen, sondern auch durch die hohen Schweißtemperaturen, das Schweißgut und die Elektrizität.

Elektromagnetische Blaswirkung. Beim Elektroschweißen stellen wir schnell fest, daß der Lichtbogen nicht immer dort auftrifft, wo der Schweißer es wünscht, sondern sehr unruhig verläuft. Teilweise flattert er so heftig, daß keine einwandfreie Schweißung mehr möglich ist. Ursache des Lichtbogenflatterns ist die elektromagnetische Blaswirkung. Sie entsteht durch elektromagnetische Felder, die sich um die Elektrode und den stromdurchflossenen Teil des Werkstücks aufbauen und den Lichtbogen ablenken.

Maßnahmen gegen elektromagnetische Blaswirkung

- Mantelelektroden mit einer schwer schmelzbaren Umhüllung verwenden. Die Elektroden können auf das Schmelzbad aufgesetzt werden und fangen so den Lichtbogen.

- Polklemme am Werkstück verlegen.

- Werkstück anders legen, Elektrode gegen Schweißrichtung neigen.

- Naht heften und im Pilgerschritt schweißen (**2.85**).

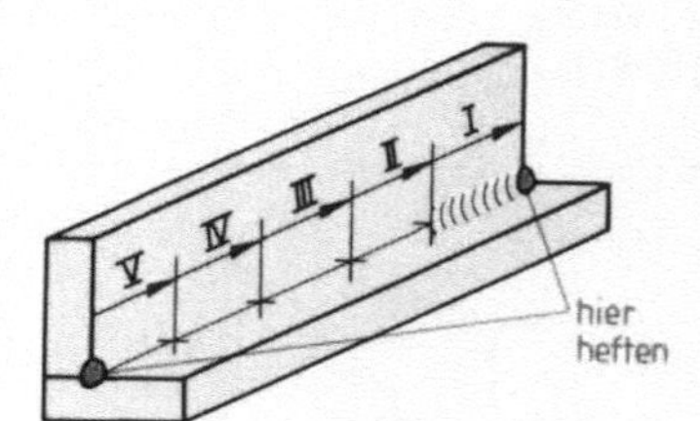

2.85 Pilgerschrittschweißen

2.6.3 Weitere Schweißverfahren

Schutzgasschweißen

Bei den bisher beschriebenen Schweißverfahren bestand stets das Problem, die Schweißzone vor unerwünschter Sauerstoff- oder Stickstoffaufnahme aus der Umgebungsluft zu schützen. Dadurch kann die Schweißnaht spröde und brüchig werden oder

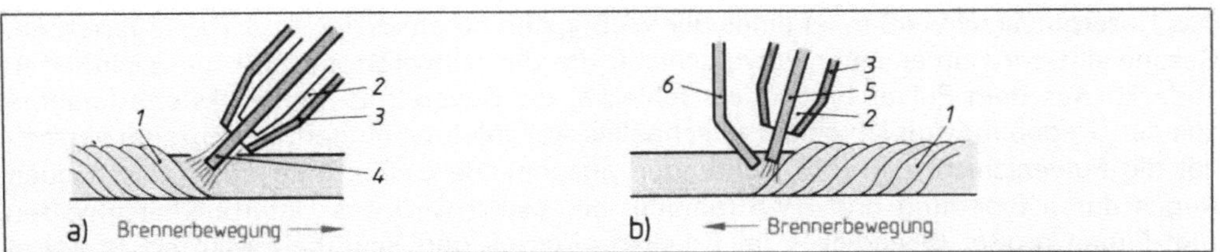

2.86 Schutzgasschweißen mit a) abschmelzender Elektrode als Zusatzwerkstoff, b) gesondert zugeführtem Schweißgut

1 Schweißgut
2 Schutzgas
3 Brenner

4 abschmelzende Elektrode als Zusatzwerkstoff
5 Elektrode
6 abschmelzender Zusatzwerkstoff

es lassen sich Werkstoffe, die wie Aluminium zu starker Oxidation neigen, nur schwer schweißen. Diese negativen Einflüsse vermeidet man mit Schutzgas. Tabelle **2**.87 gibt einen Überblick über die Schutzgasschweißverfahren.

Wärmequelle des Schutzgasschweißens ist der Lichtbogen. Die Elektrode schmilzt entweder ab und liefert so den Werkstoff für die Schweißraupe, oder sie dient zum Zünden und Erhalten des Lichtbogens, in dem zugeführtes Schweißgut die Raupe bildet. Sofern die Elektrode nicht als Schweißgut abbrennt, besteht sie aus dem hochwarmfesten Werkstoff Wolfram.

Schutzgasschweißverfahren eignen sich für manuelles und automatisiertes Schweißen. Als Schutzgas verwendet man überwiegend *inerte* (chemisch reaktionsträge) Gase (z. B. die Edelgase Argon oder Helium), seltener Kohlendioxid. Mit Kohlendioxid – einem *aktiven* Schutzgas – schweißt man ausschließlich unlegierte und niedriglegierte Stähle.

Das Plasma-Elektronenstrahl-Schweißen nimmt eine besondere Stellung ein. Bekannt sind die drei Aggregatzustände fest, flüssig und gasförmig. Heizt ein elektrischer Lichtbogen ein Gas so hoch auf, daß es ionisiert und elektrisch leitend wird, entsteht ein Plasmagas. Man spricht dann vom vierten Aggregatzustand, dem Plasmazustand. Dieser Vorgang läuft im Plasmabrenner ab, aus dem das Gas als sehr heiße Flamme austritt. Wegen der hohen Temperaturen muß der Brenner mit Wasser gekühlt werden.

Tabelle **2**.87 **Schutzgasschweißverfahren**

Verfahren	Schutzgas	Verwendung und Merkmale
MAG-Schweißen (*Metall-Aktiv Gas*-Schweißen)	CO_2 Ar + CO_2 + O (Mischgas)	für unlegierte und niedriglegierte Stähle; mit Kurzlichtbogen mäßige Erwärmung des Werkstücks (Dünn-, Mittel- und Grobbleche)
MIG-Schweißen (*Metall-Inert Gas*-Schweißen)	inerte Gase wie Argon, Helium	für unlegierte und legierte Stähle, Leicht- und Nichteisenmetalle (z. B. Kupfer); gute Leistung beim Schweißen mittlerer und dicker Bleche
WIG-Schweißen (*Wolfram-Inert Gas*-Schweißen)	inerte Gase wie Argon, Helium	für hochlegierte Stähle, Leicht- und Nichteisenmetalle; sehr saubere, gleichmäßige Schweißnähte
Plasma-Schweißen	Argon	für hochlegierte Stähle. Hohe Schweißtemperatur. Da mit geringen Stromstärken geschweißt werden kann, besonders für Dünnbleche geeignet.

Das Unterpulverschweißen ist eines der wichtigsten automatisierten Schweißverfahren. Geschweißt wird unter einer Pulverschicht, die die Schweißzone und den Lichtbogen abdeckt. Aus dem Pulver bildet sich Schlacke, die Sauerstoff- und Stickstoffaufnahme aus der Umgebungsluft sowie ein zu schnelles Abkühlen verhindert. Gleichzeitig vermeidet die Pulverschicht die vom Lichtbogen ausgehende Gefährdung des menschlichen Auges durch Blendung und UV-Strahlung. Eingesetzt wird das Unterpulverschweißen zum Fügen großer Blechdicken im Brücken-, Kessel- und Schiffbau. Man erzielt damit saubere Nähte und hohe Schweißgeschwindigkeiten.

Widerstandspreßschweißen. Wird ein elektrisch leitender Werkstoff von elektrischem Strom durchflossen, erfährt dieser einen Widerstand. Wird elektrisch leitender Werkstoff zusammengepreßt und fließt durch die Berührungsfläche ein starker Strom, erwärmt sich das Metall bis zum Schmelzpunkt. Durch entsprechenden Druck an den Schmelzpunkten läßt sich der Werkstoff fügen.

Tabelle **2**.88 zeigt die gebräuchlichen Verfahren des Widerstandspreßschweißens.

Tabelle **2**.88   **Widerstandspreßschweißverfahren**

Verfahren	Verwendung und Schweißvorgang
Abbrennstumpfschweißen	Geeignet für Rohre aus kohlenstoffhaltigem Stahl und Profile. Die Stirnflächen der zu fügenden Werkstücke werden pulsierend gegeneinander bewegt, bis ein Lichtbogen steht. Beginnt der Werkstoff an den Stirnflächen zu schmelzen, wird der Strom unterbrochen, und die Teile werden kräftig zusammengepreßt.
Preßstumpfschweißen **(2.89)**	Einsatz für Maschinenteile, Rohre und Profile. Geeignet zum Fügen von Leicht- und Nichteisenmetallen wie Aluminium und Kupfer einschließlich dessen Legierungen, kohlenstoffarme Stähle. Die Stirnflächen der Werkstücke werden so gegeneinander gedrückt, daß sie Strom leiten. Wird der Werkstoff an den Berührungsflächen teigig, erreicht man durch Erhöhen des Anpreßdrucks die Verbindung.
Punktschweißen **(2.90)**	Das Verfahren hat das Nieten von Dünnblechen ersetzt; es eignet sich vorzüglich für die automatisierte Fertigung. Der Werkstoff wird durch zwei Elektroden zusammengepreßt und punktförmig erwärmt, bis er teigig wird. Durch den Anpreßdruck entstehen Schweißlinsen.
Rollennahtschweißen	Ähnlich dem Punktschweißen, jedoch pressen hier Rollen die Bleche zusammen und transportieren sie während des Schweißens so, daß eine durchgehende dichte Schweißnaht entsteht.

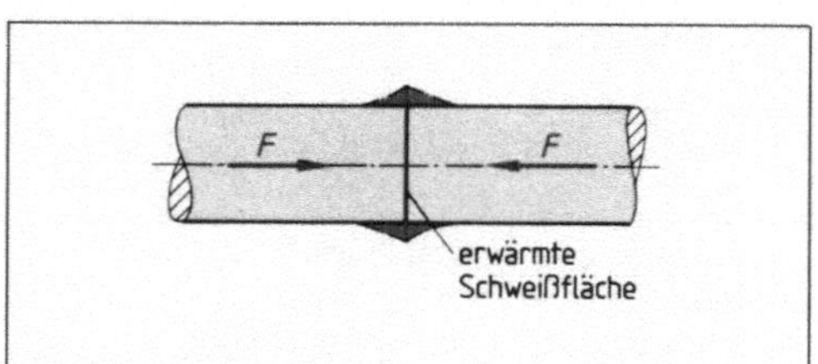

2.89   Preßstumpfschweißen

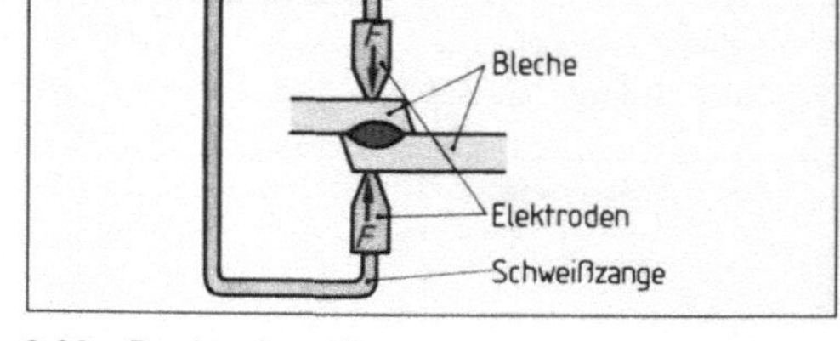

2.90   Punktschweißen

90

2.6.4 Kunststoffschweißen

Kunststoffe können nur geschweißt werden, wenn sie sich unter Wärmeeinwirkung plastisch verformen lassen. Man bezeichnet diese Gruppe von Kunststoffen als *Thermoplaste.* Wenn die zu fügenden Flächen erwärmt sind, preßt man sie zusammen. Dabei entsteht ein leichter Wulst. Je nach Verfahren erwärmt man die Schweißzone mit elektrischen Heizelementen, mit hochfrequenten Strömen oder durch Ultraschall.

Beim Warmgasschweißen erwärmt man die Schweißzone mit Heißluft von etwa 200 °C und preßt Zusatzmaterial in die Schweißfuge (**2.91**). So lassen sich Kunststoffplatten vorteilhaft verbinden.

Durch Reibschweißen werden Rohre und Stangen an den Stirnflächen gefügt. Die Teile sind in einer Reibschweißmaschine so eingespannt, daß eins ruht und das andere sich drehend gegen das fest eingespannte gepreßt wird. Durch die Reibung steigt die Temperatur der Flächen. Ist die Schweißtemperatur erreicht, wird die Drehzahl gestoppt – die beiden Teile werden zusammengepreßt.

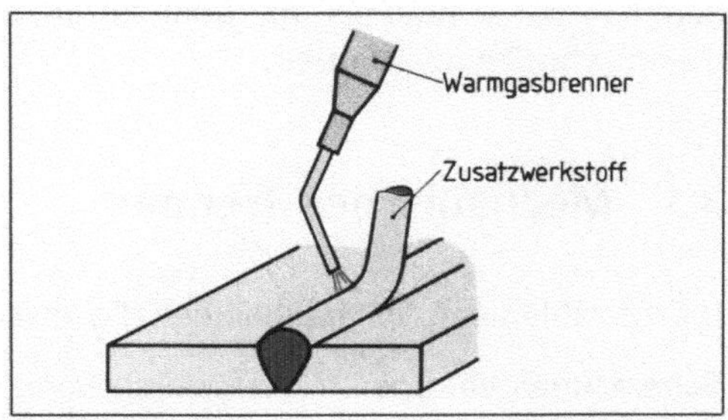

2.91 Kunststoff-Warmgasschweißen

2.6.5 Kleben

In der Fügetechnik gewinnt das Kleben zunehmend an Bedeutung. Vorteile sind die Möglichkeit, verschiedene Werkstoffe fügen zu können, und die geringe Beeinträchtigung des Werkstoffgefüges durch Wärme. Daraus ergeben sich aber auch negative Eigenschaften wie eingeschränkte Belastungsmöglichkeiten und geringe Temperaturfestigkeit. Klebeverbindungen eignen sich für Belastungsfälle, die überwiegend durch Scherung entstehen. Bei Zug- und Schälbeanspruchungen zeigen sie sich weniger widerstandsfähig.

Aufgaben zu Abschnitt 2.6

1. Was versteht man unter Auftragsschweißen?

2. Wie heißt das am meisten verwendete Gasgemisch zum Schweißen?

3. Warum müssen Acetylenflaschen bei Gasentnahme schräg gelagert werden?

4. Sie stellen beim Schweißen fest, daß der Gasdruck nachläßt. Ein Flaschenventil ist eingefroren. Wie verhalten Sie sich?

5. Bei der Schweißarbeit fängt der Brenner an zu fauchen. Offensichtlich gab es einen Flammenrückschlag. Wie verhalten Sie sich?

6. Sie wollen eine Schweißarbeit beginnen. Wie nehmen Sie den Brenner in Betrieb?

7. Wie stellen Sie die Flamme ein, um Messing zu schweißen?

8. Sie sollen 3 mm Blech mit einer Senkrechtnaht schweißen. Welches Verfahren wählen Sie?

9. Ein Steg soll senkrecht zur Grundplatte geschweißt werden. Wie gehen Sie vor?

10. Es steht ein Schweißumspanner zur Verfügung. Können Sie damit auftragsschweißen?

11. Sie sollen mit einer 5 mm dicken Mantelelektrode schweißen. Welchen Schweißstrom stellen Sie ein?

12. Welche besonderen Gefahren drohen beim Lichtbogenschweißen am Arbeitsplatz?

13. Mit welchen Maßnahmen läßt sich die magnetische Blaswirkung vermindern?

14. Was versteht man unter Schutzgasschweißen?

15. Es sind Dünnbleche aus hochlegiertem Stahl zu schweißen. Welches Schweißverfahren ist am geeignetsten?

16. Was versteht man unter Warmgasschweißen?

Unter Trennen versteht man die Formveränderung eines festen Körpers durch Zerteilen, Spanabnahme und Abtragen von Werkstoff oder Zerlegen. Wenn z. B. Teile durch Drehen, Bohren, Hobeln oder Schleifen bearbeitet werden, wenn Bleche mit Scheren, Meißeln oder Schneidbrennern zerteilt oder Stahlprofilstangen in bestimmte Längen gesägt werden, bearbeitet man sie mit Trennverfahren. Dabei unterscheiden wir mechanische und thermische Trennverfahren.

3.1 Mechanisches Trennen

Hierzu zählen das Scherschneiden, Formschneiden (Lochen) und Schleifen.

Scherschneiden. Das Trennen durch Scheren umfaßt einen weiten Bereich. Man trennt dünne Bleche mit Hand- oder leichten Elektroscheren, aber auch die Köpfe von Brammen mit gewaltigen Maschinenscheren im Walzwerk.

Brammen sind das Ausgangsprodukt zum Walzen von Blechen im Walzwerk. Sie werden als erste Stufe der Blechherstellung aus einem gegossenen, glühenden Stahlblock gewalzt. Sind die Brammen etwa 1,5 m breit und 20 bis 25 cm dick ausgewalzt, werden Anfang und Ende der rotglühenden Bramme, die *Brammenköpfe,* mit der *Brammenschere* abgeschnitten, um Schlackeneinschlüsse im Werkstoff vor dem weiteren Auswalzen zu entfernen.

Schneidvorgang. Dem Schneiden wirkt die *Scherfestigkeit* des Werkstoffs entgegen. Durch entsprechenden Druck der Schermesser muß sie überwunden werden (3.1). Die Kräfte F bewegen die Schermesser gegeneinander. Sie pressen die Messer in den Werkstoff und bringen ihn im Bereich des *Anschnitts* zum Fließen. Sind die Schermesser bis maximal $^{7}/_{10}$ der Blechdicke eingedrungen, bricht das Blech. Sowohl die Fließzone des Werkstoffs als auch die Bruchfläche sind deutlich an der Schnittfläche zu erkennen (3.2).

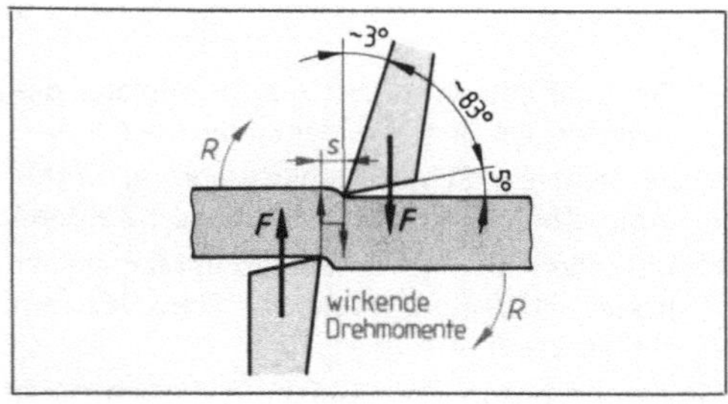

3.1 Kräfte beim Trennen

3.2 Schnittfläche beim Trennen

Ziehender Schnitt. Durch besondere Gestaltung oder durch Schrägstellung der Schermesser gegeneinander läßt sich die Scherkraft senken. Zusätzlich ergibt sich eine sauberere Schnittfläche.

Scherspalt. Zwischen den Schermessern bildet sich ein Scherspalt, weil sie sich nicht spielfrei aneinander vorbeibewegen und die Scherkräfte die Schermesser auseinanderdrücken. Das dabei entstehende Drehmoment ist bestrebt, das Werkstück in Richtung R wegzuklappen. Um dies zu verhindern, befindet sich an Hebel- und Maschinenscheren ein *Niederhalter* (**3.3**). Er wirkt dem Drehmoment entgegen. So erhält man eine saubere Schnittfläche und vermindert die Unfallgefahr.

Werkzeuge. Zum Schneiden von Werkstoffen benutzt man neben den allseits bekannten Handscheren Maschinenscheren, erzeugt also die Scherkraft von Hand wie auch maschinell.

Mit Hebelscheren werden Bleche bis etwa 6 mm Dicke geschnitten. Sie sind hand- oder maschinengetrieben. Weil sich das Obermesser um einen Drehpunkt bewegt, verändert sich der Öffnungswinkel der Schermesser während des Schneidvorgangs. Dadurch wird besonders das Anschneiden erschwert; die auftretenden Kräfte sind bestrebt, den Werkstoff aus den Schermessern zu drücken. Um dies zu verhindern, verläuft die Schneide des Obermessers gekrümmt. Dadurch bleibt der Öffnungswinkel zwischen den Schermessern annähernd konstant – der Werkstoff wird nicht aus der Schere gedrückt, ein ziehender Schnitt ist gewährleistet (**3.4**).

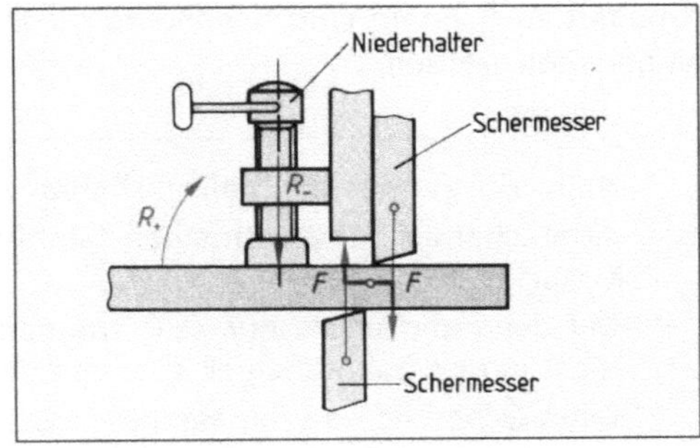

3.3 Niederhalter an einer Schere

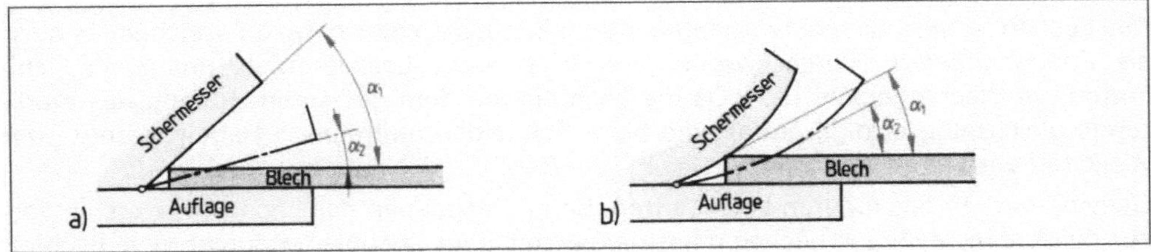

3.4 Hebelanordnung und Schneidenkrümmung

a) Bei gerader Schneide verändert sich der Schnittwinkel α ($\alpha_1 <> \alpha_2$), b) bei gekurvter Schneide bleibt er annähernd gleich ($\alpha_1 \approx \alpha_2$).

Hebelscheren sind oft auch mit Messern versehen, die einwandfreies Trennen von Profilen zulassen. Bild (**3.5**) zeigt ein Messer, mit dem Vierkant-, Rund-, L- und T-Profile getrennt werden können.

Bei Parallelscheren werden die Schermesser mechanisch durch Kurbeln, durch Exzenter oder hydraulisch bewegt. Einen besseren Schnitt erhält man, wenn die Schermesser schräg zueinander eingestellt sind (**3.6**).

Nippelmaschinen schneiden mit kleinen Messern in kurzen, schnell aufeinander folgenden Schnitten. Mit ihnen werden kompliziert geformte Ausschnitte in Blechtafeln hergestellt.

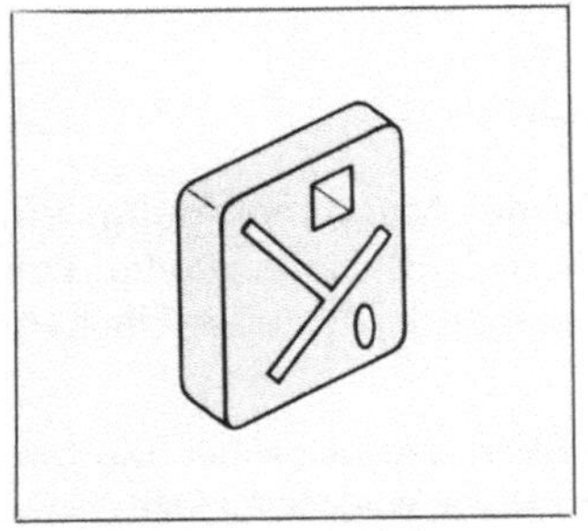

3.5 Profilmesser zum Trennen verschiedener Profilstähle

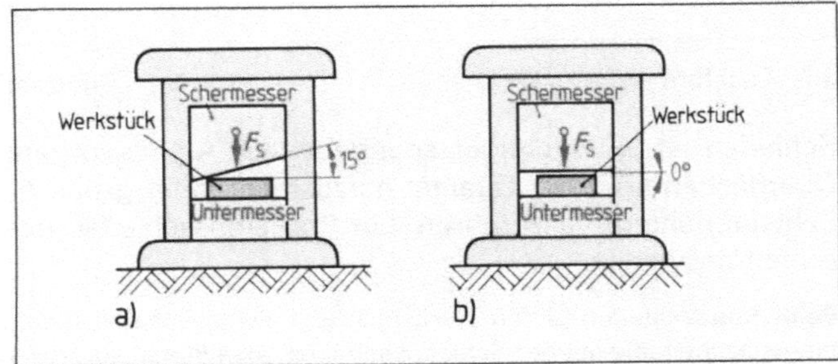

3.6 Die schräge Schneide (a) der Parallelschere ergibt einen ziehenden, besseren Schnitt als die gerade Schneide (b)

Arbeiten an Scheren sind besonders gefährlich, wenn die Sicherheitsvorschriften nicht eingehalten werden.

Das Lochen ist vom Schneidvorgang her dem Schneiden gleich. Man bezeichnet es auch als *Formschneiden*. Hierbei werden mit Hilfe eines Lochstempels unterschiedliche Formen in Bleche gelocht (**3.7**). Da die Lochung auf dem gesamten Umfang des Werkzeugs gleichzeitig erfolgt, entfällt die beim Schneiden auftretende Hebelwirkung – der Werkstoff wird nicht verkantet.

Gelocht wird an besonderen Lochstanzen. Beim Einspannen des Lochwerkzeugs ist darauf zu achten, daß der Lochstempel genau mit dem Lochplattendurchbruch fluchtet. Sonst verschleißt das Werkzeug vorzeitig, und die Lochung wird unsauber; sie wird verschnitten.

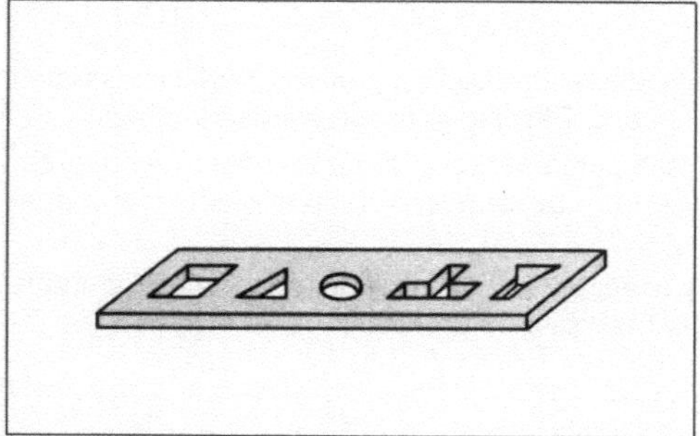

3.7 Lochformen

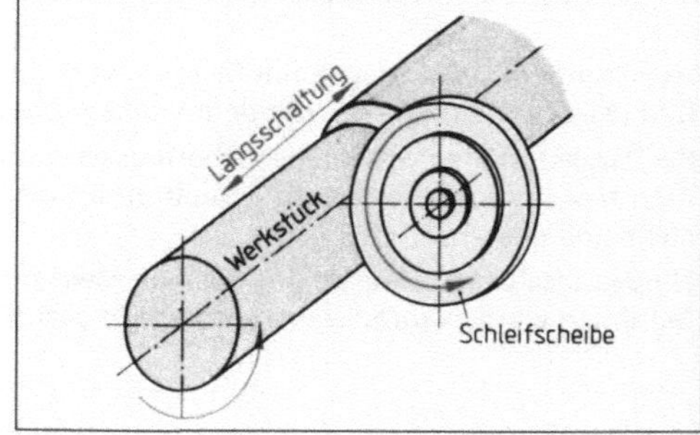

3.8 Rundschleifen

Schleifen ist ein wichtiger spangebender Arbeitsvorgang in der Massenfertigung, um Oberflächen höchster Qualität herzustellen oder grobe Arbeiten (z. B. Glattschleifen von Schweißnähten) auszuführen. Für Präzisionsschleifarbeiten dienen Rund- oder Flächenschleifmaschinen.

Beim Rundschleifen laufen Werkstück und Schleifscheibe (Schleifkörper) gegeneinander. Die Umfangsgeschwindigkeit der Schleifscheibe ist etwa 90mal so groß wie die des Werkstücks (**3.8**).

Beim Flächen- oder Planschleifen wird das meist magnetisch auf dem Schleiftisch gespannte Werkstück unter der Schleifscheibe durchgeführt.

Schleifvorgang. Im Gegensatz zum Meißeln, Feilen, Drehen oder Fräsen erfolgt die Spanabnahme beim Schleifen durch eine geometrisch nicht bestimmte Schneide. Sie bildet sich aus der gebrochenen Kante des Schleifkorns, aus dessen Vielzahl zusammen mit einem Bindemittel die Schleifscheibe entsteht.

Schleifmittel werden künstlich oder aus natürlich vorkommenden Mineralien hergestellt. Es handelt sich um Korund, Karbide oder Diamant. Das Schleifmittel muß wesentlich härter als der zu schleifende Werkstoff sein.

Die Körnung entspricht der Korngröße des Schleifmittels. Sie gibt die Zahl der Maschen eines Siebes je Quadratzoll an, durch die die einzelnen Schleifkörper gesiebt werden. Je größer die Zahl, desto feiner die Körnung. Bei feinsten Körnungen versteht man unter Körnung dagegen die Minuten, innerhalb der sich das Korn bei der Herstellung durch Schlämmen abgesetzt hat. Je größer die Zahl, desto feiner auch hier die Körnung.

> Die Wirkung der Schleifscheibe ist vom Schleifmittel, der Körnung und der Bindung abhängig.
>
> Grobe Körnung wird für Schrupparbeiten verwendet, mittlere und feine zum Schlichten, sehr feine zur Feinstbearbeitung.

Die Bindung hält die Schleifkörner zusammen (3.9).

Tabelle **3.9** **Gebräuchliche Bindemittel für Schleifkörper**

keramische Bindung	feuerfester Ton; für Schleifkörper am häufigsten gebraucht; unempfindlich gegen Öl, Wasser, Wärme; geeignet für Naß- und Trockenschliff
vegetabilische Bindung	Schellack, Gummi, Kunst- oder Naturharz; für hohe Umfangsgeschwindigkeiten, dünne und haltbare Scheiben; harzgebundene Scheiben sind besonders fest und zäh
mineralische Bindung	Zement oder Wasserglas; kaum noch verwendet

Die Härte ist der Widerstand, den das Bindemittel bei ruhender Scheibe dem Ausbrechen des Schleifmittels entgegensetzt. Sie wird durch Kennbuchstaben festgelegt: A bis D = äußerst weich, E bis G = sehr weich, H bis K = weich, L bis O = mittel, P bis S = hart, T bis W = sehr hart, X bis Z = äußerst hart.

Das Gefüge bildet sich aus der Verteilung der Schleifkörner im Bindemittel und bestimmt die Eigenschaften des Schleifkörpers (3.10). Je nach Porigkeit (das ist die Struktur des Gefüges) eignen sich die Schleifkörper besonders für Naß- oder Trockenschliff, für harte oder weiche Werkstoffe. So nimmt ein großporiger Schleifkörper mehr Kühlmittel auf als ein kleinporiger. Die Schleifstelle am Werkstück wird intensiver gekühlt, die Spanleistung kann erhöht werden.

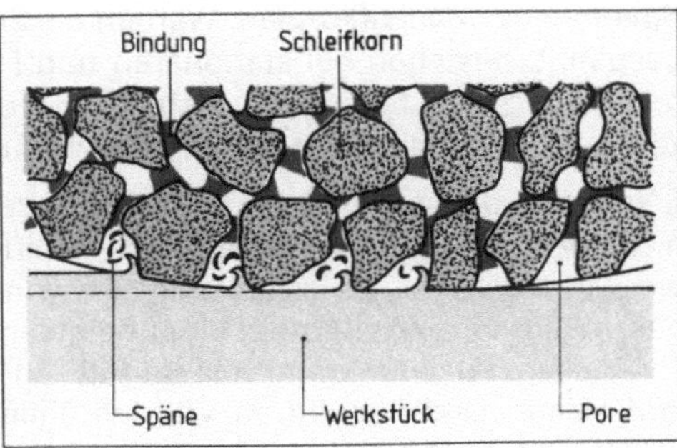

3.10 Gefüge der Schleifscheibe

Auswahl von Schleifkörpern Körnung, Bindung, Härte, Gefüge und Form bestimmen die Eignung des Schleifkörpers für die auszuführende Arbeit. Während des Schleifens brechen ständig Schleifkörner aus der Scheibe, weil die Schneide stumpf wird. Dieser Vorgang läuft um so schneller ab, je härter der Werkstoff ist. Die Bindung muß so abgestimmt sein, daß das Ausbrechen der Schleifkörner nicht zu weit hinausgezögert wird. Von einem bestimmten Zeitpunkt an hebt das Schleifkorn nämlich keinen Span mehr ab, sondern erzeugt aufgrund der nachlassenden Schleifwirkung nur höhere Reibungswärme – die Schleifstelle wird unzulässig erwärmt.

Werden weiche und zähe Werkstoffe geschliffen, bleiben die Schleifkörner länger scharf, weil sie absplittern und so noch im Schleifkörper gebunden bleiben.

Harter Werkstoff wird mit kleinporigen, weichen Scheiben bearbeitet.

Weicher Werkstoff wird mit großporigen, harten Scheiben bearbeitet.

Einen Fräser zu schärfen oder eine Schwalbenschwanzführung zu schleifen erfordert eine andere Form und Qualität des Schleifkörpers als z.B. das Scharfschleifen eines Meißels oder das Entgraten eines abgebrannten Trägers. So hat man die Grundformen der Schleifkörper in den DIN-Normen festgelegt. Man unterscheidet z.B. gerade, konische und verjüngte, gekröpfte sowie Topf- und Tellerscheiben. Der Konstruktionsmechaniker wird im wesentlichen mit geraden und gekröpften Schleifkörpern arbeiten. Deren Auswahl erfolgt anhand der technischen Daten, die in der DIN-Bezeichnung enthalten sind. Sie setzt sich aus Angaben über Form und Abmessungen, Zusammensetzung des Schleifkörpers und der zulässigen Umfangsgeschwindigkeit zusammen. Einzelheiten hierzu sind der Norm oder Tabellenbüchern zu entnehmen.

Beispiel

Ein Schleifbock dient zu groben Schleifarbeiten und zum Anschleifen einfacher Werkzeuge wie HSS-Bohrer, Schraubendreher, Meißel. Bearbeitet werden also Werkstoffe wie unlegierter Werkzeugstahl, aber auch z.B. beim Anschleifen von Bohrern HSS-Stahl. Benötigt wird eine gerade Schleifscheibe keramischer Bindung, deren Körnung und Härtegrad den Anforderungen gerecht wird. Eine mögliche Bezeichnung lautet:

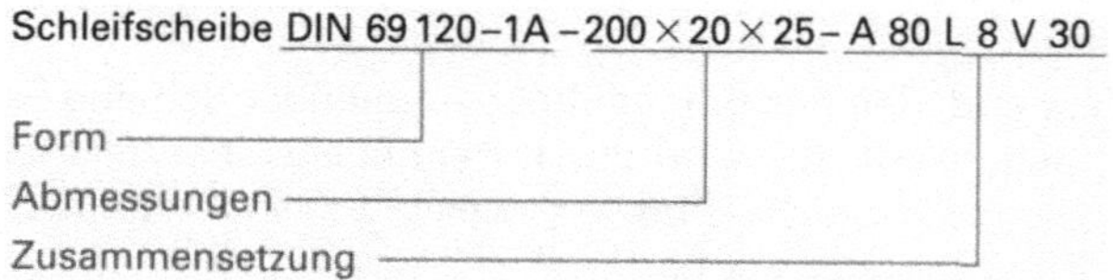

Schleifscheibe DIN 69120–1A – 200 × 20 × 25 – A 80 L 8 V 30

Form ——————
Abmessungen ——————
Zusammensetzung ——————

Spannen des Schleifkörpers. Werden die Schleifscheiben nicht richtig behandelt und aufgespannt, bestehen bei stationären und Handschleifmaschinen erhebliche Unfallgefahren. Bei letzteren besonders deshalb, weil die routinemäßige Handhabung zu Nachlässigkeiten verführt, die unangenehme Verletzungen zur Folge haben können.

Bevor eine Schleifscheibe aufgezogen wird, prüft man durch leichtes Anschlagen, ob sie nicht gerissen ist (heller Klang = in Ordnung, kein Klingen = fehlerhaft). Beim Spannen werden elastische Zwischenlagen verwendet, damit die Scheibe von der Mutter nicht beschädigt wird. Außerdem ist auf einwandfreien Rundlauf zu achten, da eine Unwucht – vor allem zusammen mit einem Riß – die Scheibe zerspringen lassen kann (3.11). Bei den hohen Drehfrequenzen würden Teile des Schleifkörpers als gefährliche Brocken durch die Gegend fliegen. Durch sie können erhebliche Sach- und Personenschäden entstehen.

Regeln zum Spannen von Schleif-scheiben

- Die Scheibe muß ohne zu klem-men auf die Welle der Maschine passen.
- Um sattes Aufliegen der Flansche zu erreichen und Beschädigungen der Scheibe durch übermäßigen Druck zu vermeiden, sind zwischen Flansch und Scheibe Zwischenlagen aus Filz, Pappe oder Papier zu verwenden.
- Die Scheibe *muß* rund laufen! Notfalls Auswuchten!

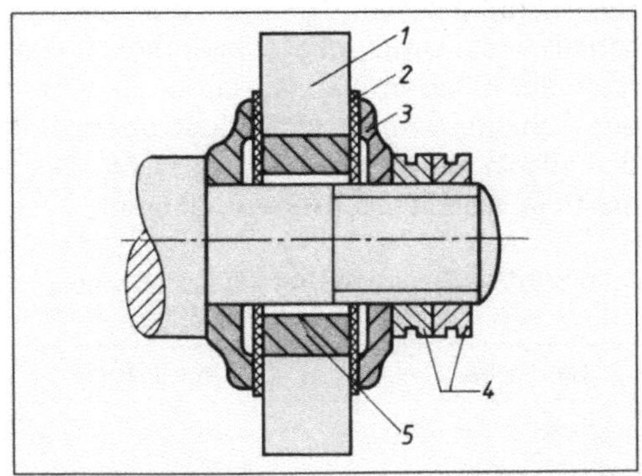

3.11 Richtig gespannte Schleifscheibe

1 Schleifscheibe	*4* Nutmuttern
2 Zwischenlage	*5* Bleiring
3 ausgesparter Flansch	

Wartung von Schleifscheiben. Schleifscheiben nutzen sich ab, werden im Laufe der Zeit stumpf. Ihre Poren setzen sich zu, die Schneiden der Schleifkörner verlieren an Wirkung. Um die Scheibe wieder gebrauchsfähig zu machen, wird sie abgerichtet. An Schleif-böcken geschieht das mit einem *Handabrichter.* Das Werkzeug wird gegen die laufende Scheibe gepreßt. Die wirksame Oberfläche der Schleifscheibe wird aufgerauht, Schleif-körner werden freigelegt, die Scheibe wird wieder scharf. An Schleifmaschinen führt man die Scheibe an einem eingespannten Diamanten vorbei.

Schleifarbeiten

Mit Flächen- und Rundschleifmaschinen werden Werkstücke von hoher Oberflächengüte und großer Maßgenauigkeit gefertigt.

Flächen-(Plan-)schleifen. Die Werkstücke werden mit einem Aufmaß von etwa 3 mm zum Schleifen vorbereitet. Der Maschinentisch bewegt sich in Längsrichtung unter der Schleifscheibe hin und her. Flache Werkstücke mit zueinander parallelen Flächen werden mit Magneten gespannt. Die Zustellbewegung erfolgt in axialer Richtung zur Antriebs-welle der Maschine und in radialer Richtung zur Schleifscheibe (3.12).

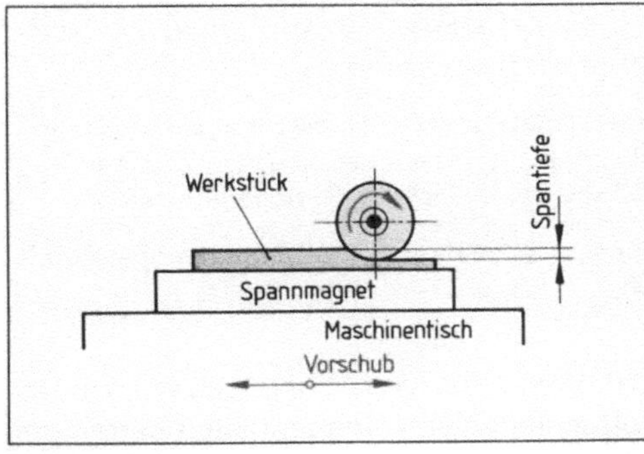

3.12 Flächenschleifen

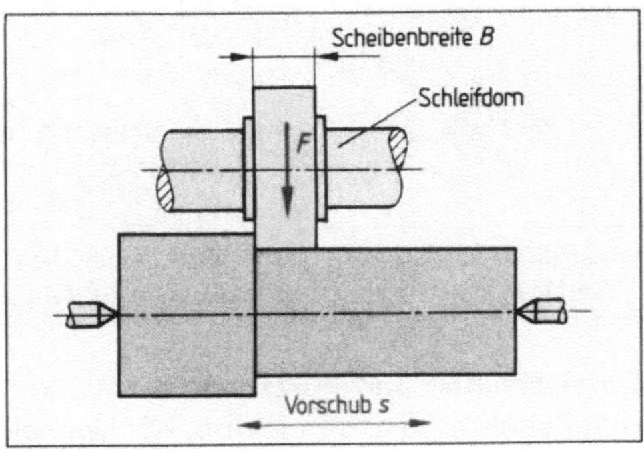

3.13 Rundschleifen

Rundschleifen. Die Werkstücke werden an der Drehmaschine vorgearbeitet. Das Aufmaß beträgt auch hier etwa 3 mm. Gespannt wird entweder im Dreibackenfutter oder zwischen Spitzen. Scheibe und Werkstück laufen in Gegenrichtung (3.13).

Die Schnittgeschwindigkeiten, die Vorschubgeschwindigkeit des Tisches und beim Rundschleifen die Umfangsgeschwindigkeit des Werkstücks sind nach Tabellenbüchern zu berechnen. In jedem Fall ist darauf zu achten, daß die zulässige Umfangsgeschwindigkeit
der Schleifscheibe (v_{max}) nicht überschritten wird. Sie ist durch Farbstreifen auf der
Schleifscheibe gekennzeichnet (3.14). Der Vorschub darf nicht größer als $^4/_5$ (Scheiben-
breite je Werkstückumdrehung) sein.

Tabelle 3.14 **Zulässige Umfangsgeschwindigkeiten für Schleifscheiben**

Kennfarbe	v_{max} in m/s
blau	45
gelb	60
rot	80
grün	100

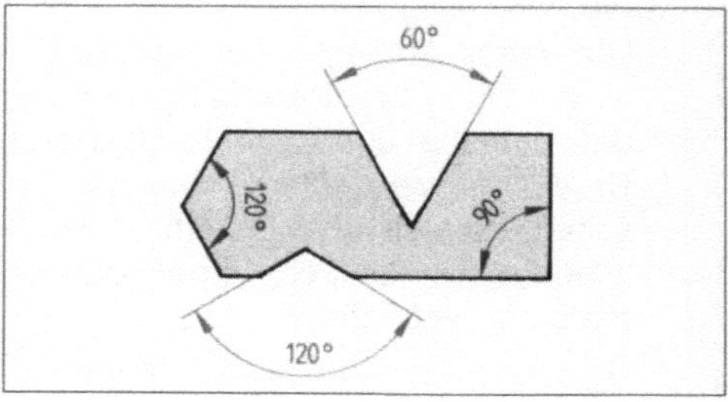

3.15 Beispiel für Schleiflehre

Scharfschleifen. Sofern nicht Werkzeuge für Präzisionsarbeiten anzuschleifen sind, werden z. B. Drehmeißel, Bohrer, Meißel und Schraubendreher in der Werkstatt am Schleifbock geschärft. Schleiflehren dienen dazu, die vorgeschriebenen Winkel an der Werkzeugschneide einzuhalten (3.15). Dies ist wichtig, um gute Arbeitsergebnisse zu erhalten.
Bohrer z. B., deren Freifläche und Freiwinkel nicht richtig angeschliffen worden sind,
schneiden nicht, sondern drücken. Als Ergebnis erhält man ein zerstörtes Werkzeug und
eine nicht gelungene Bohrung. Um die Unfallgefahr zu verringern, muß sich der Schleifbock in einwandfreiem Zustand befinden (3.16).

Tabelle 3.16 **Prüfliste für Schleifbockzustand**

Läuft die Scheibe rund?	Unwucht führt zu erheblichen Schwingungen an der Maschine; zusätzlich besteht die Gefahr, daß der Schleifkörper zerspringt; ein sauberer Schliff ist nicht möglich.
Ist die Schutzhaube richtig montiert?	Sie hält Teile des Schleifkörpers zurück, falls er zerspringt.
Ist die Auflage richtig eingestellt?	Der Spalt zwischen Auflage und Schleifkörper ist so schmal wie möglich einzustellen. Sonst kann sich das Werkstück einklemmen oder herumschlagen. Schwere Handverletzungen können die Folge sein, der Schleifkörper kann zerspringen.
Ist der Funkenschutz montiert?	Beim Schleifen entstehende Funken sind kleine glühende Werkstoff-partikel. Sie können sich in die Hornhaut des Auges einbrennen. Fehlt der Funkenschutz, muß eine Schutzbrille getragen werden.
Ist die Absaugung in Ordnung?	Beim Trockenschliff entsteht Schleifstaub. Wird er nicht abgesaugt, schädigt er die Lungen.

Trennschleifen und Putzschleifen. Während das Werkstück beim Trennschleifen durch
eine Schnittfuge getrennt wird, wird es beim Putzschleifen von Unebenheiten befreit und
poliert. Als Werkzeug dient der Universalwinkelschleifer, die *Flex*. Man kann mit ihr
Rohre, Profile u. ä. trennen oder Gußteile und Blechränder entgraten. Universalwinkelschleifer setzt man auch zum Putzen von Schweißnähten ein (3.17). Sie ersetzen in vielen
Fällen die etwas unhandlichen Handschleifmaschinen. Beim Arbeiten mit der Flex ist zu
beachten, daß Unbeteiligte nicht durch die Schleiffunken geschädigt werden.

98

Unfallverhütung. Schleifen ist ein häufiges und vielseitiges Trennverfahren, dessen Unfallgefahren wegen des alltäglichen Umgangs unbewußt unterschätzt werden. Das führt dazu, daß die Unfallverhütung nachlässig betrieben wird und der Werkzeugzustand nicht immer dem betriebssicheren Standard entspricht, obwohl die Berufsgenossenschaften wegen der Gefährdung durch Schleifarbeiten besondere Regeln erlassen haben.

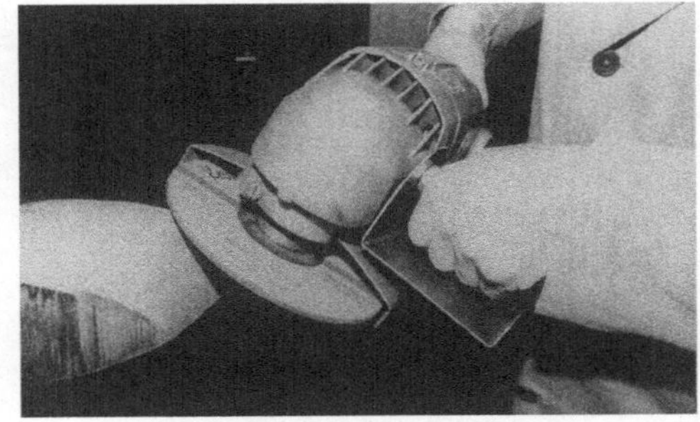

3.17   Arbeiten mit dem Universalwinkelschleifer

Unfallverhütung beim Schleifen

- Rundlauf der Scheiben gewährleisten!
- Zulässige Umfangsgeschwindigkeiten der Schleifscheibe nicht überschreiten!
- Schleifscheibe durch Schutzhaube sichern!
- Auflage am Schleifbock sorgfältig einstellen.
- Nachstellen der Auflage und der Schutzhaube nur bei stehender Maschine!
- Augen gegen Funkenflug schützen, Schutzbrille tragen!
- Beim Trockenschleifen Staub absaugen.
- Beim Arbeiten mit der Flex Handschuhe tragen!

3.2 Thermisches Trennen

Hierzu gehören Brenn-, Plasma- und Laserschneiden.

Brennschneiden ist ein weit verbreitetes Verfahren zum Trennen unlegierter, niedrig- und hochlegierter Stähle.

Nicht jedes Metall eignet sich zum Trennen durch Brennschneiden. Voraussetzung ist, daß der Schmelzpunkt der Verbrennungsprodukte Schlacke und Metalloxid unter dem Schmelzpunkt des zu trennenden Metalls liegt. Dies ist bei Stählen mit einem Kohlenstoffgehalt unter 1,6% gegeben. Während der Schmelzpunkt von Stahl bei etwa 1500 °C liegt, verbrennt Stahl unter Sauerstoffzufuhr bereits bei etwa 1200 °C.

Der Schneidbrenner ist ähnlich einem Schweißbrenner konstruiert. Zusätzlich hat er eine Zuführung für den Schneidsauerstoff in verschiedenen Düsenformen (3.18). Die wohl bekannteste ist die *Ringdüse* (3.19).

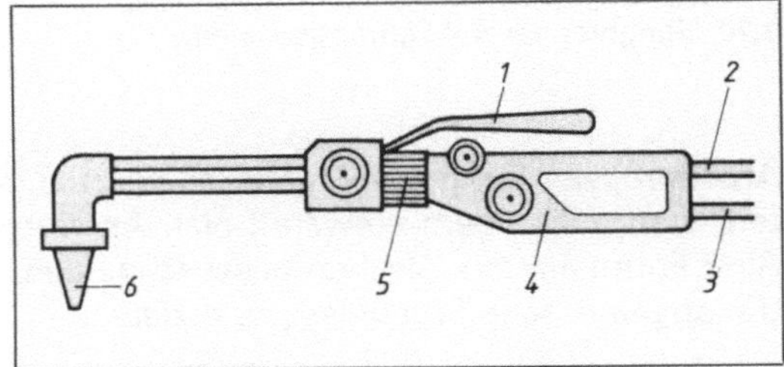

3.18   Schneidbrenner mit auswechselbarer Schneiddüse

  1 Hebel zum Zuführen des Schneidsauerstoffs
  2 Sauerstoff
  3 Brenngas
  4 Griff
  5 auswechselbarer Schneidsatz
  6 Schneiddüse

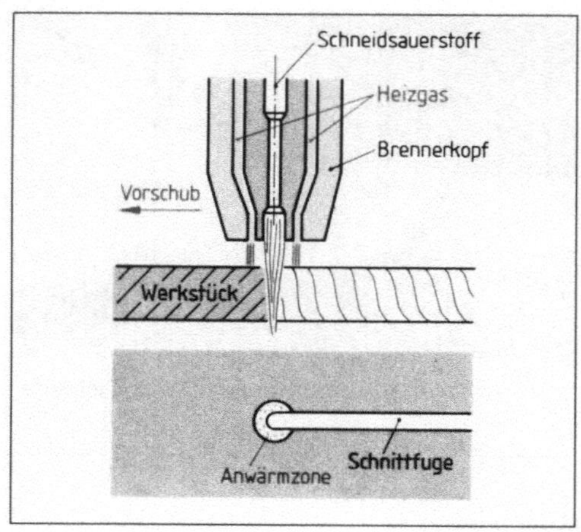

3.19 Arbeitsweise eines Schneidbrenners mit Ringdüse

Um einen Werkstoff thermisch zu trennen, wird der Brenner wie ein normaler Schweißbrenner mit neutraler Flamme gezündet. Die Acetylen-Sauerstoff-Flamme tritt aus der Ringdüse aus und erwärmt die Trennstelle auf etwa 1200 °C. Bei dieser Temperatur (der Werkstoff zeigt eine hellgelbe Färbung) wird das Schneidsauerstoffventil geöffnet. Der Sauerstoff tritt als Gasstrahl aus, verbrennt das erwärmte Material und bläst die dabei entstehende Schlacke aus der Schnittfuge. Weil der Werkstoff nur in der Zone verbrennt, durch die der Schneidsauerstoff bläst, entsteht eine saubere Trennfuge, die im allgemeinen nur geringe Nacharbeit erfordert.

Fehler beim Brennschneiden kommen kaum vor, wenn man die genannten Temperaturen zum Vorwärmen einhält und den Schneidbrenner sorgfältig führt. Um dies zu erleichtern, verwendet man einen Führungswagen (**3.20**). Er unterstützt die senkrechte Haltung des Ringbrenners und sichert den gleichmäßigen Abstand der Ringdüse zur Werkstückoberfläche (**3.21**).

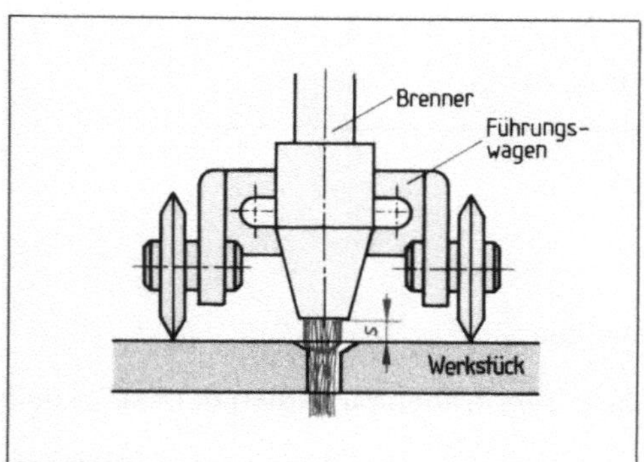

3.20 Ringbrenner mit Führungswagen

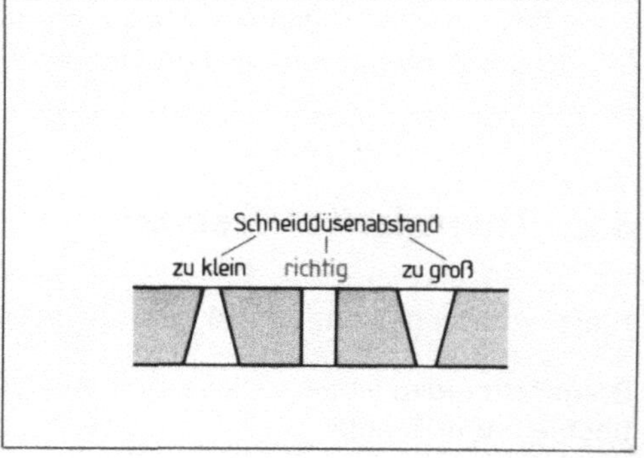

3.21 Einfluß des Brennerabstands auf die Form der Trennfuge

Arbeitsregeln. Für grobe Trennarbeiten (z. B. Kürzen von Trägern oder Demontagearbeiten) sind außer dem einwandfreien Anwärmen keine besonderen Regeln einzuhalten. Sind Formteile aus Blechen auszuschneiden, sollte man die Arbeit korrekt vorbereiten, um angemessene Ergebnisse zu erzielen.

Arbeitsregeln zum Brennschneiden
- Formschnitte sorgfältig anreißen.
- Riß durch kräftige Körnerschläge markieren.
- Trennstelle bis Hellgelb vorwärmen.
- Brenner senkrecht auf Anriß mit gleichmäßiger Geschwindigkeit führen.
- Beim Formenschneiden Führungswagen verwenden.

Plasmaschneiden. Im Abschnitt „Fügen" wurde das Plasmaschweißen erwähnt. Der Plasmastrahl eignet sich aber auch zum Trennen von Werkstoffen bis 100 mm Dicke – aufgrund seiner hohen Temperaturen (bis 50000 °C) besonders von Metallen mit hohem Schmelzpunkt (**3.22**). Der Plasmastrahl schmilzt bzw. verdampft den zu trennenden Werkstoff und treibt die Verbrennungsrückstände aus der Schnittfuge.

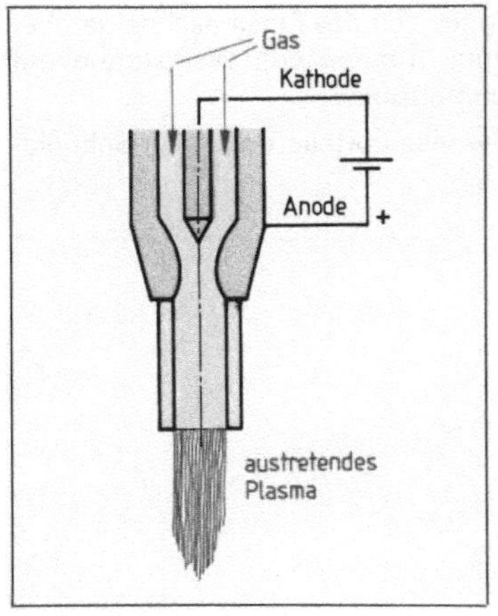

3.22   Plasmabrenner

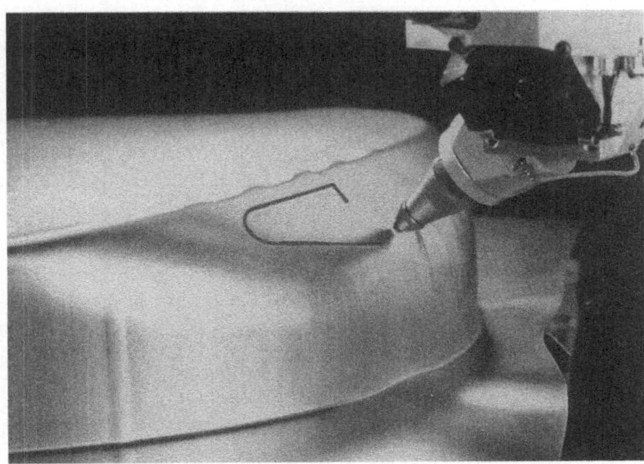

3.23   Laserschneidmaschine

Laserschneiden. Der Name Laser entstand aus der englischen Bezeichnung *L*ight *A*mplifacation by *S*timulated *E*mission of *R*adiation. Das bedeutet: ein Lichtstrahl wird auf physikalisch-technischem Weg so verstärkt und gebündelt, daß er mit sehr hoher Energie aus dem Laser austritt. Die Strahlungsdichte ist so hoch, daß mit dem Laser Metalle mit hohem Schmelzpunkt wie Wolfram oder Titan problemlos bearbeitet werden können.

Die konsequente Anwendung des Lasers in modernen Laserschneidanlagen erlaubt eine extrem maßgenaue und saubere Trennfuge beim Schneiden von Blechen (**3.23**). In Hochdruckschneidanlagen wird zusätzlich Stickstoff durch die Trennfuge geblasen. Er verhindert die Oxidation des Werkstoffs und ergibt in Verbindung mit dem Laser eine saubere Trennfläche hoher Oberflächengüte. Es ist nicht erforderlich, Oxidhaut und Grat an den Schnittkanten zu entfernen.

Laser-Hochdruckschneiden eignet sich zur maßgenauen Fertigung von Teilen aus Werkzeugstahl, rostfreiem Edelstahl, Titan, Tiefziehblech und verzinktem Stahlblech bis 4 mm Blechdicke.

Aufgaben zu Abschnitt 3

1. Beim mechanischen Trennen muß der Widerstand überwunden werden, den der Werkstoff entgegensetzt. Um welche Festigkeit handelt es sich?

2. Wenn Sie sich die Fläche eines getrennten Werkstoffs anschauen, sehen sie eine relativ glatte und eine rauhe Zone. Wie kommt dies zustande?

3. Welche Vorteile bringt ein ziehender Schnitt?

4. An Hebelscheren befindet sich ein Niederhalter. Was geschieht, wenn er nicht benutzt wird? Welche Folgen kann das haben?

5. Begründen Sie, warum Hebelscheren ein Obermesser mit gekrümmter Schneide haben.

6. Nennen Sie mindestens drei Regeln zur Unfallverhütung beim Arbeiten an Scheren.

7. Zum Lochen benutzt man einen Lochstempel und eine Lochplatte. Was bedeutet es, wenn die Lochung verschnitten wird?

8. Schleifen wird als spangebende Bearbeitung bezeichnet. Warum?

9. Sie sollen einen Bohrer mit Hartmetallschneiden anschleifen. Es stehen Schleifscheiben mit kleinporiger weicher und großporiger harter Bindung zur Verfügung. An welcher arbeiten Sie? Begründen Sie Ihre Antwort.

10. Was ist zu beachten, wenn Sie eine neue Schleifscheibe aufspannen?

11. Nennen Sie die Voraussetzungen, unter denen ein Metall zum Brennschneiden geeignet ist.

12. Sie sollen aus einem Blech durch Brennschneiden ein Formteil heraustrennen. Was benutzen Sie außer dem Brenner, um einen sauberen Schnitt zu erreichen?

13. Warum eignet sich das Plasmaschneiden besonders zum Trennen von Werkstoffen mit hohem Schmelzpunkt?

14. Nennen Sie vier Vorteile des Laser-Schneid-Verfahrens.

4 Umformen

Mit Umformen bezeichnet man Fertigungsverfahren wie Biegen, Richten und Schmieden, durch die ein Werkstoff oder ein Halbzeug eine andere Form erhält. (*Halbzeuge* sind durch Walzen vorgefertigte Teile wie Stangen, Rohre, Profile mit unterschiedlichen Querschnitten sowie Bleche.) Da während des Fertigungsvorgangs kein Werkstoff abgenommen wird, heißt das Umformen auch *spanlose Formgebung.* Nach dem Umformen entspricht das Volumen des Fertigteils dem des Rohteils.

Das Umformen geschieht durch Krafteinwirkung. Um ein brauchbares Ergebnis zu erhalten, muß sich das Gefüge des Werkstoffs für den Umformvorgang eignen, das Material muß *plastisch verformbar* sein. Die Formänderung kann am kaltem oder erwärmten Bauteil erfolgen. Einige Werkstoffe (z.B. Magnesiumlegierungen oder Zinkbleche) müssen vor dem Umformen durch Biegen auf $\approx 300\,°C$ bzw. auf $\approx 150\,°C$ erwärmt werden.

> Beim Umformen wird die Form plastisch verformbarer Werkstoffe durch Krafteinwirkung in kaltem oder erwärmtem Zustand verändert.

4.1 Biegen

Biegen heißt, die Form eines Werkstücks so zu verändern, daß dessen Querschnitt weitgehend erhalten bleibt (**4.1**). Werden größere Querschnitte gebogen, zieht sich der Werkstoff ein, so daß es zu einer Querschnittverformung kommt. Um diese zu verhindern, sollte warm gebogen und das Werkstück an der vorgesehenen Stelle angestaucht werden (**4.2**).

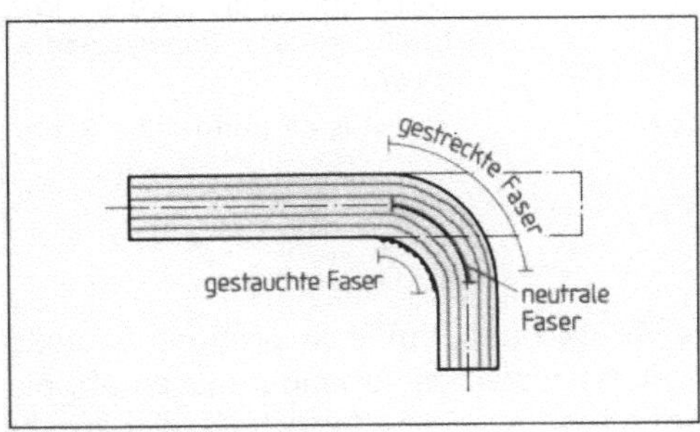

4.1 Faserverlauf beim Biegen

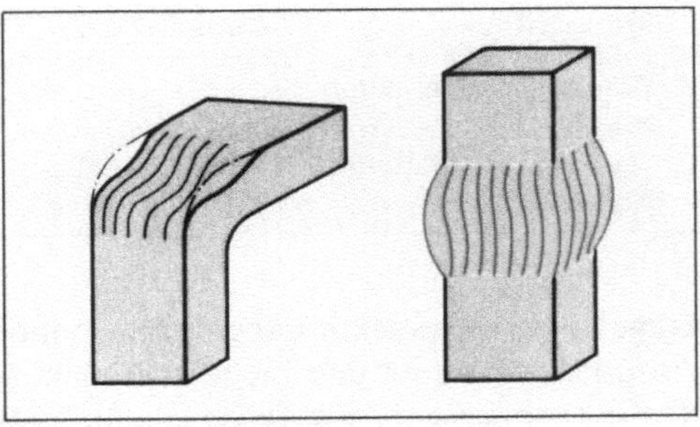

4.2 Querschnittsveränderung beim Biegen

Werkstoffe werden von Hand oder mit Maschinen gebogen. Als Biegewerkzeuge in der Werkstatt dienen neben einfachen Biegeapparaten (wie Rohrbiegeeinrichtungen, Gesenke oder Abkantbänke) Hammer, Amboß, Schraubstock, Kluppen und zum Anwärmen dickerer Querschnitte der Schweißbrenner.

Überbiegen. Zur Formänderung ist eine Kraft erforderlich, die die Kohäsionskraft im Werkstoffgefüge so überwindet, daß sich eine bleibende Formänderung ergibt. Weil aber

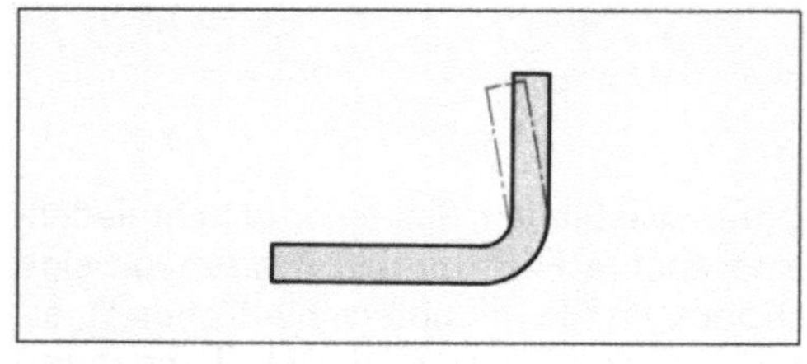

nicht alle Kristalle in der Biegezone gleichmäßig in Bereiche oberhalb der Streckgrenze des Werkstoffs geraten, federt das gebogene Teil zurück – das angestrebte Winkelmaß wird nicht erreicht. Um dieses Rückfedern zu vermeiden, wird das Werkstück überbogen (**4.3**).

4.3 Überbiegen des Werkstücks

Um beim Biegen Maßhaltigkeit zu gewährleisten, wird das Rückfedern des Werkstoffs durch Überbiegen ausgeglichen.

Biegeradius. Die Qualität eines gebogenen Werkstücks hängt u.a. vom Biegeradius ab. Er muß abhängig von der Dicke und dem Werkstoff gewählt werden. Unterschreitet man ihn, besteht die Gefahr der Rißbildung im Bereich der gestreckten Faser und der übermäßigen Stauchung im Bereich der gestauchten Faser – also Bruchgefahr an der Biegekante. Der Biegeradius kann aus Tabellen abgelesen werden. Für den Werkstattbedarf läßt sich der Mindestbiegeradius für Bleche und Flachstahl berechnen.

Damit der Werkstoff an der Biegekante nicht zerstört wird, darf der dem Material entsprechende Mindestbiegeradius nicht unterschritten werden.

Berechnungsformel: $r_B = s \cdot f_B$

r_B Biegeradius
s Werkstoffdicke
f_B Biegefaktor (**4.4**)

Tabelle **4.4**   **Mittlere Werte für Biegefaktoren**

Werkstoff	Biegefaktor f_B
Aluminiumlegierungen	2,5
Kupfer	0,75
Magnesiumlegierungen	7,5
Messing / Stahl	1,5

Beispiel   Es soll ein Stahlblech von 2 mm Dicke gebogen werden. Wie groß ist der Mindestbiegeradius?

Lösung $r_B = s \cdot f_B = 2 \text{ (mm)} \cdot 1{,}5 = \textbf{3 mm}$

Biegelänge (gestreckte Länge). Um gebogene Rohre oder Profile in größere Bauteile einzupassen, trennt und biegt man nicht (wie oft festzustellen) so lange und so oft, bis das Teil schließlich paßt. Diese laienhafte Methode führt häufig zu Ausschuß oder erheblichem Verschnitt und damit zu unwirtschaftlichem Materialverbrauch. Statt dessen ermittelt man vor Beginn der Arbeit die gestreckte Länge für die zu biegenden Bauteile.

Neutrale Faser. Die Berechnung der gestreckten Länge bezieht sich auf die neutrale Faser. Sie ist die gedachte Linie im Werkstoff, die beim Biegen weder gedehnt noch gestaucht wird (**4.1**). Um sie richtig berechnen zu können, muß ihre Lage bekannt sein. Bei Materialien mit kreisförmigem oder quadratischem Querschnitt bereitet ihre Bestimmung keine Schwierigkeiten – die neutrale Faser wird immer in der Mitte der Querschnittsfläche, also in deren Schwerpunkt liegen (**4.5**). Dies trifft allerdings nur zu, wenn der Biegeradius

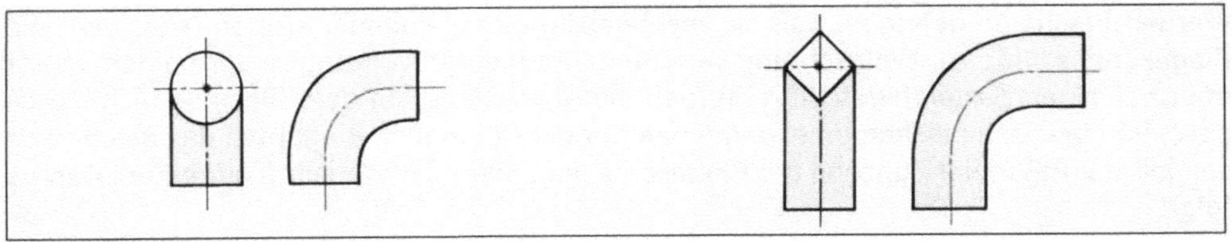

4.5 Lage der neutralen Faser in Profilen verschiedener symmetrischer Querschnitte

nicht kleiner als 5mal Blechdicke ist. Wird ein Teil scharfkantig gebogen, wandert die neutrale Faser in Richtung der gestauchten Faser. Das ist beim Berechnen der gestreckten Länge zu berücksichtigen (**4.6**). Anders sieht es aus, wenn die Biegelinie nicht im Mittelpunkt der Querschnittsfläche liegt. Dann muß ihre Lage anhand von Tabellen ermittelt werden. Das ist z.B. der Fall, wenn ein T-Träger, ein L-Profil oder ein U-Profil (dieses nicht um die Symmetrieachse) gebogen wird (**4.7**).

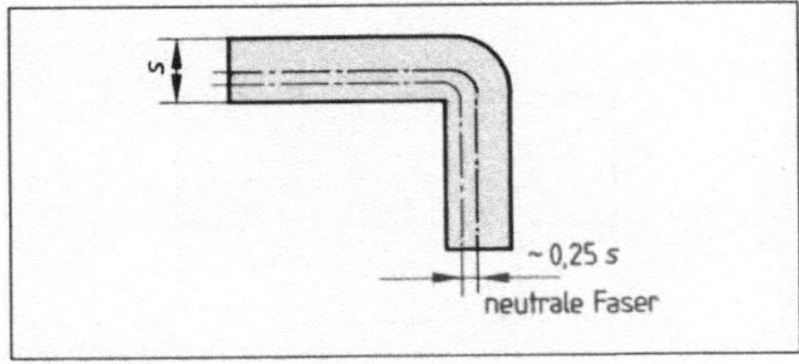

4.6 Verschieben der neutralen Faser bei scharfkantigem Biegen

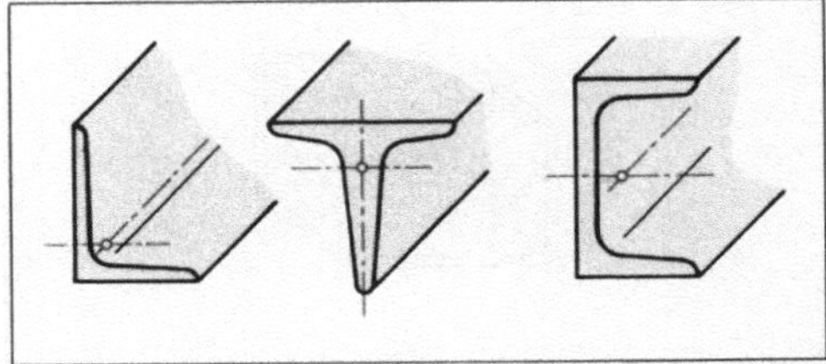

4.7 Lage der Biegeachse in unsymmetrischen Profilen

Müssen Bögen in größere Bauteile eingepaßt werden, nicht probieren, sondern die gestreckte Länge der neutralen Faser berechnen.

Biegen von Blechen. Bleche werden durch Walzen hergestellt. Die Walzrichtung ist deutlich auf der Blechoberfläche zu erkennen; sie zeigt sich in mehr oder weniger tiefen Riefen. Diese bewirken eine Kerbwirkung, wenn die Biegekante in Walzrichtung verläuft. Folge: Das Blech reißt dort leicht ein (**4.8**).

4.8 Lage der Biegekante unter Berücksichtigung der Walzrichtung

Beim Biegen von Blechen Walzrichtung beachten. Die Biegekante darf nicht parallel zur Walzrichtung verlaufen. Das Blech reißt sonst ein.

Manchmal erkennt man die Walzrichtung nicht mehr, z.B. wenn die Oberfläche des Bleches bereits bearbeitet wurde. Dann muß man sie durch eine *Biegeprobe* ermitteln. Dazu biegt man Probeteile in rechtwinklig zueinander liegenden Richtungen. Treten in der Zugzone keine Risse auf, wird die Biegekante am herzustellenden Werkstück in diese Richtung gelegt.

Werden Bleche so gebogen, daß sie rechtwinklig gegeneinander stoßen (**4.9**), muß die Biegekante schräg zur Walzrichtung verlaufen, um die Kerbwirkung zu vermeiden. Bevor man z.B. einen Kasten herstellt, reißt man die Abwicklung auf dem Blech an (**4.10**). Dies geschieht bei Stahlblechen im allgemeinen mit der Reißnadel. Biegt man das Blech dann so, daß der Riß in der Zugzone der Biegekante liegt, wird der Werkstoff einreißen. Daraus folgt:

> Werkstücke so anreißen, daß der Riß immer in der Stauchzone der Biegekante liegt.

Bei einer Reißnadel aus Messing spielt die Rißlage keine Rolle, denn die Messingreißnadel beschädigt die Blechoberfläche nicht; sie hinterläßt durch den Abrieb des Materials lediglich eine messinggelbe Linie. Kerbempfindliche Werkstoffe wie z.B. Aluminium werden besser mit Bleistift angerissen.

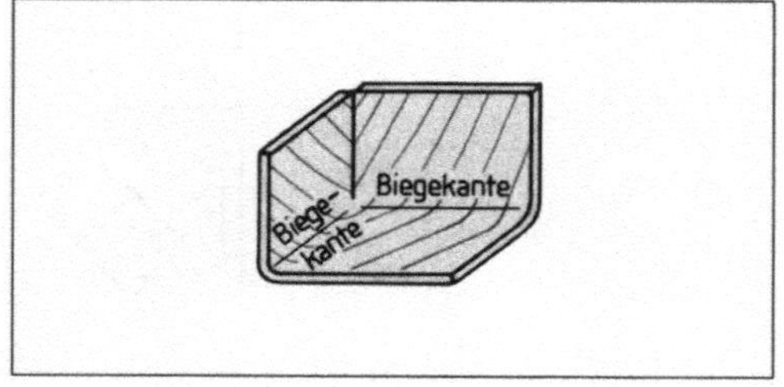

4.9 Lage senkrecht aufeinander stoßender Biegekanten auf gewalzten Blechen

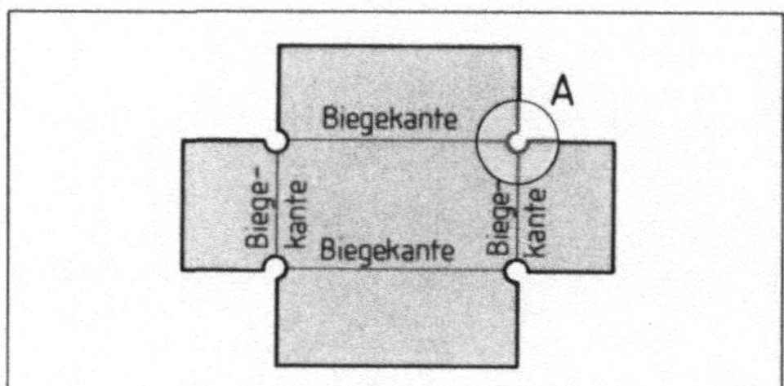

4.10 Abwicklung eines Kastens

Bild **4.10** zeigt außerdem, daß bei A zwei Biegekanten aufeinandertreffen. Selbst bei größter Sorgfalt werden die Schermesser den Werkstoff beim Ausschneiden der Abwicklung im Bereich der Biegekante beschädigen. Biegt man die Seitenteile hoch, reißt der Werkstoff in der Ecke, und es bilden sich unliebsame Stauchungen. Um dies zu verhindern, bohrt man an den Schnittpunkten der Anreißlinien ein Loch. Dessen Durchmesser ist um so größer, je größer der Biegeradius gewählt wird (**4.11**).

Tabelle **4.11** **Empfohlene Werte für Eckenanbohrungen**

Biegeradius	Bohrerdurchmesser
bis 1 mm	3 mm
bis 3 mm	4 mm
bis 5 mm	5 mm
bis 6 mm	8 mm

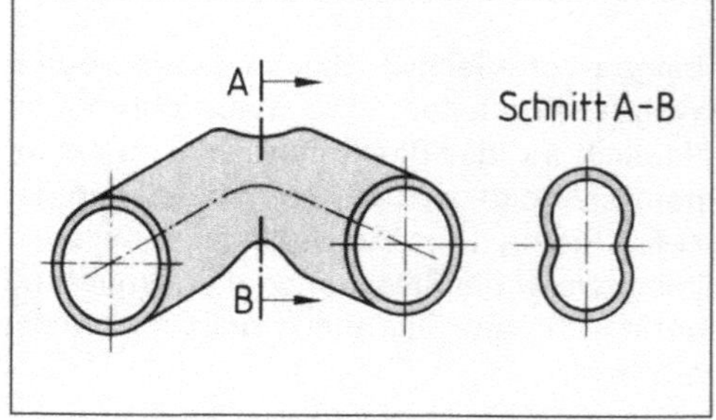

4.12 Querschnittsveränderungen beim unvorschriftsmäßigen Biegen von Rohren

Biegen von Rohren. Rohre und andere Hohlprofile lassen sich am besten in dazu konstruierten Vorrichtungen biegen. Stehen sie nicht zur Verfügung, müssen einige Regeln beachtet werden, damit sich der Profilquerschnitt nicht verändert oder gar einknickt.

Beim nichtmaschinellen Biegen entstehen im Bereich der Zug- und Stauchzone so große Spannungen, daß sich der Werkstoff in der gestreckten Faser nach innen zieht, während die gestauchte Faser nach oben ausweicht (**4.12**). Dem ist eine so große Kraft entgegen-

106

zusetzen, daß sich die Rohrwandung in hinreichender Form dehnen bzw. stauchen kann. Der lichte Querschnitt wird deshalb im Bereich der Biegestelle mit einem Material ausgefüllt, daß sich nach dem Biegen problemlos wieder entfernen läßt: eine dem Rohrinnendurchmesser entsprechende Feder oder Sand. Rohre aus Nichteisenmetallen gießt man mit Kollophonium, Kupferrohre mit Blei aus. Bei geschweißten Rohren ist die Schweißnaht beim Biegen in die Ebene der neutralen Faser zu legen. Sonst besteht die Gefahr, daß die Naht übermäßig beansprucht wird und aufreißt (**4.13**).

Arbeitsregeln zum Rohre biegen

– Der als Füllmittel gewählte Sand muß trocken sein (Dampfbildung beim Erwärmen).
– Rohr zunächst durch Stopfen einseitig verschließen.
– Eingefüllten Sand durch Rütteln verdichten.
– Zweites Rohrende durch Stopfen verschließen, Rohr erwärmen und biegen.

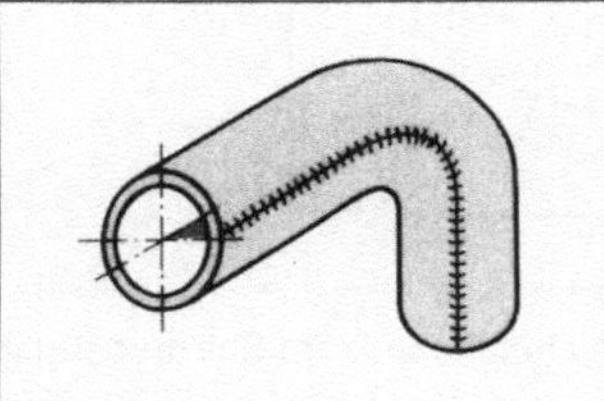

4.13 Gebogenes Rohr
(Schweißnaht in Ebene
der neutralen Faser)

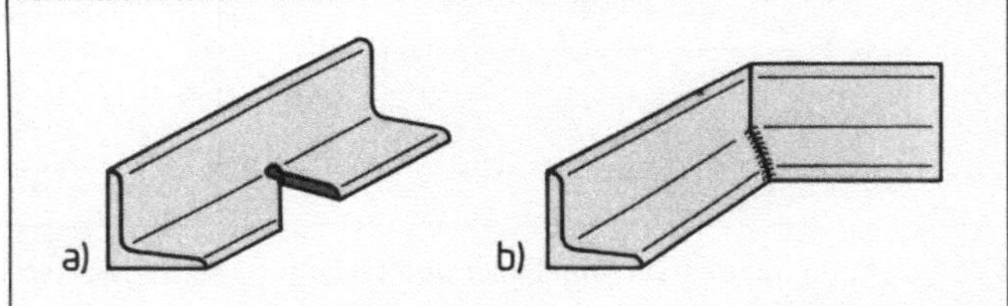

4.14 Biegen eines L-Profils
a) Steg in der Druckzone einklinken,
b) Stoßverbindung durch Schweißnaht

Biegen von Profilen. Profile sind so gestaltet, daß sie die dem Belastungsfall entsprechenden Biegespannungen aufnehmen. Um sie in größeren Radien zu biegen, verwendet man Biegemaschinen. Ist ein Profil scharfkantig zu biegen, wird der in der Druckzone liegende Steg ausgeklinkt. Nach dem Biegen verbindet man den Stoß mit einer Schweißnaht (**4.14**).

4.2 Richten

Halbzeuge wie Profile und Bleche aber auch fertige Bauteile verändern während des Lagerns, durch Kraft- oder Wärmeeinwirkung während des Bearbeitens häufig ihre Form. Sie verbiegen und entsprechen damit nicht mehr den Anforderungen. Ursache der Veränderungen sind Spannungen im Werkstoff, die das Teil verziehen. Durch Richten wird das Werkstück wieder brauchbar. Ziel ist es, durch Dehnen oder Stauchen die Spannungen zu beseitigen. Gerichtet wird durch mechanische Krafteinwirkung von Hand oder mit Richtmaschinen, sowie durch Wärmeeinwirkung (Schrumpfen von erwärmten Werkstoffen).

Durch Richten beseitigt man unerwünschte Formänderungen an Bauteilen und Halbzeugen unter Kraft- oder Wärmeeinwirkung.

Ob sich ein Werkstück gut richten läßt, hängt vom Werkstoff und dem Bearbeitungszustand ab. Je spröder und härter ein Material ist, desto schwieriger läßt es sich richten.

Richten durch Krafteinwirkung

Hierzu zählen das Biegerichten und das Dengeln (Strecken).

Biegerichten. Das zu richtende Teil wird auf eine Richtplatte (nicht Anreißplatte!) gelegt (**4.15**). Durch die Schlagkraft eines Hammers wird die gestauchte Faser gedehnt, bis sie auf der Richtplatte aufliegt. Den gleichen Erfolg erzielt man, wenn man das Teil zwischen die Schraubstockbacken spannt. Der Druck zum Richten entsteht durch Spannen des Schraubstocks (**4.16**). Größere Teile (z.B. Profile) werden auf der Richtpresse gerichtet (**4.17**).

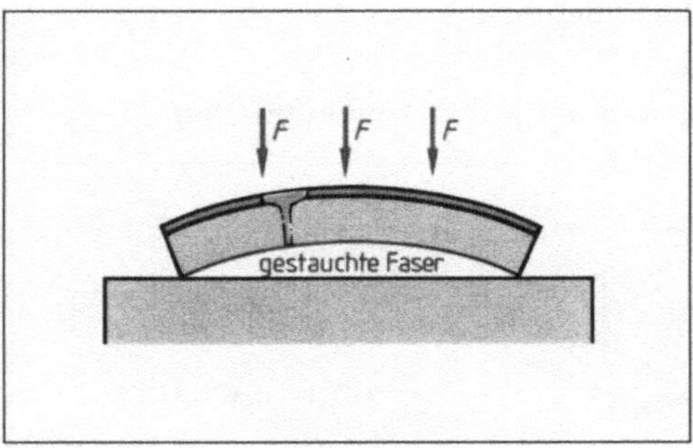

4.15 Dehnen der gestauchten Faser durch Hammerschläge

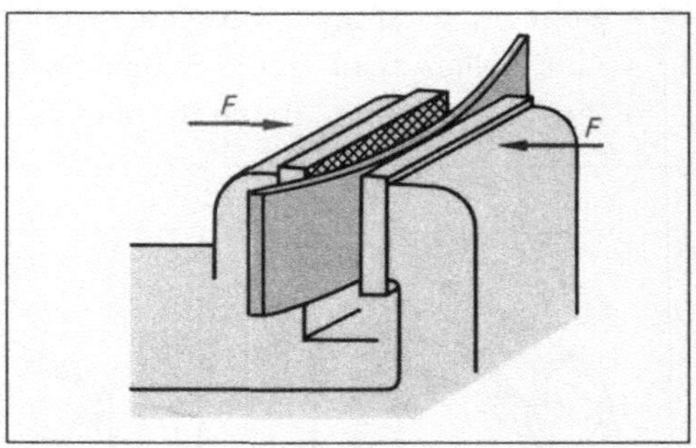

4.16 Richten eines Flachstahls im Schraubstock

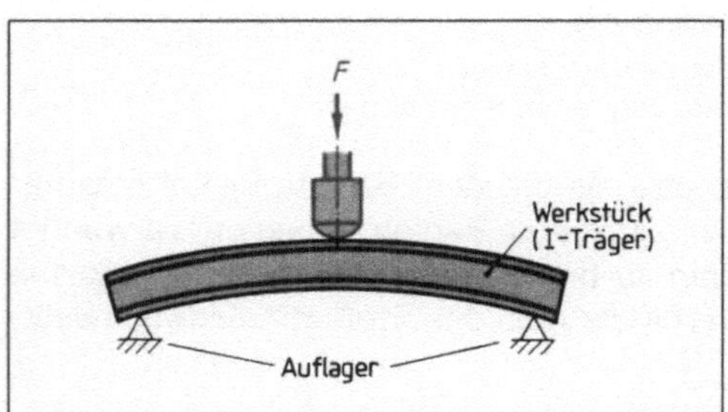

4.17 Wirkungsweise einer Richtpresse

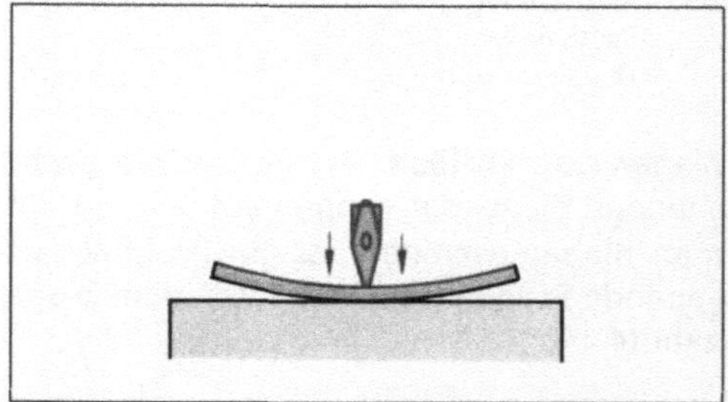

4.18 Strecken der gestauchten Faser mit dem Dengelhammer

Dengeln (Strecken). Mit dem Dengelhammer wird die gestauchte (kurze) Faser durch leichte Schläge gestreckt (**4.18**). Das Werkstück zieht sich gerade.

> Ein Werkstück wird mit dem Hammer gerichtet, indem man die *kurze* Faser durch leichte Schläge streckt.

Bei gebeulten Blechen versucht man durch der Ausbeulungsform angepaßte, nach außen hin kräftigere Hammerschläge den Werkstoff so zu dehnen, daß die Beule flachgezogen wird (**4.19**).

Windschiefe Bleche sind in der Fläche verdreht. Legt man sie auf die Richtplatte, stehen die gegenüberliegenden Ecken der Blechtafel hoch. Dies ist ein Zeichen dafür, daß die eine Diagonale länger als die andere ist. Man muß versuchen, durch leichte Hammerschläge die kürzere Diagonale – das ist die auf der Richtplatte aufliegende – zu strecken (**4.20**).

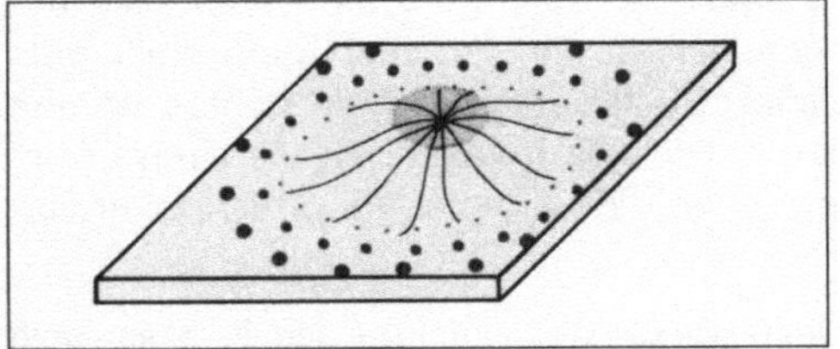

4.19 Ausbeulen eines Blechs mit Hammer-
schlägen

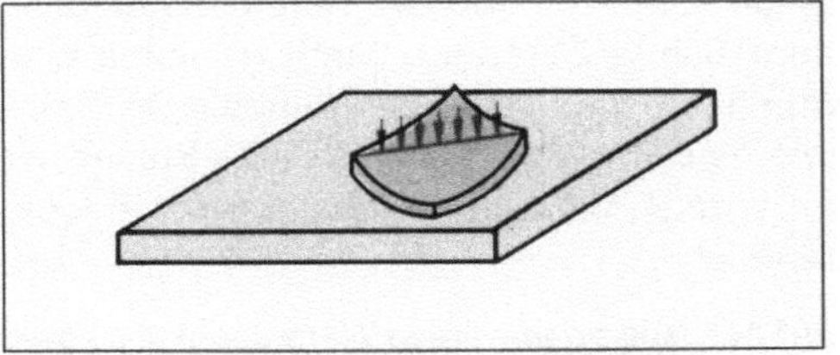

4.20 Richten eines windschiefen Blechs

Verdrehte Profile. Flachstahl oder kleinere U-, L- oder T-Profile sind manchmal in der Längsachse verdreht. Sie lassen sich richten, indem man sie mit einem Dreheisen in ihre ursprüngliche Form zurückdreht (**4.121**). Ein Dreheisen kann aus einem kräftigen Vierkantstab selbst gefertigt werden.

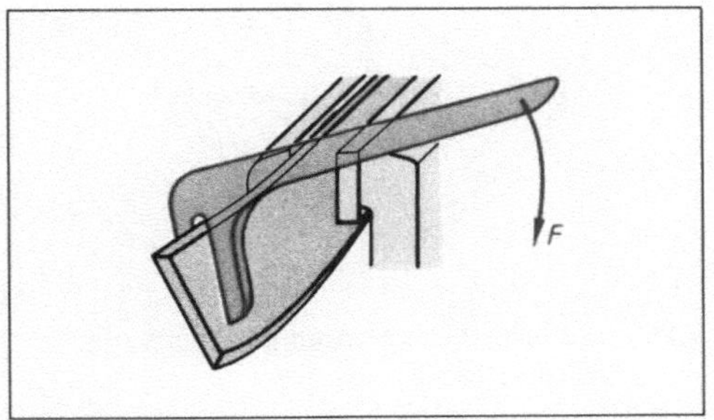

4.21 Zurückdrehen eines Flachstabs mit dem
Dreheisen

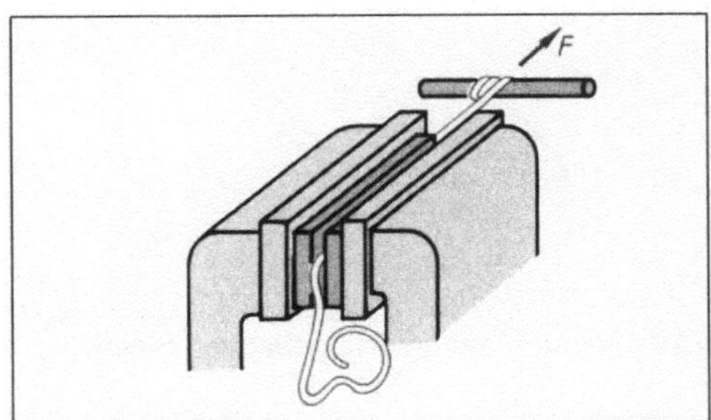

4.22 Richten eines Drahtes

Richten von Draht. Um ein Drahtknäuel zu richten, wickelt man den Anfang um ein griffiges Holzstück und zieht etwa 20 cm glatt. Dann spannt man dieses Ende im Schraubstock zwischen zwei Weichholzteile und zieht den Draht am Holzstück durch die Schraubstockbacken (**4.22**). Dickere Drähte richtet man mit leichten Holzhammerschlägen auf der Richtplatte. Die Qualität des Richtens prüft man, indem man den Draht über die Platte rollt. Man erkennt so am besten, wo noch nachzuarbeiten ist.

Richten durch Wärmeeinwirkung

Beim Flammrichten nutzt man die Eigenschaft aller Werkstoffe, sich bei Erwärmung auszudehnen und bei Abkühlung wieder zu schrumpfen. Ziel ist es, die zu lange Faser durch Erwärmen zu stauchen. Dazu muß der Werkstoff mit dem Schweißbrenner bis zur plastischen Verformbarkeit erwärmt werden. Der erwärmte Bereich dehnt sich und will ausweichen. Der Werkstoff staucht sich durch Druck gegen den nicht erwärmten Bereich. Kühlt das Material ab, schrumpft es und verkürzt dadurch die angewärmte Faser. Dabei entstehen so große Kräfte, daß selbst große Blechplatten und Träger problemlos gerichtet werden können (**4.23**). Bei unüberlegtem Arbeiten besteht aber auch die Gefahr, daß größere Verformungen zurückbleiben, als ursprünglich vorhanden waren.

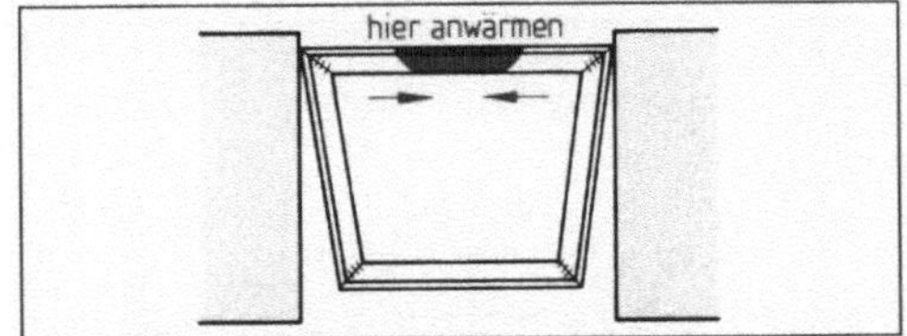

4.23 Richten eines schiefen Rahmens

Zum Richten eines Werkstücks mit dem Schweißbrenner erwärmt man die *lange* Faser.

Bleche sind oft uneben, haben Ausbeulungen oder sind verzogen. Sie lassen sich mit dem Schweißbrenner durch gezieltes Erwärmen richten. Vor Arbeitsbeginn stellt man durch Anlegen eines Stahllineals fest, an welchen Stellen das Blech zu richten ist und wie es sich verzogen hat. Diese Stellen werden mit Kreide markiert. So bestimmt man im voraus, wo und gegebenenfalls in welcher Reihenfolge das Bauteil örtlich zu erwärmen ist.

Auf Ausbeulungen werden Wärmepunkte so gesetzt, daß sich der Werkstoff nach dem Erkalten durch die eingetretene Längenänderung zusammenzieht. In der Werkstoffoberfläche entstehen Spannungen, die die Beule herausziehen (**4.24**).

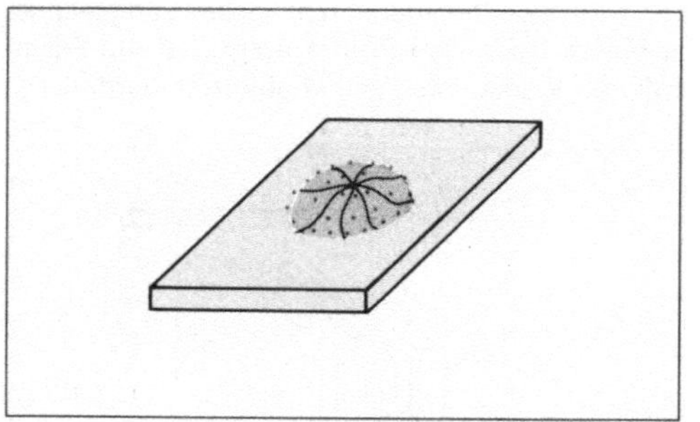

4.24 Flammrichten eines gebeulten Blechs

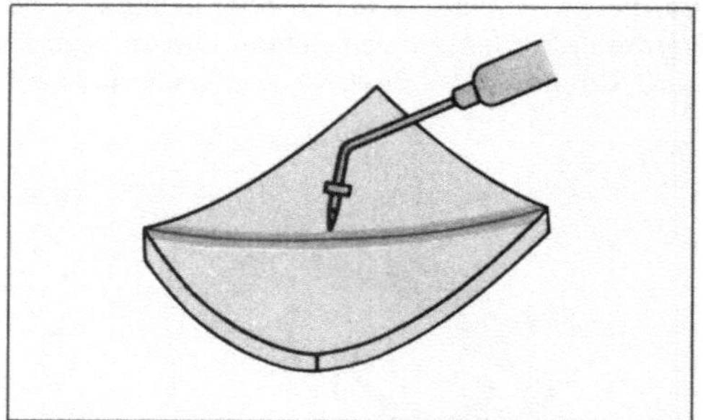

4.25 Richten eines verzogenen Blechs mit Wärmestrecke

Windschiefe, d. h. verzogene Bleche haben unterschiedlich lange Diagonale. Wenn man die zu lange Diagonale durch Erwärmen und anschließendes Abkühlen schrumpfen läßt, zieht sich das Blech wieder gerade (**4.25**).

Gebogene Bleche erwärmt man so, daß sich zwischen den einzelnen Wärmezonen genügend Werkstoff befindet. Dieser nimmt im kalten Zustand die Druckkräfte auf, die durch den sich ausdehnenden Werkstoffbereich entstehen. Man setzt deshalb die Wärmezonen ungleich auf die Blechoberfläche.

Problematisch ist das Richten dünner Bleche. Die rotwarm gesetzten Punkte können den Werkstoff so verwerfen, daß er sich mehr verzieht als vorher. Deshalb müssen die rotglühenden Wärmepunkte mit einem Hammer niedergedrückt werden.

Verzogene Profile lassen sich durch Flammrichten besonders erfolgreich richten. Bei I-, T- und U-Profilen werden Wärmekeile (keilförmig erwärmte Werkstückzonen) gesetzt (**4.26**). Der in der Wärmezone gestauchte Werkstoff zieht das Profil beim Abkühlen in die erwünschte Form. Erstreckt sich die Verformung über einen längeren Bereich, setzt man nacheinander mehrere Wärmekeile.

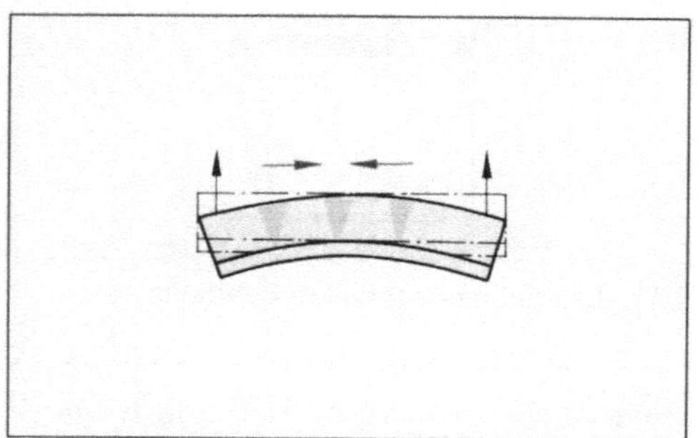

4.26 Richten mit Wärmekeilen

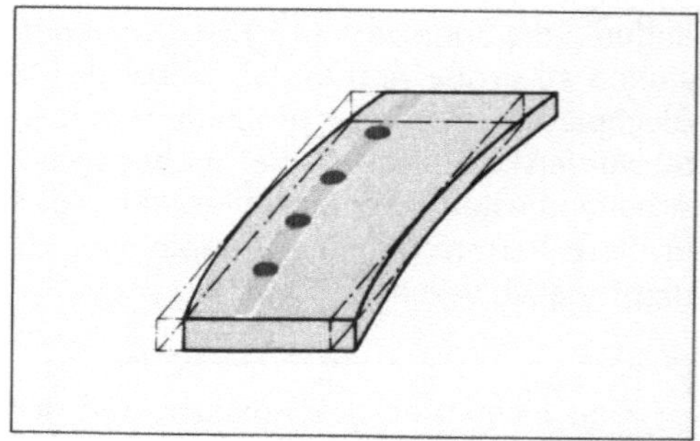

4.27 Richten mit Wärmepunkten

Stabstähle richtet man nicht durch Wärmekeile, sondern besser durch eine Wärmestraße. Dazu erwärmt man die längere Faser mit dem Schweißbrenner punktförmig oder durchgängig. Auch hier wird das Teil durch die beim Schrumpfen auftretende Spannung gerade gezogen (**4.27**).

4.3 Schmieden

Schmiedbar sind alle Metalle, deren Formbarkeit beim Erhitzen zu- und deren Festigkeit dabei abnimmt. Neben Aluminium und dessen Legierungen sowie Bronze, Kupfer und Messing ist das im wesentlichen Stahl.

> Je geringer der Kohlenstoffgehalt eines Stahls, desto besser seine Schmiedbarkeit.

Außer dem Kohlenstoffgehalt sind noch andere Legierungsbestandteile des Stahls ausschlaggebend für seine Schmiedbarkeit. Zuviel Schwefel führt zur *Rotbrüchigkeit* – der Werkstoff neigt dazu, beim Verformen im rotwarmen Zustand Risse zu bilden. *Kaltbrüchigkeit* entsteht durch Phosphor als Legierungsbestandteil. Bei zu niedriger Schmiedetemperatur ergeben sich deshalb ebenfalls Werkstoffschäden.

Vorteile des Schmiedens. Gegenüber gedrehten oder gefrästen Werkstücken wird der Faserverlauf im Werkstoff beim Schmieden nicht unterbrochen. Gleichzeitig verdichtet die verformende Kraft das Werkstoffgefüge (**4.28**). Geschmiedete Bauteile zeichnen sich daher durch hohe Bruchfestigkeit und Zähigkeit aus.

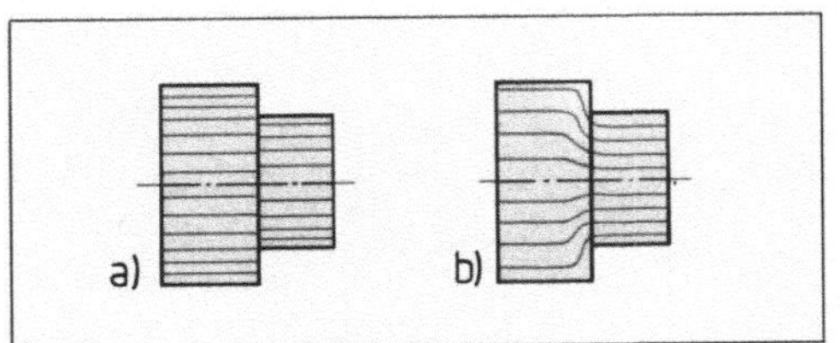

4.28 Vom Fertigungsverfahren beeinflußter Faserverlauf a) gedreht, b) geschmiedet

Tabelle **4.29** **Schmiedetemperaturen** (Auswahl)

Werkstoff	Schmiede-temperatur	Glühfarbe
Baustahl	1300 °C	weiß
Werkzeugstahl (unlegiert)	1000 °C	gelbrot
SS-Stahl	1200 °C	hellgelb

Schmiedevorgang. Werkzeuge für einfache Schmiedearbeiten in der Werkstatt sind der Amboß, Hand- und Vorschlaghammer, gegebenenfalls einfache Gesenke und Schmiedezangen. Zum Erwärmen des Werkstoffs dient das Schmiedefeuer. Der Werkstoff soll zügig auf Schmiedetemperatur erwärmt werden. Ausgenommen sind legierte Stähle, die bei zu schnellem Erwärmen unter 700 °C zu Spannungsrissen neigen.

Die in Tabelle **4.29** genannten Schmiedetemperaturen sollen nicht überschritten werden; sonst wird der Werkstoff überhitzt oder verbrennt gar. Ein Schmiedeteil, dessen Stahl überhitzt wurde, läßt sich noch verwenden, wenn das Gefüge durch Normalglühen wieder zurückgebildet wird. Ein verbrannter Stahl ist jedoch unbrauchbar. Man erkennt ihn daran, daß während des Erwärmens Funken ähnlich einer Wunderkerze aus dem Werkstoff sprühen.

Wird bei zu niedriger Temperatur geschmiedet, droht Rißbildung. Bei Baustählen beträgt die Mindesttemperatur $\approx$ 750 °C (dunkelrot), bei SS-Stahl $\approx$ 1000 °C (dunkelgelb).

1. Beim Biegen kann sich der Werkstoffquerschnitt im Biegebereich verformen. Wie können Sie dies verhindern?

2. Sie sollen einen Winkel von 90° biegen. Was müssen Sie machen, um einen maßgenauen Winkel zu erhalten?

3. Wodurch vermeidet man Rißbildung beim Biegen?

4. Worauf ist das Maß zu beziehen, um maßgenau zu biegen?

5. Welche Gefahr besteht, wenn die Biegekante in Walzrichtung verläuft? Begründen Sie Ihre Antwort.

6. Sie reißen die Biegekante mit einer Reißnadel an. Wo darf der Riß nicht liegen? Warum nicht?

7. Sie wollen ein Blech biegen, bei dem Biegekanten aufeinanderstoßen. Worauf müssen Sie achten?

8. Wie verhindert man, daß sich Rohre beim Biegen in der Biegezone einschnüren?

9. Ein T-Profil ist zu biegen. Was ist zu beachten?

10. Ein Flachstahl soll gerichtet werden. Welche Faser muß durch Hammerschläge gestreckt werden?

11. Sie sollen einen Träger mit dem Schweißbrenner richten. Welche Faser erwärmen Sie?

12. Welche Eigenschaft eines Werkstoffs wird beim Flammrichten nutzbar gemacht?

13. Was sind Wärmekeile und wozu verwendet man sie?

14. Wann ist ein Stahl zum Schmieden nicht geeignet?

15. Was versteht man unter Kalt- bzw. Rotbrüchigkeit?

16. Wodurch entstehen Kalt- und Rotbrüchigkeit?

17. Welche Vorteile haben geschmiedete Werkstücke gegenüber gefrästen oder gedrehten?

5 Messen und Prüfen

Beim Messen liest man den Istwert eines Werkstücks als absolute Zahl von einem Meßinstrument ab. Beim Prüfen stellt man fest, ob das zu prüfende Teil vorgeschriebene oder erwartete Bedingungen erfüllt.

Sollen große Bauteile (z.B. Träger oder Stützen im Hallenbau oder Fassadenbekleidungen) montiert werden, hängt die Qualität der Arbeit wesentlich von der Genauigkeit der Meß- und Prüfverfahren ab. Werden z.B. die Stützen einer Halle nicht genau lotrecht aufgestellt (**5.1**) oder die Raster einer Fassade nicht genau waagerecht und senkrecht ausgerichtet (**5.2**), entstehen unter Umständen unlösbare Montageprobleme oder zeugt der Anblick von unqualifizierter Ausführung. Um die vielfältigen Meß- und Prüfaufgaben zu lösen, stehen dem Fachmann verschiedene Hilfsmittel zur Verfügung.

5.1   Blick auf die Baustelle einer Industriehalle   5.2   Bürohaus mit Rasterfassade

Mit dem Senklot, kurz *Lot* genannt, werden Bauteile *lotrecht* ausgerichtet. Das Lot besteht aus einem kegelförmigen Bleigewicht, an dem ein Faden befestigt ist. Wird es an einem Punkt angeschlagen, zeigt die Spitze des Bleikegels aufgrund der Schwerkraft auf den Erdmittelpunkt. Mit dem Lot richtet man z.B. Fassadenbekleidungen aus (5.3 auf S. 114).

> Ein Bauteil befindet sich im Lot, wenn sich die Längskante mit einer Linie deckt, die durch den Erdmittelpunkt verläuft.

Prüffehler entstehen, wenn das Lot nicht frei schwingen kann, weil es z.B. das Bauwerk berührt oder starker Wind einwirkt, so daß Abweichungen von der Lotrechten entstehen.

Die Richtwaage, auch unter dem Namen *Wasserwaage* bekannt, dient dazu, Bauteile lotrecht und waagerecht auszurichten (5.4). Hilfsmittel hierzu sind die *Libellen* (5.5). Die Libelle ist ein leicht gebogenes Glasröhrchen oder eine nach oben gewölbte Glasdose. Sie ist nicht vollständig mit Alkohol oder Äther gefüllt, so daß sich eine Luftblase bilden kann. Während des Prüfens wandert die Luftblase immer zum höchsten Punkt der Libelle.

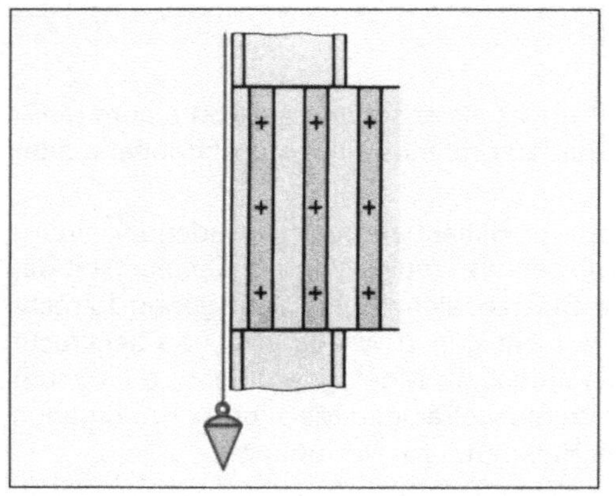

5.3 Ausrichten eines Bauteils mit dem Senklot

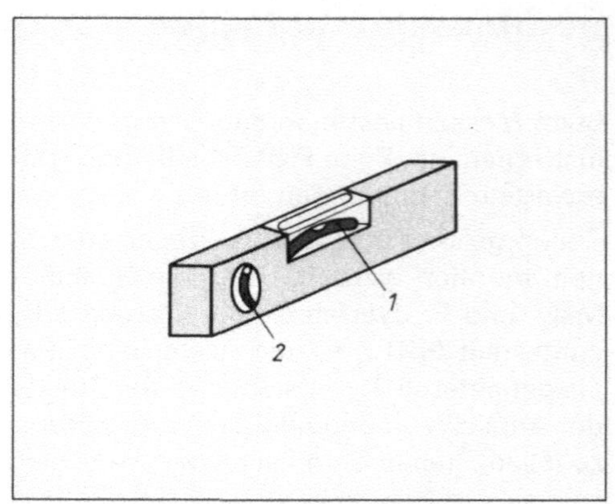

5.4 Richtwaage zum Prüfen der Lage von Bauteilen

1 Röhrenlibelle zum Prüfen waagerechter,
2 senkrechter Flächen

Um ein Bauteil z. B. genau waagerecht auszurichten, legt man die Richtwaage darauf und prüft die Lage der Luftblase. Befindet sie sich genau zwischen den Nullstrichen, liegt das Teil waagerecht. Abweichungen von der Horizontalen lassen sich aus der Lage der Luftblase zu den Nullstrichen berechnen. Jede Abweichung um eine Strichmarke der Libelle entspricht einer Abweichung von 0,2 mm/Meter des Bauteils. (**5.6**).

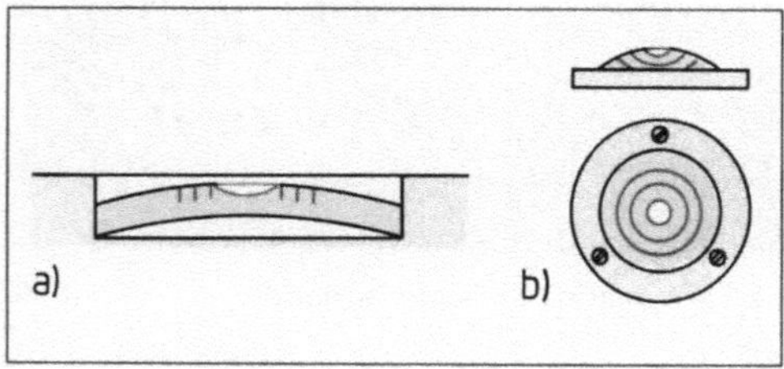

5.5 Libellenformen
a) Röhrenlibelle, b) Dosenlibelle

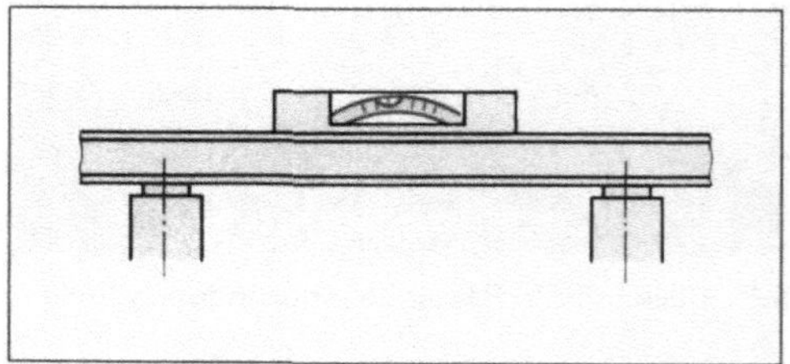

5.6 Ausrichten eines Trägers

Mit dem Richtscheit arbeitet man, wenn weiter auseinanderliegende Bauteile auszurichten sind (**5.7**). Es handelt sich um eine Latte, deren gegenüberliegende Seiten parallel verlaufen müssen. Die Parallelität wird durch Umschlag, d. h. zweimal geprüft: Nach der

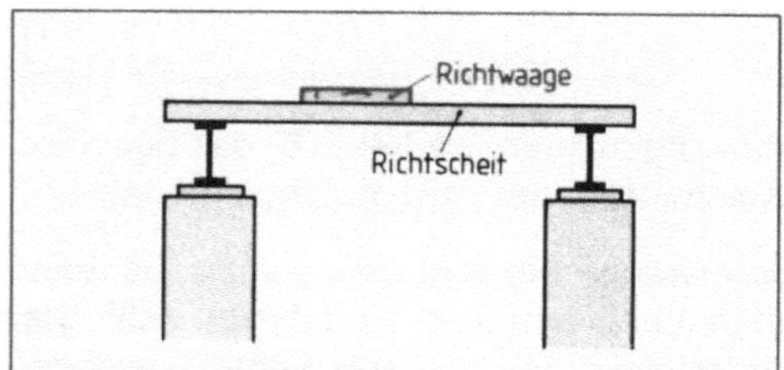

5.7 Prüfen mit dem Richtscheit

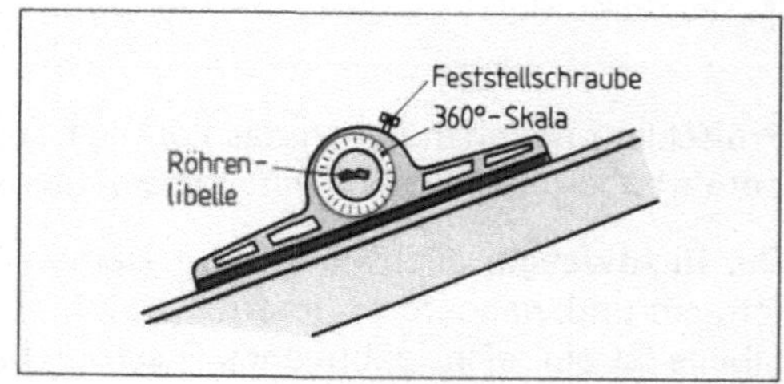

5.8 Prüfen von Schrägen durch Richtwaage mit
drehbarer Libelle

ersten Prüfung wendet man das Richtscheit um 180° und prüft ein zweites Mal. Stimmen die Prüfergebnisse überein, ist das Richtscheit für die Prüfung geeignet. Zum Prüfen von Schrägen dient eine drehbare Libelle mit Gradeinteilung (5.8).

Die Laserrichtwaage ist die Kombination eines Lasers mit der Richtwaage (5.9). Mit ihr läßt sich die wirksame Meßlänge optisch bis auf 50 m Länge ausdehnen. Das Gerät besteht aus einer Richtwaage mit einem integrierten Laser. Zum Messen von Neigungswinkeln oder für Höhenmessungen steht ein Neigungswinkelmesser zur Verfügung. Durch ein aufsetzbares Prisma kann der Laserstrahl um 90° abgewinkelt werden. Mit Hilfe der Laserrichtwaage lassen sich problemlos Meterrisse übertragen, Träger ausrichten und Neigungswinkel messen (5.10).

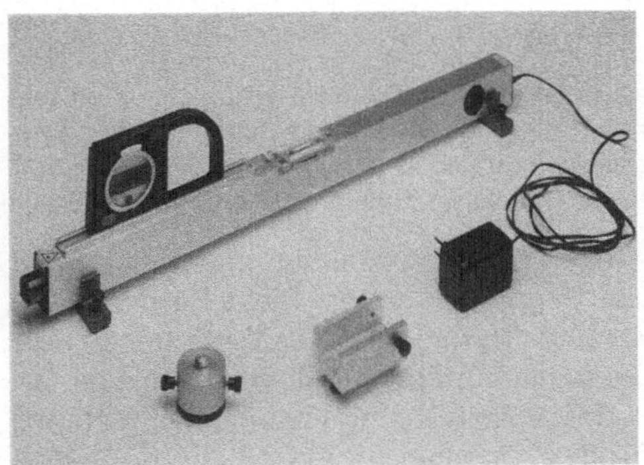

5.9   Laserrichtwaage

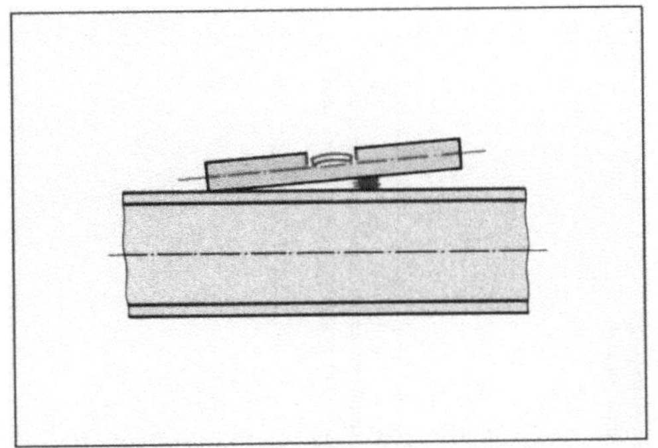

5.11   Fehler beim Prüfen mit der Richtwaage

5.10   Beispiele für die Anwendung der Laserrichtwaage

Unsaubere Auflageflächen sind die häufigste Fehlerquelle beim Arbeiten mit der Richtwaage. Ihre Längsachse liegt dann nicht parallel zur Oberfläche des Werkstücks – das Prüfergebnis wird verfälscht (5.11).

Schlauchwaage. Maße in einem entstehenden Bauwerk beziehen sich auf den *Meterstrich,* eine Bezugslinie, von der ausgehend z.B. das Höhenmaß für die Montage eines Fensters festgelegt wird. Nicht immer läßt sich der Meterstrich ohne weiteres von Wand zu Wand übertragen. Dann arbeitet man mit der Schlauchwaage. Sie wirkt nach dem Prinzip der *kommunizierenden Röhren.* Darunter versteht man Gefäße, die miteinander verbunden und mit einer Flüssigkeit gefüllt sind. Auch bei unterschiedlichem Querschnitt der Gefäße ist der Flüssigkeitsspiegel in jedem gleich hoch (5.12).

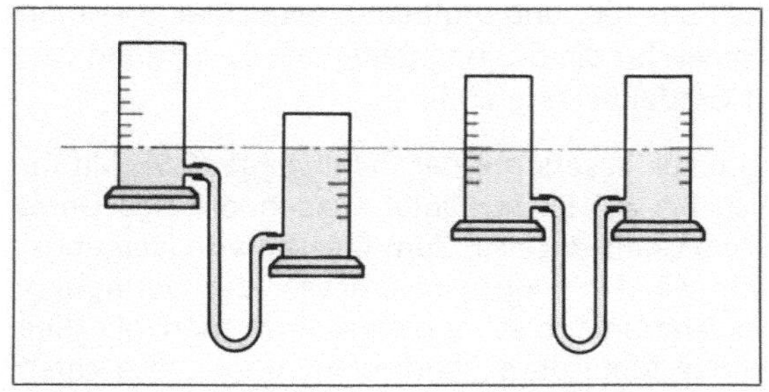
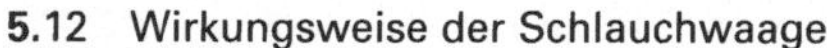
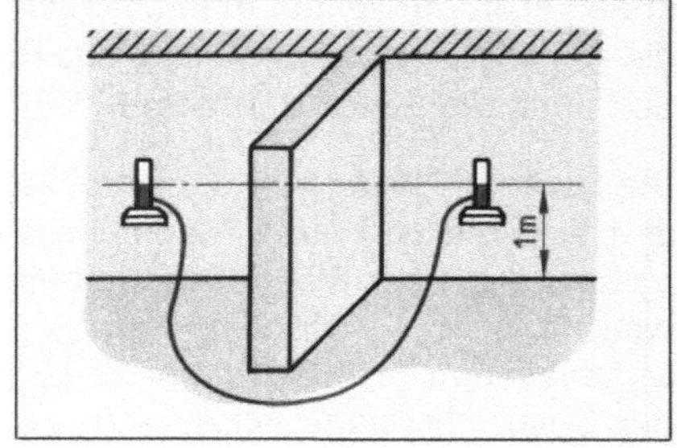

5.12 Wirkungsweise der Schlauchwaage

5.13 Übertragen des Meterstrichs mit der Schlauchwaage

Beispiel Um Höhen zu übertragen, legt man einen Meßzylinder an der Höhenlinie an und kennzeichnet sie entsprechend dem Flüssigkeitsspiegel des zweiten Meßzylinders. Die Linie zwischen den Markierungen verläuft genau waagerecht. Die flexible Verbindung zwischen den Meßzylindern erlaubt somit, Höhen zu übertragen (**5.13**).

Rotationslaser. Eine Schlauchwaage läßt sich wegen der nicht beliebig zu verlängernden Schlauchverbindung nur begrenzt zur Höhenübertragung einsetzen. Diese Beschränkungen gibt es beim Rotationslaser nicht (**5.14**). Vor dem Betrieb muß das Gerät genau ausgerichtet werden. Dies geschieht über Fußschrauben am Stativ und über verschiedenfarbige Dioden. Die Feinausrichtung während des Betriebs erfolgt durch einen eingebauten Kompensator. Die Laserdiode erzeugt einen für das menschliche Auge nahezu unsichtbaren Laserstrahl. Er wird durch ein Prismensystem in die Horizontale umgelenkt und bestreicht eine kreisförmige Ebene von maximal 400 m Durchmesser (**5.15**).

5.14 Rotationslaser

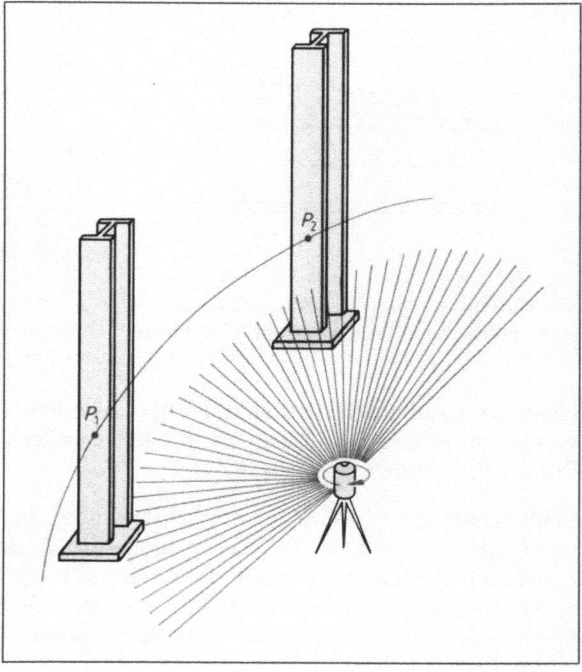

5.15 Meterstrichbestimmung mit dem Rotationslaser

Soll ein Punkt P_1 in gleicher Höhe wie P_2 bestimmt werden, geschieht dies mit einem Empfänger. Er wird so angelegt, daß der Laserstrahl über das Sensorfenster streicht (5.16). Es zeigt die zum Nivellieren wesentlichen Informationen. Ein Pfeil oberhalb der Zentrumslinie deutet an, daß der Empfänger in Pfeilrichtung, also nach unten verschoben werden muß; ein Pfeil unterhalb der Zentrumslinie fordert auf, den Empfänger nach oben zu verschieben. Der Punkt P_1 liegt dann auf gleicher Höhe wie P_2, wenn nur noch die Zentrumslinie zu sehen ist. Über die Markierung am Empfänger kann der Höhepunkt gekennzeichnet werden.

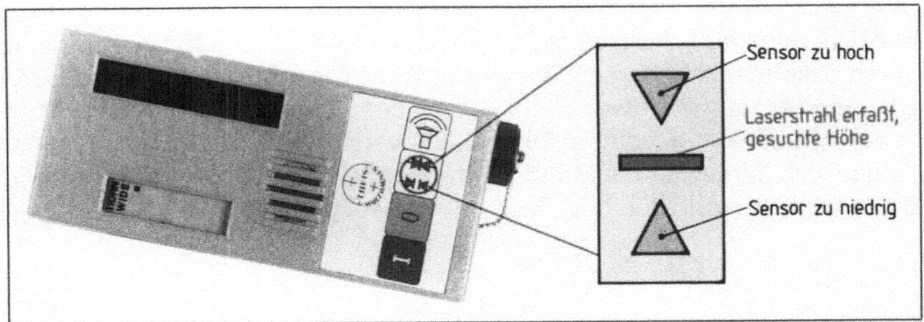

5.16   Anzeige im Sensorfenster des Detektors

Manchmal läßt sich das Sensorfenster nicht genau ablesen. Dadurch entstehen Ungenauigkeiten beim Fixieren des Höhenpunkts. Um diese zu vermeiden, wird die Lage der Zentrumslinie durch einen Ton mitgeteilt. Pulsierende Töne signalisieren, daß der Empfänger zu hoch oder zu tief gehalten wird. Trifft der Laserstrahl das Zentrum, gibt es einen Dauerton.

Rotationslaser lassen sich vielseitig zum Ausrichten von Bauteilen, Decken u. ä. verwenden.

Theodolit und Tachymeter sind optisch-mechanische Präzisionsmeßgeräte (5.17). Mit einem Theodoliten mißt man Höhen- und Horizontalwinkel (5.18), mit einem Tachymeter zusätzlich Entfernungen. Elektronische Tachymeter erfassen die Meßwerte digital. Sie erlauben es, berechnete Werte auf einem Display abzulesen und sie so zu speichern,

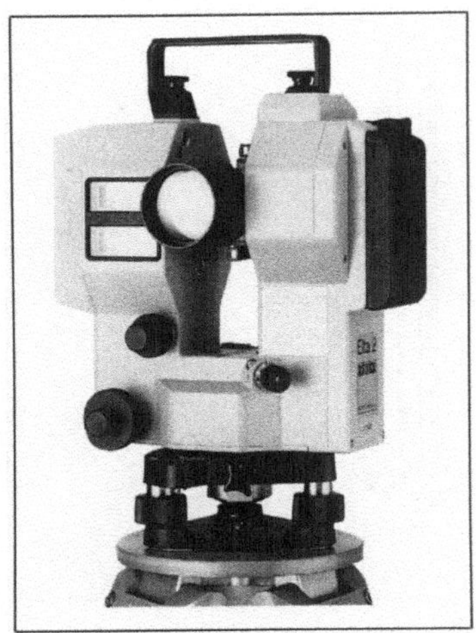

5.17   Tachymeter

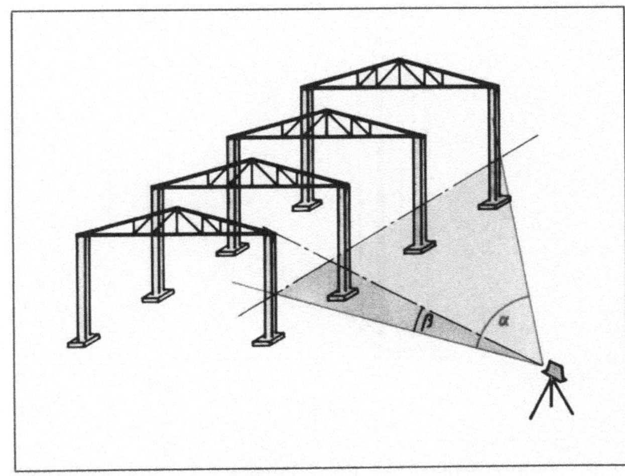

5.18   Lage des Horizontalwinkels α und Vertikalwinkels β

daß sie als Daten für umfangreichere Berechnungen mit dem Computer genutzt werden können. Außerdem dient die Elektronik dazu, Meßfehler zu neutralisieren, die z. B. durch Schwingungen des Instruments entstehen können.

> Theodolite und Tachymeter sind Präzisionsmeßgeräte. Mit ihnen kann man Winkel auf 5 Winkelsekunden und Strecken von 1000 m auf 5 mm genau vermessen!

Bild **5.19** zeigt das Prinzip einer Stahlbaukonstruktion. Um Stützen, Träger und Riegel montieren zu können, müssen die Bauteile und ihre Montage genau vermessen werden. Weicht z. B. eine 10 m lange Stütze nur um $^1/_2°$ von der Senkrechten ab, ergibt das eine Abweichung in der Waagerechten von $\approx 0,09$ m (**5.20**). Versuchen Sie sich einmal vorzustellen, welche Folgen sich daraus für die Montage ergeben! Um solche Fehler zu vermeiden, werden die Bauteile mit Theodoliten oder Tachymetern ausgerichtet bzw. ausgelotet.

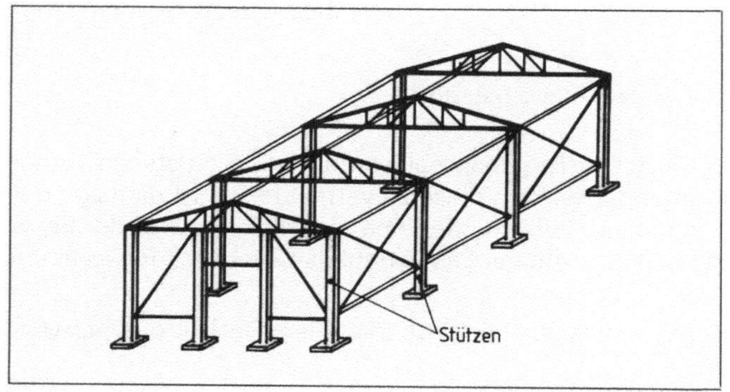

5.19
Position von Stützen
in einem Hallenbau

Zunächst wird das auf einem Stativ montierte Instrument in der Senk- und Waagerechten genau ausgerichtet. Danach peilt man einen Punkt am Fuß und dann an derselben Seite am Kopf der Stütze an. Ergibt die Messung keinen Unterschied im Horizontalwinkel, steht die Stütze genau senkrecht (**5.21**).

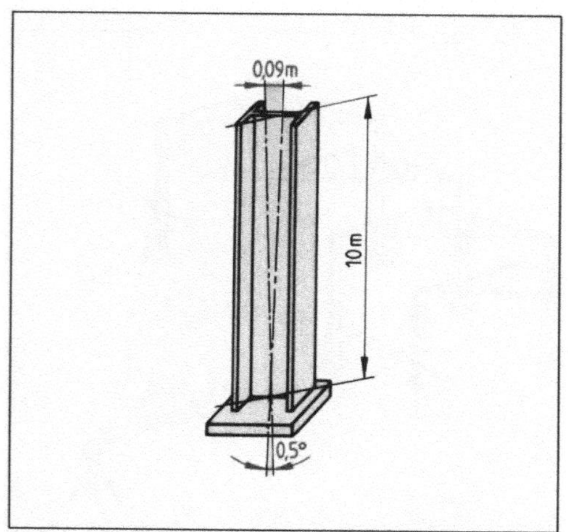

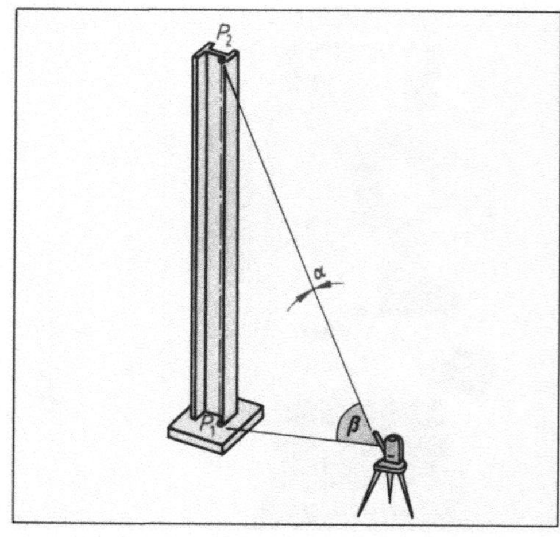

5.20 Veranschaulichung der Maßabweichung bei geneigter Stütze

5.21 Nachprüfen auf richtige Ausrichtung einer Stütze mit dem Theodoliten

Schablonen dienen dazu, Werkstücke in größerer Zahl oder mit komplizierten Konturen zu fertigen. In ihnen ist z. B. die Lage von Bohrungen zueinander oder der Umriß des fertigen Werkstücks festgelegt. So werden die zur Herstellung von Ummantelungen der Dämmschichten an Rohren erforderlichen Abwicklungen mit Hilfe von Schablonen und der Reißnadel auf das Blech übertragen (5.22). Manchmal wird auch die technische Zeichnung als Schablone verwendet, wenn dies ausdrücklich darauf vermerkt ist (z. B. durch die Eintragung „Zeichnung dient als Schablone"). Dies geschieht meist zum Fertigen von Blechen. Man legt die Zeichnung plan auf das Werkstück und körnt die Kontur des Fertigstücks mit dicht beieinander liegenden Körnerschlägen durch die Zeichnung an. Die Körnerschläge verbindet man durch eine Rißlinie. Entlang dieser Rißlinie wird das Blech geschnitten oder ausgebrannt und gegebenenfalls nachbearbeitet.

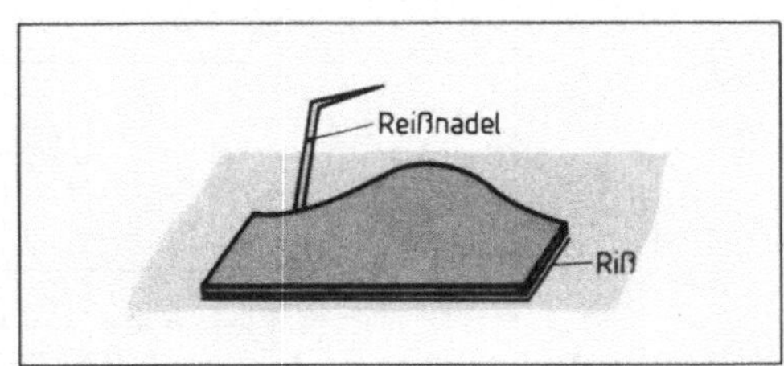

5.22 Beispiel für die Verwendung einer Schablone

Vorrichtungen und Lehren verwendet man, wenn eine Anzahl von Teilen herzustellen ist, bei denen die Häufigkeit des Anreißens und auch die Montage bei Einzelbearbeitung zu unwirtschaftlich wären.

Beispiele

Bild **5.23** zeigt eine Platte mit vier Bohrungen, die Grundplatte einer Geländerstütze sein soll. Eine entsprechende Vorrichtung zum Bohren der Platte muß so konstruiert sein, daß die vorgefertigten Grundplatten sicher gespannt und innerhalb der zulässigen Toleranzen einwandfrei gebohrt werden können. Eine mögliche Lösung zeigt Bild **5.24**. Das Werkstück wird auf Anschlag in den Grundkörper der Vorrichtung gelegt. In den Niederhalter sind maßgenau Bohrbuchsen eingearbeitet. Wird die Spannschraube angezogen, drückt der Niederhalter das Werkstück gegen die Auflage und spannt es sicher zum Bohren. Mit Hilfe des Handgriffs kann die jeweilige Bohrbuchse in Position gebracht werden. Die Bohrlehre stellt Maßgenauigkeit beim Bohren der Grundplatten sicher.

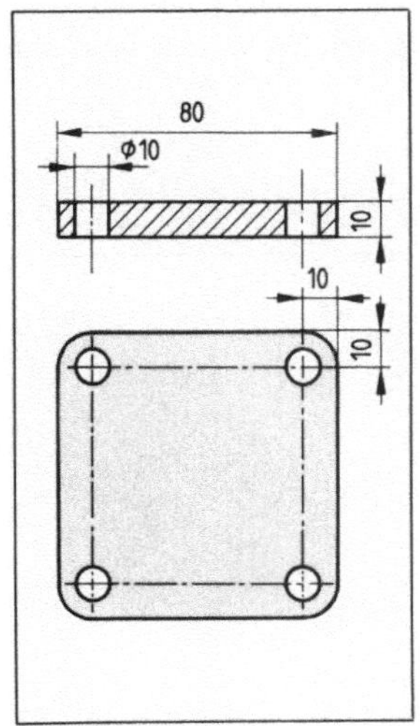

5.23 Grundplatte

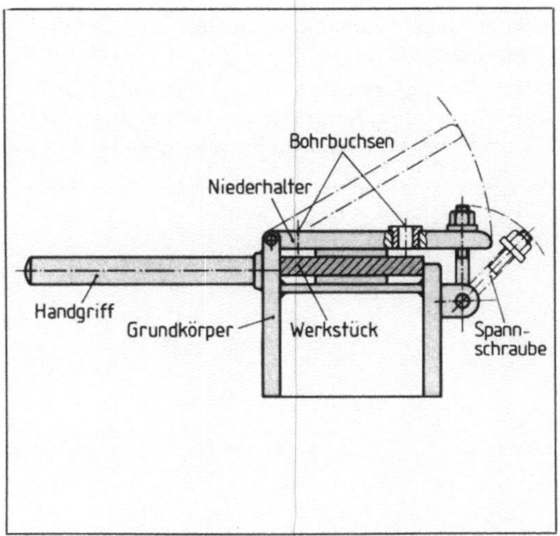

5.24 Beispiel für die konstruktive Lösung einer Bohrvorrichtung

Das Prinzip der Vorrichtung zum Schweißen der Geländerstütze zeigt Bild **5.25**. Die Grundplatte wird auf die Zentrierbolzen aufgesteckt und mit dem Rohr der Geländerstütze gegen den Anschlag gedrückt. Die Grundplatte kann nun an mehreren Stellen geheftet werden, indem das Werkstück jeweils um 90° gedreht wird. Soll auf einen zweiten Mann verzichtet werden, der beim Arbeiten mit der vorgestellten Vorrichtung Hilfsdienste leistet, muß noch ein Niederhalter zum Spannen des Rohres vorgesehen werden.

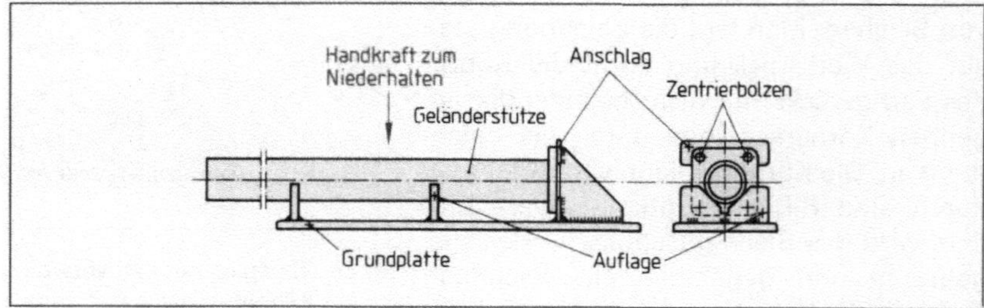

5.25 Beispiel für die konstruktive Lösung einer Schweißvorrichtung bei einer Geländerstütze

---

Lehren und Vorrichtungen sind Hilfsmittel, mit denen Serien maßgenau und rationell gefertigt werden können.

Aufgaben zu Abschnitt 5

1. Welcher Unterschied besteht zwischen Messen und Prüfen?
2. Ein Bauteil wird mit Hilfe eines Senklots ausgerichtet. Wodurch können Fehler entstehen?
3. Sie prüfen die Lage eines Bauteils mit einer Richtwaage. Worauf ist zu achten, um Prüffehler auszuschließen?
4. Um die Lage zweier 3 m auseinander liegender Träger zu überprüfen, wird ein Richtscheit verwendet. Was müssen Sie als erstes tun?
5. Was versteht man unter dem Meterstrich?
6. Nennen Sie Geräte, mit denen der Meterstrich übertragen werden kann.
7. Wann dürfen Sie eine technische Zeichnung als Schablone benutzen?
8. Nennen Sie Vorteile von Lehren.

120

6.1 Bauplätze

Baustelleneinrichtung. Wenn der Metallbauer auf einer größeren Baustelle zu arbeiten hat, ist diese meist schon soweit eingerichtet, daß Versorgungsanschlüsse (wie Wasser und Elektrizität), Sanitäreinrichtungen (wie Wasch- und Toilettenwagen), Wohn- und Aufenthaltsmöglichkeiten sowie Krane, Lagerplätze für Materialien und Werkzeuge, das Baubüro und Bearbeitungsplätze für Bauteile vorhanden sind. Die Lage dieser Einrichtungen zueinander wird bei der Baustellenplanung so festgelegt, daß eine optimale Nutzung im Ablauf des Bauvorhabens gegeben ist. Z. B.

- sind Materialien so zu lagern, daß möglichst kurze Transportwege anfallen;
- sind Krane so aufzustellen, daß in ihren Schwenkbereichen alle Arbeitsplätze bedient werden können, für die ihr Einsatz vorgesehen ist;
- sollte das Baubüro so liegen, daß alle wesentlichen Bereiche der Baustelle einsehbar sind. Von ihm aus müssen alle anfallenden Verwaltungs- und Aufsichtsfunktionen rationell ausgeübt werden können (**6.1**).

Dies alles geschieht unter Berücksichtigung der Brand- und Unfallverhütungsvorschriften.

6.1 Blick auf eine Großbaustelle

Vor Arbeitsbeginn ist es ratsam, sich über die Anlage der Baustelle zu informieren. Dann kann man sich auch im Gefahrenfalle sofort zurechtfinden.

Arbeitsplätze und Verkehrswege. Jede Baustelle und ihre Verkehrswege sind gegenüber dem öffentlichen Verkehr abzugrenzen. Das geschieht im allgemeinen durch einen Bauzaun. Die Zufahrtswege sind so bemessen, daß auch größere Transporter problemlos auf das Baugelände fahren können. Aus Gründen der Unfallsicherheit sind Zu- und Abfahrten getrennt angelegt.

Verkehrswege verlaufen möglichst eben. Müssen Baugruben oder Gräben überbrückt werden, sind *Laufstege* aufgebaut. Je nach Steilheit sind sie mit Trittleisten oder Trittstufen versehen. Führen sie über Verkehrswege, Wassergräben oder über nicht begehbare Dächer oder befinden sie sich mehr als zwei Meter über dem Boden, sind sie mit einem ein Meter hohen Geländer zu versehen. Verkehrswege sind frei von Stolpermöglichkeiten zu halten.

Laufstege stehen als vorgefertigte Bauteile aus Aluminium von 3 m bis 10 m Länge zur Verfügung. Sie werden in dieser Form im Gerüstbau verwendet. Einfache, bodennahe Laufstege werden meist auf der Baustelle aus Holz gefertigt.

Fluchtwege sind notwendig, um sich im Fall einer Gefahr (z.B. Brand) schnell von der Gefahrenstelle entfernen zu können. Sie sind durch ein Piktogramm gekennzeichnet (6.2).

6.2 Piktogramm „Fluchtweg"

> **Fluchtwege dürfen nicht verstellt werden!**
> **Türen in Fluchtwegen sind mit Panikschlössern zu versehen.**

Brandschutz. Auf jedem Arbeitsplatz kann durch technische Pannen oder durch Unachtsamkeit ein Brand ausbrechen. Neben materiellen Schäden bedeutet dies eine erhebliche Gefährdung der Beschäftigten. Um einen Brand erst gar nicht entstehen zu lassen oder zumindest die Folgeschäden geringzuhalten, sind Brandschutzvorschriften erlassen.

Vorbeugender Brandschutz hilft Brände zu vermeiden. Dazu gehört es, leichtentzündliche, brandfördernde Materialien und Stoffe, die sich selbst entzünden können, nur in den Mengen am Arbeitsplatz vorzuhalten, die für den Fortschritt der Arbeit nötig sind.

Besonders bei *Schweiß- und Lötarbeiten* ist darauf zu achten, daß es durch Funkenflug oder verborgene Glutnester nicht zu einem Brand kommt. Viele Großbrände durch Nachlässigkeiten beim Schweißen oder Löten wären durch Abdecken des Arbeitsplatzes mit feuchten Tüchern oder nichtbrennenden Materialien vermieden worden!

Zur Brandbekämpfung müssen am Arbeitsplatz Feuerlöscher bereitstehen. Ihre Anzahl ist in Abhängigkeit von der Brandgefahr und dem möglichen Brandort vorgeschrieben. Für unterschiedliche Brandarten gibt es verschiedene Löschmittel. So können z.B. Brände in Elektroanlagen nicht mit jedem Löscher bekämpft werden – er muß dafür besonders gekennzeichnet sein. Einzelheiten über die Eignung sind auf dem Löscher nachzulesen.

Trotz aller Vorsichtsmaßnahmen sind Brände nicht immer zu vermeiden. Sollte es zu einem Brand kommen, gilt es vorrangig, seine Ausbreitung zu verhindern und Menschenleben zu retten. Der Brand ist sofort zu bekämpfen, notfalls die Feuerwehr unter genauer Angabe des Brandorts zu benachrichtigen.

> **Maßnahmen bei der Brandbekämpfung**
> - Sofort Menschen aus der Gefahrenzone holen!
> - Menschen mit brennenden Kleidern zu Boden werfen, Flammen mit Decken oder ähnlichem ersticken. Nicht mit brennenden Kleidern laufen!
> - Feuer in Windrichtung bekämpfen!
> - Flächenbrände von vorn nach hinten löschen!
> - Tropf- oder Fließbrände von oben nach unten löschen!
> - Mehrere Löscher gleichzeitig, nicht nacheinander einsetzen!
> - Brandwache halten!

6.2 Montageplätze

Der Konstruktionsmechaniker/Metallbauer wird häufig an Plätzen arbeiten, die nur über Aufstiegshilfen zu erreichen sind. Voraussetzung für Tätigkeiten auf hochgelegenen Arbeitsplätzen ist die persönliche Eignung. Dazu gehört in erster Linie Schwindelfreiheit.

Hochgelegene Arbeitsplätze

- müssen sicher zu erreichen sein;

- einen festen Standort und angemessene Absturzsicherung bieten;

- Schutz gegen herabfallende Gegenstände bieten.

Leitern dienen als viel gebrauchte Aufstiegshilfe auf Baustellen und kurzfristig auch als Arbeitsplatz. Ihr Zustand und die Art, wie sie gebraucht werden, verursachen oft zum Teil recht schwere Arbeitsunfälle. Das beginnt damit, daß die Leiter falsch angestellt wird. Für die richtige Neigung beim Anlegen einer Leiter gilt als Faustregel ein Anlegewinkel von $\approx 75°$. Er verhindert ein Wegrutschen, eine zu große Durchbiegung und damit Schwankungen (**6.3**). Außerdem gewährleistet der Anlegewinkel eine sichere Arbeitshaltung. In Verkehrswegen muß die Leiter gegen unbeabsichtigtes Umfahren durch Absperrungen oder Posten gesondert gesichert werden.

Ausschlaggebend für die Sicherheit ist auch der Zustand einer Leiter. Von der Berufsgenossenschaft geprüfte und empfohlene Leitern sind durch die Aufschrift DIN-RAL besonders gekennzeichnet. Auf keinen Fall sollen behelfsmäßig geflickte Leitern verwendet werden!

6.3 Richtiges Anlegen einer Leiter

Sicherheitsregeln für die Benutzung von Leitern

- Nur einwandfreie oder sachgemäß instandgesetzte Leitern benutzen!

- Leiter fachgerecht anlegen, damit sie nicht einsinken, wegrutschen oder umfallen kann (Anlegewinkel $\approx 75°$). Sie soll mindestens einen Meter über die Fläche hinausreichen, zu der sie führt (**6.3**).

- In Verkehrswegen benutzte Leitern gesondert sichern!

- Nicht von einer Leiter auf die andere übersteigen. **Umkantgefahr!**

- Nur kurzfristig untergeordnete Arbeiten von Leitern ausführen.

Stehleitern, auch Bock- oder Bauleitern genannt, müssen mit Spreizsicherungen versehen sein und dürfen nicht als Anlegeleitern verwendet werden.

Behelfsgerüste darf man mit Leitern errichten, wenn die in Bild **6.**4 eingetragenen Maße eingehalten werden.

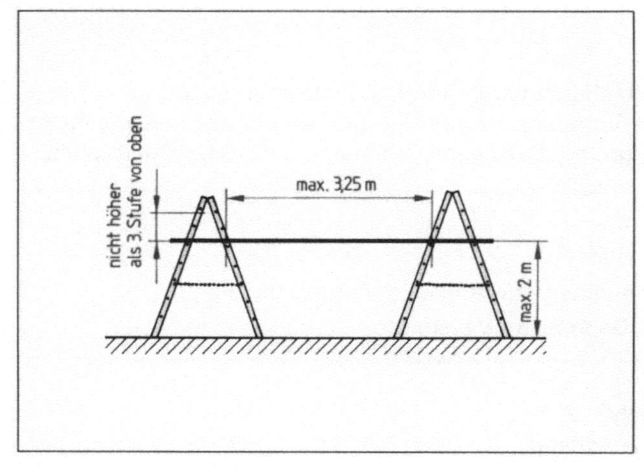

6.4 Behelfsgerüst

6.5 Treppenturm

Treppentürme erstellt man in Gerüstbauweise, wenn über einen längeren Zeitraum sichere Aufstiegsmöglichkeiten für hochgelegene Arbeitsplätze nötig sind (**6.5**). Die Treppen müssen mit soliden Geländern als Absturzsicherung und Steighilfe versehen sein.

Bei Gerüsten unterscheiden wir Arbeits-, Schutz- und Traggerüste.

Arbeitsgerüste bieten hochgelegene Arbeitsplätze für Personen unter Berücksichtigung ausreichenden Platzes für Werkzeuge und Materialien.

Schutzgerüste schützen Personen vor Absturz aus größeren Höhen und vor herabfallenden Gegenständen.

Traggerüste dienen dazu, während der Montage auftretende Belastungen kurzfristig aufzunehmen.

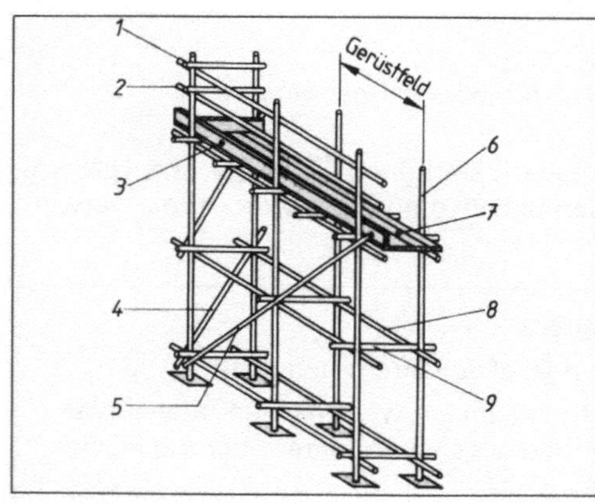

6.6 Gerüstbezeichnungen

1 Handlauf (Geländerholm)
2 Knieleiste (Zwischenholm)
3 Fußleiste (Bordbrett)
4 Querverstrebung
5 Längsverstrebung
6 Ständer
7 Gerüstbelag
8 Längsriegel
9 Querriegel

Nicht sachgerecht aufgestellte Gerüste bedeuten erhöhte Absturzgefahr bis hin zum Zusammenbruch des Gerüstes infolge Überbelastung. Bauartgeprüfte und von der Bauaufsicht zugelassene Gerüste können von Fachfirmen aufgestellt werden. Abweichende Konstruktionen müssen statisch nachgerechnet werden.

Bild **6.6** zeigt den Aufbau eines Gerüsts und benennt die Gerüstbauteile. Ein solches Gerüst wird auf tragfähigem Untergrund aufgestellt. Die Fußplatten sind in der Höhe verstellbar, um Bodenunebenheiten auszugleichen. Die diagonal angebrachten Längs- und Querverstrebungen verhindern Verschiebungen in Längsrichtung durch angreifende Kräfte. Um ein Wegkippen zu verhindern, muß das Gerüst verankert werden. Dies geschieht nach einem bestimmten Schema (**6.7**) und erfordert Spezialanker, die je nach Gerüsthöhe vorgeschriebene Längs- und Querkräfte aufnehmen müssen.

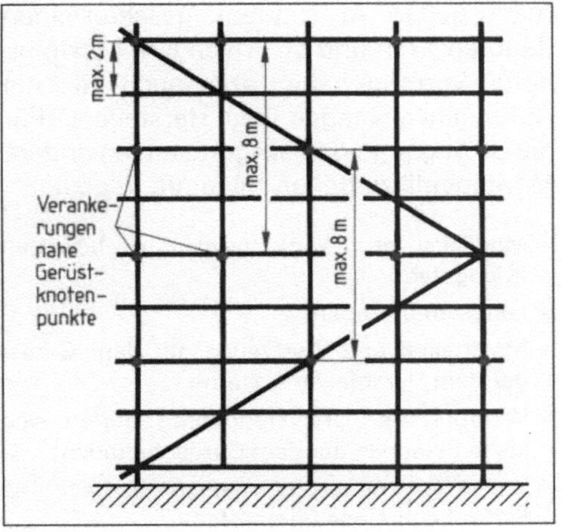

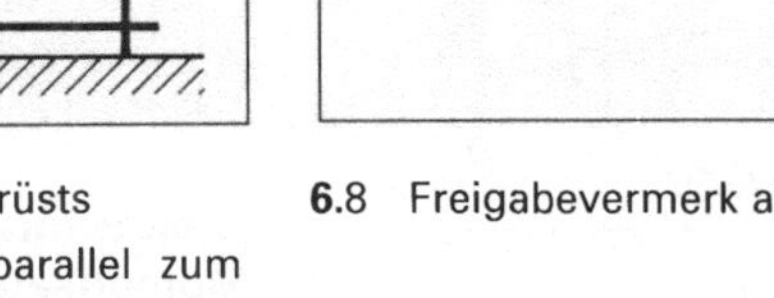

6.7 Verankerungsschema eines Gerüsts

Die Verankerungen müssen parallel zum Bauwerk mindestens 1,7 kN/Anker, rechtwinklig 2,5 kN/Anker und an offenen Bauwerken 5 kN/Anker aufnehmen

6.8 Freigabevermerk am Gerüst

Bevor ein Gerüst benutzt wird, muß es freigegeben sein. Man erkennt dies am Freigabeschild des Gerüstherstellers (**6.8**).

> Der Benutzer eines Gerüsts darf eigenmächtig keine Veränderungen vornehmen. Vor allem muß er die zulässigen Lasten einhalten und darf nicht auf Laufstege in Gerüsten springen (unzulässige Belastung).

Fahrgerüste mit bremsbaren Rollen verwendet man für ortsveränderliche Montagearbeiten (**6.9**). Um die Standsicherheit zu gewährleisten, sind – wenn sie nicht gesondert nachgewiesen wird – bestimmte Maße vorgeschrieben. So darf das Verhältnis von Schmalseite zu Höhe = 1:4 in vollständig geschlossenen Räumen, von 1:3 im Freien nicht überschritten werden. Die genauen zulässigen Abmessungen sind in der Aufbauanleitung enthalten. Fehlt diese, darf ein Verhältnis 1:2 von Schmalseite zu Höhe nicht überschritten werden.

Durch Ausleger und zusätzlichen Ballast läßt sich die Standsicherheit verbesern, weil sich der Schwerpunkt des Gerüstes nach unten verlagert (**6.10**). Für diese Ge-

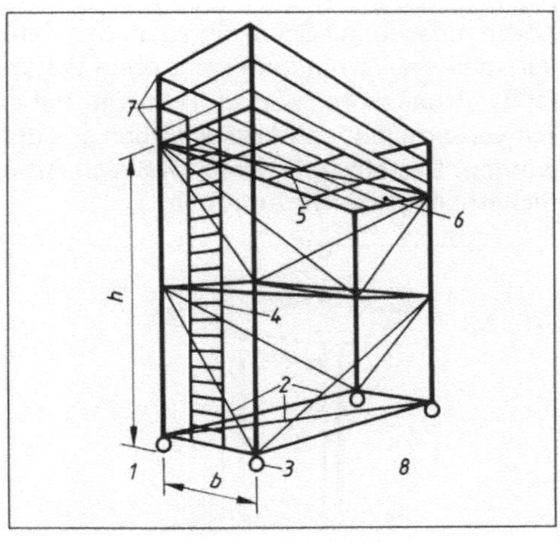

6.9 Anforderungen an Fahrgerüste

1 Standsicherheit (ausreichendes Verhältnis 5:h)
2 Aussteifungen
3 unverlierbare und feststellbare Rollen
4 Aufstieg (nur an Schmalseiten innenliegend)
5 ausreichend unterstützte Arbeitsfläche
6 ausreichende Belagstärke
7 ab 2 m Absturzhöhe Seitenschutz
8 ebene und feste Standfläche

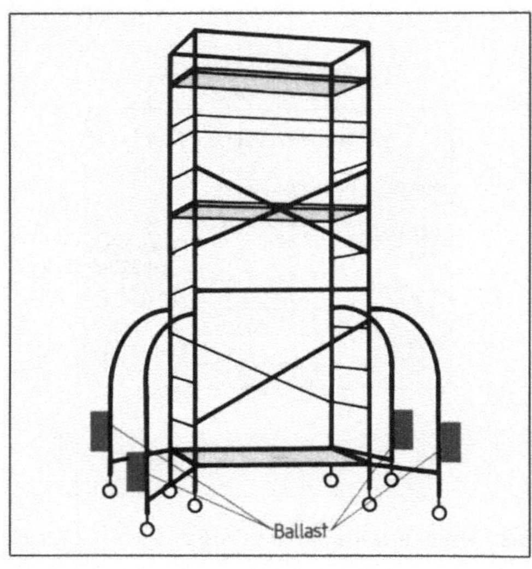

6.10 Gerüst mit Ballastierung

rüste gelten in rundum geschlossenen Räumen 12 m und im Freien 8 m Maximalhöhe. Vorrang haben aber auch hier die Aufbauanweisungen des Herstellers. Für die Bewegung von Fahrgerüsten an andere Montageplätze gelten folgende Regeln:

- Möglichst nur längs, nicht quer bewegen (Kippgefahr).
- Langsam bewegen.
- Materialien und Werkzeuge auf dem Gerüst vor dem Herabfallen sichern!
- Während der Ortsveränderung dürfen sich keine Personen auf dem Gerüst befinden!
- Vor Wiederbenutzung Standsicherheit und Fahrrollenbremse überprüfen.

Arbeitskörbe benutzt man für kurzzeitige Montageaufgaben in Höhen oder an Plätzen, die mit Fahrgerüsten nicht zu erreichen sind (**6.11**). Sie müssen bauartgeprüft sein und dürfen nur mit Hebezeugen bewegt werden, die für den Personentransport zugelassen sind (z.B. Krane oder Winden). Arbeitskörbe müssen mindestens 1 m hohen Seitenschutz haben. Die Türen sind so zu sichern, daß sie nicht unbeabsichtigt geöffnet werden können.

Die *Hebezeuge* transportieren Arbeitskörbe an Ketten oder Seilen mit festen Ösen. Die Körbe müssen mit Schäkeln so an den dafür vorgesehenen Aufhängungen befestigt werden, daß die Verbindung nicht ohne Werkzeuge gelöst werden kann (**6.12**). Anschlagmittel für Arbeitskörbe dürfen nicht zum Heben von Lasten eingesetzt werden. Sind Elektroschweißarbeiten von Arbeitskörben aus durchzuführen, müssen diese isoliert aufgehängt werden. Besteht die Gefahr, daß sich Arbeitskörbe verfangen oder kippen können, sind Sicherheitsgeschirre zu tragen.

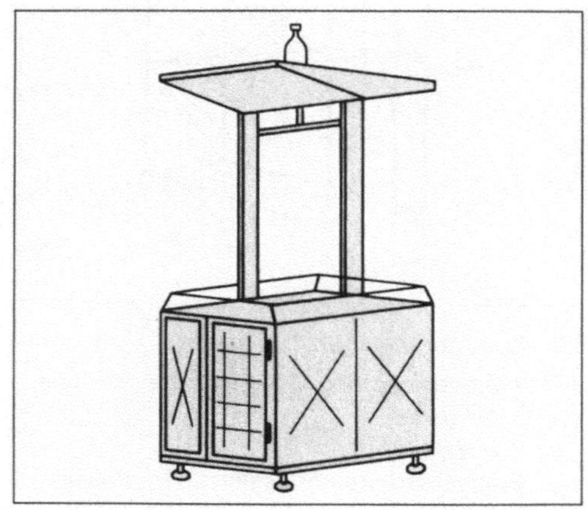

6.11 Arbeitskorb

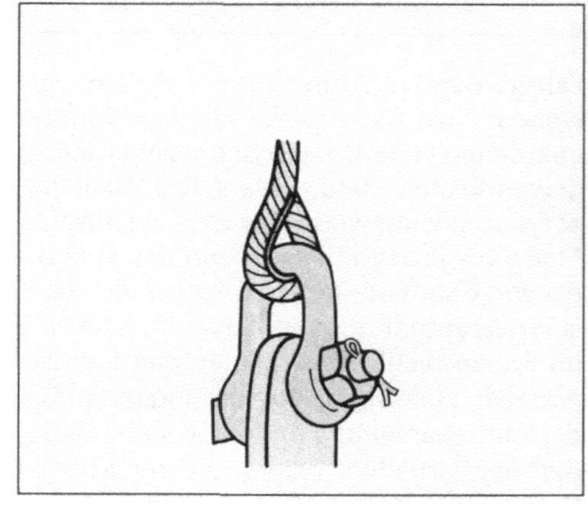

6.12 Durch Schäkel gesicherte Aufhängung

Schutzeinrichtungen sind Seitenschutz, Fanggerüste, Fangnetze, Schutzdächer sowie Sicherheitsgeschirre. Sie sichern einerseits Personen auf hochgelegenen Arbeitsplätzen andererseits vor Unfällen durch herabfallende Gegenstände.

126

Der Seitenschutz sichert den Facharbeiter vor dem Absturz. Er muß dort montiert sein, wo Gerüste über einem Grund stehen, in dem man versinken kann. Hierzu gehören auch Schüttgüter. Weiter ist er vorgeschrieben bei Bedienungsständen oder Rampen, die mehr als 1 m über dem Erdboden liegen, und an allen Arbeitsplätzen höher als 2 m (**6.13**). Ein Seitenschutz muß auch zum Bauwerk hin montiert werden, wenn

– der Abstand zwischen Gerüst und Bauwerk größer als 0,3 m ist,

– das Bauwerk noch großflächig offen ist oder die Fassade aus nicht tragfähigem Material besteht (Gefahr des Durchbrechens beim Gegenfallen).

Wenn der Seitenschutz an Gerüsten die Montagearbeit stark behindert, kann man auf ihn verzichten, doch muß der Monteur dann mit einem zugelassenem Sicherheitsgeschirr arbeiten.

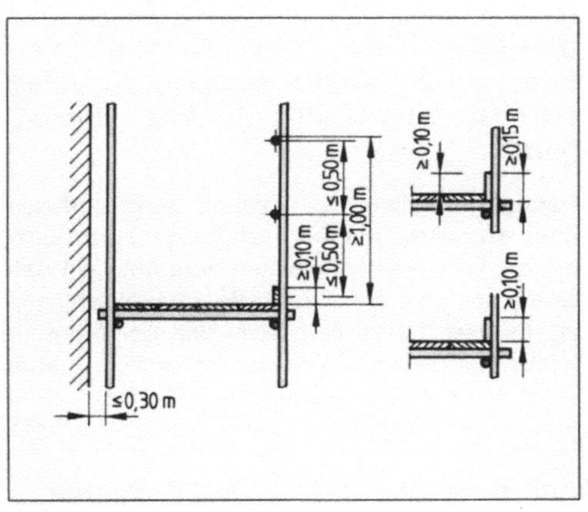

6.13 Beispiele für DIN-gerechten Seitenschutz

Tabelle 6.14 **Abmessung von Fanggerüsten**

Fallhöhe bis	2,0 m	3,0 m [1]
Gerüstbreite mindestens	1,0 m	1,3 m

[1] bei Standgerüsten nicht zulässig

Fanggerüste sichern hochgelegene Arbeitsplätze. Sie sind vorgeschrieben, wenn weder eine Schutzwand noch ein Seitenschutz montiert sind, die den Absturz verhindern. Abmessungen und Anordnung von Fanggerüsten hängen vom Bauwerk ab, das gesichert werden soll. Die Breite b richtet sich nach der Fallhöhe h, das ist der maximale lotrechte Abstand des Gerüsts von der Absturzkante (**6.14**).

Bei der Montage von Fanggerüsten ist darauf zu achten, daß sich Geländer- und Zwischenholme nicht unbeabsichtigt lösen und Bordbretter nicht wegkippen können. Bei Arbeiten auf mehr als 45° geneigten Flächen ist zusätzlich eine besondere Arbeitsfläche einzurichten (**6.15**).

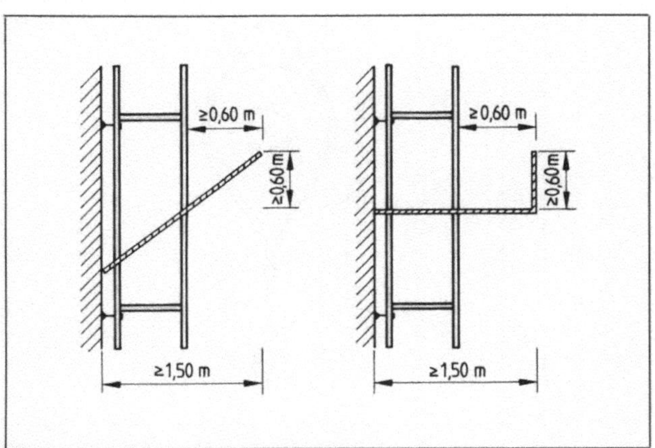

6.15 Abmessungen für Schutzdächer

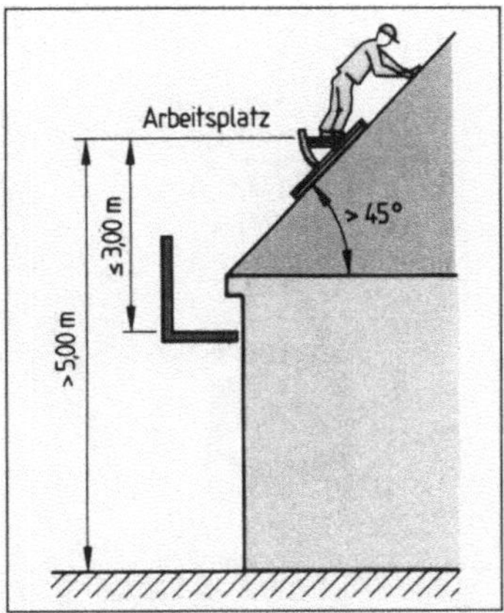

6.16 Vorschriftsmäßige Sicherungen beim Arbeiten auf schrägen Dachflächen

Schutzdächer sollen Unfälle durch herabfallende Gegenstände von hochgelegenen Arbeitsplätzen vermeiden. Die Mindestabmessungen zeigt Bild **6.16**. Schutzdächer müssen angebracht werden, wenn mehrere Arbeitsplätze übereinanderliegen oder wenn sich unterhalb von Arbeitsplätzen Verkehrswege befinden. Auf Schutzdächer kann man verzichten, wenn sich der Gefahrenbereich unterhalb der Arbeitsplätze gegen unbewußtes Betreten absperren läßt.

6.17 Sichern an der Absturzkante

Sicherheitsgeschirre trägt man bei kurzzeitigen Montagearbeiten in der Nähe nicht gesicherter Absturzkanten oder in größerer Höhe auf Stahlkonstruktionen. Zu unterscheiden sind Haltegurte und Auffanggurte.

Haltegurte sollen den Absturz beim Aufstieg oder beim Arbeiten auf hochgelegenen Arbeitsplätzen verhindern. Gesichert wird über ein Halteseil, das an einem festen Punkt angeschlagen ist. Es darf nur so lang sein, daß der Monteur höchstens bis an die Absturzkante heran, aber nicht darüber hinaus treten kann (**6.17**).

Haltegurte dürfen nicht als Auffanggurte benutzt werden. Im Fall eines Absturzes besteht die Gefahr schwerster Wirbelsäulenverletzungen bis zur Querschnittlähmung!

Auffanggurte fangen abstürzende Personen so auf, daß die dabei auftretenden Kräfte gefahrlos in belastbare Körperteile geleitet werden und sich der Körper bei Wirkungsbeginn der Fangstoßkraft in aufrechter Lage befindet. Es dürfen nur Auffanggurte benutzt werden, für die eine Prüfbescheinigung vorliegt (Herstellernachweis durch Kenndaten auf dem Sicherheitsgeschirr). Bild **6.18** zeigt einen vorschriftsmäßig angelegten Gurt. Der Anschlagpunkt ist so zu wählen, daß er nicht unterhalb des Arbeitsplatzes liegt und eine Auffangkraft von 7,5 kN sicher aufgenommen wird.

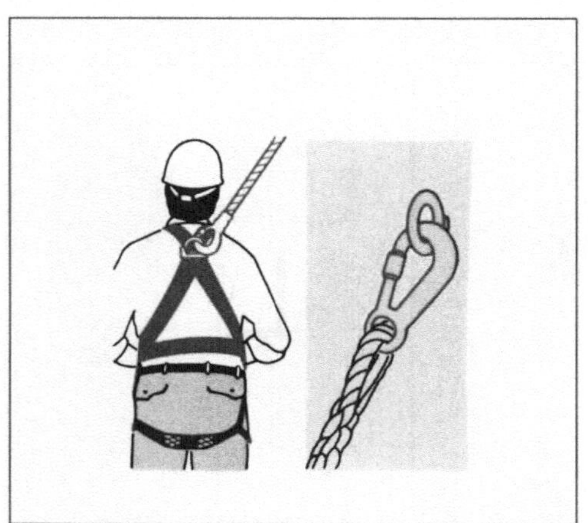

6.18 Vorschriftsmäßig angelegter Auffanggurt
      mit sicherem Anschlag

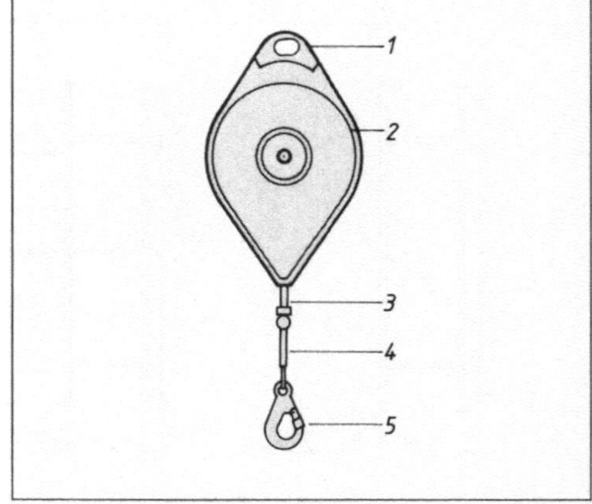

6.19 Höhensicherungsgerät

   1 Aufhängeöse
   2 Gehäuse
   3 Verbindungsmittel
   4 Endverbindung
   5 Karabinerhaken

128

Beim Auffangen aus dem freien Fall wirkt bereits bei einer Fallhöhe von 0,5 m eine Fangstoßkraft auf den Körper ein, die achtmal größer als sein Gewicht ist. Bei einer Absturzhöhe von 2 m erreicht die Kraft bereits das 17,5fache des Körpergewichts! Um diese Fangstoßkraft zu mindern, verwendet man Falldämpfer. Sie verringern die Fangstoßkraft auf höchstens 4 kN und senken dadurch erheblich das Verletzungsrisiko.

Als Verbindungsmittel zwischen Person und Anschlagpunkt dienen Seile oder Gurtbänder. Diese müssen mit einem *Seilverkürzer* versehen sein, der Schlaffseilbildung und damit das Hin- und Herpendeln des Abstürzenden verhindert. Bild **6**.19 zeigt ein Höhensicherungsgerät zur Seilverkürzung und Falldämpfung.

Regeln zur Benutzung von Sicherheitsgeschirren

- Nur zugelassene Sicherheitsgeschirre benutzen.
- Trocken lagern und vor schädigenden Einwirkungen durch Säuren, Laugen, Fette schützen.
- Vor jeder Benutzung sorgfältige Sichtprüfung vornehmen.
- Anschlagpunkt möglichst oberhalb des Arbeitsplatzes wählen.
- Ausreichende Tragfähigkeit des Anschlagpunkts beachten.
- Seilverkürzer und Falldämpfer oder Höhensicherungsgeräte verwenden.
- Nach einem Absturz das Sicherheitsgeschirr erst wieder nach Prüfung durch Sachverständigen benutzen.

6.3 Hebe- und Förderzeuge

In der Fertigung und auf Baustellen sind oft schwere Bauteile zu bewegen. Weil menschliche Kraft dazu nicht mehr ausreicht, geschieht dies unter Anwendung einfacher physikalischer Gesetze mit Maschinen.

Jedes Bauteil hat eine Masse, gemeinhin als Gewicht bezeichnet. Sie wird in Kilogramm (kg) oder in Tonnen (t) angegeben. Wird ein Bauteil z. B. mit einem Kran transportiert, ist es die Last. Die Kraft zum Heben einer Last gibt man in Newton (N) an, die Höhe, auf die sie gehoben wird, in Meter (m). Die beim Heben aufgewendete Arbeit (*W*, von engl. Work) wird in Nm gemessen. Zur Berechnung dient die Formel

---

Arbeit = Kraft × Weg.

Die für eine Arbeit nötige Kraft ist dann:

$$\text{Kraft} = \frac{\text{Arbeit}}{\text{Weg}}.$$

Daraus folgt, daß die für eine physikalische Arbeit aufzuwendende Kraft um so geringer wird, je größer der Weg ist. Anders ausgedrückt: Bei gleicher Arbeit halbiert sich die Kraft bei doppeltem Weg. Dies läßt sich entsprechend fortführen, so daß z. B. bei vierfachem Weg nur noch ein Viertel der Kraft nötig wird. Um die Kraft beim Heben gering zu halten, gilt es, bei allen Hebezeugen diesen Grundsatz konstruktiv umzusetzen.

6.3.1 Winden, Hydraulikheber, Flaschenzüge und Krane

Winden dienen je nach Ausführung zum Anheben und Ausrichten von Bauteilen (**6.20**). Die Kraft zum Anheben wird zum einen durch das Hebelverhältnis von Kurbel und Durchmesser des Ritzels, zum anderen durch das Übersetzungsverhältnis von Zahnstange und Ritzel bestimmt, das je Umdrehung nur eine Teilstrecke der Zahnstange bewegt (**6.21**). Gegen unbeabsichtigtes Absenken der Last wird die Zahnstange mit einer Sperrklinke gesichert (**6.22**). Statt der Zahnstange kann man das erforderliche Übersetzungsverhältnis zum kraftarmen Heben auch durch eine Schraube erzeugen. Man spricht dann von einer *Schraubenwinde.*

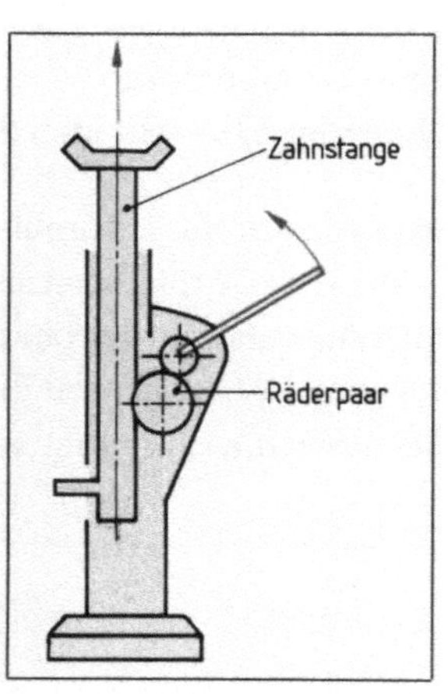

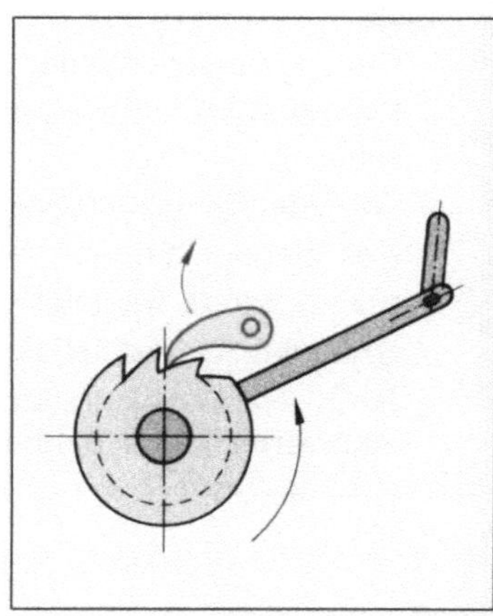

6.20 Heben mit der Zahnwinde	**6.21** Wirkungsweise einer Zahnstangenwinde	**6.22** Wirkungsweise der Sperrklinke an der Zahnwinde: Während der Drehbewegung zum Heben fällt die Klinke jeweils in die Sperrzahnung und verhindert so eine Abwärtsbewegung

Hydraulikheber. Mit Hilfe der Hydraulik lassen sich sehr große Kräfte erzeugen. Alle hand- oder maschinenbetriebenen hydraulischen Hebeböcke arbeiten nach dem gleichen Prinzip: Mit Hilfe einer Pumpe wird ein Druck erzeugt, der sich in der Hydraulikflüssigkeit allseitig fortpflanzt. Die Einheit für Druck ist das bar. Ein Bar entspricht einem Druck von 10 N/cm².

Beispiel

Wirkt ein mit einer Pumpe maschinell oder manuell erzeugter Druck von 15 bar auf eine Fläche von 314 cm² (das entspricht einem Kolbendurchmesser von 200 mm), ergibt das eine Kraft von 150 N/cm² · 314 cm² = **47 100 N**!

Damit kann eine Last von etwas mehr als 4,5 t angehoben werden (**6.23**).

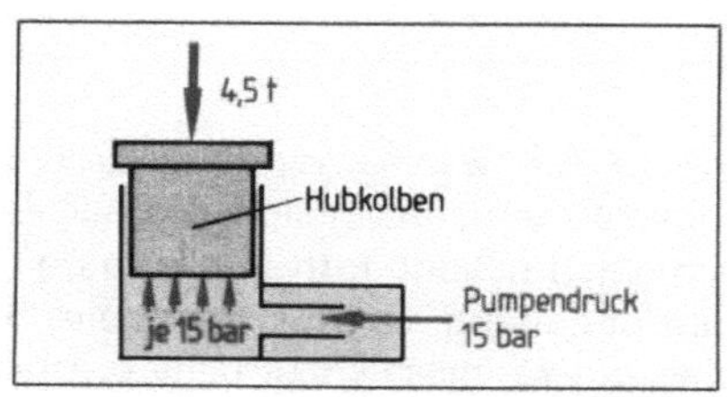

6.23 Arbeitsprinzip eines hydraulischen Hebers

Flaschenzüge gibt es als Rollen-, Differential- und Schraubenflaschenzüge.

Rollenflaschenzüge bestehen aus losen und festen Rollen (**6.24**). Die Last L an der losen Rolle wird von den Seilquerschnitten A_1 und A_2 aufgenommen, so daß jeder Seilquerschnitt mit $L/2$ belastet wird. Um die Last L anzuheben, muß eine Kraft F aufgewendet werden. Wird die Last um 2 m gehoben, müssen jedoch 4 m Seillänge aufgewickelt werden. F läßt sich weiter verringern, wenn sich die Last auf eine größere Zahl von Seilquerschnitten verteilt. Allgemein gilt dann F/n, wobei n die Anzahl der belasteten Seilquerschnitte benennt.

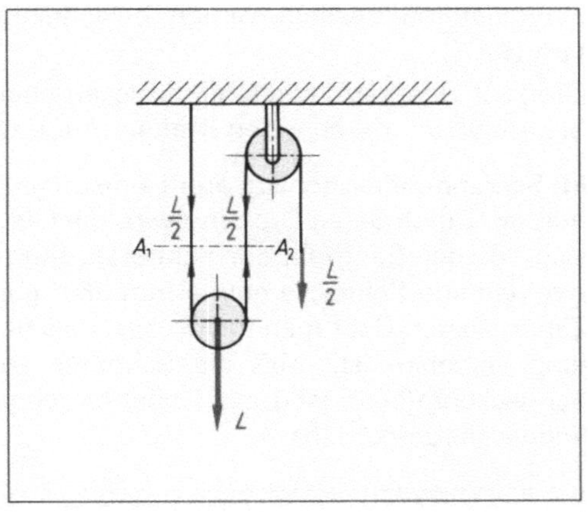

6.24 Belastungsfall an einer losen und einer festen Rolle

Die zum Heben der Last in Bild **6.25** erforderliche Kraft beträgt nur ein Sechstel des Lastgewichts.

Es leuchtet ein, daß in der skizzierten Anordnung die Anzahl der Rollen wegen zunehmender Abmessungen begrenzt ist. In der Praxis ordnet man sie deshalb nebeneinander an (**6.26**). Um mit möglichst geringer Hubkraft große Lasten heben zu können, wurden verschiedene konstruktive Lösungen für kompakte Bauweisen gefunden.

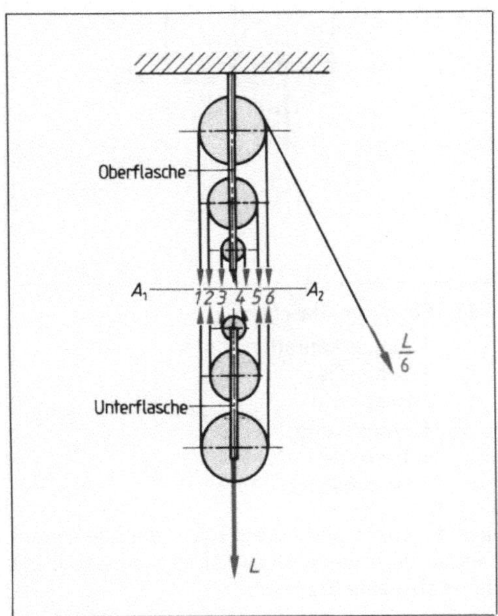

6.25 Belastungsfall am Flaschenzug

6.26 Unterflaschen am Kran

Beim Differentialflaschenzug sind in der Oberflasche zwei Rollen unterschiedlichen Durchmessers nebeneinander angeordnet. Durch die verschieden großen Radien greift die Kraft F am größeren Hebelarm an und wird dadurch gegenüber den mehrfach vor-

131

handenen und deshalb weniger belasteten tragenden Querschnitten noch einmal verringert (**6.27**).

Größere Übersetzungsverhältnisse ergeben sich bei Zahnrad- oder Schneckentrieben. Sie erlauben, mit geringen Kräften große Lasten zu heben.

Im Schraubenflaschenzug greift eine Schnecke in ein Schneckenrad und treibt die Kettennuß an. Durch deren Drehung wird die Last gehoben. Das Übersetzungsverhältnis ergibt sich aus der Gangzahl der Schnecke und der Zähnezahl des Schneckenrads. Wird eine zweigängige Schnecke einmal um 360° gedreht, dreht sich das Schneckenrad um zwei Zähne weiter. Geht man davon aus, daß das Schneckenrad mit 40 Zähnen auf dem Umfang versehen ist, muß die Schnecke zwanzigmal gedreht werden, damit sich das Schneckenrad einmal dreht. Somit errechnet sich das Übersetzungsverhältnis i in einem Schneckenradgetriebe zu

$$i = \frac{\text{Zähnezahl des Schneckenrads}}{\text{Gangzahl der Schnecke}} .$$

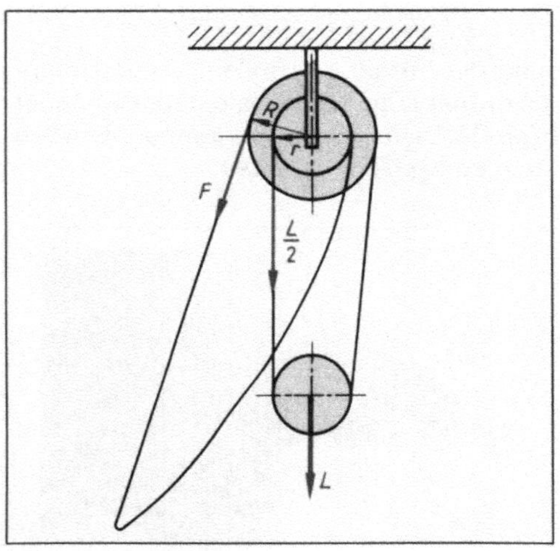

6.27   Differentialflaschenzug

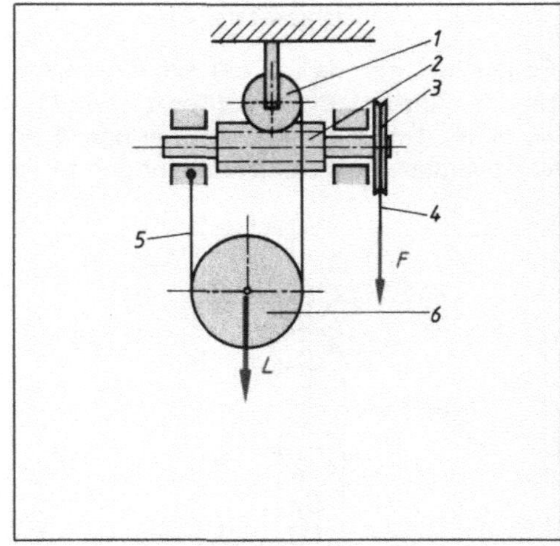

6.28   Schraubenflaschenzug
   1 Schneckenrad
   2 Schnecke
   3 Haspelrad
   4 Endloskette
   5 Tragkette
   6 Unterflasche

Beispiel   Nach Bild **6.28** verteilt sich das Gewicht der Last zusätzlich auf zwei tragende Kettenstränge, so daß deren Belastung halb so groß wie die Last ist. Um eine Last mit einem Gewicht von 500 kg zu heben, ist also eine Kraft von

(500 kg / 40 / 2) · 10 m/s² = **62,5 N** aufzuwenden.

Planetenflaschenzug. Durch Zahnräder eines Planetenradgetriebes lassen sich besonders hohe Übersetzungsverhältnisse zur Verminderung der Hubkraft erreichen. Ein Beispiel hierfür ist der Planetenflaschenzug **6.29**. Der Name bezieht sich auf die Planeten im Sonnensystem, die um die Sonne als Mittelpunkt kreisen. Dreht sich das Sonnenrad, kreisen

132

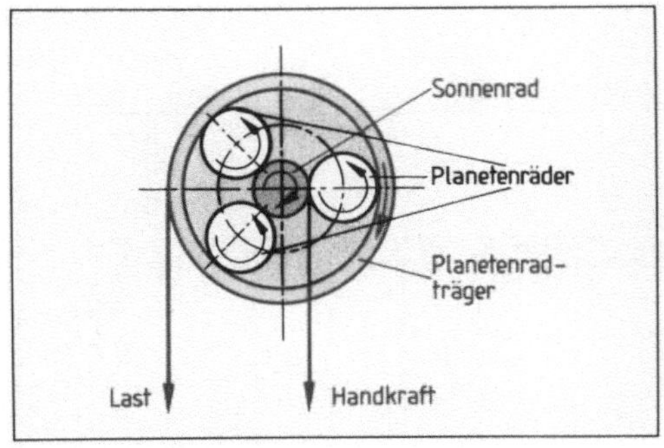

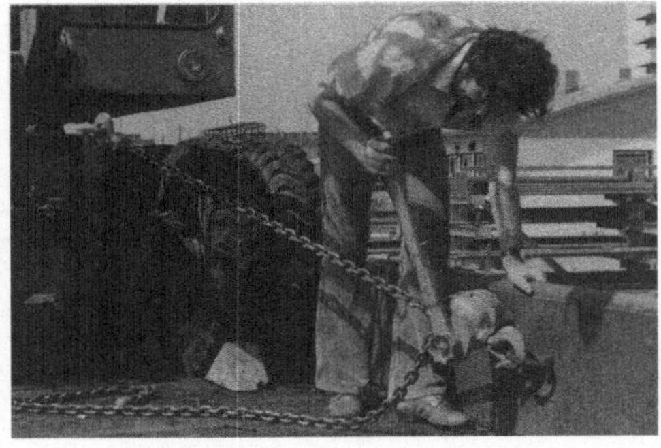

6.29 Planetenflaschenzug (Prinzipbild)   **6.30** Kettenzug in Aktion

darum die Planetenräder, die wiederum in einem Zahnkranz laufen. Verbindet man die Kettennuß mit dem Planetenradträger, läßt sich die Last durch Antrieb des Haspelrads wegen des großen Übersetzungsverhältnisses im Planetenradgetriebe mit wesentlich verringerter Zugkraft anheben.

Zugapparate. Zur Montage von Bauteilen müssen oft schräg wirkende Kräfte eingesetzt werden (z. B. beim Aufrichten von Stützen). Man benutzt dazu Seil- oder Kettenzüge (**6.30**). Setzt man sie in Verbindung mit Flaschenzügen ein, können mit ihnen recht schwere Bauteile bewegt werden.

Krane gibt es in verschiedenen Ausführungen. Sie dienen dazu, Lasten zu heben und zu transportieren. Grundsätzlich unterscheiden wir stationäre und mobile Krane. Auf Baustellen sind meist Turmdrehkrane und Mobilkrane anzutreffen (**6.31**). Bei ihnen muß un-

6.31   a) Turmdrehkran mit Gegengewicht, b) Mobilkran mit Stützen

133

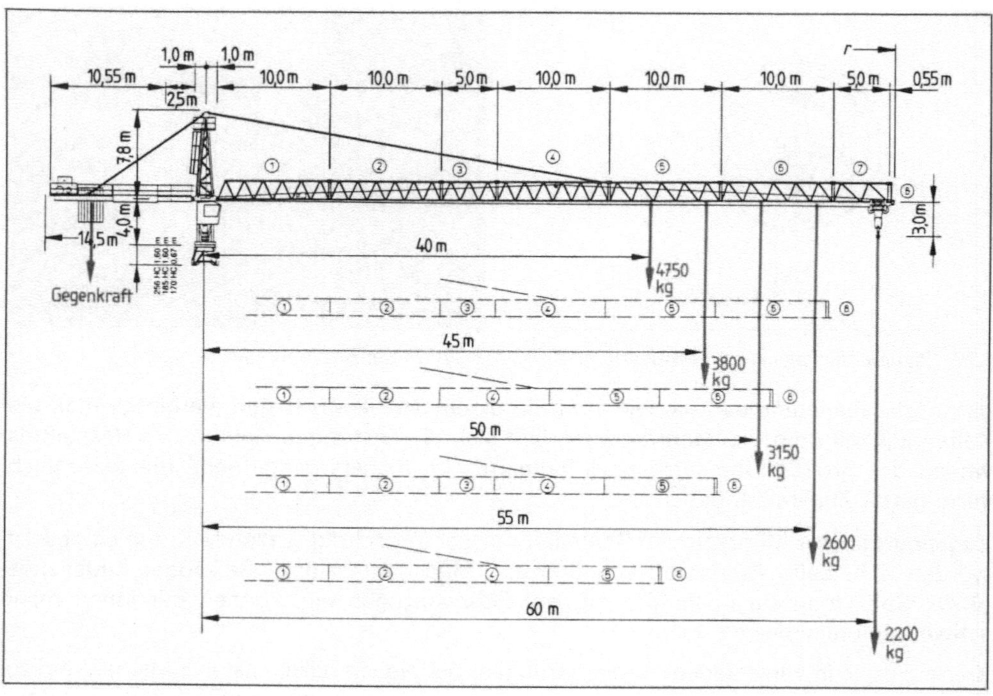

6.32   Hebel am Kran

bedingt die Standsicherheit gewährleistet sein. Dazu dienen bei Turmdrehkranen Gegengewichte und bei Mobilkranen Stützen. Außerdem sind die Krane mit Überlastsicherungen versehen, die das Verfahren der Last abbrechen, wenn sie sich einem Bereich nähert, in dem die Hebelkräfte zum Kippen des Kranes führen können (**6.**32).

Kranbrücken befinden sich in Montage- und Lagerhallen. Sie laufen auf Schienen in Längsrichtung der Halle. Mit der Laufkatze läßt sich die Last quer verfahren, so daß nahezu alle Punkte einer Halle erreicht werden können (**6.**33).

Unfallgefahren. Aus Statistiken der Berufsgenossenschaft geht hervor, daß jeder vierte Arbeitsunfall beim Lastentransport auftritt. Deshalb müssen einige wichtige Grundregeln des Lastentransports bekannt sein und beachtet werden.

6.33   Kranbrücke mit Laufkatze

Grundregeln des Lastentransports

- Hektik beim Heben und Transportieren von Lasten vermeiden.
- Vor dem Lastentransport die Tragfähigkeit des Untergrundes prüfen, auf dem die Last abgelegt werden soll.
- Den Ablageplatz gegebenenfalls durch Bohlen oder Kanthölzer so sichern, daß die Last nicht wegrollen, abrutschen oder umfallen kann.
- Beim Bewegen von Lasten immer den Transportweg und die Last beobachten. Rechtzeitig Warnzeichen geben!
- Niemals auf schwebenden Lasten mitfahren! Sich nicht unter schwebenden Lasten aufhalten – Lebensgefahr!
- Lastentransport nur durch eigens beauftragte und im Umgang mit dem Hebe- und Förderzeug ausgebildete Personen ausführen lassen.

6.3.2 Anschlagmittel

Um Lasten mit einem Hebezeug zu transportieren, werden sie *angeschlagen*. Man versteht darunter die Verbindung von Last und Tragmittel – das sind die Teile des Hebezeugs, mit denen die Last angehoben wird (Kranhaken, Greifer o.ä. Einrichtungen). Die Wahl des Anschlagmittels richtet sich vor allem nach der Last. Bekannt sind Stahl- und Faserseile, Ketten und Bänder. In Verbindung mit dem Lastaufnahmemittel bieten sie die Voraussetzung für den sicheren Transport.

Seile, früher im wesentlichen aus Hanf hergestellt, bestehen heute fast nur noch aus Kunstfasern. Ihre Gebrauchseigenschaften sind dadurch verbessert. Sie sind weit verbreitet.

Drahtseile haben eine größere Festigkeit als Faserseile. Sie werden aus Litzen (verseilte einzelne Stahldrähte) geschlagen und müssen biegsam sein. Deshalb befindet sich innen eine *Seele* aus Fasern. Sie enthält Schmiermittel, das die Reibung der Drähte und Litzen untereinander vermindert und so die Biegsamkeit gewährleistet. Um den Verschleiß von Drahtseilen zu verringern, sollen sie außerdem von Zeit zu Zeit auch von außen mit Fett geschmiert werden. Seilenden sind mit fachmännisch hergestellten Endbeschlägen wie Kauschen oder Seilschlössern zu versehen (**6.34**), die Seile durch Spleiße, Klemmen oder Schäkel zu verbinden (**6.35**).

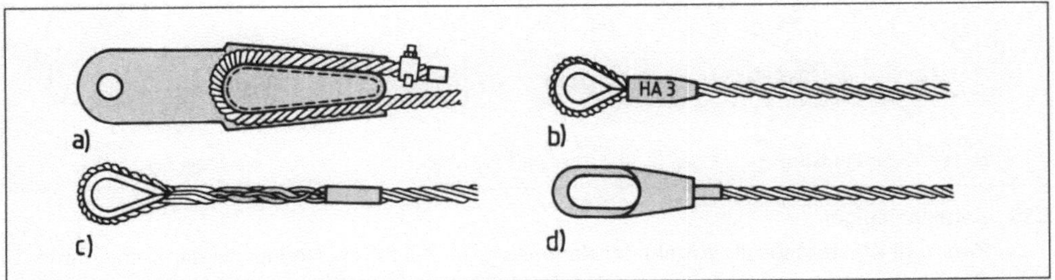

6.34 Endbeschläge für Seile
> a) Seilschloß DIN 15315 (Seilklemme nur auf dem losen Ende), b) Preßklemme, c) Kauschenspleiß DIN 83318 (5 Rundstiche für stehendes, 6 für laufendes Gut), d) Seilhülse DIN 83313 mit vergossenem Seilende DIN 3092

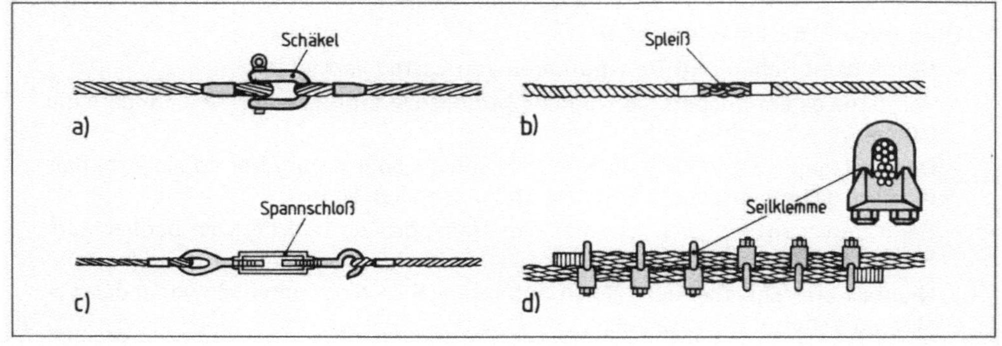

6.35 Seilverbindungen

Gurte und Bänder. Müssen Bauteile wie rundgeschliffene Wellen angehoben und transportiert werden, würden besonders Stahlseile die empfindliche Oberfläche beschädigen. Deshalb verwendet man Gurte oder Bänder aus ummantelten Stahldrahtgeweben oder Chemiefasern. Die letztgenannten sind auf das Herstellungsdatum bezogen nur zeitlich begrenzt gebrauchsfähig. Danach müssen sie abgelegt werden; das heißt, sie dürfen nicht mehr benutzt werden.

Ketten sind verschleißunempfindliche, hochbelastbare Anschlagmittel von recht hohem Gewicht. Sie dürfen je nach Güteklasse und Dicke nur in einem vorgegebenen Rahmen belastet werden, wobei die zulässige Tragfähigkeit mit steigender Temperatur abnimmt. Ein Kettenanhänger gibt an, wie sie belastet werden dürfen (**6.36**). Zunehmend werden Ketten der Güteklasse 8 verwendet. Sie bieten gegenüber Drahtseilen bis zu 70% Gewichtsersparnis und behalten ihre Tragfähigkeit zwischen − 40 °C und 200 °C.

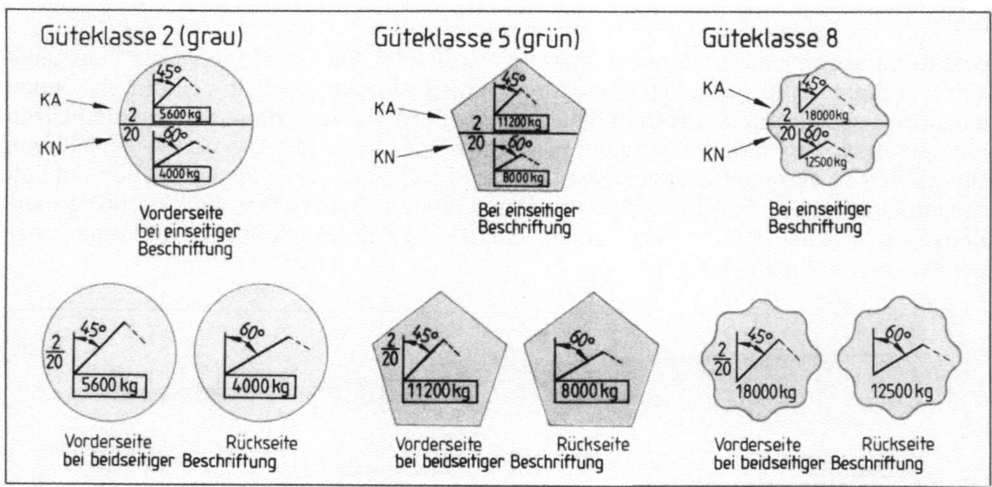

6.36 Kettenanhänger
Kennzahl KA steht für die Anzahl der Kettenstränge, KN für die Nenndicke der Kette in mm

Behandlung von Anschlagmitteln. Damit die Sicherheit gewährleistet bleibt, sind besondere Anwendungsregeln einzuhalten. Außerdem sind Anschlagmittel regelmäßig auf Schadstellen zu untersuchen. Werden Schäden (**6.37**) festgestellt, sind die Anschlagmittel abzulegen; das heißt, sie dürfen nicht mehr benutzt werden.

136

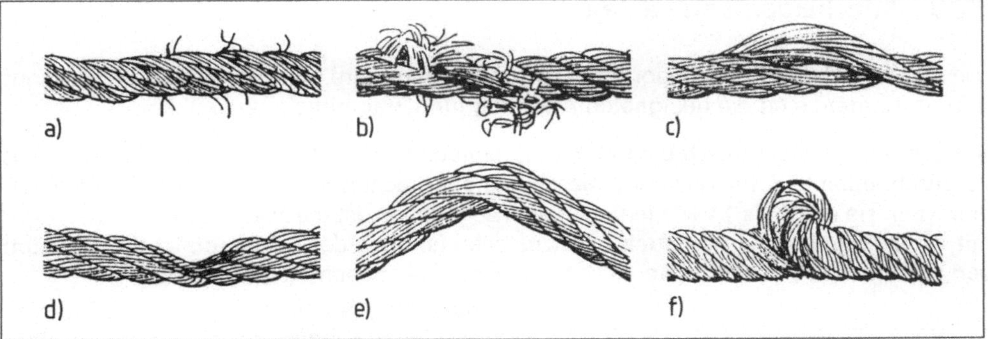

6.37 Kennzeichen nicht mehr benutzbarer Drahtseile

a) Drahtbrüche, b) Litzenbrüche, c) Aufdoldungen, d) Quetschungen, e) Knicke, f) Klanken

---

Regeln zur Behandlung von Anschlagmitteln

Seile
- nicht knicken oder quetschen.
- Korrosion durch Einfetten verhindern.
- nicht durch Knoten verlängern oder verkürzen.
- Klankenbildung verhindern.
- Vor Überhitzung schützen.

Gurte
- nicht mit Säuren und Laugen in Verbindung bringen.
- vor Überhitzung schützen.
- gegen Funkenflug bei Schweißarbeiten sichern.

Ketten
- Kettenglieder vor Verformung (Verbiegen, Verdrehen) und Einkerbungen schützen.
- nicht durch Knoten verlängern oder verkürzen.
- nicht mit Schrauben oder Draht flicken.

Abzulegende Anschlagmittel

Drahtseile mit
- einer gebrochenen Litze;
- mehrfach vorhandenen, erkennbaren Drahtbrüchen;
- Knicken und Klanken, Aufdoldungen und Quetschungen;
- erkennbar starkem Rostansatz.

Hanfseile mit
- gebrochener Litze;
- im Inneren auftret. Fasermehlstaub;
- stockig gewordenem Seil.

Gurte/Bänder mit
- Anrissen im Gewebe;
- erkennbaren Veränderungen durch Einwirkung aggressiver Stoffe;
- erkennb. Verformung durch Wärme;
- Beschädigungen an Ummantelungen und tragenden Nähten.

Ketten wenn
- ein Kettenglied um 10% der mittleren Glieddicke abgeschliffen ist;
- sie steifgezogen sind;
- Kettenglieder gebrochen, angerissen oder durch deutlich sichtbare Korrosionsnarben gezeichnet sind;
- sie sich durch Überlastung um mehr als $^1/_{20}$ der Ursprungslänge gereckt haben.

6.3.3 Anschlagen von Lasten

Um eine Last gefahrlos transportieren zu können, muß ihre Masse, das Gewicht bekannt sein. Außerdem sind die geeigneten Anschlag- und Tragmittel auszuwählen.

Massen- und Schwerpunktbestimmung. In einigen Fällen ist die Gewichtsauszeichnung vorgeschrieben (z. B. für verpackte Maschinen oder technische Arbeitsmittel in den Werften, wenn sie mehr als 1 t wiegen). Fehlen die Angaben, ist die Masse zu berechnen oder mit einer Kranwaage zu ermitteln. Festzustellen ist auch der Schwerpunkt der Last, um den Kranhaken so anzubringen, daß die Last beim Anheben nicht wegkippt.

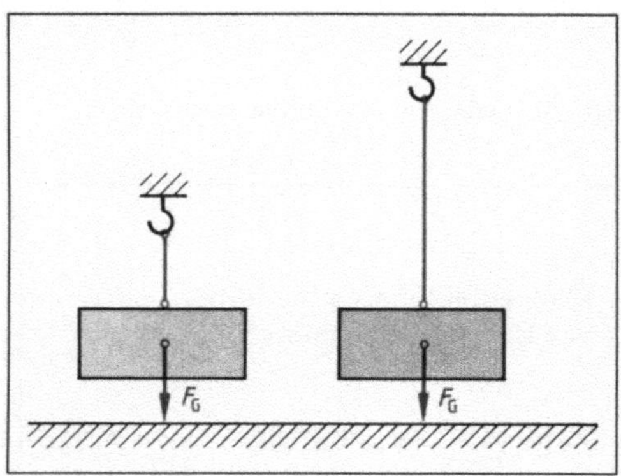

6.38 Wirkung einer Last auf den Seilquerschnitt

Belastung der Anschlagmittel. Kräfte sind an ihren Wirkungen zu erkennen. Ihre Größe und Wirkrichtung stellt man durch Pfeile dar. In Bild **6.**38 wirkt die Gewichtskraft F_G senkrecht nach unten (Pfeilrichtung). Ihre Größe ist durch die Pfeillänge festgelegt. Gleiche Pfeillänge bedeutet gleichgroße Kraft, unabhängig davon, ob die Last dicht über dem Boden oder höher am Haken hängt. Sie ist nur in ihrer Wirkungslinie verschoben. Die Belastung des Anschlagmittels bleibt dieselbe.

Wird eine Last zweisträngig angeschlagen und laufen die Stränge parallel, verteilt sich die Last auf zwei Querschnitte des Anschlagmittels (**6.**39). Das ist jedoch nicht mehr der Fall, wenn die Stränge des Anschlagmittels unter einem Winkel verlaufen – dann belastet die Gewichtskraft jeden Strang erheblich höher.

In Bild **6.**40 verlaufen die Stränge des Anschlagmittels bei gleicher Last (gleichlange Pfeile) unter verschiedene Neigungswinkeln α. Beim Vergleich der Kräfte F_a und F_b erkennen wir deutlich, daß die Strecken unterschiedlich lang sind: F_b ist länger als F_a. D. h. F_a ist kleiner als F_b. Daraus folgt, daß das Anschlagmittel mit einer größeren Kraft als der halben Last beansprucht wird. (Nehmen Sie ruhig einmal ein Lineal zur Hand und messen

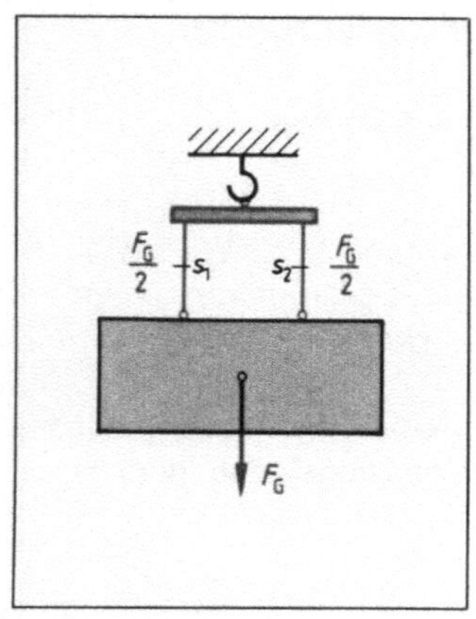

6.39 Zweisträngiges
      Anschlagen

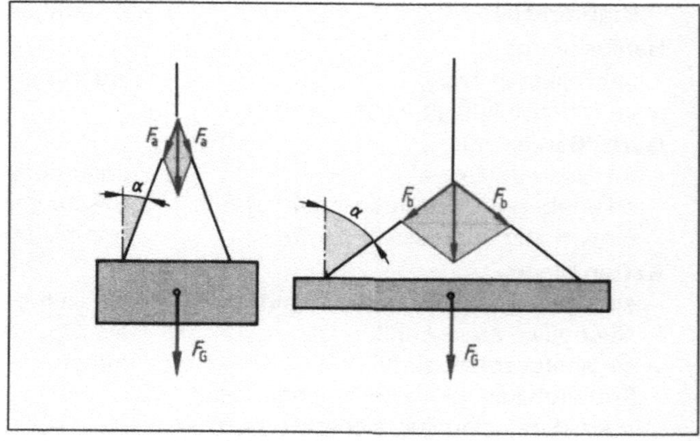

6.40 Belastung von Anschlagmitteln

Sie nach.) Der Anschläger – das ist der Mann, der für die sichere Befestigung der Last verantwortlich ist – muß dies berücksichtigen. Er liest die richtigen Werte aus Belastungstabellen ab.

Belastungstabellen stellen die Berufsgenossenschaften zur Verfügung. Man kann daraus z.B. ablesen, welche Kette bei welcher Anschlagart und Last zu wählen ist. Die Kettenart ermittelt man nach dem Kennzeichnungsanhänger. Ketten ohne Kennzeichnungsanhänger sind wie Ketten der Normalgüte zu belasten. Auf der Rückseite der Tabellenhülle sind die zulässigen Neigungswinkel für die Stränge der Anschlagmittel aufgezeichnet, so daß der Anschläger den vorhandenen Winkel durch Vergleich abschätzen kann (**6.41**).

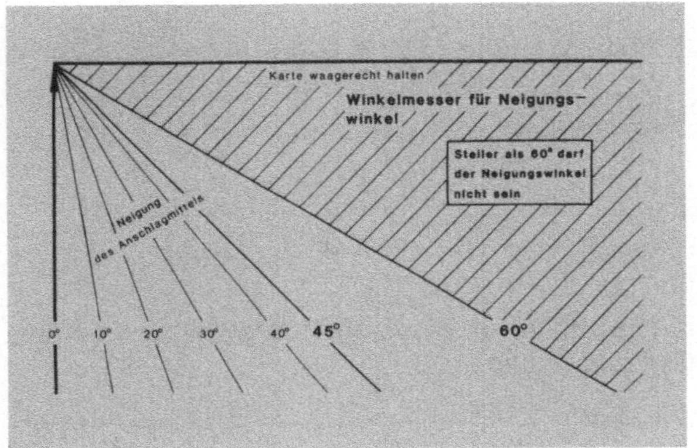

6.41 Tabelle zum Ermitteln des Neigungswinkels an Anschlagmitteln

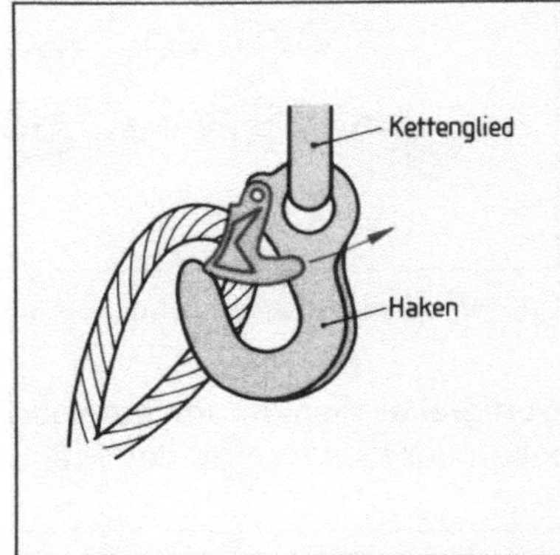

6.42 Sicherheitshaken

Lastaufnahme- und Tragmittel verbinden das Anschlagmittel mit dem Hebezeug bzw. mit der Last. Am bekanntesten ist der Haken. Er soll als Sicherheitshaken ausgebildet sein (**6.42**).

Seile zum Anheben scharfkantiger Bauteile sind mit einem Kantenschutz zu versehen. Ein wirksamer Behelf sind zwischengelegte Holzklötze (**6.43**). Sie verhindern Drahtbrüche und die Beschädigung von Ketten. Bleche transportiert man mit Kettengehängen und Klauen (**6.44**). Sie sind so anzuschlagen, daß sie nicht verrutschen können.

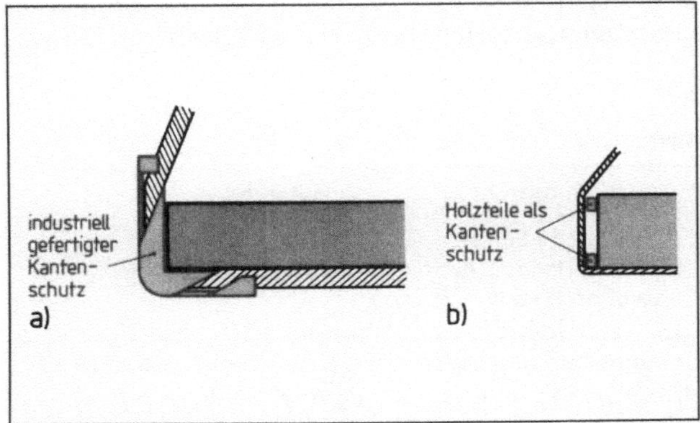

6.43 Beispiele für Kantenschutz
a) industriell gefertigter Kantenschutz, b) Holzteile

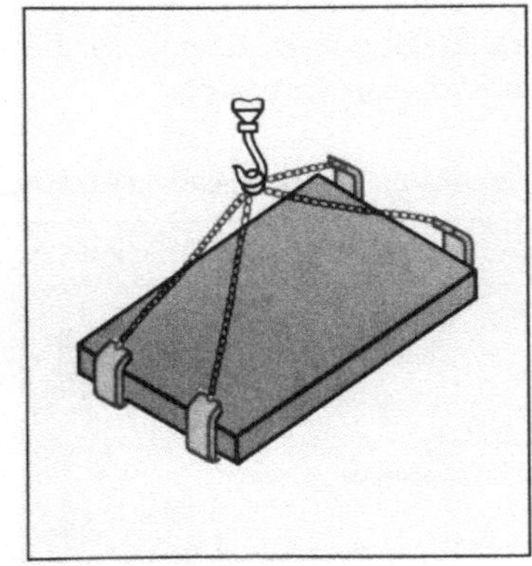

6.44 Transport mit Kettengehänge

Bei langen Teilen wie Rohren und Rundmaterialien besteht die Gefahr, daß sie bei zu eng beieinanderliegenden Anschlagpunkten durch Schwingungen während des Transports aus dem Anschlagmittel rutschen. Sie dürfen auch nicht in Einzelschlingen angehoben werden. Man verwendet deshalb ab einer bestimmten Länge *Traversen* (**6.45**). Sie verhindern unzulässige Neigungswinkel.

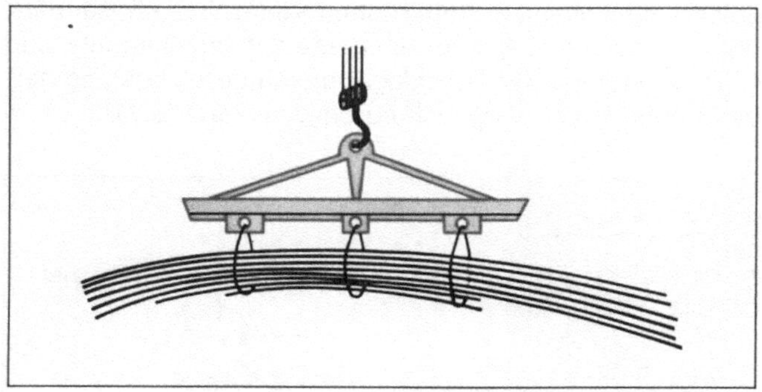

6.45   Vorschriftsmäßiger Transport langer Teile mit Traverse

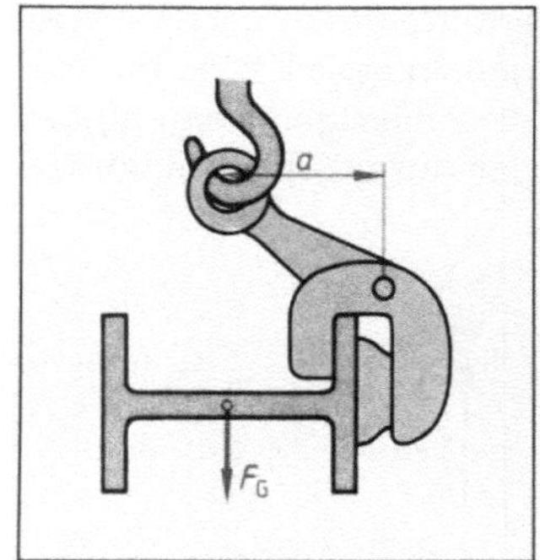

6.46   Profilgreifer

Profilgreifer dienen zum Transport von Trägern (**6.46**). Durch die Hebelwirkung beim Anheben der Last klemmt der Greifer das Profil sicher ein.

> Die Transportsicherheit bei langen Teilen wird durch Leitseile erhöht. Sie verhindern das gefährliche Pendeln der Last.

Verständigung zwischen Anschläger und Kranführer. Mißverständnisse zwischen ihnen führen zu gefährlichen Situationen beim Transport von Lasten. Deshalb müssen die Anweisungen für den Kranführer eindeutig sein. Mit Walkie-Talkies ist dies meist gewährleistet. Bei Anweisungen durch Handzeichen ist für einwandfreie Sichtverbindung zwischen Anschläger und Kranführer zu sorgen. Die Handzeichen sind nachdrücklich und klar zu geben. Sie sind nicht genormt, sondern haben sich aus der Praxis heraus entwickelt (**6.47**).

Sind mehrere Anschläger mit dem Transport einer Last beschäftigt, ist dem Kranführer rechtzeitig mitzuteilen, wer für die Handzeichen zuständig ist. Nur so lassen sich Mißverständnisse vermeiden.

Tabelle 6.47   **Handzeichen für Anschläger**

Signal	Zeichen	Ausführung	Erläuterung
Achtung		Arm nach oben gestreckt, Handfläche zeigt nach vorn	macht auf folgende Zeichen aufmerksam
Anheben		erhobener Arm kreist	Last senkrecht nach oben bewegen

Fortsetzung s. nächste Seite

Tabelle **6**.47, Fortsetzung

Signal	Zeichen	Ausführung	Erläuterung
Senken		Kreisen mit nach unten zeigendem Arm	Last senkrecht absenken
Halt		Arme seitwärts ausstrecken	Bewegung der Last stoppen
Halt! *Gefahr*		Arme abwechselnd seitwärts beugen und strekken	Bewegung der Last schnellstens abbrechen
Langsam		Gestreckte Arme mit nach unten zeigenden Handflächen langsam auf und ab bewegen	Bewegung der Last verlangsamen
Langsam *auf*		Arm mit nach oben gerichteter Handfläche langsam auf und ab bewegen	Last langsam anheben
Langsam *ab*		Hand mit nach unten gerichteter Handfläche langsam in der Ebene kreisen lassen	Last langsam senken
Zielpunkt		Mit zueinander stehenden Handflächen mit beiden Händen auf einen Punkt zeigen	Anfahren eines bestimmten Punktes
Abstand		Die Hände bewegen sich mit zueinander zeigenden Handflächen aufeinander zu	Signalisieren einer Abstandsabnahme beim Bewegen der Last auf einen Zielpunkt. Beim Erreichen des Punktes Zeichen HALT geben
Richtung		Den in Richtung weisenden Arm mit nach unten zeigender Handfläche in die Richtung zeigend beugen und strecken	Last in eine bestimmte Richtung fahren
Fahren		Nach oben gestreckten Arm mit nach vorn zeigender Handfläche schwenken	Gemäß vorher gegebener Richtungsanweisung Fahrbewegung einleiten
Nähern		Unterarme mit zum Körper zeigenden Handflächen rhythmisch bewegen	Last in Richtung Einweiser bewegen
Entfernen		Unterarme mit vom Körper weg zeigenden Handflächen rhythmisch bewegen	Last vom Einweiser weg bewegen

Flurförderfahrzeuge sind hand- oder maschinengetriebene Fahrzeuge zum Lastentransport in Werk- oder Lagerhallen. Sie eignen sich besonders zum Transport von Paletten. Wir unterscheiden Hubwagen und Gabelstapler.

Hubwagen sind so gebaut, daß die Last mit einer Gabel unterfahren, dann hydraulisch oder mechanisch angehoben und verfahren werden kann. Angetrieben werden sie von Hand oder von einem Elektromotor (**6.48**).

Gabelstapler transportieren Lasten in der Ebene und heben sie je nach Auslegung des Hubgerüsts bis zu mehreren Metern Höhe an. Den Antrieb liefern Benzin-, Gas- oder Elektromotoren. Weil ein größerer Hebelarm ein größeres Kippmoment erzeugt, verringert sich ihre Tragkraft, je weiter entfernt der Lastschwerpunkt vom Hubgerüst liegt (**6.49**).

6.48 Hubwagen

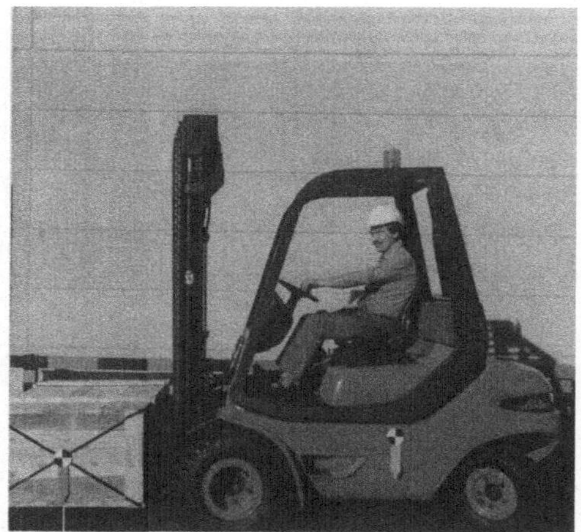

6.49 Gabelstapler

Aufgaben zu Abschnitt 6.1 bis 6.3

1. Woran erkennt man auf einer Baustelle Fluchtwege?

2. Vorbeugender Brandschutz heißt Brände verhindern. Auf einer Baustelle werden leicht entzündliche Stoffe gebraucht. Was müssen Sie beachten?

3. An einem Ort mit Brandgefahr muß geschweißt werden. Nennen Sie die erforderlichen Schutzmaßnahmen.

4. Sie müssen auf einer Leiter arbeiten. Worauf achten Sie beim Anstellen der Leiter?

5. Wann erst darf ein Gerüst benutzt werden?

6. Der Platz eines Fahrgerüsts soll verändert werden. Worauf ist zu achten?

7. Wann müssen Fanggerüste aufgebaut werden?

8. Warum dürfen Sie Haltegurte nicht als Auffanggurte benutzen?

9. Nach welchem physikalischen Gesetz verringert sich die Kraft zum Heben einer Last?

10. Mit Hydraulikpumpen lassen sich besonders große Drücke erzielen. Begründen Sie das.

11. Erläutern Sie, warum sich die Kraft zum Heben einer Last verringert, wenn man Rollenflaschenzüge verwendet.

12. Nennen Sie Grundregeln beim Lastentransport.

13. Was versteht man unter Anschlagmitteln?

14. Geben Sie an, nach welchen Grundregeln Anschlagmittel gewartet werden müssen.

15. Mit welchem Hilfsmittel können Sie die zulässigen Belastungen von Anschlagmitteln ermitteln?

16. Sie sollen lange Flachstähle anschlagen und transportieren lassen. Wie verhindern Sie ein gefährliches Pendeln der Last?

6.4 Unfallverhütung auf der Baustelle

Montagearbeiten sind mit erheblichen Unfallrisiken verbunden. Die Folgen von Arbeitsunfällen können leichterer Natur sein. Nicht selten führen sie aber auch zu einer lebenslangen Behinderung oder gar zum Tod. Als Folge für den Betroffenen und seine Angehörigen bringen Arbeitsunfälle oft wirtschaftliche Not und erhebliche Einschränkungen der
bisherigen Lebensqualität. Schließlich belasten sie durch Heil- und Rehabilitationsmaßnahmen, durch vorzeitige Rentenzahlungen und durch die Versorgung Hinterbliebener
die Allgemeinheit. Arbeitsunfälle beeinflussen auch den Betrieb, die Produktion und
Montage. Deshalb sind Mitarbeiter und Unternehmer aufgerufen, alles zu unterlassen,
was die Unfallsicherheit beeinträchtigen könnte.

6.4.1 Pflichten des Arbeitgebers und Arbeitnehmers

Pflichten des Arbeitgebers. Der Unternehmer ist verpflichtet, den gesetzlichen Regelungen und den Unfallverhütungsvorschriften entsprechende Maßnahmen zu
treffen, die ein sicheres Arbeiten gewährleisten. So hat er vorgeschriebene persönliche Schutzausrüstungen zur Verfügung
zu stellen.

Die von den Berufsgenossenschaften zugelassenen und überprüften Schutzausrüstungen und -einrichtungen sind besonders gekennzeichnet (**6.50**).

6.50   Zeichen für geprüfte Sicherheit

Die Unfallverhütungsvorschriften müssen so ausgelegt oder ausgehängt werden, daß sie
der Arbeitnehmer jederzeit zur Kenntnis nehmen kann. Über Gefahren am Arbeitsplatz
und über Maßnahmen zur Unfallverhütung muß er vor Beginn einer Beschäftigung und
dann in angemessenen Zeitabständen (mindestens einmal im Jahr) informiert werden.

Pflichten des Arbeitnehmers. Selbst wenn es manchmal unbequem ist, liegt es im Interesse des Arbeitnehmers, alle Weisungen zur Unfallverhütung zu befolgen und die persönlichen Schutzeinrichtungen ordnungsgemäß zu benutzen. Dies um so mehr, als ein
Verstoß gegen die Unfallverhütungsvorschriften im Fall eines Arbeitsunfalls unangenehme Folgen haben kann. Setzt der Arbeitnehmer doch seinen Versicherungsschutz
mindestens teilweise aufs Spiel, wenn er die Folgen des Arbeitsunfalls schuldhaft herbeigeführt hat.

Sicherheitsmängel sind sofort dem Sicherheitsbeauftragten zu melden.

> Gibt es Sicherheitsmängel an Einrichtungen oder Maschinen,
>
> sind Arbeitsstoffe nach Gesichtspunkten der Unfallverhütungsvorschriften nicht
> richtig verpackt, beschaffen oder gekennzeichnet,
>
> entsprechen Arbeitsverfahren oder -abläufe nicht den Sicherheitsvorschriften,
>
> **ist dies sofort zu melden!**

Persönliche Schutzausrüstungen zu benutzen und Sicherheitsmaßnahmen zu befolgen, wird beim Arbeiten häufig als hinderlich angesehen. Manchmal gilt sogar der als mutig, der sich in Gefahr begibt und auf die Schutzausrüstung sowie die Einhaltung der Unfallverhütungsvorschriften verzichtet. Das ist aber kein Zeichen von Mut, sondern von Dummheit und Leichtsinn, denn:

Unfallverhütungsvorschriften schützen Dein und des Kollegen Unversehrtheit und Leben! Richte Dich nach ihnen!

Anwendung persönlicher Schutzausrüstung

- **Atemschutz** bei gefährlichen Stäuben, Gasen oder Rauch.

- **Augen- und Gesichtsschutz** bei Schweiß-, Schneid-, Schleif- und Stemmarbeiten sowie bei Arbeiten mit Säuren, Laugen oder heißen Massen und mit Bolzensetzwerkzeugen.

- **Beinschutz** bei längeren knieenden Arbeiten.

- **Fußschutz** immer. Meist sind es Schuhe mit durchtrittsicheren, auch gegen heiße Stoffe und Säuren schützende Sohlen. Die Stahlkappen schützen gegen von oben einwirkende Kräfte.

- **Gehörschutz** sollte schon bei einem Beurteilungspegel (das ist die durchschnittliche Lärmbelästigung während einer Achtstundenschicht) von 85 dB(A) getragen werden (**6.51**). Ab einem Beurteilungspegel von 90 dB(A) ist er Pflicht.

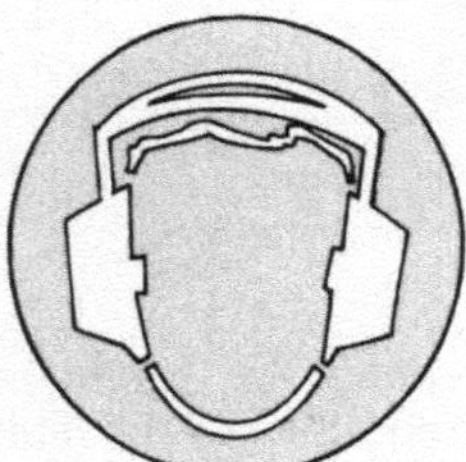 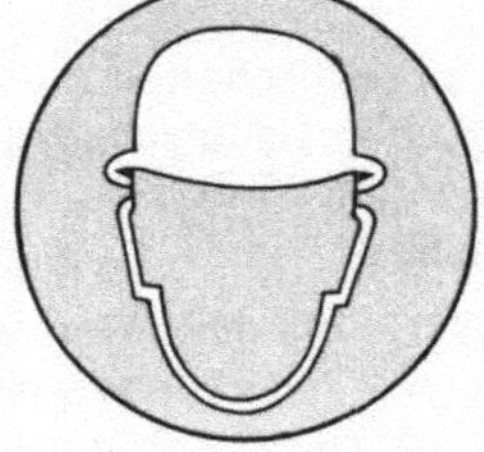

6.51 Gebotszeichen „Gehörschutz tragen"   6.52   Gebotszeichen „Schutzhelm tragen"

- **Kopfschutz,** wenn die Gefahr von Kopfverletzungen durch Anstoßen, fallende, pendelnde, herabfallende oder umfallende Gegenstände besteht (**6.52**).

- **Sicherheitsgeschirr,** wenn aus arbeitstechnischen Gründen keine Absturzsicherungen angebracht werden können.

Gefährliche Arbeiten dürfen nur Personen übertragen werden, die über die Gefahr informiert und zur Ausführung geeignet sind. Ihre Situation ist dabei zu überwachen

- durch Kontrollgänge in kurzen Zeitabständen;

- durch Arbeiten in Sichtweite anderer Personen;

- durch einen zeitlich festgelegten Anruf über ein abgestimmtes Meldesystem;

- durch ein Gerät am Mann, das automatisch und drahtlos Signal sendet, wenn der Mann eine vorbestimmte Zeit reglos bleibt.

Sofern mehrere Personen eine gefährliche Arbeit ausführen, muß sie von einem zuverlässigen, mit dem Arbeitsablauf Vertrauten, beaufsichtigt werden.

6.4.2 Gefahrstoffe

Auf Baustellen werden häufig Stoffe genutzt und gelagert, die bei Berührung, Genuß oder Einatmen Gesundheitsstörungen, in Extremfällen den Tod verursachen. Um sich dagegen zu schützen, muß der Hersteller auf Behältern oder Verpackungen deutlich und gut sichtbar vermerken, um welche Gefahrstoffe es sich handelt. Vorgeschrieben sind diese Angaben:

- Name und Anschrift des Herstellers,
- Bezeichnung des Inhalts und besonderer Gefahren,
- Gefahrensymbol und -bezeichnung (**6.53**),
- Sicherheitsratschläge,
- Gefahrenklasse,
- gegebenenfalls der Vermerk „kann Krebs erzeugen".

Anhand dieser Angaben kann sich der Anwender über den richtigen Umgang, die Gefahren und Schutzmöglichkeiten informieren (**6.54** auf S. 146).

6.53 Gefahrensymbole und -bezeichnungen
a) brandfördernd, b) ätzend, c) leichtentzündlich, d) gesundheitsschädlich, e) giftig, f) reizend

Entsorgung von Gefahrstoffen. Das Abfallbeseitigungsgesetz schreibt vor, Gefahrstoffe umweltgerecht zu entsorgen, um Verunreinigungen der Luft und des Trinkwassers zu vermeiden. Hierzu müssen auf jeder Baustelle geeignete Behältnisse bereitstehen.

> Gefahrstoffe sind Sondermüll! Sie gehören nicht in den Bauschutt oder Hausmüll, sondern müssen umweltgerecht gelagert, transportiert und entsorgt werden.

Tabelle 6.54 Gefahrstoffe

Stoff, Eigenschaften und Verarbeitung	Gefahren	Schutzmaßnahmen
Bitumen, Pech, Teer werden erhitzt und in flüssigem Zustand verarbeitet.	Dämpfe reizen die Schleimhäute, bei längerem Einatmen Benommenheit und Brechreiz bei direkter Einwirkung (z.B. Haut) Krebsgefahr bei Verpuffungen oder Überkochen drohen Brandverletzungen	Raumentlüftung; Schutzkleidung, Gesichts- bzw. Augenschutz, Handschuhe tragen Hautschutzsalbe, nach der Arbeit Haut gründlich säubern
Polyurethan-(PUR-)Zweikomponentenbeschichtung wird am Verwendungsort gemischt, dann verstrichen, vergossen oder gespritzt. **Polyurethan-Isolierstoffe**	Komponenten und Mischung schädigen Augen, Schleimhäute und Haut Dämpfe besonders schädlich für Allergiker und Menschen mit empfindlichen Atemwegen schädliche Dämpfe beim Verschäumen und evtl. längere Zeit nach Abbinden	Raumentlüftung; Schutzkleidung, Gesichts- und Augenschutz, Handschuhe, Atemschutz tragen bei größeren Benetzungen von Haut oder Augen sofort den Arzt aufsuchen!
Asbest hitze-, säure- und laugenbeständig	Verwendung heute verboten, Gefahr noch bei Abbrucharbeiten Staub und Fasern schädigen die Lunge (Asbestose), Lungen-, Bauch- und Rippenfellkrebs	Abbruchbereich abgrenzen und mit Warnzeichen versehen. Arbeitsgeräte mit geringer Feinstaubentwicklung verwenden Staub absaugen, Schutzkleidung und Atemschutz, bei geringfügigen Arbeiten Staub an Wasser binden, Material sofort in Folie verpacken und sachgerecht entsorgen im Abbruchbereich nicht essen, rauchen oder trinken
Nitrose Gase durch Oxidation des Luftstickstoffs an heißen Metallflächen beim Autogen- und Lichtbogenschweißen sowie Flammrichten	besonders in engen Räumen, Kesseln oder Tanks zunächst leichter Reizhusten, später noch schwere Lungenschädigungen möglich sehr giftig – bei hoher Konzentration führen schon wenige Atemzüge zum Tode!	Raumbelüftung; Atemschutz Erste Hilfe-Maßnahmen: Sauerstoffinhalation, *keine* künstliche Beatmung völlige Ruhe, liegend transportieren sofortige ärztliche Behandlung!

Fortsetzung s. nächste Seite

Tabelle **6.54**, Fortsetzung

Stoff, Eigenschaften und Verarbeitung	Gefahren	Schutzmaßnahmen
Reiniger, Lösemittel meist brennbare Kohlenwasserstoffe, bei bestimmter Konzentration in Luft explosiv Dämpfe schwerer als Luft, angenehmer Geruch.	Dämpfe reizen die Schleimhäute, führen zu Benommenheit, Übelkeit und Kopfschmerz, bei längerem Einatmen zur Bewußtlosigkeit bei ständiger Handhabung ohne Schutz Nieren- und Leberschäden als Spätfolgen	Arbeitsraum am Boden entlüften, Funkenbildung und offene Flammen vermeiden Handschuhe, Schutzbrille, ggf. Schutzanzug und Atemschutz nach der Arbeit Haut gründlich waschen, Hautschutzsalbe auftragen Erste Hilfe-Maßnahmen: bei *Atemstillstand* künstlich beatmen, sofort Arzt holen, ruhig und warm lagern nach *Verschlucken* bei Bewußtsein erbrechen lassen keinen Alkohol, keine Milch, kein Rhizinus
Laugen und Säuren wirken ätzend, hochkonzentrierte Säuren rauchen an der Luft erwärmte Salpetersäure entwickelt nitrose Gase	greifen Haut und Schleimhäute an → schwere Hornhautverletzungen, Gewebezerstörungen eingeatmete Säuredämpfe verätzen die Atemwege kommt Salpetersäure mit Öl, verölter Kleidung oder Putzwolle in Verbindung, besteht Gefahr der Selbstentzündung	Raumentlüftung; Handschuhe, Schutzbrille, Gummistiefel, Schutzanzug und Atemschutz verschüttete Salpetersäure nicht mit Putzlappen aufnehmen oder Sägespänen binden Erste Hilfe-Maßnahmen: benetzte Kleidung sofort ablegen, benetzte Hautstellen gründlich, Augenverätzungen anhaltend mit Wasser spülen Bei Unfällen mit Fluor- oder Salpetersäure drucklose Sauerstoffbeatmung, ruhig und warm lagern, sofort ärztliche Hilfe holen

6.4.3 Gefahren durch elektrischen Strom

Auf jeder Baustelle gibt es Stromquellen. Mit der Elektrizität werden Maschinen angetrieben und Arbeitsplätze beleuchtet. Für die Betriebssicherheit der elektrischen Anlagen garantiert der Elektrofachmann. Nur er darf Installationen und Reparaturen vornehmen! Doch auch der fachfremde Arbeiter auf einer Baustelle sollte beurteilen können, ob eine elektrische Anlage oder das Gerät noch betriebssicher ist.

Schadhafte Elektroinstallationen oder -geräte dürfen nicht mehr benutzt, nicht selbst repariert, sondern nur vom Elektriker instandgesetzt werden.

Wirkung des Stroms auf den menschlichen Körper. Wenn der Mensch spannungsführende Teile so berührt, daß er damit einen Stromkreis schließt, wird sein Körper von einem Strom durchflossen. Das kann z.B. beim Arbeiten mit einer defekten Bohrmaschine geschehen. Man spürt dabei einen „Schlag", „man bekommt einen gewischt". Diese noch harmlosen Erscheinungen haben mit zunehmender Stromstärke Folgen, die bis zum Tode führen können. Unter besonders ungünstigen Voraussetzungen (z.B. Arbeiten mit Elektrogeräten auf feuchtem Untergrund) können schon bei Spannungen unter 100 V Stromstärken auftreten, die tödliche Unfälle zur Folge haben. Grundsätzlich geht man davon aus, daß Kleinspannungen bis 42 V den Menschen nicht gefährden, weil der Widerstand des Körpers so groß ist, daß keine gefährlichen Stromstärken entstehen können.

Beim Stromdurchfluß werden die inneren Organe und die Haut geschädigt. Die Muskeln verkrampfen sich, so daß der Geschädigte so lange nicht von dem Leiter freikommt, bis der Strom ausgeschaltet ist. An der Berührungsstelle des Körpers mit dem spannungsführenden Leiter erkennt man bei Niederspannung (Spannungen unter 1000 V) ab und zu *Strommarken.* Das sind Verbrennungen der Hautoberfläche, die bei großflächiger Berührung jedoch fehlen können.

Bei Kurzschlüssen in Hochspannungsanlagen (über 1000 V) bilden sich meist Lichtbögen, die zu Verbrennungen mit tödlichem Ausgang führen können. Liegt das Herz im Stromweg, besteht die Gefahr des *Herzkammerflimmerns.* Der Herzschlag wird so durcheinander gebracht, daß der Tod eintreten kann.

Auf jeder Baustelle ist man nicht nur direkt, sondern auch indirekt durch schadhafte Elektroinstallationen oder -geräte gefährdet. Der Mann, der auf einer Leiter arbeitet und unverhofft einen elektrischen Schlag erhält, ist absturzgefährdet.

Die Folgen eines Stromunfalls hängen von der Stromstärke und der Wirkungsdauer ab.

Als Folgen des Stromflusses durch den menschlichen Körper können noch nach Jahren Herz- und Nervenkrankheiten auftreten.

Erste Hilfe bei Stromunfällen

- Strom abschalten. Dabei ist zu beachten, daß sich durch den Unfall entstandene Verkrampfungen lösen können. Es besteht Absturzgefahr!
- Bei Scheintod als Folge des Herzkammerflimmerns sofort mit Herzmassage und Mund-zu-Mund-Beatmung beginnen.
- Sofort Arzt holen.

Gefährdungsursachen und Schutzmaßnahmen. Elektrische Anlagenteile und elektrisch betriebene Maschinen sind im Baustellenbetrieb größeren Belastungen ausgesetzt. Dafür müssen sie besonders gekennzeichnet sein (**6.55**). Trotzdem ist nicht auszuschließen, daß sie beschädigt und daher nicht mehr sicher sind.

Vorbeugende Maßnahmen senken die Schadensmöglichkeit an elektrischen Anlagen und Betriebsmitteln. Sie verhindern Betriebsunfälle.

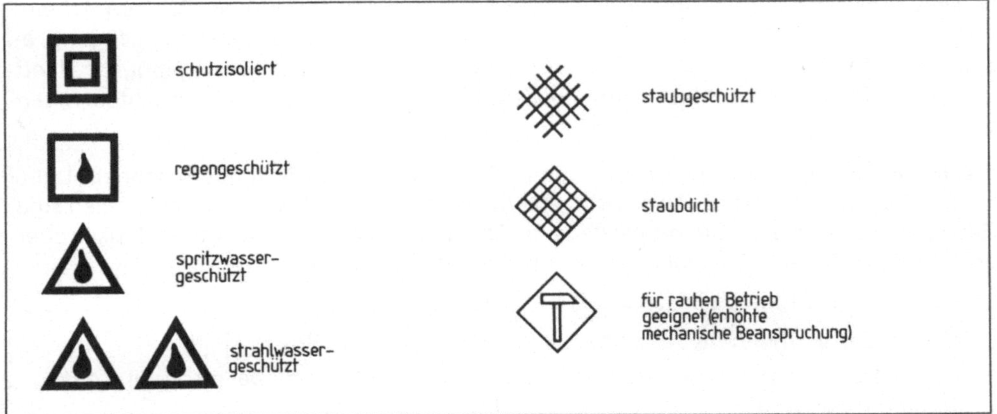

6.55 Kennzeichen für besondere Eigenschaften von Elektrogeräten

Speisepunkte sorgen für die Stromversorgung auf der Baustelle. An Wandsteckdosen von Hausinstallationen dürfen nur Reparaturlampen, Schweißgeräte, handgeführte Elektrowerkzeuge oder Lötkolben betrieben werden. Dabei ist sicherzustellen, daß die Geräte nur einzeln angeschlossen werden können.

Aus der Beschriftung der einzelnen Sicherungen muß die Zuordnung zu den Stromkreisen eindeutig zu erkennen sein. Sicherungen dürfen nicht geflickt werden. Der Aufstellungsort für Speisepunkte ist gut zugänglich und frei von Bauschutt oder anderen Materialien zu halten. Speisepunkte dürfen nur vom Elektrofachmann eingerichtet und betriebsbereit gehalten werden!

Leitungen und Steckverbindungen. Der Betrieb auf Baustellen verbietet die Verwendung haushaltsüblicher Leitungen und Verteilersteckdosen. Nach den VDE-Bestimmungen (VDE = Verein Deutscher Elektroingenieure) dürfen nur für den Baustellenbereich zugelassene Leitungen verwendet werden.

Queren Leitungen *Fahrwege,* sind sie entweder an einem Gerüst über dem Fahrweg zu verlegen oder durch eine Überfahrbrücke vor Beschädigungen zu schützen (**6.56**). Unzulässig ist es, Leitungen zu vergraben. *Kupplungen* müssen für erschwerte Bedingungen zugelassen sein. Am Stecker muß sich ein Knickschutz befinden (**6.57**).

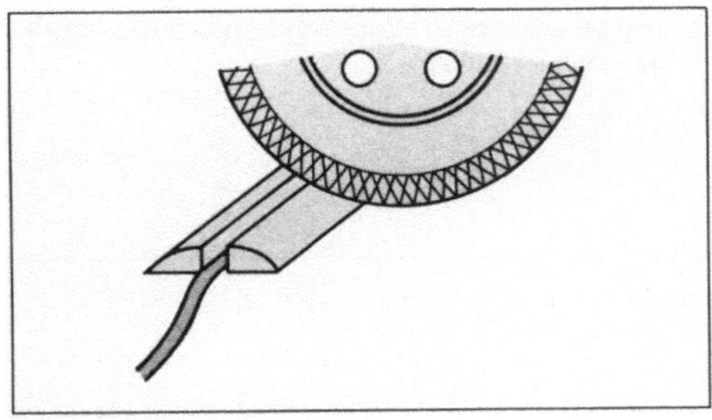

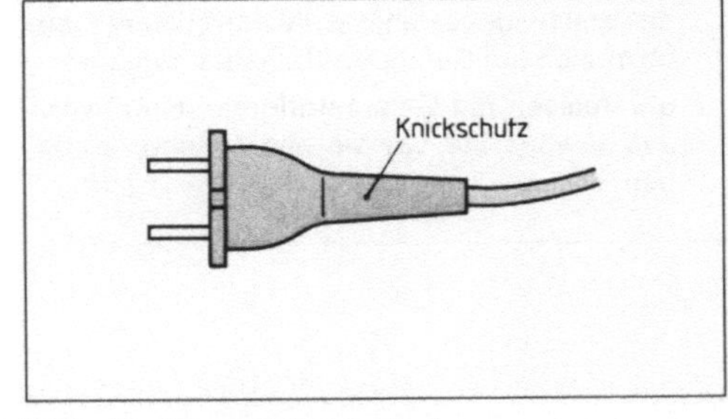

6.56 Überfahrbrücke

6.57 Stecker mit Knickschutz

Sollen mehrere Geräte (z. B. Winkelschleifer und Handlampe) gleichzeitig betrieben werden, benutzt man am besten *Leitungsroller* (Kabeltrommeln). Sie müssen mit einem Überhitzungsschutz versehen sein.

Leuchten. Gutes Licht ist eine Voraussetzung für einwandfreie Arbeit. Für den Arbeitsplatz stehen im wesentlichen ortsveränderliche und ortsfeste Leuchten zur Verfügung. Je nach Verwendungsort müssen sie besonderen Schutzanforderungen genügen. Handleuchten z.B. müssen schutzisoliert und strahlwassergeschützt, Hängeleuchten regengeschützt sein.

Elektrowerkzeuge verschleißen im rauhen Baustellenbetrieb besonders schnell. Dabei können Schäden auftreten, die nicht zu erkennen, aber Auslöser von Arbeitsunfällen sind. Deshalb müssen die Geräte mindestens im Abstand von 6 Monaten vom Elektriker überprüft und gegenbenenfalls fachgerecht instandgesetzt werden.

Regeln zur Vermeidung von Unfällen durch elektrischen Strom

- Keine Leitungen mit beschädigter Isolierung verwenden! Kabel nicht mit Isolierband reparieren!
- Leitungen und Kabel ohne Knickstellen verlegen!
- Nur einwandfreie und zugelassene Steckvorrichtungen, Kabel, Leuchten und Elektrowerkzeuge verwenden!
- Schadhafte Leitungen und Geräte nicht selbst flicken, sondern vom Elektriker reparieren lassen! Keine Sicherungen flicken!
- Elektrowerkzeuge regelmäßig vom Fachmann prüfen lassen!

Aufgaben zu Abschnitt 6.4

1. Unfallverhütungsmaßnahmen sind nicht immer bequem. Warum sollten Sie sich dennoch daran halten?
2. Nennen Sie einige persönliche Schutzausrüstungen.
3. Was ist vorzusehen, wenn gefährliche Arbeiten ausgeführt werden?
4. Was versteht man unter Gefahrstoffen?
5. Nennen Sie Gefahrstoffe, ihre Wirkungen und die möglichen Schutzmaßnahmen.
6. Auf der Baustelle oder in Werkstätten stehen oft verschiedene Behälter. Woran erkennt man, ob es sich um Gefahrstoffbehälter handelt?
7. Sie müssen mit Gefahrstoffen arbeiten. Woraus ersehen Sie, wie sie sich zu schützen haben?
8. Was geschieht auf einer Baustelle mit Gefahrstoffen, die nicht mehr gebraucht werden?
9. Bis zu welcher Spannung gilt Elektrizität für den Menschen als ungefährlich?
10. Welche Schäden können beim Durchgang höheren Stroms durch den menschlichen Körper auftreten?
11. Was ist bei Stromunfällen vorrangig zu unternehmen?
12. Auf Baustellen werden viele Elektrowerkzeuge betrieben. Wodurch können Sie Unfällen vorbeugen?

7.1 Befestigungsmittel

Zur Verbindung von Bauteilen mit Baukörpern dienen Befestigungsmittel – Anker, Dübel oder Bolzen. Je nach Untergrund und nach zu montierendem Teil (wie Fenster, Tore, Fassaden) sind die richtigen Befestigungsmittel auszuwählen und fachgerecht anzuwenden.

Besondere Belastungen. Unterliegen Befestigungsmittel besonderen Belastungen (z.B. in tragenden Konstruktionen), müssen sie bauaufsichtlich zugelassen sein. In diesem Fall sind bestimmte Einbaubedingungen vorgeschrieben. Im wesentlichen sind dies Maximalwerte für die zulässige Last, Montagevorschriften und die Auflage für die örtliche Bauaufsicht, die einwandfreie Montage schriftlich zu protokollieren. Ob ein Befestigungsmittel zur Montage tragender Konstruktionen zugelassen ist, geht aus den technischen Informationen des Herstellers hervor (**7.1**).

Befestigungsmittel in tragenden Konstruktionen müssen bauaufsichtlich zugelassen sein.

7.1 Prüfzeichen für bauaufsichtlich zugelassene Befestigungsmittel

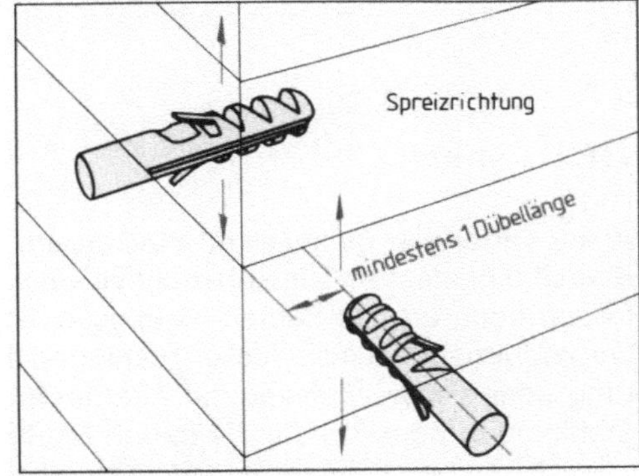

7.2 Zulässige Spreizrichtung beim Dübeln, Mindestabstand von der Wandkante eine Dübellänge

Montagehinweise. Bevor ein Bauteil montiert wird, ist das für das Material des Baukörpers geeignete Befestigungsmittel auszuwählen. Weil Anker oder Dübel kraft- oder stoffschlüssig montiert werden, muß geprüft werden, ob z.B. das Bauteil an einem Baukörper aus Beton, Hohlblocksteinen oder Leichtbaustoffen zu befestigen ist.

Eine kraftschlüssige Verbindung entsteht, wenn die Reibung zwischen Befestigungsmittel und Baukörper durch hohe Anpreßkraft vergrößert wird (z.B. bei Dübeln, deren Durchmesser durch Eindrehen der Schraube erweitert wird, so daß sich der Dübelwerkstoff gegen die Wand der Bohrung preßt). Der dabei entstehende Spreizdruck kann so groß werden, daß der Werkstoff des Baukörpers zerstört wird. Die sichere Befestigung des Bauteils ist dann nicht mehr gewährleistet. Bei der Montage kraftschlüssiger Befestigungsmittel sind deshalb Spreizrichtung und Abstand von den Kanten des Baukörpers zu beachten (**7.2**).

Stoffschlüssig ist eine Verbindung zwischen dem Werkstoff des Baukörpers und einem Verbindungsmittel, das den Dübel oder Anker hält. Das Bohrloch wird konisch ausgeführt. Beim stoffschlüssigen Befestigungsmittel treten keine Spreizkräfte auf. Der Baukörper wird an den Kanten nicht belastet, die Randabstände können deshalb klein gehalten werden.

Bohrungen für Befestigungsmittel stellt man bis auf wenige Ausnahmen mit der Schlagbohrmaschine oder dem Bohrhammer her. Um die maximale Tragfähigkeit des Befestigungsmittels zu gewährleisten, sind die Bohrverfahren dem Werkstoff des Baukörpers zugeordnet. Wir unterscheiden zwischen

– **Drehgang** (Bohren ohne Schlagwerk) für Lochsteine, Gasbeton, Baustoffe mit geringer Festigkeit;
– **Schlagbohren** (Bohren mit geringer Schlagenergie und hoher Schlagzahl) für Vollbaustoffe mit dichtem Gefüge;
– **Hammerbohren** (Bohren mit geringer Schlagzahl und hoher Schlagenergie) ebenfalls für Vollbaustoffe mit dichtem Gefüge.

Beim Bohren ist außerdem darauf zu achten, daß rechtwinklig gebohrt und die Bohrrichtung beibehalten wird. Sonst kann sich besonders bei weichen Baustoffen der Bohrlochdurchmesser ändern, wodurch ein einwandfreier Kraftschluß als Voraussetzung für die maximale Befestigung des Dübels oder Ankers nicht mehr gesichert ist.

In jedem Fall muß der Bohrstaub nach dem Bohren aus dem Bohrloch entfernt werden.

Drehgang für Lochsteine, Gasbeton, Baustoffe mit geringer Festigkeit

Schlag- und Hammerbohren für Vollbaustoffe mit dichtem Gefüge

---

7.1.1 Anker

Anker verbinden Bauteile mit Baukörpern. Sie werden stoff- oder formschlüssig in das Bauteil eingelassen. Die konstruktive Gestaltung eines Ankers richtet sich nach den Anforderungen an das Bauteil. Grundsatz ist, den Anker so zu gestalten, daß er sich im Verbindungsmittel nicht lockern kann und die Funktion des Bauteils wie bewegliche Lagerung oder sichere Befestigung übernimmt (7.3). *Ankerplatten* oder *Ankerschienen* sind Stahlplatten oder Profile, die in den Baukörper eingegossen werden. Durch Schweißen oder Schrauben können Bauteile daran befestigt werden.

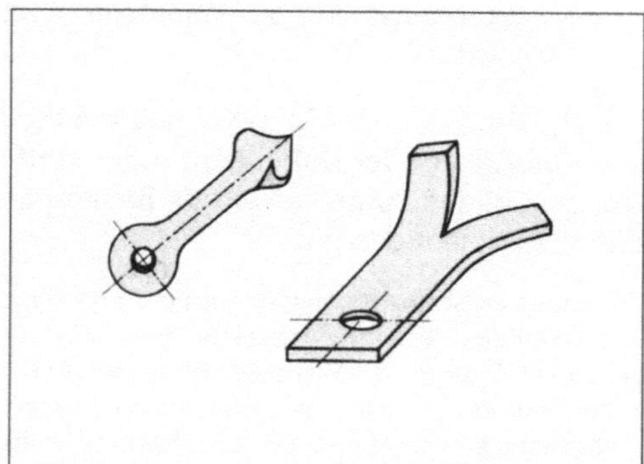

7.3 Beispiele für Ankerformen

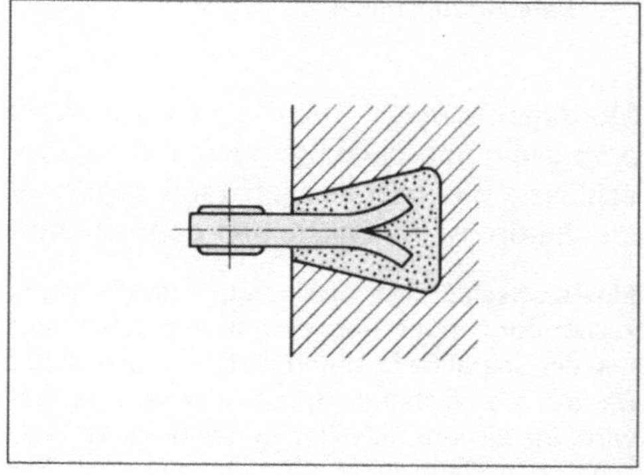

7.4 Vorschriftsmäßig montierter Anker

Montage. Ankerlöcher sollen mit größer werdendem Querschnitt hergestellt werden, um einen festen Sitz des Ankers zu gewährleisten. Sie werden gestemmt oder, was die Arbeit erleichtert, bereits in den Baukörper eingegossen. Dazu legt man einen Schaumstoffklotz an die Stelle, die den Anker aufnehmen soll. Hat der Beton abgebunden, läßt sich der Schaumstoff ohne große Schwierigkeiten entfernen. Nachdem das Ankerloch gereinigt ist, positioniert man den Anker und verfüllt es mit dem *Bindemittel* (7.4). Als Bindemittel sollte man Montagezemente verwenden. Sie binden innerhalb von Minuten ab und können schnell belastet werden.

Die herkömmliche, oben beschriebene Art der Ankersetzung führt leicht zu Ungenauigkeiten und ergibt deshalb nicht immer das beste Ergebnis. Sie sollte darum untergeordneten Montageaufgaben vorbehalten bleiben. Eine saubere technische Lösung bieten industriell hergestellte Befestigungsmittel, von denen wir hier eine Auswahl behandeln.

Hinterschnittanker gibt es in verschiedenen Ausführungen als Bolzen-, Durchsteck- oder Innengewindeanker. Sie lassen vielfältige konstruktiv saubere Lösungen beim Befestigen von Bauteilen zu und dürfen in Betondruck- wie auch Betonzugzonen gesetzt werden. Da praktisch kein Spreizdruck zu verzeichnen ist, der den Baukörper beschädigen könnte und die Ankerbelastung unkalkulierbar macht, sind sehr kleine Rand- und Achsabstände möglich.

Montage. Das Ankerloch wird mit einem Bohrhammer in der erforderlichen Lochtiefe hergestellt, die Bohrung hinterschnitten und gereinigt. Dann schlägt man den Hinterschnittanker bündig mit der Betonoberfläche oder bei Durchsteckankern bündig mit dem Bauteil ein. Durch das Einschlagen entsteht über die Spreizhülse eine formschlüssige Verbindung im Hinterschnitt (7.5). Der Anker kann sofort belastet werden.

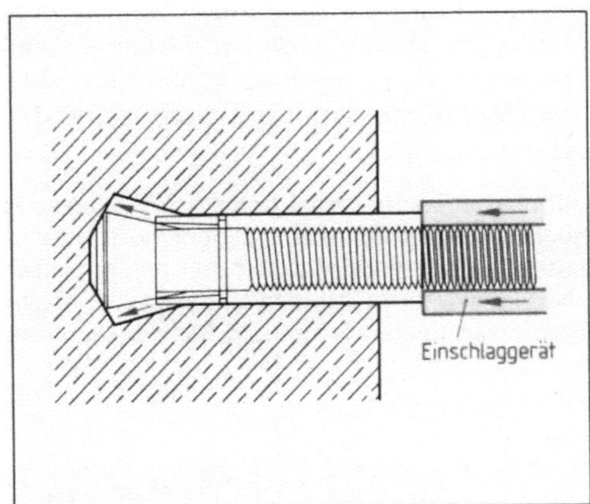

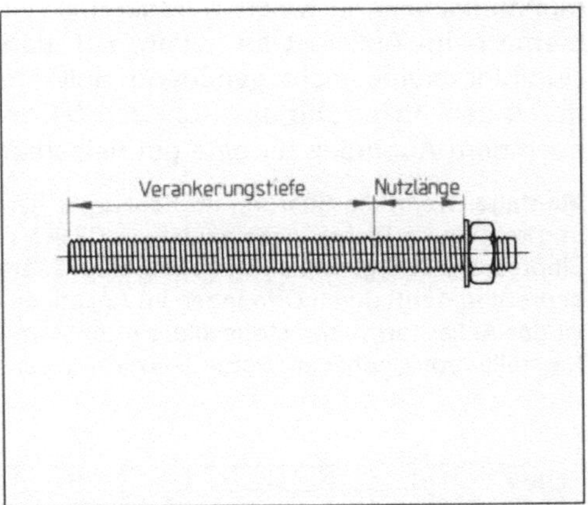

7.5 Montage eines Hinterschnittankers

Ankerhülse mit dem Einschlaggerät so eintreiben, daß sie sich am Ende spreizt und so formschlüssig verbindet

7.6 Verbundanker

Verbundanker werden mit dem Baukörper verklebt. Die Befestigungseinheit besteht aus einer gläsernen Mörtelpatrone und einer Gewindestange mit Mutter und Unterlegscheibe (7.6). Verbundanker können hohe Lasten aufnehmen.

Montage. In das gesäuberte Bohrloch steckt man die Mörtelpatrone. Dann wird die Gewindestange mit der Schlagbohrmaschine bis zur Einbaumarkierung hineingedreht. Dabei zerspringt das Glasrohr. Durch die Drehbewegung dringt der Spezialmörtel in die Gewindegänge und fixiert die Gewindestange im Bohrloch (7.7).

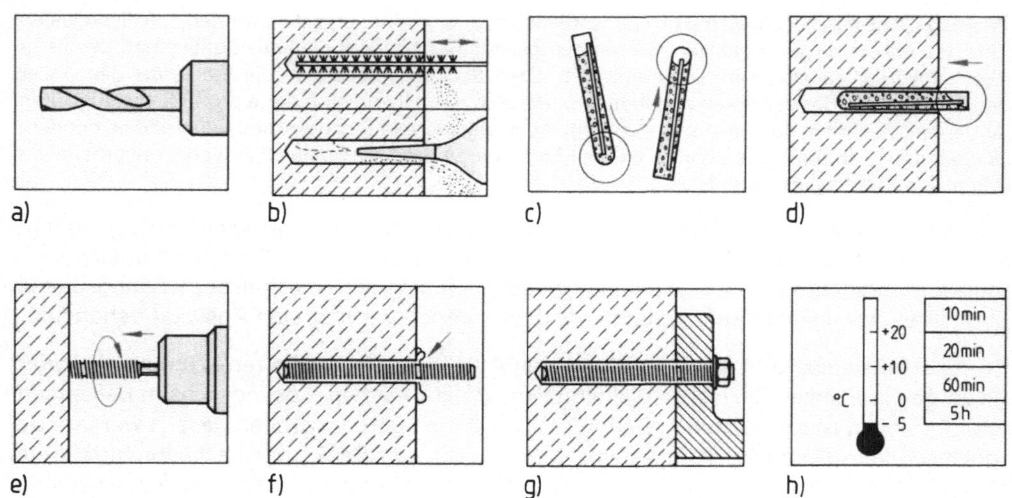

7.7 Montage von Verbundankern

a) Loch bohren, b) Bohrung säubern, c) Mörtelpatrone schütteln, d) Patrone einführen, e) Gewindestange einschrauben, f) überflüssigen Mörtel entfernen, g) nach Aushärtezeit (h) Bauteil montieren

Injektionsanker. In weichen Baustoffen wie Gasbeton oder in Lochsteinen kann es Probleme beim Ankersetzen geben, z.B. dadurch, daß der Anker in den Hohlräumen der Hohlblocksteine nicht genügend Halt findet. Injektionsanker sind so konstruiert, daß durch den Anker und das Bohrloch Mörtel in die Hohlräume gepreßt werden kann, der nach dem Abbinden für eine gut belastbare Verbindung sorgt.

Montage. Wenn die Bohrung im Baukörper hergestellt und entstaubt ist, wird der Anker eingesetzt und mit einem Dichtflansch versehen. Dieser verhindert das Austreten des Injektionsmörtels beim Einpressen. Das geschieht mit Hilfe einer Mörtelpresse. Der Mörtel wird durch den hohlen Anker gepreßt und tritt durch Öffnungen im Ankerloch aus. Nach maximal 16 Stunden bindet er ab. Danach ist der Anker form- und stoffschlüssig mit dem Baukörper verbunden. Er kann im Rahmen der vom Hersteller vorgegebenen Werte belastet werden (**7.8**).

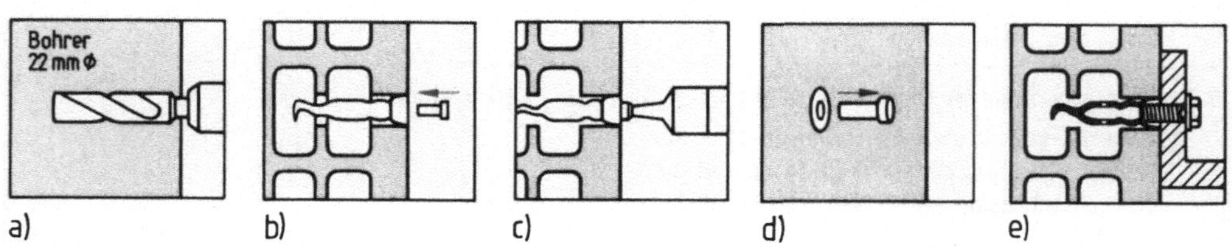

7.8 Montage von Injektionsankern

a) Loch bohren, b) Dübel und Dichtflansch einführen, c) den angesetzten Mörtel durch den Anker in den Hohlraum pressen, d) Flansch entfernen, e) nach dem Aushärten Bauteil montieren

Beschrieben wurden hier Grundsätze der Ankermontage. Die Industrie bietet eine Vielzahl von Verankerungsmöglichkeiten an, über die sich der Anwender in umfangreichen technischen Abhandlungen und Herstellerkatalogen informieren kann.

154

7.1.2 Dübel

Dübel sind aus der Befestigungstechnik nicht mehr wegzudenken. Die gebräuchlichen Dübel bestehen aus Nylon. Mit ihnen lassen sich Bauteile sauber, sicher und rationell in allen mineralischen Baustoffen befestigen. Je nach Eigenschaft des Baustoffs und nach den Anforderungen an die Befestigung stehen Dübel von hoher Tragfähigkeit zur Verfügung.

Die größtmögliche Tragfähigkeit des Dübels wird erreicht, wenn der Schraubendurchmesser nicht kleiner als der Nenndurchmesser des Dübels ist und die Schraube mindestens um einen Schraubendurchmesser aus dem Dübel herausragt (7.9).

7.9 Voraussetzungen für die sichere Montage von Universaldübeln

---

Universaldübel eignen sich aufgrund ihrer Form für Befestigungen sowohl in Vollbaustoffen als auch in Lochsteinen oder Hohlwänden. Sie sind so bemessen, daß sie sich beim Eindrücken in die Bohrung der *Vollbaustoffe* zunächst im Durchmesser verengen. Wird die Schraube hineingedreht, spreizt sich der Dübel, preßt sich vollflächig an die Wand der Bohrung und erzeugt so einen guten Reibschluß. Wichtig ist es, den für den Dübel größtmöglich angegebenen Schraubendurchmesser zu verwenden (7.10).

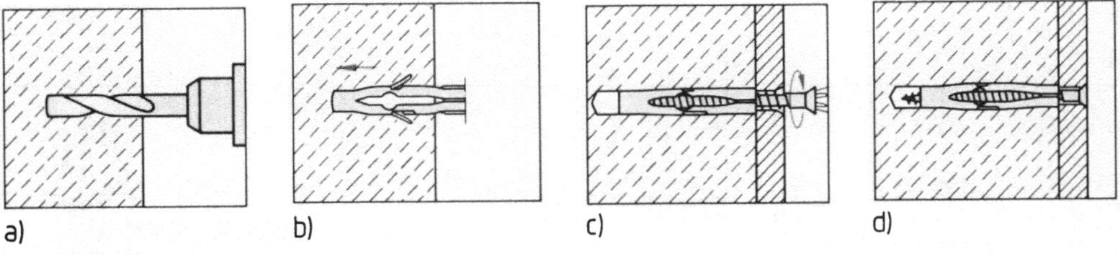

7.10 Montage von Universaldübeln
a) Loch bohren, b) Dübel einführen, c) Schraube eindrehen, d) Bauteil montiert

Bei *Hohlsteinen* wird das Dübelmaterial durch die Schraube in den Hohlraum gepreßt. Dadurch sind hohe Auszugskräfte gewährleistet (7.11). An *Hohlwänden* zieht die

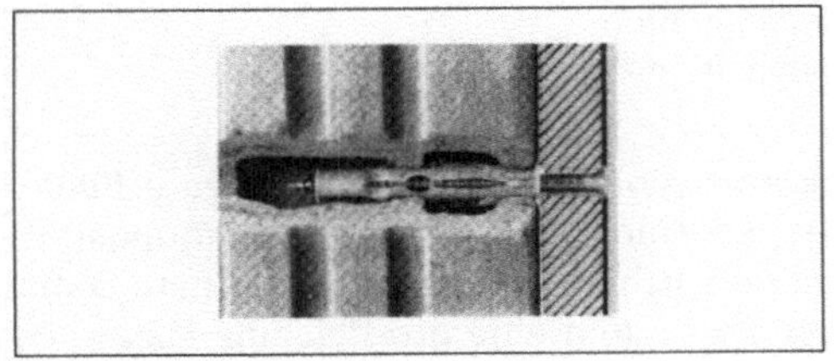

7.11 In Hohlsteinen montierter Dübel

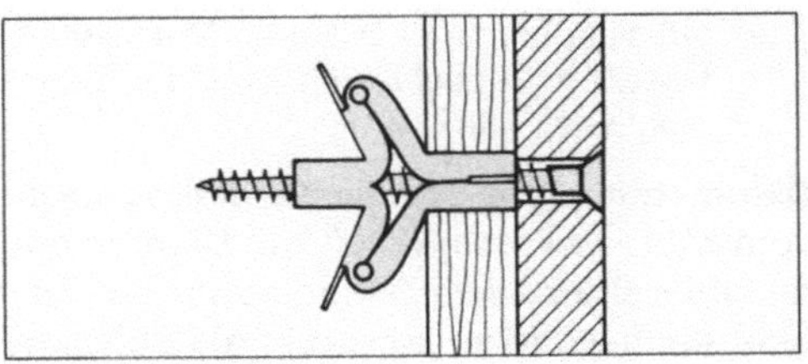

7.12 Dübelmontage an Hohlwänden

Schraube den Werkstoff des Dübels so an, daß das Material abknickt – der Dübel wird verriegelt (7.12). Um ein maximales Ausknicken zu erreichen, sollte man stets Schrauben mit einem bis zum Kopf reichenden Gewinde benutzen.

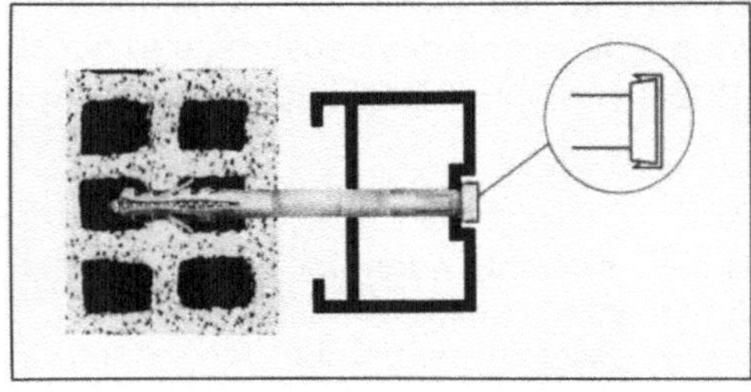

7.13   Rahmendübelmontage mit Zierkappe

Rahmendübel sind in verschiedenen Ausführungen aus Nylon oder Metall lieferbar. Sie dienen zur Montage von Fenster- oder Türrahmen aus Holz, Metall oder Kunststoff an Baukörpern aus Beton, Hohlkammer-, Loch- oder Vollsteinen. Wenn man die für diese Dübel vorgesehenen Schrauben verwendet, kann man den Schraubenkopf unter Abdeckkappen verbergen. So ergibt sich eine optisch ansprechende Montage (7.13).

Abstandsdübel. Sollen Unterkonstruktionen für Fassadenbekleidungen montiert werden, muß die bauphysikalisch wesentliche Forderung nach einer angemessenen Hinterlüftung erfüllt sein. Zu diesem Zweck stehen *Abstandsdübel* zur Verfügung. Mit Hilfe einer Bohrlehre stellt man die Bohrlöcher her, fixiert den Dübel mit einer Bundmutter und steckt ihn dann in das Dübelloch. Danach wird die Konstruktion verschraubt (7.14).

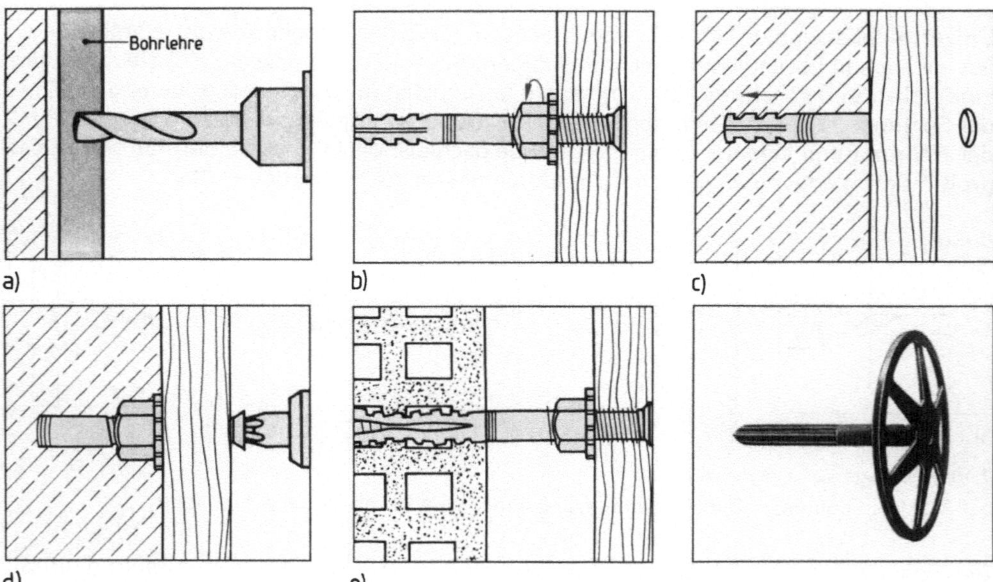

7.14   Montage mit Abstandsdübeln
a) Loch bohren, b) Dübel an Montageteil fixieren, c) Montageteil mit Dübel einführen und d) verschrauben, e) fertig montiertes Teil

7.15   Dämmstoffhalter

Dämmstoffhalter. Um die Forderung nach angemessener Wärmedämmung zu erfüllen, versieht man Fassaden oft mit Dämmstoffen gegen Wärmeverlust. Als Befestigungsmittel dafür eignen sich Dämmstoffhalter. Sie zeichnen sich in Verbindung mit einem Dübel oder als besonders konstruiertes Befestigungsmittel durch eine großflächige Halterung aus, die eine sichere Montage am Baukörper gewährleistet (7.15).

156

7.1.3 Setzbolzen

Setzbolzen sind Befestigungsteile, die mit einem Spezialwerkzeug, dem *Bolzenschubgerät,* in die dazu geeigneten Werkstoffe getrieben werden. Geeignet sind Beton B 10 bis B 55, Baustahl, Leichtmetall, Stahlguß und Vollsteinmauerwerk.

> In Beton oder Mauerwerk müssen Wand oder Decke dreimal so dick sein, wie der Setzbolzen tief eindringt.

Je nach Setzbolzen entstehen unlösbare Verbindungen (wobei der Setzbolzen eine nagelähnliche Funktion hat) oder lösbare Verbindungen. Im letzten Fall sind die Bolzen mit Innen- oder Außengewinde oder mit Stiftlöchern versehen (7.16). Die Setzbolzen müssen passend zum Werkzeug ausgewählt werden. Als Werkzeug zum Eintreiben der Setzbolzen dienen Bolzenschubgeräte (7.17).

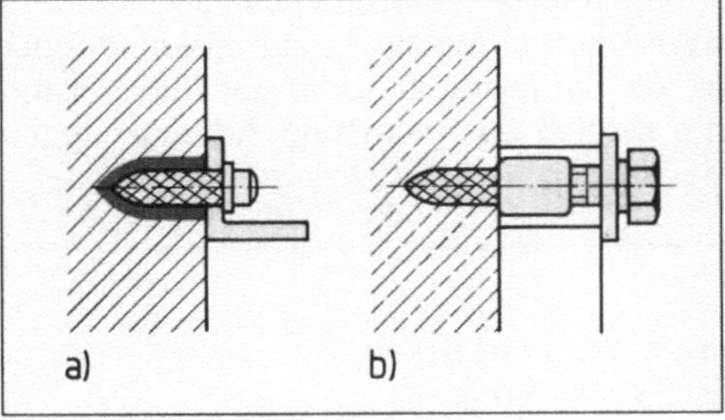

7.16 Beispiele für Setzbolzenmontage

    a) Verschweißung beim Befestigen eines L-Profils an einem Stahlträger

    b) Lösbare Verbindung an einem Setzbolzen mit Innengewinde

7.17 Arbeiten mit dem Bolzenschubgerät

> Verwendet werden dürfen nur Bolzen*schub*werkzeuge mit gültigem Prüfzeichen. Es gilt höchstens zwei Jahre. Nach der Prüffrist darf das Werkzeug *nicht* mehr verwendet werden! (7.18)
>
> Bolzen*treib*werkzeuge sind verboten!

7.18 Prüfzeichen für Bolzenschubgeräte

    a) Zulassung durch die Physikalisch-Technische Bundesanstalt (PTP)

    b) Laut Prüfzeichen im 2. Quartal 1983 geprüft (Quartalskennzeichen – hier 2 – zeigt in Laufrichtung)

Tabelle 7.19 **Kennzeichnung der Kartuschen-munition**

weiß	schwächste Ladung
grün	schwache Ladung
gelb	mittlere Ladung
blau	starke Ladung
rot	sehr starke Ladung
schwarz	stärkste Ladung

Die zum Bolzensetzen erforderliche Kraft richtet sich nach dem Material, in das der Bolzen getrieben wird. Gewonnen wird sie aus der Energie einer gezündeten Kartusche. Die Explosionsgase treiben den Setzbolzen über einen Kolben in den Werkstoff. Die Munition ist sorgfältig auszuwählen, um einwandfreie Verankerung bei geringstmöglicher Gefährdung zu erreichen (7.19).

Das Werkzeug ist so konstruiert, daß der Setzbolzen nicht wie bei einer Schußwaffe mit hoher Geschwindigkeit aus der Mündung austreten kann. Vielmehr drückt ihn ein Kolben, der durch den Explosionsdruck der Gase nach vorn getrieben wird, in den Verankerungsgrund. Durch Verdichten des Untergrunds bei Beton beziehungsweise durch Verschweißen des Setzbolzens mit Metallen aufgrund der hohen Eintreibenergie entsteht eine Befestigung, die hohen Auszugskräften widersteht.

Wichtig für die sichere Verankerung des Setzbolzens im Untergrund sind bestimmte Mindestabstände zwischen den Bolzen und (wegen der Unfallverhütung) auch zu freien Kanten. Hält man die Abstände nicht ein, kann der Werkstoff entweder so einreißen, daß der Halt des Setzbolzens im Untergrund nicht mehr gewährleistet ist, oder der Bolzen kann bei zu geringem Abstand von der freien Kante seitlich austreten und Arbeitskollegen gefährden.

Mindestabstände von Setzbolzen

untereinander bei Stahl	5 × Bolzenschaftdurchmesser
– bei Beton und Mauerwerk	10 × Bolzenschaftdurchmesser
von freien Kanten bei Stahl	5 × Bolzenschaftdurchmesser
– bei Beton und Mauerwerk	5 cm

Der Umgang mit Bolzenschubwerkzeugen ist gefährlich, wenn man sie nicht verantwortungsbewußt und vorschriftsmäßig handhabt. Deshalb gelten besondere Beschäftigungsbeschränkungen.

Bolzenschubwerkzeuge dürfen nur von Auszubildenden über 16 Jahre unter Aufsicht und nur dann benutzt werden, wenn dies zur Ausbildung erforderlich ist.

Aufgaben zu Abschnitt 7.1

1. Welche Voraussetzung müssen Befestigungsmittel für tragende Konstruktionen erfüllen?

2. Erläutern Sie den Unterschied zwischen kraftschlüssigen und stoffschlüssigen Verbindungen von Befestigungsmitteln.

3. Sie sollen in Beton und in Lochsteine Dübel setzen. Zur Verfügung steht eine Schlagbohrmaschine. In welchem Werkstoff arbeiten Sie mit Schlag- oder Drehgang?

4. Wie werden Setzbolzen befestigt?

5. Warum müssen Sie beim Setzen von Setzbolzen die vorgeschriebenen Abstände zu Außenkanten genau einhalten?

6. Wann darf ein 18jähriger Auszubildender mit Bolzenschubgeräten arbeiten?

7. Warum sind Setzbolzen in Metallen bzw. Beton besonders fest verankert?

7.2 Stahlbauten

Stahl ist ein Werkstoff, ohne den moderne Bauwerke schwer zu verwirklichen wären. Er erlaubt, Teile vorzumontieren und an der Baustelle zusammenzufügen. Der Baukörper kann durch zusätzliche Montage von Trägern oder Stützen leicht vergrößert oder verändert werden. Dank besonderer Konstruktionsformen läßt sich das Bauwerk graziler gestalten, ohne an Festigkeit einzubüßen.

Mit den Methoden des Stahlhochbaus entstehen z. B. Brücken, Hochhäuser, Hallen und technische Bauwerke wie die Parabolantennen in Erdfunkstellen. Mit Stahlbauverfahren lassen sich technische Anlagen in kurzer Zeit montieren und nach Gebrauch demontieren, um sie an anderem Ort erneut einzusetzen (**7.20**). Dabei löst der Stahlbauer seine Aufgaben je nach Gegebenheiten durch Stahlskelett- oder Seilnetzkonstruktionen.

7.20 Zum Transport zerlegter Baukran

Ein Stahlskelettbau besteht aus **Stützen, Trägern** und **Aussteifungen** (**7.21**). Bei mehrgeschossiger Bauweise ruhen die Deckenträger auf Unterzügen (**7.22**). Sie alle dienen dazu, die durch Wind oder Schnee, durch Eigen- oder Verkehrslast auf das Bauwerk einwirkenden Kräfte aufzunehmen. Bei großer Spannweite werden die Träger als Fachwerke gestaltet.

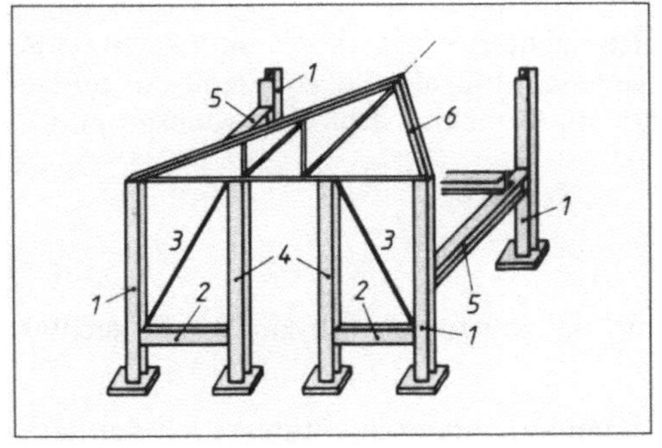

7.21 Bezeichnungen am Stahlbau

   1 Stützen   *3* Aussteifung   *5* Träger
   2 Riegel   *4* Wandstiel   *6* Fachwerk

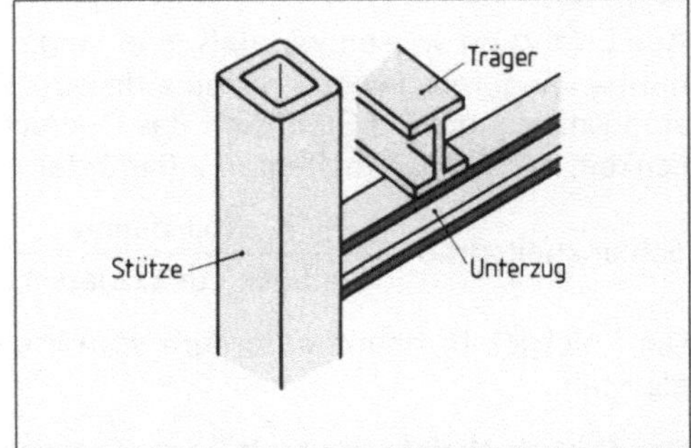

7.22 Stütze mit Unterzügen

7.2.1 Stützen

Stützen leiten alle auf das Bauwerk wirkenden Kräfte über den Stützenkopf, Stützenschaft und Stützenfuß in das Fundament (**7.23** auf S. 160).

Beanspruchung. Meist stehen Stützen senkrecht und werden durch *eine* Druckkraft beansprucht. Bei Trägeranschlüssen tritt auch Biegebeanspruchung auf. Weil Stützen im Verhältnis zur Länge einen geringen Querschnitt haben, besteht die Gefahr des Wegknickens

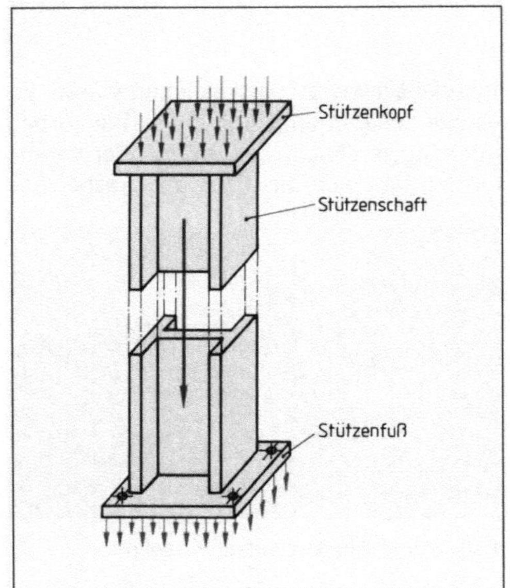

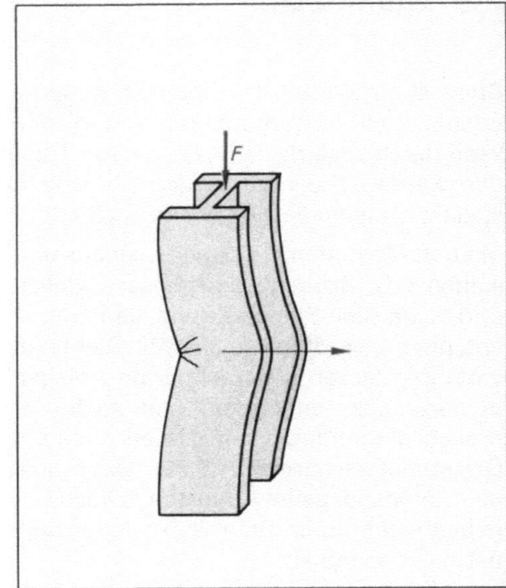

7.23 Kräfteverlauf in einer Stütze

7.24 Prinzip einer wegknickenden Stütze

(7.24). Deshalb werden sie (sofern es sich nicht um Hängestützen handelt) auf *Knickung* berechnet. Ausschlaggebend für die Dimensionierung einer Stütze ist die zulässige Knickspannung. Sie darf nicht überschritten werden.

Aus Erfahrung wissen wir, daß eine lange Stütze leichter wegknickt als eine kurze, eine dünne wiederum leichter als eine dickere. Entscheidend für die Belastbarkeit der Stütze sind Knicklänge und Steifigkeit des Querschnitts. Ihr Verhältnis ergibt die Knickempfindlichkeit, den Schlankheitsgrad λ (lambda).

$$\text{Schlankheitsgrad} = \frac{\text{Knicklänge}}{\text{Steifigkeit des Querschnitts}}$$

Die Knickgefahr hängt außerdem vom Werkstoff der Stütze ab. Holz knickt z.B. leichter als Stahl.

Das Omega-Verfahren vereinfacht die Knickberechnung, indem die Stablast mit der dem Schlankheitsgrad zugeordneten Knickzahl ω (omega) multipliziert wird. Sie ist bestimmt durch das Verhältnis der zulässigen Druckspannung zur zulässigen Knickspannung und berücksichtigt den Werkstoff und die Knicksicherheit. Der Wert für ω ist Tabellen zu entnehmen.

In Deutschland ist das Omega-Verfahren für den Brücken-, Kran- und Stahlbau vorgeschrieben. Nachzuweisen ist, daß die vorhandene Knickspannung nicht größer als die zulässige Druckspannung ist.

Bedingung $\sigma_{K\,vorh} \leqq \sigma_{Dzul}$

Rechnung $\sigma_{K\,vorh} = \dfrac{\text{Stablast } (F) \cdot \text{Omega } (\omega)}{\text{Stützenquerschnitt } (S)}$

Nachweis $\sigma_{K\,vorh} = \dfrac{F \cdot \omega}{S} \leq \sigma_{Dzul}$

160

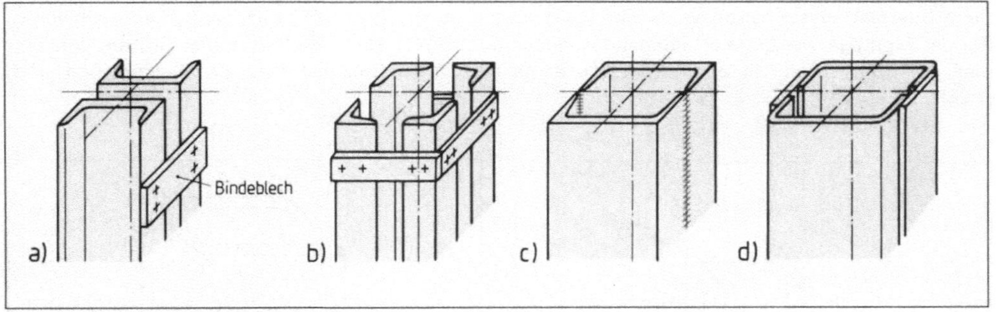

7.25 Gestaltungsmöglichkeiten für Stützen

    a) 2 U-Profile mit Bindeblech (geschweißt oder genietet)
    b) 4 L-Profile mit Bindeblech (geschweißt oder genietet)
    c) 2 U-Profile (geschweißt)
    d) Kastenstütze (geschweißt)

Dieser Nachweis gilt jedoch mit der Einschränkung, daß die Stütze senkrecht und der Stützenkopf in der Mitte belastet werden.

Eine Stütze ist um so knickfester, je weiter der belastete Materialquerschnitt vom Schwerpunkt der Querschnittsfläche entfernt ist. Nach diesem Grundsatz lassen sich unterschiedliche Stützen aus verschiedenen Profilen konstruieren (**7.25**).

Zu erwähnen sind noch die *Kastenstützen*. Sie werden aus Blechen zusammengeschweißt und dort verwendet, wo neben hohen Belastungen freie Formgestaltung gefordert ist (z. B. bei Pylonen von Brücken, **7.26**).

7.26 Kastenstützen an einer Autobahnbrücke

Durch einen Stützenstoß kann man Stützen verlängern. Ausgebildet wird er als Querplattenstoß oder als Laschenstoß.

Beim Querplattenstoß wird jeweils eine Platte an die zu verbindenden Stützenenden angeschweißt. Bei der Montage werden sie miteinander verschraubt (**7.27**). Beim Stoßen hohler Stützen versieht man die Querplatten mit *Zentriernocken,* damit sie einwandfrei fluchtend zu verschweißen sind (**7.28**).

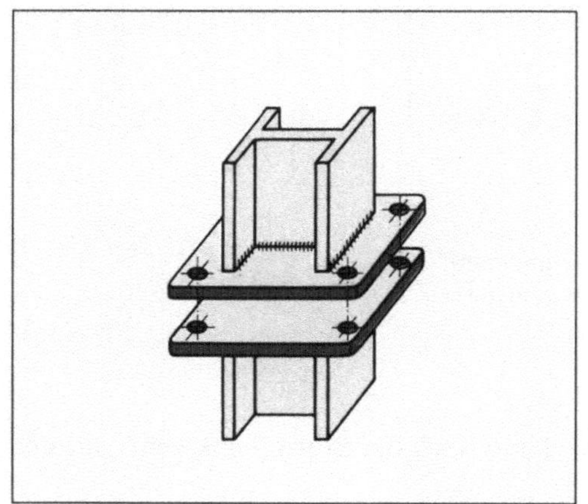

7.27 Querplattenstoß

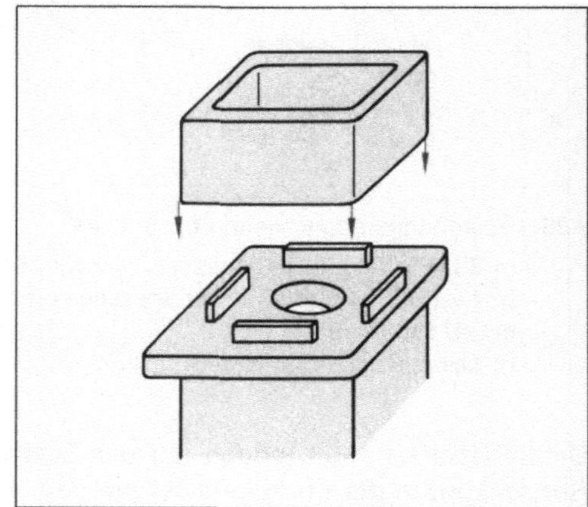

7.28 Querplattenstoß zur Verbindung von Hohl-
profilstützen

Werden Platten an Schaftenden von Stützen geschweißt, bei denen die Stirnflächen durch Brennschneiden entstanden sind, muß der gesamte Umfang des Profils verschweißt werden (**7.29**).

Der Laschenstoß erfordert eine besonders sorgfältige Bearbeitung der Stützen durch Sägen oder Fräsen an den Stirnflächen. Nur so ist gewährleistet, daß die Last gleichmäßig über den gesamten Querschnitt des Profils übertragen wird. Die Stützen werden schließlich bei der Montage miteinander verschraubt (**7.30**).

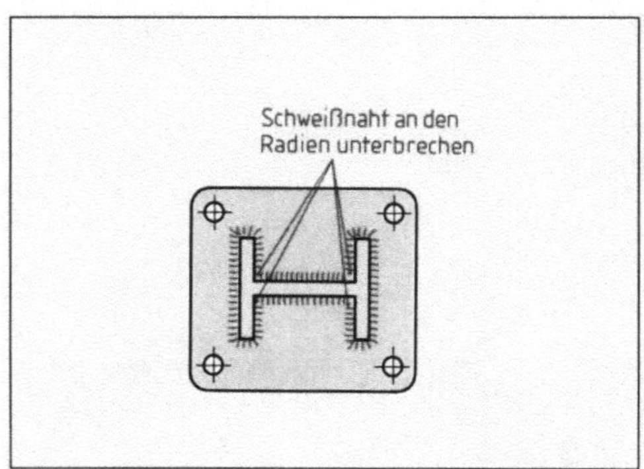

7.29 Schweißverlauf beim Verbinden gebrann-
ter Trägerstirnflächen mit einer Kopfplatte

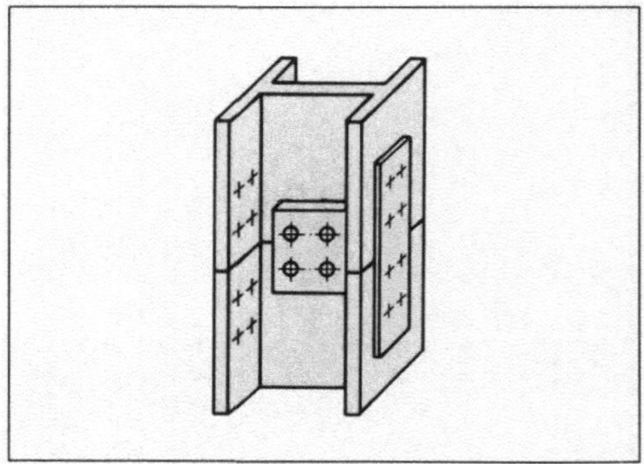

7.30 Laschenstoß an Stützen

Der Stützenkopf dient als Auflager für den Träger. Meist ist er als Platte ausgebildet und wird mit der Stirnfläche der Stütze verschweißt. Aussteifungen sorgen für zusätzliche Stabilität. Zur Sicherung wird der Träger mit der Kopfplatte verschraubt (**7.31**). Soll die Lastübertragung auf die Mitte der Kopfplatte sichergestellt werden, schweißt man *Zentrierleisten* auf die Kopfplatte. Sie helfen, zusätzliche Kippmomente zu vermeiden.

162

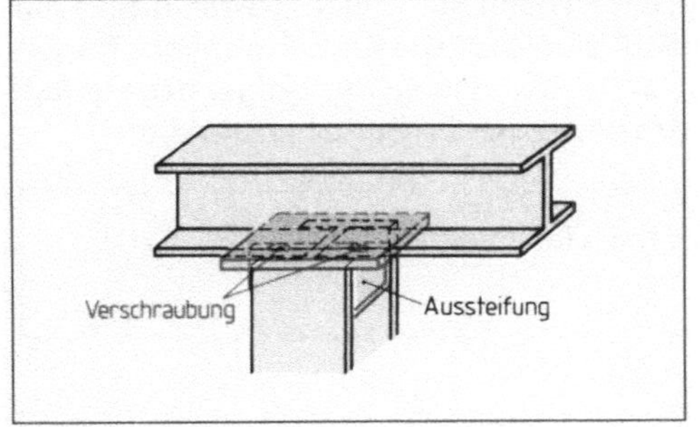

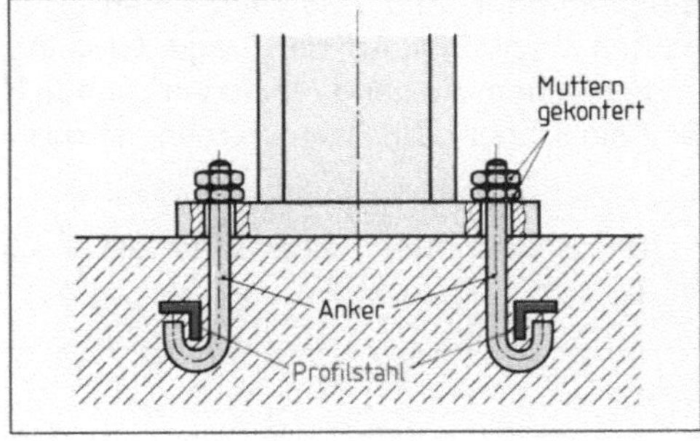

7.31 Kopfplatte, mit Träger verschraubt   7.32 Stützenfußverankerung

Stützenfuß. Wenn eine Stütze ohne ein Bauteil zur Lastübertragung auf einem Fundament steht, zerstört die große Druckspannung den Werkstoff des Fundaments. Die Last muß deshalb so verteilt werden, daß die für den Fundamentwerkstoff zulässige Druckspannung nicht überschritten wird. Man erreicht dies durch eine entsprechend große Auflagefläche der Fußplatte des Stützenfußes. Normalerweise ist dies eine Stahlplatte. Sie sollte so dick bemessen sein, daß sie sich unter der Last der Stütze nicht aufbiegt. Man vermeidet in diesem Fall, zusätzliche Aussteifungen einzuschweißen, die die Fertigung der Fußplatte nur verteuern.

Wird die Stütze ausschließlich durch Druck belastet, genügt es, die Fußplatte mit Ankerschrauben im Fundament zu montieren. Zusätzlich horizontal wirkende Kräfte erzeugen Biegemomente, die das Einspannen der Stütze erfordern. Dies geschieht z. B., indem man einen mit Ankern verbundenen Profilstahl in das Fundament einbetoniert (7.32).

7.2.2 Träger

Profile, die waagerecht montiert sind, Lasten aufnehmen und die auftretenden Kräfte in ein oder mehrere Auflager leiten, heißen Träger.

Beanspruchung. Die auf den Träger wirkenden Kräfte sind Folgen von *Einzellasten* (das können die Gewichte von Maschinen, Kranen, Fahrzeugen, Lagergütern und Menschen sein) oder *Streckenlasten* (wie das Eigengewicht des Trägers bzw. der Decken oder die Schneelast auf einem Hallendach). Hinzu kommen Beanspruchungen durch Schwingungen laufender Maschinen, durch horizontal wirkende Kräfte z. B. beim Abbremsen einer Kranbrücke in einer Halle, durch Windeinwirkung auf das Bauwerk oder durch Spannungen infolge Längenänderung des Trägers bei schwankenden Temperaturen.

Die unterschiedlichen Lastfälle muß der Stahlbauer berücksichtigen, wenn er einen Träger bestimmen soll.

Die Biegespannung (σ_b) eines Trägers kann nicht wie die Zugspannung nach der Formel $\sigma_z = F/S$ berechnet werden. Ausschlaggebend sind vielmehr das Biegemoment M_b und das Widerstandsmoment W. Das Biegemoment tritt an die Stelle von F, das Widerstandsmoment an die Stelle von S.

$$\sigma_b = \frac{M_b}{W}\ [\text{N/mm}^2]$$

Biegemoment. Bild **7.33** zeigt einen einseitig eingespannten Träger. Träger dieser Art heißen *Kragträger.* Auf den Träger wirkt im Punkt *A* eine Last. Die Kraft *F* greift am Trägerende in einem Abstand *l* (dem wirksamen Hebelarm) an und biegt den Träger nach unten. Soll ein Träger bemessen werden, ist das maximale Biegemoment zu bestimmen.

> Das Biegemoment ist das Produkt aus Kraft mal Hebelarm in Ncm.
>
> $M_b = F \cdot l$ [Ncm]

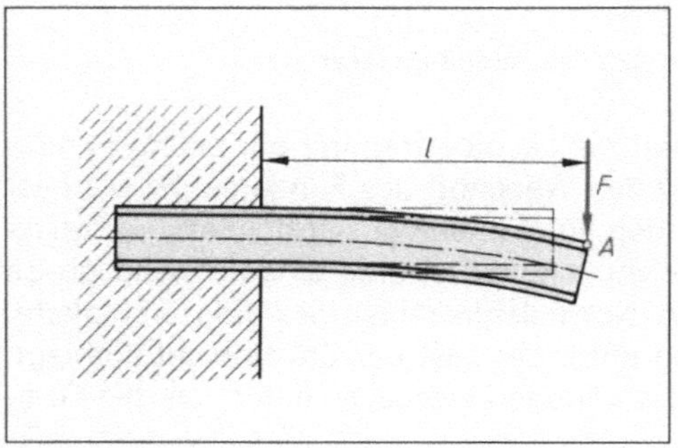

7.33   Belasteter Träger

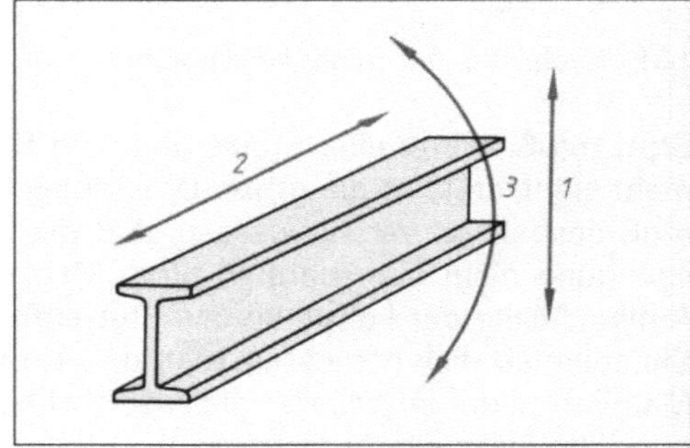

7.34   Freiheitsgrade am Träger

Träger auf zwei Stützen. Kräfte, die durch die Lasten auf einem Träger entstehen, werden von den Auflagern aufgenommen. Ein Träger in der Ebene hat drei *Freiheitsgrade:* Er kann sich in der Senkrechten und in der Waagerechten bewegen und um einen Punkt kreisen (**7.34**). Durch ein festes und ein loses Auflager werden ihm diese Freiheitsgrade genommen: Er kann sich nicht mehr in der Waagerechten und Senkrechten bewegen und auch nicht wegkippen (**7.35**). Zwei feste Auflager sind nicht zulässig, weil Längenänderungen aufgrund von Temperaturschwankungen zusätzliche Druckspannungen erzeugen.

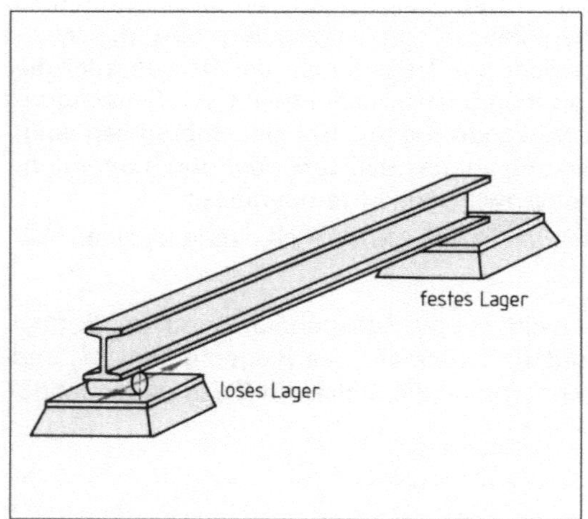

7.35   Eingeschränkte Freiheitsgrade durch loses
       und festes Lager

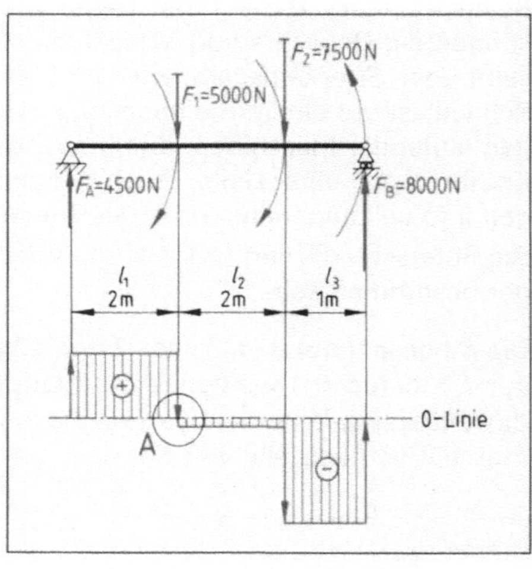

7.36   Biegemomente und Querkräfte am
       Träger

Bild **7.36** hilft zu verstehen, wie man das maximale Biegemoment berechnet. Im Prinzip werden die Hebelgesetze angewendet. Wir gehen davon aus, daß alle Kräfte am Träger am jeweils wirksamen Hebelarm ein Drehmoment erzeugen, das den Träger um einen gewählten Punkt links- oder rechtsherum drehen will. Zunächst bestimmen wir mit der *Momentenregel* die Auflagerkräfte F_A und F_B. Alle rechtsdrehenden Momente erhalten das Vorzeichen +, alle linksdrehenden das Vorzeichen −. Ist die Summe aller Momente = 0, befindet sich der Träger im *Gleichgewicht*.

---

1. Gleichgewichtsbedingung
Die Summe (Σ) aller rechtsdrehenden Momente ist gleich der Summe aller linksdrehenden.

$$\Sigma M = 0$$

Wir wählen nun eines der Auflager (z.B. *A*) als Drehpunkt, so daß ein einarmiger Hebel entsteht. Die Auflagerkraft F_B will diesen Hebel nach links drehen, die Kräfte F_1 und F_2 wirken dieser Drehbewegung jedoch entgegen. F_B bildet mit dem Hebelarm $(l_1 + l_2 + l_3)$ das linksdrehende Moment, die rechtsdrehenden Momente entstehen aus $F_1 \cdot l_1$ und $F_2 \cdot (l_1 + l_2)$. Nach der Momentenregel ergibt das

$$F_1 \cdot l_1 + F_2(l_1 + l_2) - F_B \cdot (l_1 + l_2 + l_3) = 0 \quad \text{oder} \quad F_1 \cdot l_1 + F_2(l_1 + l_2) = F_B \cdot (l_1 + l_2 + l_3).$$

Umgestellt nach F_B erhalten wir

$$F_B = \frac{F_1 \cdot l_1 + F_2(l_1 + l_2)}{(l_1 + l_2 + l_3)}.$$

Beispiel Das Auflager bei A wird als Drehpunkt angenommen, eingesetzt werden die Zahlen aus Bild **7.36**.
Gegeben: $F_1 = 5000$ N, $F_2 = 7500$ N, $l_1 = 2$ m, $l_2 = 2$ m, $l_3 = \mathbf{1\ m}$
Gesucht: F_B in N

Lösung $F_B = \dfrac{5000\ \text{N} \cdot 2\ \text{m} + 7500\ \text{N} \cdot (2\ \text{m} + 2\ \text{m})}{(2\ \text{m} + 2\ \text{m} + 1\ \text{m})} = \mathbf{8000\ N}$

Querkräfte wirken quer zur Längsachse eines Trägers. Nach unten gerichtete Kräfte erhalten das Vorzeichen +, nach oben gerichtete das Vorzeichen −. Ist die Summe der Querkräfte gleich 0, ist wieder eine Gleichgewichtsbedingung erfüllt. Weil die Querkräfte vertikal wirken, nennt man sie auch *Vertikalkräfte F_V.*

---

2. Gleichgewichtsbedingung
Die Summe aller abwärtsgerichteten Querkräfte ist gleich der Summe aller aufwärtsgerichteten.

$$\Sigma F_V = 0$$

Nach dieser Bedingung läßt sich die Auflagerkraft bei A berechnen. Es ist

$$F_1 + F_2 - F_A - F_B = 0 \quad \text{oder} \quad F_A = F_1 + F_2 - F_B.$$

Beispiel   Gegeben: $F_1 = 5000$ N, $F_2 = 7500$ N (lt. **7.36**), $F_B = 8000$ N (nach obiger Rechnung)
Gesucht: F_A in N

Lösung $F_A = F_1 + F_2 - F_B$
$F_A = 5000$ N $+ 7500$ N $- 8000$ N $= $ **4500 N**

Weil ein Träger stets nach der größtmöglichen Beanspruchung zu bestimmen ist, muß das größte auftretende Biegemoment M_{bmax} ermittelt werden. Dort, wo es auftritt, ist auch die größte Biegespannung zu verzeichnen. Sie liegt in unserem Beispiel in Bild **7.36** am Punkt A. Die Lage des entsprechenden Querschnitts wird durch die Konstruktion der *Querkraftfläche* ermittelt. Versuchen Sie es einmal.

Beispiel   **Konstruktion der Querkraftfläche**

Man zeichnet die Null-Linie und dazu im Abstand des gewählten Längenmaßstabs (z. B. 1 cm $\triangleq$ 0,4 m) die Wirkungslinien der Kräfte. Auf ihnen trägt man in einem Kräftemaßstab (z. B. 1 cm $\triangleq$ 1000 N), beginnend beim Auflager A, die Kräfte in ihren Wirkrichtungen ab. Dort, wo die Null-Linie geschnitten wird (Nulldurchgang), liegt das größte Biegemoment. Die Kraft F_A wirkt am Hebelarm l_1.

Berechnung   Gegeben: $F_A = 4500$ N, $l_1 = 2$ m; gesucht: M_{bmax} in Nm

Lösung $M_{bmax} = F_A \cdot l_1$
$M_{bmax} = 4500$ N $\cdot 2$ m $= $ **9000 Nm**

Biegespannung. Bild **7.37** zeigt einen eingespannten Stab, der durch die Kraft F gebogen wird. Dabei wird die obere Randfaser gestreckt, d. h. auf Zug beansprucht, die untere dagegen gestaucht, also auf Druck beansprucht. Diese Längenveränderungen nehmen zur neutralen Faser $x{-}\cdot{-}x$ hin ab und erreichen dort den Wert 0. Die größte *Zug*spannung (σ_{zmax}) entsteht somit in der *gedehnten* Randfaser, die größte *Druck*spannung (σ_{dmax}) in der *gestauchten* Randfaser (**7.38**). Beide Spannungen sind zahlenmäßig gleich groß. Da es sich um die größtmögliche durch die Biegung verursachte Spannung handelt, bezeichnet man sie als *maximale Biegespannung* (σ_{bmax}). Wir unterscheiden sie durch das Vorzeichen in der Zugzone ($+$) und der Druckzone ($-$).

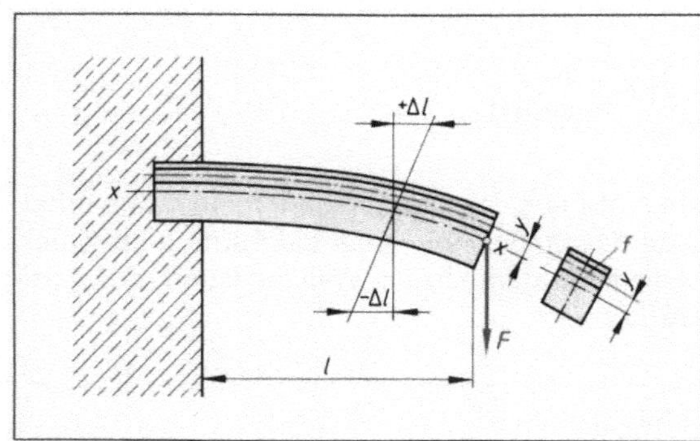

7.37   Spannungsverteilung in einem belasteten Träger

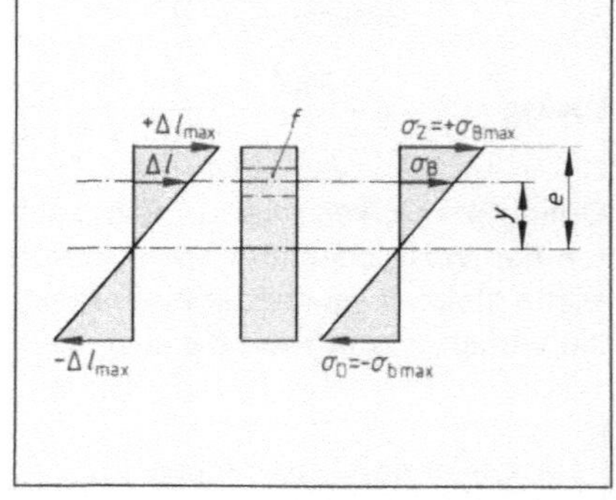

7.38   Grafische Darstellung der Spannungen in einem belasteten Träger

Widerstandsmoment. Betrachten wir im Querschnitt des Stabes einen ausgewählten Streifen mit dem Querschnitt f (für kleine Fläche). Hier entsteht als Folge der wirkenden Kraft eine *Biege*spannung σ_b, die ein *inneres Moment* hervorruft. Aus Gründen der Statik muß die Summe der inneren Momente aller Teilflächen mit dem Biegemoment im Gleichgewicht stehen. Aus der Summe aller Teilflächen und deren Abstand zur neutralen

166

Faser ergibt sich der Faktor J – das *Flächenmoment 2. Grades* (Trägheitsmoment). Seine Werte finden wir in gängigen Tabellenbüchern. Teilt man das Trägheitsmoment J durch den Abstand e der Randfaser von der Neutralen Faser, erhält man das Widerstandsmoment W. Seine Einheit ist cm^3.

> Um Träger richtig zu dimensionieren, muß das Widerstandsmoment W bestimmt werden.

Biegeachse. Bild **7.39** zeigt zwei gleiche Träger, die mit gleicher Kraft belastet werden. Die Durchbiegung erfolgt einmal um die Linie x–·–·–x zum anderen um y–·–·–y. Nehmen wir an, daß es sich um einen I-Träger DIN 1025-IPB 300-USt 37-2 handelt, dann beträgt das Widerstandsmoment laut Tabelle um die x-Achse W_x 1680 cm^3, um die y-Achse W_y 571 cm^3. Die zulässige Belastung des Trägers A kann somit mehr als dreimal größer sein als die des Trägers B.

> Träger sollen so montiert werden, daß sie in der Biegeachse des größeren Widerstandsmoments belastet werden.

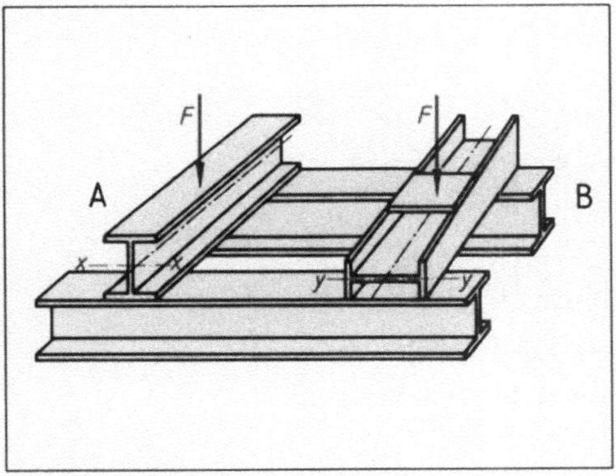

7.39 Belastung von Trägern bei unterschiedlicher Lage der Biegeachse

7.40 Trägerbezeichnungen

Montage von Trägern aus Normprofilen (7.40). Normprofile werden gewalzt und sind in Regellängen von 4 m bis 15 m lieferbar. Wir unterscheiden schmale und breite I-Träger.

Schmale I-Träger nach DIN 1025 werden mit Höhen bis zu 600 mm geliefert. Bei Belastung in der Biegeachse x–·–x beträgt das zulässige Widerstandsmoment W_x maximal 4630 cm^3.

Breite I-Träger, auch Breitflanschträger genannt, gibt es in den gleichen Regellängen wie schmale. Die Flanschflächen haben 9% oder 14% (nicht genormt) Fußneigung (das ist die Neigung an der Flanschinnenfläche) oder verlaufen parallel. Breitflanschträger mit paralleler Innenfläche werden in leichter oder verstärkter Ausführung angeboten. Ihre Höhe beträgt maximal 1000 mm, ihr maximales zulässiges Widerstandsmoment $W_x = 12\,890$ cm^3.

Benennung von Normprofilen in Zeichnungen. Um Zeichnungen für Stahlbauten übersichtlicher zu gestalten und ihre Lesbarkeit zu erleichtern, dürfen statt der genormten Bezeichnungen Kurzbezeichnungen eingetragen werden. Sie benennen das Profil sowie die erforderliche Höhe und Länge des Trägers. Es entfallen die Angaben der DIN und des Werkstoffs. Die vollständige Trägerbezeichnung wird in die Stückliste eingetragen. Die dort vergebene Positionsnummer taucht in der Zeichnung in hervorgehobener Größe am Ende der Kurzbezeichnung auf.

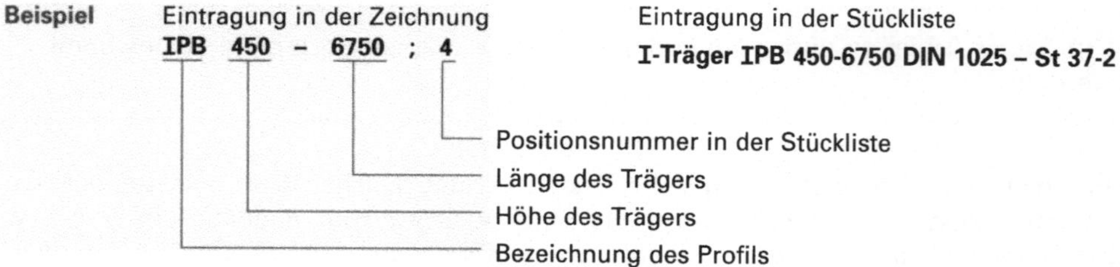

Erhöhte Tragfähigkeit von Normprofilen. Braucht man Träger mit Tragfähigkeiten, für die ein Normprofil nicht ausreicht, kann man außer den weiter unten genannten Möglichkeiten Normprofile miteinander verbinden. Dies geschieht mit Schrauben und Distanzstücken oder durch Verschweißen mit Bindeblechen. Dadurch erhöht sich die Tragfähigkeit. Je nach Länge des Trägers ordnet man die Querverbindung mehrfach an. Sie verhindert, daß sich die Trägerkombination in sich verdreht (7.41).

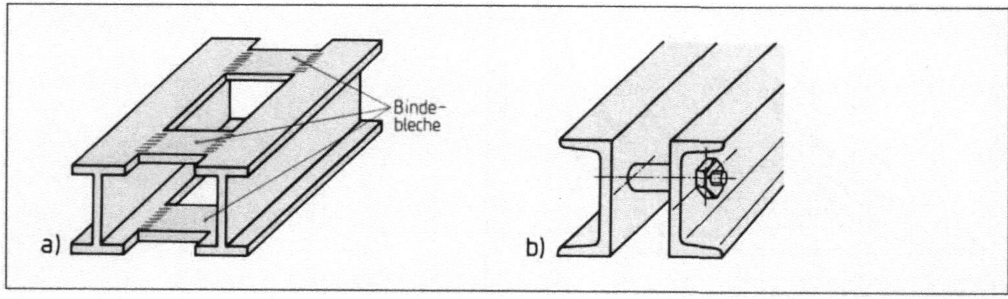

7.41   Verbindung von Normprofilen a) durch Bindebleche, b) durch Schrauben

Trägeranschluß heißt die Verbindung von Träger mit Stützen oder mit anderen Trägern. Er muß so gestaltet sein, daß je nach Belastung Längs- und Querkräfte sowie Biegemomente übertragen werden können. Durch Schrauben, Nieten oder Schweißen ergeben sich bündige oder nichtbündige Anschlüsse gleich oder verschieden großer Profile. Ihre Gestaltung richtet sich nach der Art der Belastung und dem Montageverfahren.

Bei bündigen Trägeranschlüssen liegt je ein Flansch der Träger in einer Ebene, bei nichtbündigen Anschlüssen liegt kein Flansch der Träger in einer Ebene (7.42).

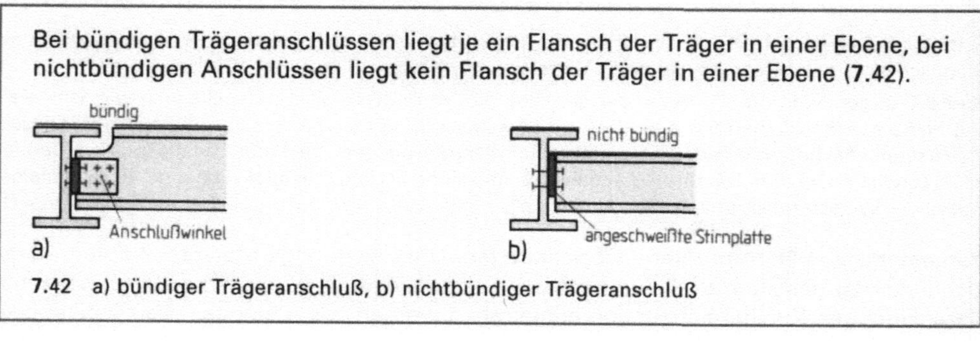

7.42   a) bündiger Trägeranschluß, b) nichtbündiger Trägeranschluß

Trägeranschlüsse sind typisiert. Die Abmessungen der Anschlußwinkel, Steglaschen oder Stirnplatten sowie die Anordnung von Bohrungen und der zugeordnete Schraubendurchmesser sind entsprechend der Tragfähigkeit von Steganschlüssen in Tabellen enthalten. Der Vorteil typisierter Trägeranschlüsse liegt in der Wirtschaftlichkeit und vereinfachten Montage.

Biegesteife Anschlüsse übertragen Biegemomente sowie Längs- und Querkräfte. Bild 7.43 zeigt den Anschluß an eine Stütze. Die mindestens 15 mm dicke Stirnplatte ist mit dem Träger verschweißt und wird mit der Stütze verschraubt. Um die auf den Flansch

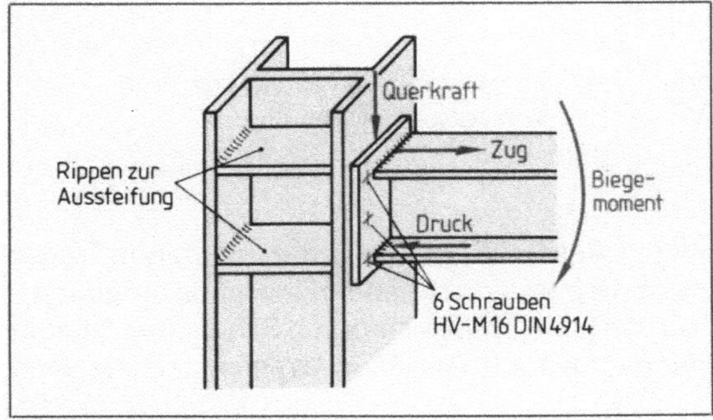

7.43 Biegesteifer Trägeranschluß an eine Stütze

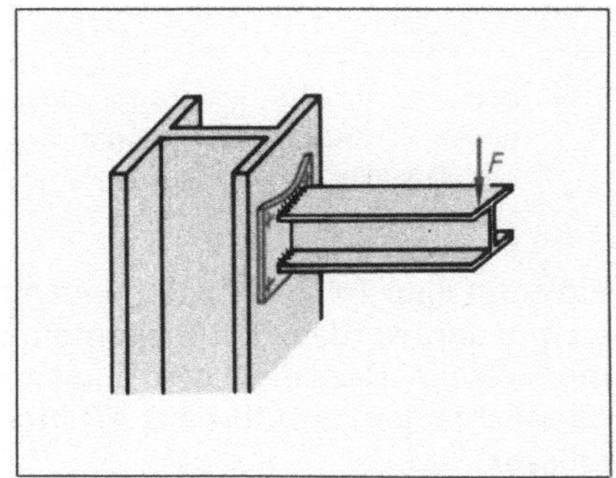

7.44 Verformung der Stirnplatte bei ungünstiger Verschraubung

und Steg der Stütze wirkenden Zug- und Druckkräfte aufzufangen, werden Rippen in die Stütze eingeschweißt. Sie können je nach Größe der Belastung und Bemessung des Stützenprofils auch entfallen. Damit die durch das Moment M auftretenden Kräfte die Stirnplatte nicht aufbiegen (7.44), setzt man die Schrauben möglichst nah an den auf Zug beanspruchten Flansch.

Wenn besonders große Momente auf den Anschluß wirken, erhöht sich die Belastung der auf Zug beanspruchten Schrauben. Dann vergrößert man die Anschlußhöhe, indem man die Kräfte über eine *Voute* (franz. vu:t) einleitet (7.45). Der auf Zug und Druck beanspruchte Stützenteil und der durch das Biegemoment auf Druck beanspruchte Trägerteil wird auch hier durch einzuschweißende Rippen verstärkt.

Trägerkreuzungen zählen zu den biegesteifen Anschlüssen. Sie werden als durchlaufende Kreuzungen oder aufeinanderliegend gestaltet. Aufeinanderliegende Träger sichert man durch verschraubte Winkel gegen Verrutschen und Kippen. Bild 7.46 zeigt zwei Konstruktionsmöglichkeiten zur Trägerfixierung. Selbstverständlich müssen je zwei gleiche Winkel verwendet werden.

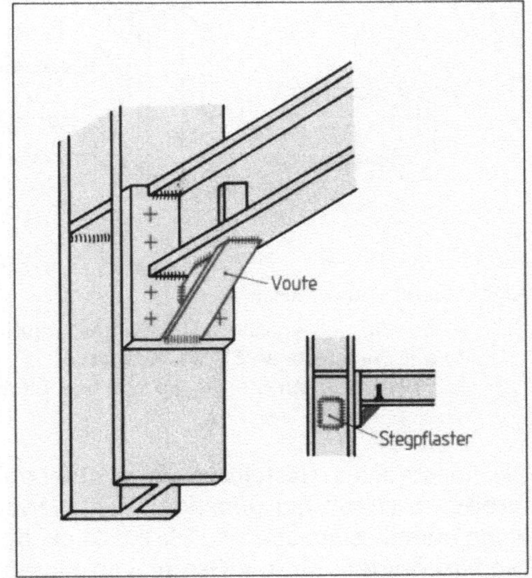

7.45 Biegesteifer Trägeranschluß mit Voute und Stegpflaster

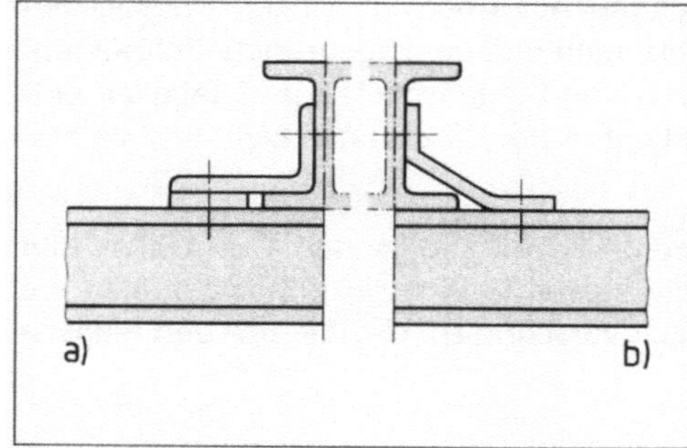
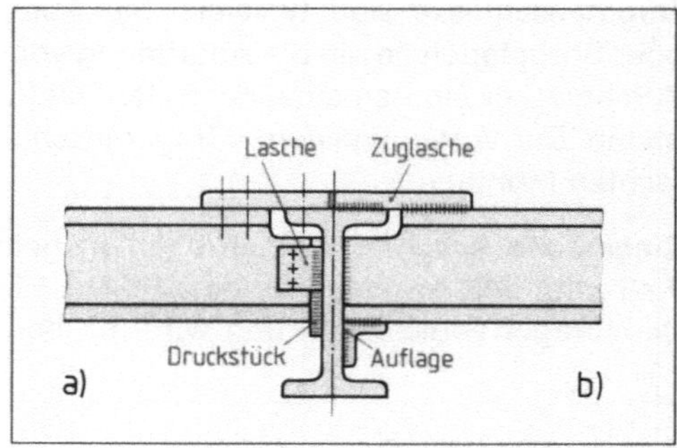

7.46 Beispiele für die Sicherung von Trägern gegen Verrutschen und Kippen durch Anschlußwinkel

7.47 a) geschraubte, b) geschweißte Trägerkreuzung mit Zuglasche

Erfordert eine Trägerkreuzung einen bündigen Anschluß, muß der durchlaufende Träger so montiert werden, daß Biegemomente trotz des unterbrochenen Flansches aufgenommen werden. Dazu dient eine Zuglasche. Der Anschluß läßt sich durch Schweißen, Nieten oder Schrauben ausführen (7.47). Auch hier gilt, daß alle Anschlüsse gleich gestaltet sein müssen.

Querkraftanschlüsse übertragen keine Momente. Weil sie an der Anschlußstelle der Einwirkung von Biegemomenten nachgeben, bezeichnet man sie auch als *gelenkig*. Meist werden die Trägerstege mit Steglaschen, Winkeln oder durch Stirnplatten verbunden. Die Anschlüsse sind typisiert.

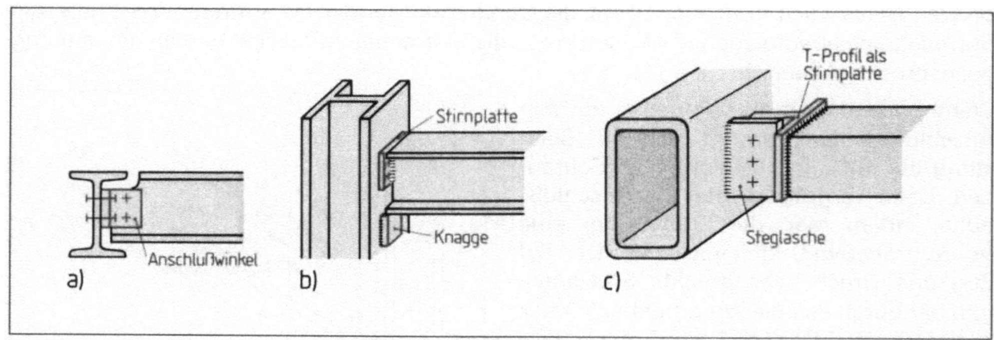

7.48 Querkraftanschlüsse

    a) bündig, mit Anschlußwinkeln geschraubt
    b) mit Stirnplatte an Stütze geschraubt
    c) Hohlprofile mit Steglasche und Stirnplatte

Die konstruktive Gestaltung eines Querkraftanschlusses hängt von der Trägerart und -größe ab (7.48). Ein günstiger Kräfteverlauf am anzuschließenden Träger ergibt sich, wenn man diesen ausklinkt. Die Ausklinkung darf nicht scharfkantig, sondern muß ausgerundet erfolgen, um die Gefahr von Rissen zu vermeiden. Bild **7.49** zeigt, daß sich der tragende Querschnitt des Steges bei einer abgebohrten Ausklinkung verringert. Deshalb sollen Profile mit einer geringeren Steghöhe als 200 mm ausgerundet werden.

170

Ähnlich den Querkraftanschlüssen an Trägern werden auch die an Stützen hergestellt. Gegebenenfalls schweißt man *Knaggen* (das sind Winkel oder Bleche) an die Stützen, auf denen der Träger ruht. Steglaschen oder Winkel sichern den Träger dann gegen Kippen oder Rutschen.

Verlängern von Trägern. Die Regellängen von Normprofilen betragen bis zu 15 m. Sind längere Träger erforderlich oder wird die Trägerlänge durch Transport- oder Montageprobleme eingeschränkt, muß man den Träger verlängern. Die Verbindungsstelle heißt *Stoß*. Ein Stoß kann geschraubt, genietet oder geschweißt werden. Liegt er auf einer Stütze, genügt ein einfacher Stoß. Er überträgt nur Längs- und Querkräfte (**7.50** a). Ein Stoß zwischen zwei Stützen wird durch Biegung beansprucht und muß daher biegesteif gestaltet sein (**7.50** b). In diesem Fall werden nicht nur die Stege, sondern auch die Flansche durch Laschen verbunden.

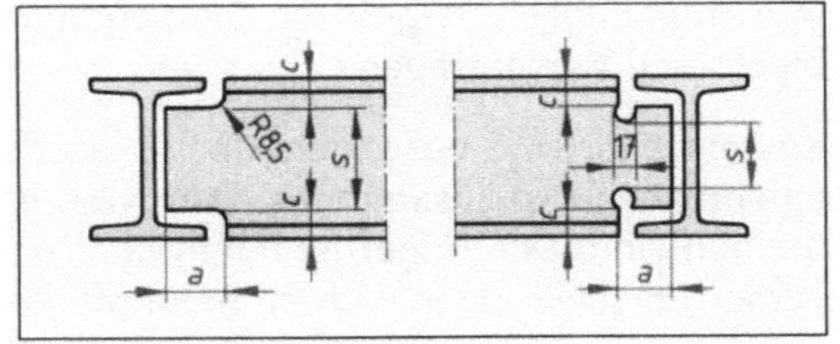

7.49 Normgerechte Ausklinkungen

Die Maße *a* und *c* sind nach Tabellenbüchern zu ermitteln. Wegen zu großer Querschnittsverringerung (*s*) Träger $\leq$ 200 mm Höhe nicht bohren

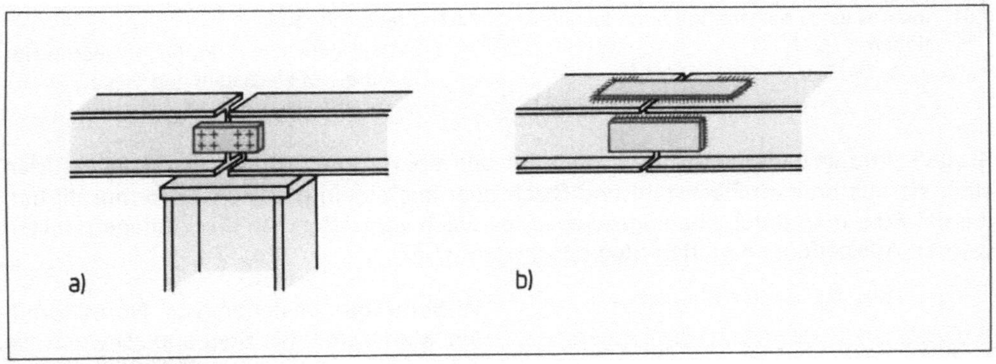

7.50 Trägerstöße

a) Gelaschter Stoß auf Stütze, b) biegesteifer Stoß

Werden biegesteife Trägerstöße hergestellt, muß die Summe der Laschenquerschnitte mindestens der Querschnittsfläche des Trägers entsprechen.
Die Zahl von Stößen in einer Stahlbaukonstruktion soll möglichst klein gehalten werden.

Biegesteife Stöße lassen sich besonders wirtschaftlich mit typisierten Stirnplatten herstellen, die mit den Kopfenden der Träger verschweißt und auf der Baustelle verschraubt werden. Die Stirnplatten wählt man entsprechend der Trägerbelastung aus Tabellen.

Trägergestaltung

Neben den bisher behandelten Trägern aus Normprofilen erfordern Stahlbauten wie z.B. Brücken, Träger besonders zu konstruieren oder Normprofile so zu verändern, daß sich ihre Tragfähigkeit vergrößert. Die gebräuchlichsten Träger dieser Art sind Kasten-, Stegblech- und Wabenträger.

Kastenträger sind besonders hoch belastbar. Sie werden aus Blechen den Belastungen entsprechend so zusammengeschweißt, daß Ober- und Untergurt mit zwei Stegen verbunden sind. Der Träger ist innen hohl und je nach Größe des Trägers auch begehbar. Versorgungsleitungen werden dann oft innerhalb des Trägers verlegt (7.51).

7.51   Inneres eines Kastenträgers mit Installationen

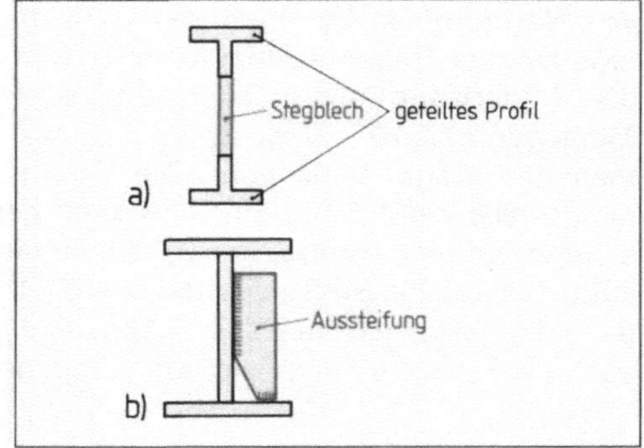

7.52   Stegblechträger
a) aus geteiltem I-Profil, b) geschweißt aus breitem Flachstahl und Blech

Stegblechträger nehmen große Lasten auf und überbrücken große Spannweiten. Man stellt sie aus breitem Flachstahl und Blech oder aus einem geteilten I-Normprofil her, dessen Steg man durch ein eingeschweißtes Blech vergrößert. An den Auflagerpunkten werden Aussteifungen an den Steg geschweißt (7.52).

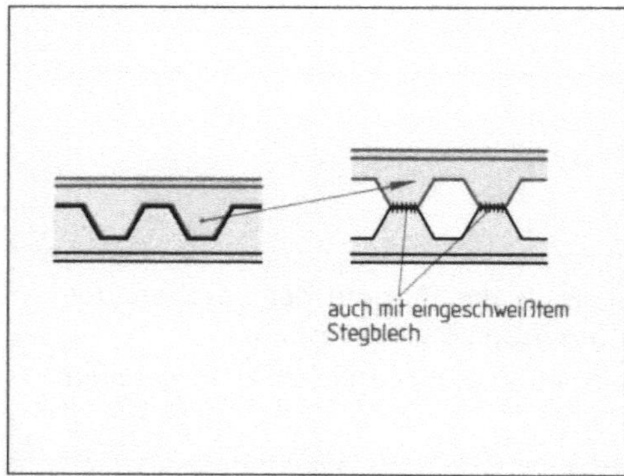

7.53   Entstehung eines Wabenträgers

Wabenträger bestehen aus Normalprofilen. Man trennt den Steg und schweißt die Trägerhälften zusammen (7.53). Manchmal werden noch Zwischenbleche eingeschweißt, die den Steg zusätzlich verlängern. Dadurch kann der Träger ein größeres Biegemoment aufnehmen. Die im Steg entstandenen Durchbrüche beeinträchtigen die Tragfähigkeit des Trägers nicht. Sie liegen im Bereich geringen Biegemoments. Wo jedoch große Querkräfte auftreten (z.B. an den Auflagern), müssen die Waben an den Enden zugeschweißt werden.

Anforderungen an Stahlbauarbeiten. Die Belastung von Stahlbauten erfordert bei der Montage besondere Sorgfalt. Einzelheiten zu den hier aufgeführten Anforderungen sind der DIN 18800 zu entnehmen.

Besondere Anforderungen bei Schrauben- und Nietverbindungen

- Gestanzte Schrauben- und Nietlöcher in zugbeanspruchten Bauteilen über 16 mm Dicke vor dem Zusammenbau um mindestens 2 mm aufreiben.
- Schrauben- und Nietlöcher entgraten, außenliegende Lochränder brechen.
- Einzelteile spannungsfrei zusammenbauen.
- Schraubverbindungen gegen unbeabsichtigtes Lösen mit Schraubensicherungen wie Federringen versehen.
- Nietlöcher müssen von den geschlagenen Nieten vollständig ausgefüllt sein, Niete müssen fest sitzen. Beim Schlagen des Schließkopfes dürfen keine schädlichen Eindrücke im Werkstoff entstehen.
- Werden fehlerhafte Niete ausgewechselt, müssen aufgeweitete Lochwandungen auf den nächstgrößeren Nietlochdurchmesser aufgerieben werden.
- Niete nicht in kaltem Zustand nachtreiben.

Besondere Anforderungen an Schweißverbindungen

- Geschweißte Anschlüsse, Stöße und Verbindungen dürfen nur geprüfte Schweißer mit gültiger Prüfbescheinigung ausführen!
- Im allgemeinen dürfen nur Lichtbogenschweißverfahren angewendet werden.
- Die Schweißraupe muß frei von Kerben sein.
- Die Wurzellage muß ausgearbeitet und gegengeschweißt werden.
- Bei Nahtansätzen die zusätzliche Nahtüberhöhung von 2 mm nicht überschreiten!

7.3 Fachwerke

Fachwerkträger sind aufgelöste Träger. Sie dienen zum Überbrücken großer Stützweiten in Dachkonstruktionen, im Brücken-, Fahrzeug- und Förderzeugbau. Fachwerkträger wiegen wesentlich weniger als entsprechende vollwandige Biegeträger. Typisch für einen Fachwerkträger ist die gitterartige dreieckförmige Anordnung von Zug- und Druckstreben zwischen Ober- und Untergurt (7.54). Sie ist mit der Stabilität eines Dreiecks zu begründen, das im Gegensatz zu quadratisch oder rechteckig angeordneten Streben beim Einwirken von Kräften nicht ausweicht (7.55).

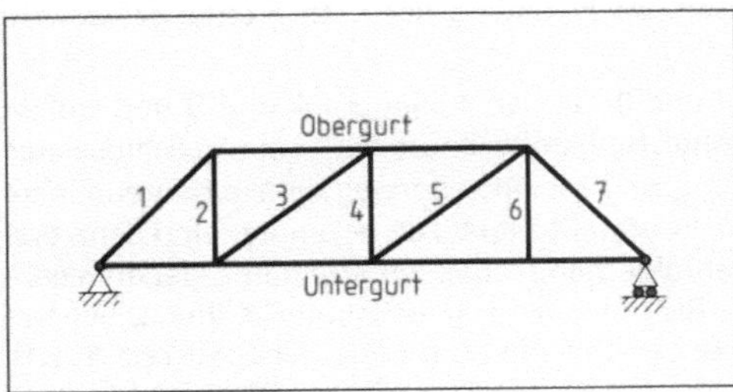

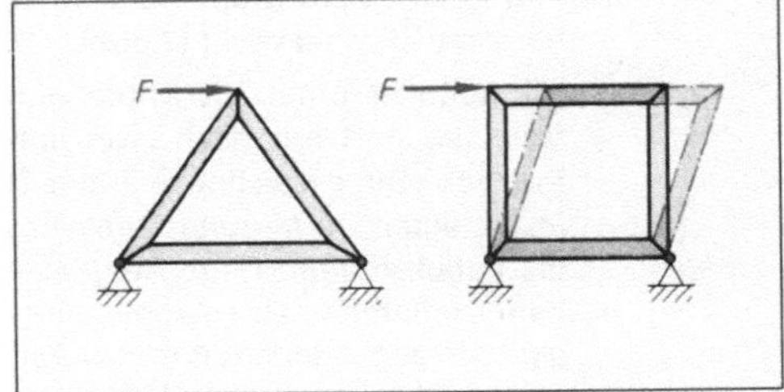

7.54 Fachwerkbezeichnungen
1 bis *7* Zug-/Druckstreben

7.55 Reaktion verschiedener Stabanordnungen auf Krafteinwirkungen. Das Dreieck weicht der Kraft *F* nicht aus

Beanspruchung. Während die Streben am Obergurt bei zwei Auflagern immer durch Druck und die am Untergurt auf Zug beansprucht werden, ist die Belastungsart der Füllstäbe (das sind die Streben zwischen Ober- und Untergurt) gesondert zu ermitteln, weil sie je nach Anordnung durch Zug- oder Druckkräfte belastet werden. Dem Stahlbauer stehen dazu im wesentlichen zwei Verfahren zur Verfügung. Mit Hilfe des Cremonaplans lassen sich *alle* Stabkräfte in einem Fachwerk ermitteln. Wird nur eine Stabkraft gesucht, arbeitet man nach dem Ritterschen Schnittverfahren. Die Anwendung des Cremonaplans (benannt nach dem Italiener Luigi Cremona) soll an einem einfachen Beispiel erläutert werden.

Bestimmung von Stabkräften mit dem Cremonaplan

Der Cremonaplan ist ein zeichnerisches Verfahren. Wenn die Auflagerkräfte des Fachwerks bestimmt sind, werden in einem vorher festgelegten Umfahrungssinn die kombinierten geschlossenen Kraftecke aller Knotenpunkte gezeichnet (**7.56a**).

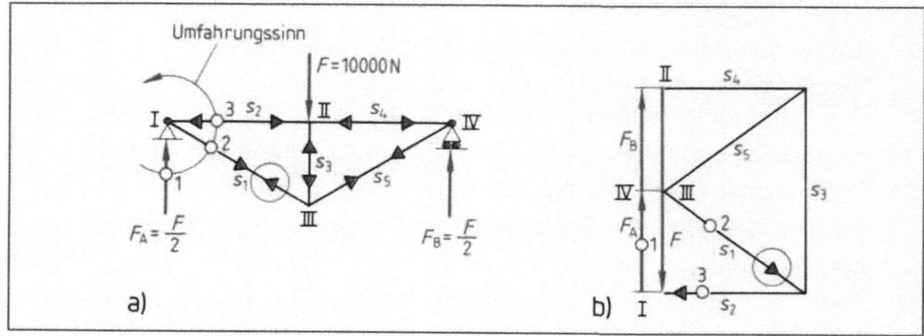

7.56 Ermitteln von Stabkräften nach dem Cremonaplan

a) Belastung und Anordnung der Stäbe im Fachwerk, b) Krafteck

Im einzelnen gehen wir wie folgt vor:

Zunächst zeichnen wir das Fachwerk in einem gewählten Längenmaßstab und bestimmen darin vier Knotenpunkte – die Punkte I, II, III und IV.

Die bekannte Kraft F belastet das Fachwerk im Knotenpunkt II, in dem drei Stäbe zusammenlaufen. Die drei Stabkräfte sind unbekannt. Um ein geschlossenes Krafteck zu zeichnen, dürfen jedoch nur zwei Kräfte an einem Knotenpunkt unbekannt sein. Wir müssen deshalb Knotenpunkte finden, auf die diese Bedingung zutrifft.

Weil die Kraft F in der Mitte des Fachwerks angreift, lassen sich leicht die Auflagerkräfte F_A und F_B bestimmen – sie berechnen sich zu $F/2$. Nun lassen sich F als senkrecht von oben nach unten wirkende Kraft und die beiden entgegenwirkenden Auflagerkräfte F_A und F_B in einem Kräftemaßstab zeichnen. Da F_A und F_B der Kraft F entgegenwirken, herrscht Gleichgewicht (**7.56b**).

Wir betrachten nun die Knotenpunkte I und IV an den Auflagern A und B und stellen fest, daß dort nur noch zwei unbekannte Stabkräfte angreifen – ein geschlossenes Krafteck kann gezeichnet werden. Dazu müssen wir einen vorweg für alle Knotenpunkte festgelegten *Umfahrungssinn* einhalten. Er umfaßt zuerst alle bekannten und dann erst die unbekannten Kräfte. Aus der Reihenfolge beim Aneinanderreihen ergeben sich – dem Kräftemaßstab entsprechend – die Richtungen der unbekannten Kräfte. Diese tragen wir gegengerichtet in das Fachwerk ein. Der Pfeil am Ende der Stabkraft S_1 z.B. zeigt nach rechts unten. Er wird am Ende des Stabes S_1 in Gegenrichtung, d.h. nach links oben weisend, eingetragen und durch einen gegengerichteten Pfeil am Stabanfang ergänzt.

Es bedeuten ◁——▷ Druckstab (−)   ▷——◁ Zugstab (+)

Wie beim Knotenpunkt I verfahren wir weiter. Bei II ist im Umfahrungssinn die erste bekannte Kraft F. Dort beginnen wir. Am Ende von S_2 setzt die Kraft S_3 an. Sie verläuft senkrecht nach oben. Das Krafteck wird schließlich durch S_4 geschlossen. Wie gesagt, werden die Kräfte sofort mit den entsprechend ausgerichteten Pfeilspitzen in das Fachwerk übertragen.

Die Größe der Kräfte können wir anhand des Kraftecks und des Kräftemaßstabs bestimmen. In unserem Fall betragen sie unter Berücksichtigung der Zeichengenauigkeit:

F	F_A	F_B	S_1	S_2	S_3	S_4	S_5	–
10 000	5000	5000	$+8400$	-6700	$-10\,000$	-6700	$+8400$	N

Gestaltung von Fachwerkträgern. Fachwerke werden nach Form und Konstruktion bezeichnet bzw. eingeteilt. Verlaufen Ober- und Untergurt parallel, spricht man von *Parallelträgern* (7.57). Bilden die Stäbe geometrische Figuren, erfolgt die Benennung entsprechend der Form (7.58).

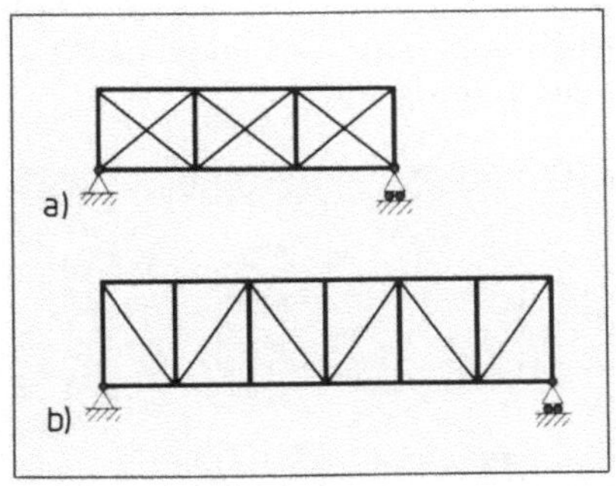

7.57 Parallelträger

a) Rautenfachwerk, b) Pfostenfachwerk

7.58 Fachwerke

a) Dreieckträger, b) Sichelträger, c) Trapezträger

Um ein Fachwerk zu entwerfen, zeichnet man zunächst sein System, worin der Verlauf der Schwerelinien der verwendeten Profile dargestellt wird. Daraus ergibt sich die Lage der Knotenpunkte. Anhand der eingetragenen Maße und des Schwerelinienverlaufs lassen sich die Stablängen berechnen und die Knotenbleche entwerfen.

Knotenbleche dienen dazu, Streben und Gurte eines Fachwerks zu verbinden. Dies geschieht durch Schweißen, Nieten oder Schrauben so, daß sich die Schwerelinien der Profile jeweils im Knotenpunkt schneiden (7.59). Knotenbleche sind so zu gestalten, daß sie möglichst unverwechselbar montiert werden können. Unter den Stäben hervorragende Ecken sollen vermieden werden.

Werden die Stäbe mit den Knotenblechen verschraubt oder genietet, sind vorgeschriebene Bohrlochabstände einzuhalten (7.60). Sonst besteht die Gefahr, daß Ble-

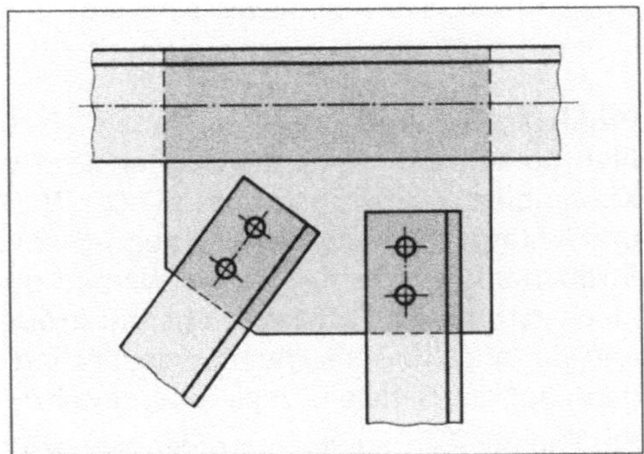

7.59 Beispiel für die Gestaltung eines Knotenblechs

175

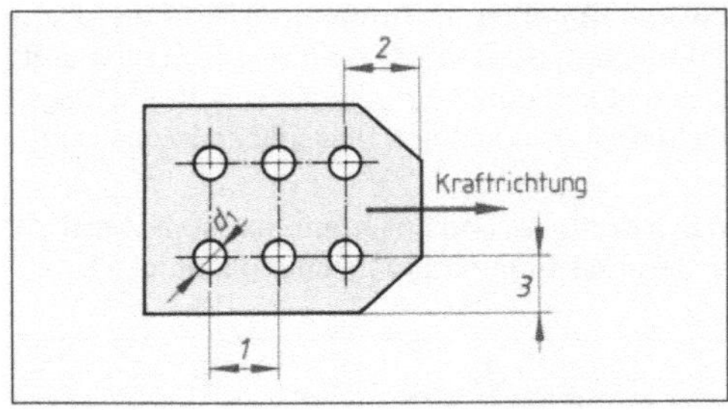

7.60 Bohrlochabstände am Knotenblech

1 Abstand untereinander mindestens $3 \cdot d_1$, maximal $6 \cdot d_1$ oder $12 \times$ geringste Werkstoffdicke von Blech oder Stab

2 Randabstand in Kraftrichtung mindestens $2 \cdot d_1$, maximal $3 \cdot d_1$ oder $6 \times$ geringste Werkstoffdicke von Blech oder Stab

3 Randabstand senkrecht zur Kraftrichtung mindestens $1{,}5 \cdot d_1$, maximal $3 \cdot d_1$ oder $6 \times$ geringste Werkstoffdicke von Blech oder Stab

che am Rand ausreißen oder Schrauben nicht angezogen werden können, weil sich das Werkzeug nicht auf die Mutter oder den Schraubenkopf setzen läßt. Zu große Bohrlochabstände können außerdem zu Verwerfungen des Werkstoffs führen. Es bilden sich Zwischenräume zwischen Knotenblech und Stab, in die Feuchtigkeit eindringen kann. Dadurch entsteht verstärkte Korrosionsgefahr.

Leichtbaufachwerke werden aus T-Profilen und Rundstahl hergestellt. Sie eignen sich zum Überbrücken großer Stützweiten bei geringer Belastung. Die Obergurte dieser Träger müssen so gestaltet werden, daß z.B. in Decken eine sichere Verankerung vorhanden ist. Sie verhindert ein seitliches Ausweichen und damit verbundenes Wegknicken des Trägers (**7.61**).

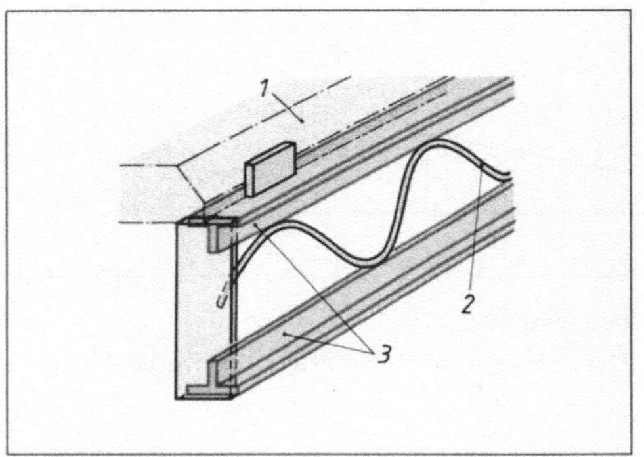

7.61 Leichtbaufachwerk, mit Fertigdecke vergossen

1 Fertigdecke, vergossen mit Ortbeton
2 eingeschweißter Rundstahl
3 T-Profile oder halbiertes I-Profil

7.62 Fachwerkkonstruktion

Profilstahlfachwerke stellt man aus Walz- oder Hohlprofilen her. Fachwerke aus Hohlprofilen sollten aus Gewichtsgründen und wirtschaftlichen Erwägungen möglichst ohne Knotenbleche gefertigt werden (**7.62**). Bei Fachwerken aus Profilstählen bestehen Ober- und Untergurt im allgemeinen aus T-Stahl oder halbiertem I-Stahl. Deren Stege und die Streben aus L- oder U-Profilen werden direkt, bei größerer Belastung über ein Knotenblech verbunden. Fachwerkträger für große Belastungen sind häufig mehrere Meter hoch und so lang, daß sie geteilt transportiert werden müssen. Die Montagestöße werden dann auf der Baustelle zusammengeschraubt.

Bei Fachwerken aus Hohlprofilen schweißt man die Füllstäbe oft überlappt, um die auf die Anschlußnähte wirkende Last zu verringern. Zunächst verbindet man die Zugstrebe mit dem Gurt. Danach setzt man die Druckstrebe auf und verschweißt sie mit Gurt und

Zugstrebe (**7.63**). Aus dieser Anordnung ist leicht zu erkennen, daß sich der Untergurt unter der Zugstrebe und diese sich wiederum unter der Druckstrebe befinden. Man spricht von *untergesetzten Profilen*, die mit einer größeren Wanddicke ausgestattet werden müssen. Sie wird als ein Vielfaches der Wanddicke der aufgesetzten Profile berechnet.

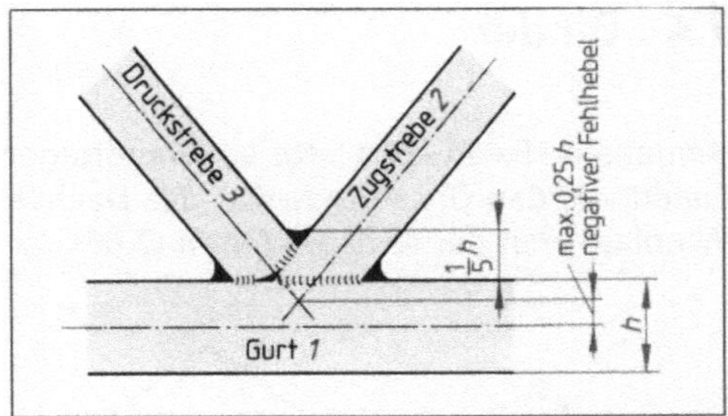

7.63 Knoten mit Überlappung

2 ist gegenüber *1* aufgesetzt

3 ist gegenüber *2* und *1* aufgesetzt

1 ist gegenüber *2* und *3*, *2* gegenüber *3* untergesetzt

Untergesetzte Hohlprofile müssen eine größere Wanddicke als die aufgesetzten haben.

Faktoren zum Berechnen der Wanddicke untergesetzter Profile
1,33 mal Wanddicke des aufgesetzten Profils bei St 52
1,6 mal Wanddicke des aufgesetzten Profils bei St 37

In einem so gestalteten Knoten schneiden sich die Schwerelinien der Streben in einem Punkt oberhalb der Gurtschwerelinie. Der Abstand zwischen dem Schnittpunkt der Schwerelinien und der Schwerelinie des Gurtes darf ein Viertel der Gurthöhe nicht überschreiten.

Gestaltung der Knoten bei Hohlprofilen. Die Belastung eines Fachwerks und die Dimension der Profile erfordern unter Umständen, den Knoten des Fachwerks zu verstärken. Dies geschieht bei gleichgroßen Profilen durch seitliches Anschweißen von Verstärkungsblechen (**7.64**), bei Hohlprofilen mit geringeren Wanddicken durch Aufschweißen eines Lamellenblechs (**7.65**).

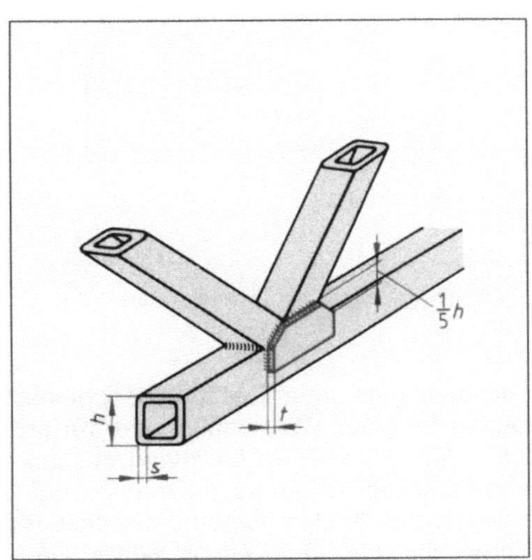

7.64 Knoten mit Verstärkungsblech
Die Blechdicke muß etwa zweimal Gurtwanddicke (*s*) betragen

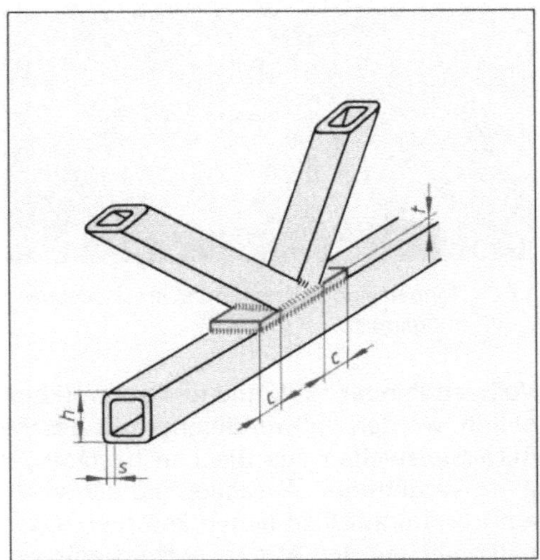

7.65 Lamellenblech bei Gurtprofilen mit verringerter Wanddicke $t \approx 2 \times$ Wanddicke (*s*), $c = 0,7 \times$ Profilhöhe (*h*)

7.4 Binder

Binder sind Fachwerke oder Vollwandträger als Teil einer Dachkonstruktion, die alle Dachlasten wie das Gesamtgewicht des Daches und gegebenenfalls zusätzliche Schnee- und Windlasten in die Auflager leiten (7.66).

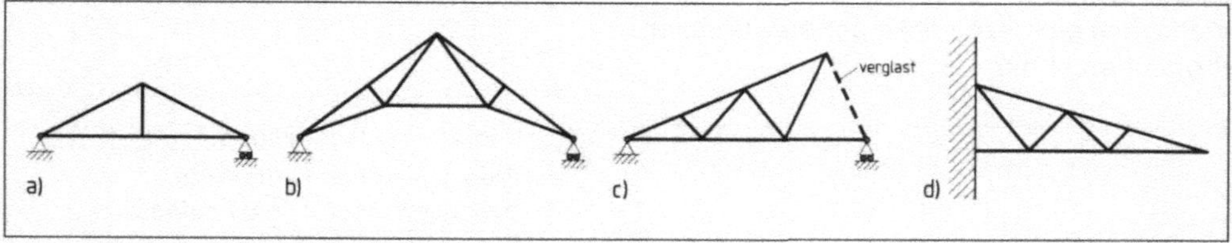

7.66 Dachbinderformen

    a) einfacher Dachbinder bis 6 m Spannweite
    b) Wiegmannbinder bis 12 m Spannweite
    c) Sägedach bis 15 m Spannweite
    d) Kragbinder bis 6 m Spannweite

Kragbinder können auch doppelseitig ausgeführt werden. Typisch ist dies z. B. für Hochspannungsmaste (7.67).

7.67 Doppelseitiger Kragbinder am Hochspannungsmast

7.68 Fertigen eines Vollwandbinders

Vollwandbinder. Während für Fachwerkbinder die oben genannten Gestaltungsrichtlinien gelten, werden Vollwandbinder mit geschlossenem Steg aus Walzprofilen oder für größere Stützweiten aus Blechen geschweißt (7.68). Ein I-Träger wird entlang der Linie a—·—·—a getrennt. Anschließend schweißt man die Trägerhälften so zusammen, daß I auf I und II auf II zu liegen kommen. Die Stirnseiten des Binders werden abschließend entsprechend den Montageerfordernissen rechtwinklig oder unter einem Winkel abgesägt. Zur Montage schweißt man Stirnplatten an. Die konische Form des Binders berücksichtigt die unterschiedlich großen Biegemomente, die er aufzunehmen hat. Sie ergibt gleichzeitig das zum Ableiten von Regenwasser erforderliche Dachgefälle.

7.5 Auflager

Kräfte aus der Belastung durch das Bauwerk werden in die Auflager der Träger abgeleitet. Diese müssen so beschaffen sein, daß ihr Werkstoff der Druckbelastung standhält und daß durch Wärmeausdehnung entstehende Längskräfte abgeleitet werden können. Deshalb werden Träger auf einem *Festlager* und einem *Loslager* gelagert.

> **Festlager** übertragen lotrecht und horizontal wirkende Kräfte, **Loslager** übertragen nur lotrecht wirkende Kräfte.

Loslager sind als Gleit-, bei großen Stützweiten und hohen Lasten auch als Rollenlager ausgebildet.

Die Gestaltung des Auflagers hängt von der Art des Lagers und der Druckfestigkeit des Werkstoffs ab, auf dem der Träger aufliegt. Die zulässigen Werte dürfen nicht überschritten werden. Probleme treten besonders dann auf, wenn die Auflagefläche durch die Abmessungen bei tragendem Mauerwerk begrenzt ist.

> Ausgewählte zulässige Druckspannung von Mauerwerk
>
> | | | |
> |---|---|---|
> | Mauerziegel mit Kalkmörtel | $\sigma_{d\,zul}$ | 0,6 N/mm² |
> | Beton B 160 | $\sigma_{d\,zul}$ | 4,0 N/mm² |

Um im Rahmen der zulässigen Druckspannung zu bleiben, leitet man die Last über Auflagerplatten ab. Sie bestehen aus mindestens 12 mm dickem Stahlblech oder aus T-Stücken und werden mit Zementmörtel so unterfüttert, daß sie satt aufliegen. Bei größeren

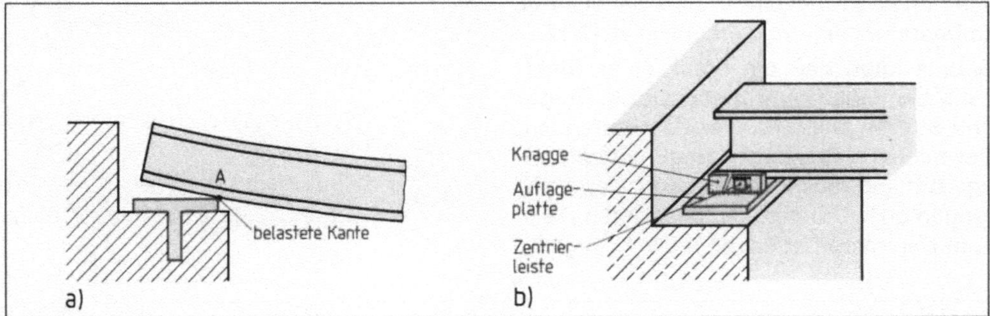

7.69 Belastung einer Auflagerplatte

   a) Kantenbelastung bei Durchbiegung

   b) Entlastung der Auflagerkante durch Montage einer Zentrierleiste; Knaggen verhindern ein Verrutschen des Trägers

Querkräften kann sich der Träger so durchbiegen, daß die Kante bei A übermäßig belastet wird. Deshalb schweißt man an der Unterseite des Trägers *Zentrierleisten* und seitlich *Knaggen* an. Sie verhindern, daß sich der Träger verschiebt (**7.69**). Besonders hochbelastete Fachwerkträger lagert man auf gewölbten Platten aus Grauguß oder Gußstahl (**7.70**).

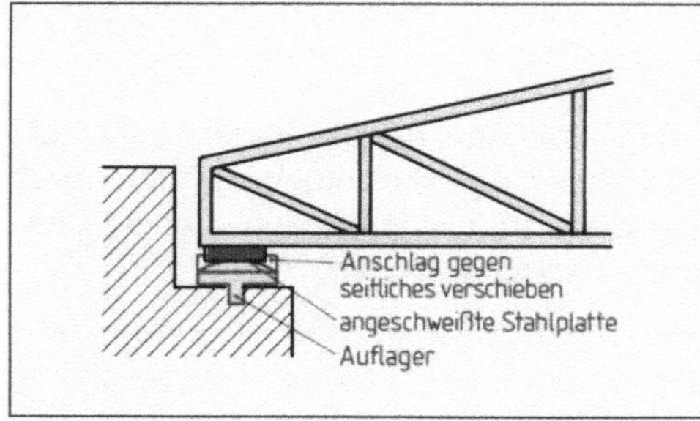

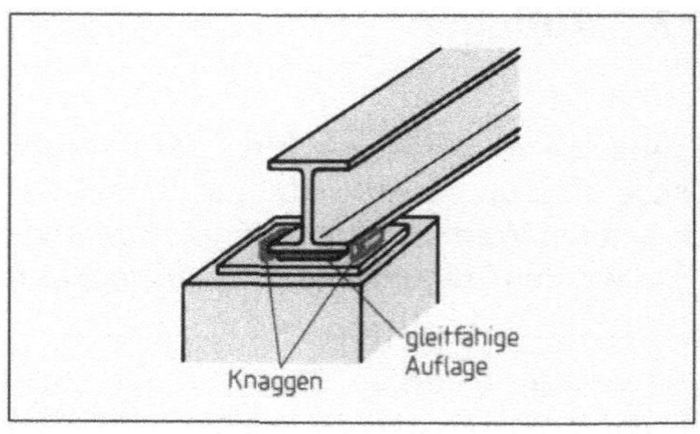

7.70 Hochbelasteter Fachwerkträger auf GG-Platte

7.71 Lagerung eines Trägers auf gleitfähiger Unterlage

Werden Loslager nicht auf Rollen gelagert, legt man zwischen den Flansch und die Auflagerplatte gleitfähiges Material. Es besteht aus Kunststoff und hat einen geringen Reibbeiwert. Gegen seitliches Verschieben sichert man den Träger durch Knaggen (**7.71**).

7.6 Brandschutz

Stützen und Träger an Stahlbauten müssen den gesetzlich festgelegten Brandschutzanforderungen der Feuerwiderstandsklassen genügen. Diese geben an, wie lange ein Bauteil der Feuereinwirkung widerstehen muß. Abhängig sind sie von der Brandgefährdung des Gebäudes. Eine Feuerwiderstandsklasse F 120 besagt z. B., daß ein Feuer nach frühestens 120 Minunten eine Wand oder die zum Brandschutz angebrachte Ummantelung durchschlagen darf.

Stahl ändert seine Festigkeit in Abhängigkeit von der Temperatur. Nach einem Anstieg der Zugfestigkeit fällt diese bei weiterer Temperatursteigerung erheblich ab (**7.72**).

Daraus folgt, daß die Statik eines Stahlbaus bei Feuer nicht mehr zutrifft. Träger und Stützen knicken unter den Lasten ein. Deshalb sind Brandschutzmaßnahmen nötig. Am gebräuchlichsten sind Beschichtungen oder Ummantelungen, deren Dicke vom Dämmstoff abhängt.

Tabelle **7.72** **Festigkeitsänderungen von Stahl durch Temperaturänderungen**

bei t°C	Zugfestigkeit σ_z N/mm²
20	385
100	395
200	510
300	475
500	190
600	107

Brandschutzmaßnahmen an Stahlbauten
- Ummantelungen aus Beton oder Mauerwerk,
- Spritzputz aus Wärmedämmstoffen,
- bei Wärmeeinwirkung aufschäumende Schutzschichten und Anstriche,
- Montage vorgefertigter Ummantelungen,
- Wasser- oder Betonfüllungen in Hohlstützen,
- untergehängte Decken aus geputzten Dämmstoffen oder vorgefertigten Dämmstoffplatten.

1. Warum werden Stützen auf Knickung beansprucht?

2. Wie erreicht man genaues Fluchten beim Schweißen hohler Stützen?

3. Am Ende einer Stütze wird ein Stützenfuß angeschweißt. Welche Funktion hat er?

4. Wirken Kräfte horizontal auf eine Stütze, entstehen Biegemomente. Was ist daher erforderlich?

5. Welche Aufgaben übernehmen Träger?

6. Welcher Unterschied besteht zwischen den Punkt- und Streckenlasten?

7. Welcher Wert bestimmt die Größe eines Trägers?

8. Wodurch kann man die Tragfähigkeit von Normprofilen vergrößern?

9. Was versteht man unter dem Anschließen von Trägern?

10. Wodurch verhindert man das Aufbiegen der verschraubten Stirnplatte eines Trägers?

11. Wozu dient eine Voute?

12. Für einen Querkraftanschluß werden Träger ausgeklinkt. Was ist zu beachten? Erläutern Sie Ihre Antwort.

13. Ein biegesteifer Stoß soll geschweißt werden. Wie muß er gestaltet werden?

14. Wie können biegesteife Stöße besonders wirtschaftlich hergestellt werden?

15. Wie müssen Schrauben- bzw. Nietlöcher für Trägerverbindungen beschaffen sein?

16. Wie sind Fachwerkträger aufgebaut?

17. Nach welchem Verfahren werden die Stabkräfte in einem Fachwerk ermittelt?

18. Wozu dienen Knotenbleche?

19. Was sind untergesetzte Profile und worauf ist bei der Dimensionierung zu achten?

20. Welche Aufgabe hat eine Auflagerplatte?

21. Stützen und Träger in Stahlbauten müssen gegen Hitze geschützt werden, die bei einem Brand entsteht. Warum?

22. Nennen Sie Brandschutzmaßnahmen an Stahlbauten.

7.7 Fassaden, Decken und Dächer

7.7.1 Fassaden

Im Sprachgebrauch des Metallbauers sind Fassaden die Teile eines Bauwerks, die dessen Skelett bekleiden. Sie sollen vor Witterungseinflüssen schützen, Lärm und Kälte abhalten, von außen einwirkende Kräfte in das Stützen- und Trägersystem einleiten und dem Bauwerk ein angemessenes Aussehen verleihen. Die Forderung nach niedrigen Unterhaltskosten wird durch richtig ausgewählte Materialien erfüllt. So bestehen Fassaden z.B. aus Aluminium, Edelstahl, Kupfer, Glas oder besonderen Verbundwerkstoffen.

Gestaltung

Die Konstruktion einer Fassade hängt von der Benutzung des Bauwerks ab. Soll ein beheiztes Bauwerk bekleidet werden, in dem auch Menschen arbeiten, oder handelt es sich um eine Kühlhalle, müssen angemessene Dämmaßnahmen vorgesehen werden. Die Fassade wird anders aufgebaut sein als z.B. die einer Lagerhalle, die unbeheizt ist und bei der die Fassade lediglich Schutzfunktionen gegen Wettereinflüsse hat. Je nach Aufbau spricht man deshalb von einschaligen oder doppelschaligen Fassaden und je nach Lage der Dämmschicht von Kalt- bzw. Warmfassaden.

Einschalige Fassaden bestehen aus dem Wetterschutz und gegebenenfalls einer Wärmedämmung. Als Wetterschutz verwendet man Bleche, die durch Profilierung ausgesteift sind. Weit verbreitet sind *Trapezbleche.* Sie werden als Korrosionsschutz beidseitig verzinkt und eventuell mit einem zusätzlichen Kunststoffüberzug oder einer Einbrennlackierung versehen. Einschalige Fassaden werden ohne oder mit Wärmedämmung montiert (**7.73**).

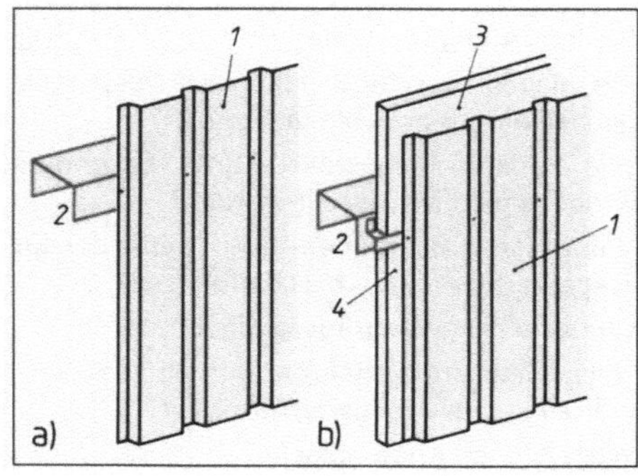

7.73 Einschalige Fassade
a) ohne Dämmung, b) gedämmt

1 Trapezblech   *3* Dämmschicht
2 Unterkonstruktion   *4* Distanzprofil

7.74 Querschnitt durch ein Sandwichbauteil

Bei einer wärmegedämmten Fassade ist für ausreichende *Hinterlüftung* zu sorgen. Sie verhindert die Kondenswasserbildung und damit die Durchfeuchtung der Dämmschicht, die zu verringerter Dämmfähigkeit führt. Daß Luft zwischen Außenhaut und Dämmschicht strömen kann, erreicht man durch den trapezförmigen Querschnitt der Fassadenbekleidung und durch die Verwendung von Distanzprofilen bei der Montage.

Bauelemente für einschalige Fassaden stellt man in *Sandwichbauweise* her. Dabei sind Außenhaut und Innenwandbekleidung so mit dem Kern aus Dämmaterial verbunden, daß ein stabiles und tragfähiges Wandelement bis zu 16 m Länge und 1 m Breite entsteht. Je nach Dicke der Wand werden k-Werte bis zu 0,12 W/(m² · K) erreicht (**7.74**).

Doppelschalige Fassaden sind besonders dort zu finden, wo aufgrund hoher Luftfeuchtigkeit im Raum die Gefahr besteht, daß sich in der Dämmschicht Feuchtigkeit ansammelt. Sowohl an der Innen- als auch an der Außenseite der Fassade wird ein Profilblech mit Distanzstücken so montiert, daß beide Seiten der Dämmschicht belüftet werden. Der beidseitige Luftstrom verhindert Feuchtigkeitsansammlung in der Dämmschicht, die die Dämmwirkung vermindert (**7.75**).

Kaltfassaden sind Fassaden, die an der Außenseite hinterlüftet sind.

Warmfassaden sind Fassaden ohne Hinterlüftung, die an der Innenseite der Raumtemperatur und an der Außenseite der Außentemperatur ausgesetzt sind. Dadurch bildet sich ein Temperaturgefälle innerhalb der Dämmschicht. Dies kann zur Folge haben, daß der Taupunkt in die Dämmung wandert. Dann besteht die Gefahr, daß aus der Raumluft diffundierende Feuchtigkeit in der Dämmschicht kondensiert – die

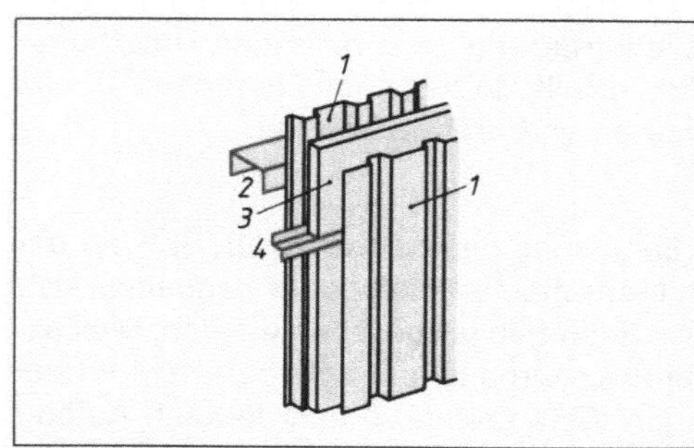

7.75 Doppelschalig gedämmte Fassade

1 Trapezblech außen/innen
2 Unterkonstruktion
3 Dämmschicht
4 Distanzprofil

Dämmschicht durchfeuchtet und verliert an Wirksamkeit. Um dies zu verhindern, muß an der Raumseite der Fassade unbedingt eine Dampfsperre aus wasserdampfundurchlässigem Werkstoff vorhanden sein.

Montage von Fassaden

Das Montageverfahren wird durch den Aufbau der Fassade und ihre Konstruktion bestimmt. Bei Außenwandverkleidungen werden zunehmend Fassaden vorgehängt, da sie wirtschaftlich vorzufertigen und rationell zu montieren sind.

> Bei vorgehängten Fassaden werden Fassadenbleche oder besonders vorgefertigte Elemente in vorgegebenen Rastern am Bauwerk verankert.

Die Fassade muß sorgfältig am Baukörper verankert werden, damit die durch Eigengewicht und äußere Einflüsse (z. B. Wind) auftretenden Kräfte zuverlässig in das Bauwerk abgeleitet werden und auch Längenänderungen durch Wärmeeinwirkung nicht zu unzulässigen Spannungen führen. Verankerungs- und Befestigungsteile sind so beschaffen, daß Fassadenteile und Unterkonstruktionen in drei Ebenen ausgerichtet werden können. Dies ist erforderlich, um die sich zwangsläufig an einem Bauwerk ergebenden Maßabweichungen bei der Montage auszugleichen.

> Die zur Verankerung und Befestigung von Fassaden verwendeten Bauteile müssen bauaufsichtlich zugelassen sein.

Pfosten-Riegel-Montage. Wenn die Pfosten (auch Lisene genannt) an den vorgesehenen Verankerungspunkten des Bauwerks montiert sind, setzt man die Riegel ein. Ja nach Verfahren geschieht dies mit Hilfe besonderer Verbinder, die in Bohrungen am Pfosten eingesetzt und verstiftet werden, oder durch Verwendung korrosionsgeschützter Schrauben. Die Riegel müssen so montiert werden, daß Längenänderungen durch Wärmeeinwirkung ausgeglichen werden können (**7.76**).

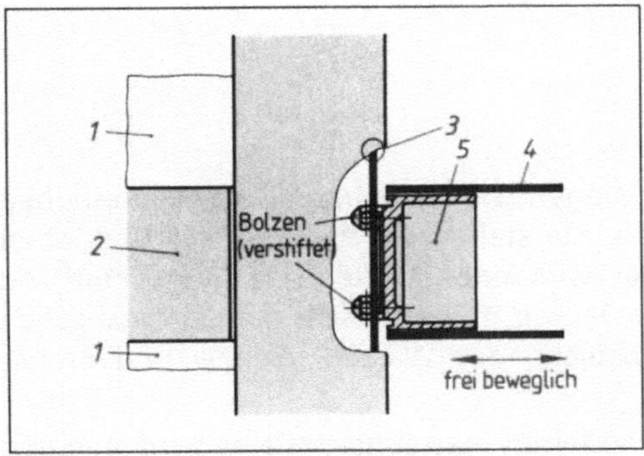

7.76   Beispiel für eine Pfosten-Riegelmontage

    1 Fassadenbekleidung
    2 Riegelbekleidung
    3 Pfosten mit Bekleidung
    4 Riegel
    5 T-Verbinder

7.77   Prinzip eines Dehnpfostens: Ausgleich von Längenänderungen durch Auffedern

Ist die Verbindung zwischen Riegel und Pfosten starr (was bei Fassadenkonstruktionen der Fall ist, bei denen in der Werkstatt Riegel mit den Pfosten zu Rahmen verbunden werden), sind *Dehnpfosten* vorzusehen. Sie bestehen aus geteilten, ineinandergreifenden Profilen, die sich bei der Längenänderung des Riegels gegeneinander verschieben können (**7.77** auf S. 183).

Montage von Elementen. Fassadenelemente werden auf unterschiedliche Art auf Unterkonstruktionen befestigt, die mit dem Baukörper verankert sind. Sie können verschraubt und eingeclipst, vernietet, geklebt oder eingehängt werden. Bild **7.78** zeigt an einem Beispiel die Montage von Fassadenelementen mit verdeckter Befestigung.

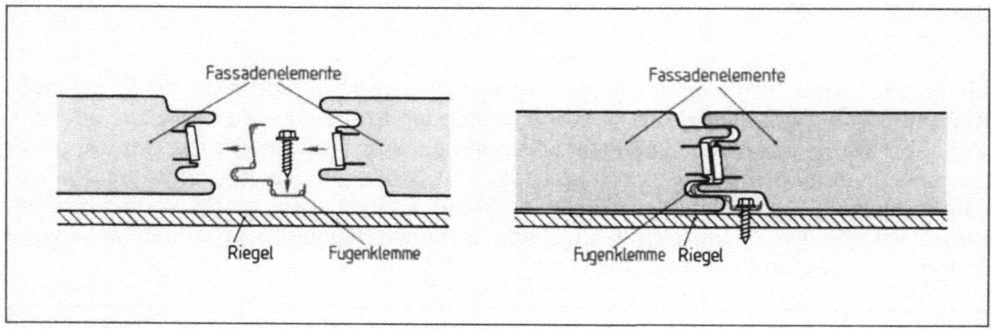

7.78   Montagebeispiel für Fassadenelemente mit verdeckter Befestigung

Dehnungsfugen. Bei allen Montagearbeiten an Fassaden sind senkrecht und waagerecht verlaufende Dehnungsfugen vorzusehen. Sie sollen die durch Temperaturschwankungen verursachten Längenänderungen des Fassadenelements ausgleichen. Damit durch diese Fugen keine Feuchtigkeit in die Fassadenbekleidung eindringen kann, müssen sie nach Beendigung der Montagearbeiten mit einem geeigneten Mittel abgedichtet werden.

7.7.2 Decken

In einem Bauwerk haben Decken mehrere Funktionen. Sie bestimmen die Geschoßhöhen und trennen die Geschosse gegeneinander ab. Sie steifen ein Bauwerk aus und leiten die durch das Eigengewicht und Verkehrslasten wirkenden Kräfte in die Träger und von dort über die Stützen in die Fundamente ab. Decken müssen nicht nur den statischen Anforderungen genügen, sie sollen auch ausreichenden Wärme-, Schall- und Brandschutz bieten.

Beim gängigen Verfahren der Deckenherstellung fertigt man zunächst eine Schalung und gießt dann die Decke vor Ort aus Ortbeton. Dies hat den Nachteil, daß weitere Arbeiten am Bauwerk so lange zurückgestellt werden müssen, bis die Decke abgebunden hat und die Schalung entfernt werden kann. Im Stahlhochbau ist dies wegen der Fertigungs- und Montageverfahren und der damit verbundenen kurzen Bauzeiten ungünstig. Deshalb entwickelte man Bauteile, die rationell zu montieren sind und einen zügigen Baufortschritt sichern.

184

Stahlbetondecken können vorgefertigt werden. Sie bestehen aus Platten, die mit Baustahl armiert sind. Je nach Ausführung werden diese Platten mit dem Träger durch Kopfbolzendübel (7.79) oder Schrauben schubfest verbunden. Die Fugen zwischen den Platten gießt man mit Ortbeton aus. Eine so im *Trägerverbund* gefertigte Decke kann sofort belastet werden. Wartezeiten als Folge des Abbindens der Betondecke entfallen.

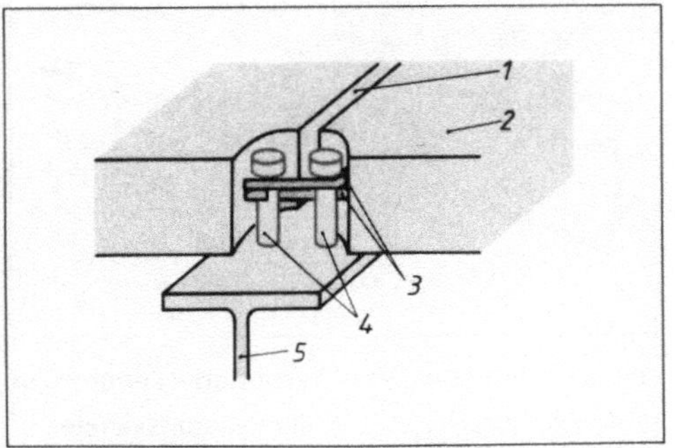

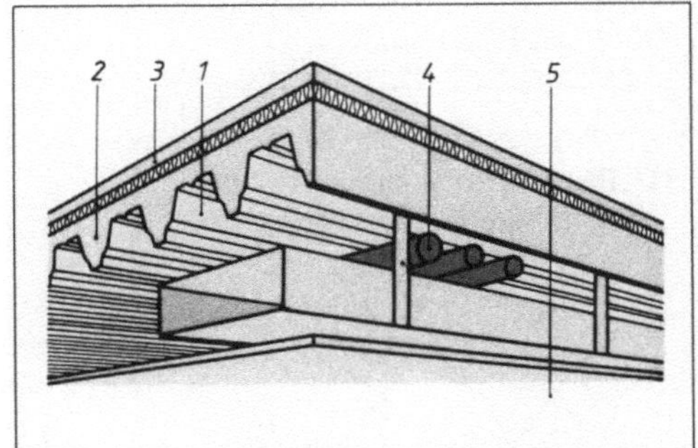

7.79 Decke im Trägerverbund mit Kopfbolzendübeln

1 Gießfuge
2 Betonplatte
3 Baustahl
4 Kopfbolzendübel
5 Träger

7.80 Aufbau einer Trapezprofildecke

1 Trapezprofilblech
2 Lastverteilungsschicht
3 schwimmender Estrich
4 Installationen
5 abgehängte Decke als Sicht-,
  Schall- und Brandschutz

Trapezprofildecken. Trapezprofile werden im Geschoßbau als verlorene Stahlschalung verwendet oder bilden tragende Stahldecken. Das Verfahren ermöglicht es, Decken schnell und wirtschaftlich herzustellen.

Montage. Bei Trockenmontage werden die Bleche zunächst mit Setzbolzen oder Schrauben auf der Unterkonstruktion befestigt. Als Lastverteilungsschichten dienen Sand, Estrich- oder Spanplatten.

Bei Ortbetondecken montiert man die Trapezprofilbleche mit Schrauben oder Setzbolzen auf die Träger des Baukörpers. Die Bleche stabilisieren das Bauwerk und dienen als Schalung. Die Trapezprofile sind so dimensioniert, daß sie im Rahmen der Ausbauarbeiten als Arbeitsbühne dienen können. Ist die Bewehrung verlegt, wird der Ortbeton aufgebracht. Wenn er abgebunden hat, erübrigen sich Ausschalungsarbeiten. Während des Abbindens kann in den darunter liegenden Geschossen gearbeitet werden.

Um den Brand- und Schallschutzanforderungen zu genügen, lassen sich *abgehängte Decken* montieren. In dem freien Raum zwischen Profildecke und abgehängter Decke weden z.B. Rohrleitungen, Telefon- und Datenkabel und Klimakanäle verlegt (7.80).

Bei Verbunddecken muß eine schubfeste Verbindung zwischen Beton, Blechprofil und Träger sichergestellt werden.

Verbunddecken erfordern Profilbleche, bei denen durch besondere Formgebung des Profils verhindert wird, daß sich Beton und Profilblech lösen und gegeneinander verschieben können. Diese Verbundsicherung muß gewährleistet sein.

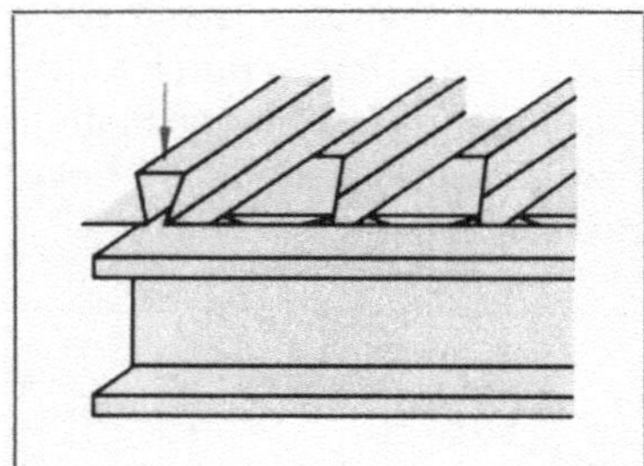

7.81 Blechverformungen als Verbundanker an Deckenprofilen

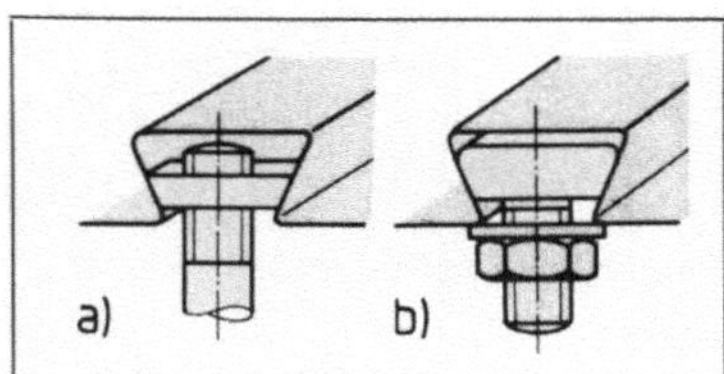

7.83 Keilblechmutter (a) und Keilblechschraube (b)

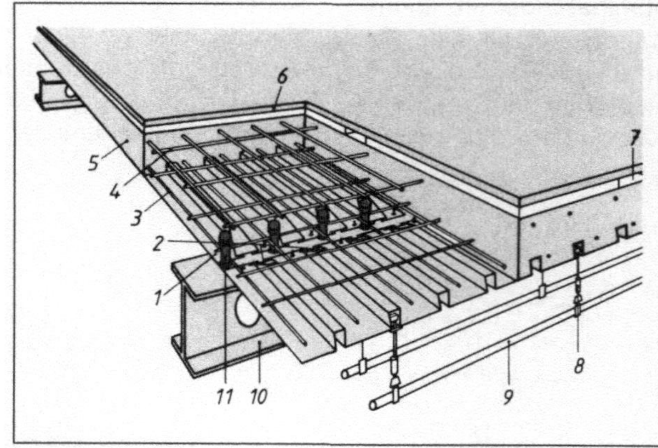

7.82 Aufbau einer Verbunddecke auf Verbunddeckenprofilen

1 Verbunddeckenprofil
2 Verbundsicherung durch Blechverformungsanker und Kopfbolzen
3, 4 Bewehrung
5 Beton
6 Estrich, sofern Zwischen-
7 Installationskanäle
8 Abhängesystem
9 Rohrleitungen
10 Deckenträger
11 Kopfbolzen

Man erreicht dies z.B. durch besondere Verbunddeckenprofile. Sie sind mit Blechverformungsankern versehen, die durch Flachpressen des ankerschienenförmigen Profils geformt werden (7.81). Die dabei entstehende keilförmige Profilverbreiterung setzt sich im erstarrten Ortbeton fest. Ein zusätzlicher Verbund mit dem Träger ergibt sich durch Kopfbolzen am Träger (7.82).

Die hier verwendeten Profiltafeln bieten aufgrund des Profilquerschnitts noch die einfache Möglichkeit, aus optischen oder Brandschutzgründen Unterdecken einzuziehen. Man benutzt dazu Keilblechmuttern oder Keilkopfschrauben, die eine problemlose Montage der untergehängten Decken, Versorgungs- und Kommunikationsleitungen erlauben (7.83).

7.7.3 Dächer

Dächer sollen vor Witterungseinflüssen schützen und bauphysikalischen Ansprüchen genügen. Sie müssen aus korrosionsfestem Material bestehen und gute Wärmedämmwerte aufweisen.

Um ein Dach kostengünstig herstellen zu können, sind wirtschaftliche Montageverfahren gefragt. Im Stahlhochbau haben sich Metalldächer aus vorgefertigten Elementen zum Teil in Sandwichbauweise bewährt. Sie sind außerdem leicht und ermöglichen problemlos Ausschnitte für Oberlichter, Lichtkuppeln oder Rauchabzug.

Metalldächer

– lassen sich aus vorgefertigten Teilen wirtschaftlich montieren,
– können korrosionsbeständig hergestellt werden,
– ermöglichen wegen ihres geringen Gewichts leichte Unterkonstruktionen.

186

Montage

Wetterschutzdach. Als einfaches Wetterschutzdach montiert man Profilbleche ohne Dämmungen auf die Unterkonstruktion. Zum Verschrauben der hohen Sicke auf der Pfette dienen Kalotten mit aufvulkanisierter Dichtung und korrosionsgeschützte Schrauben (**7.84**). Eine andere Möglichkeit besteht darin, die Profile mit Haken an der Unterkonstruktion zu befestigen (**7.85**).

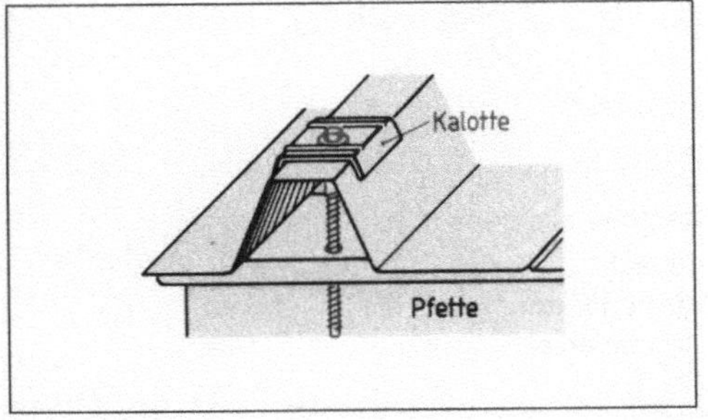

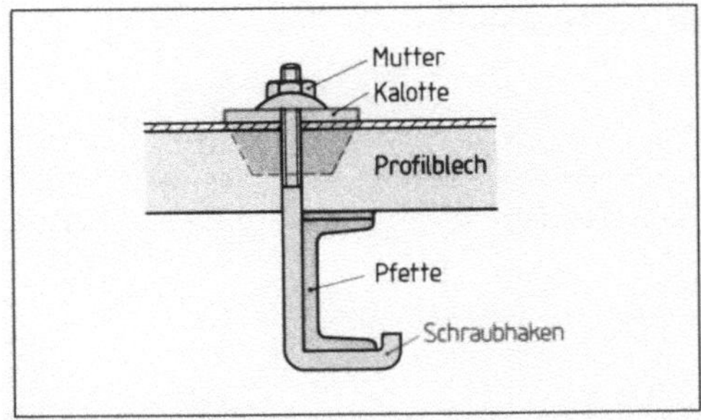

7.84 Befestigen von Profilblechen mit Kalotte und korrosionsgeschützten Schrauben

7.85 Trapezprofilbefestigung mit Schraubhaken

Warm- und Kaltdach. Wie Fassaden werden Dächer einschalig als Warmdach und zweischalig als Kaltdach ausgeführt. Dazu bieten sich verschiedene Montagemöglichkeiten an.

Trapezprofile mit Stützelementen (**7.86**). Die Stützelemente haben die Aufgabe, die Lasten in die tragende Unterkonstruktion einzuleiten. Das Montageband mit den eingesetzten Stützelementen wird auf der Unterkonstruktion festgelegt. Wenn die Trapezprofile aufgelegt sind, werden sie auf der Unterkonstruktion mit gewindefurchenden Schrauben oder mit Setzbolzen befestigt. Danach baut man das Warmdach auf.

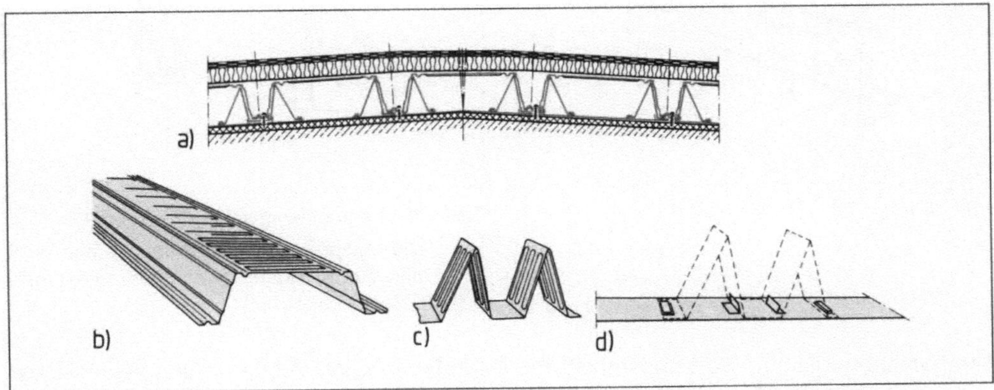

7.86 Aufbau einer Decke (a) mit Trapezprofilen (b), Stützelementen (c) und Montagebändern (d)

Stehfalze. Wenn eine metallene Dachhaut aufgebracht wird, verbindet man die Längsseite der Bleche durch Stehfalze (**7.87**). Dies geschieht von Hand oder mit Falzmaschinen. Eine wesentliche Vereinfachung bietet die Montage mit vorgefertigten Dachhautteilen, die durch Clipse verbunden werden.

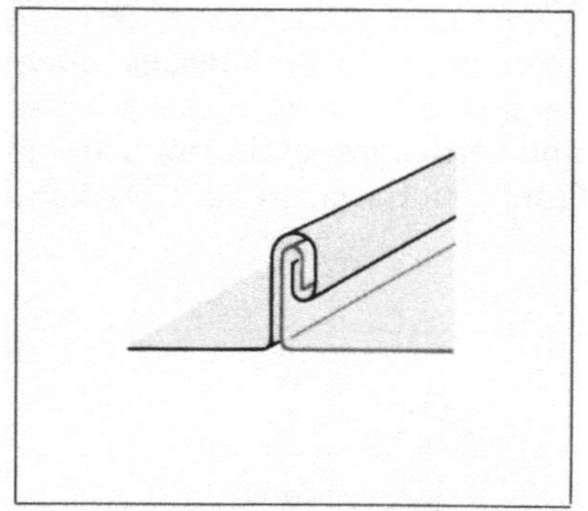

7.87 Stehfalz

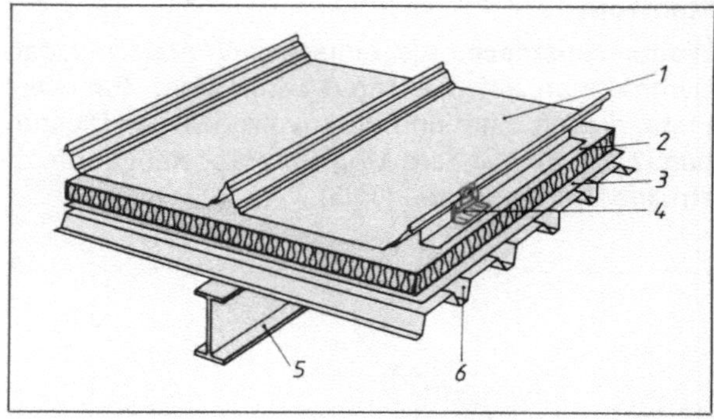

7.88 Dachaufbau als Beispiel für Clip-Montage
1 Clipdach
2 Wärmedämmung, trittfest
3 Dampfsperre
4 Clip
5 Binder
6 Trapezprofil

Bild **7.88** zeigt den Aufbau eines doppelschaligen Metalldachs. Zunächst montiert man auf der Unterkonstruktion nach einem vorgegebenen Verlegeschema Clipse (**7.89**). Dann drückt man die Tafeln mit den vorgefertigten Falzen so auf, daß eine dichte und mechanisch feste Verbindung entsteht (**7.90**).

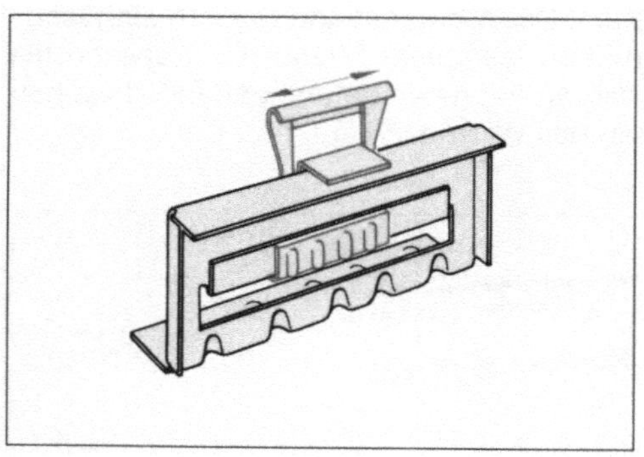

7.89 Clip

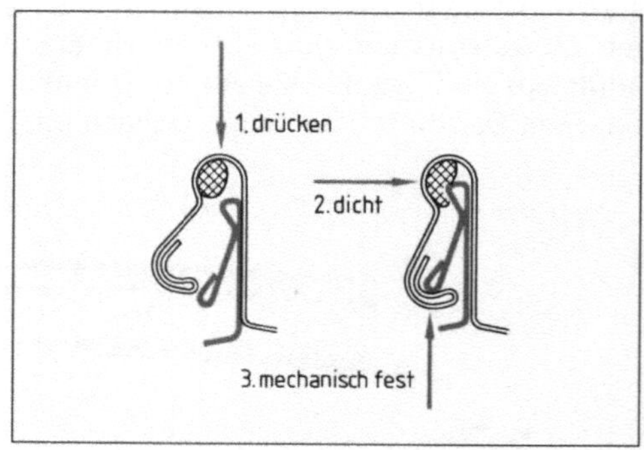

7.90 Montage eines geclipten Daches

Die entsprechend geformten Kanten werden zur Montage aufeinandergelegt und zusammengedrückt

Sandwichbauteile sind Verbundwerkstoffe. Dampfsperre, Wärmedämmung, Korrosions- und Wetterschutz bilden eine Einheit (**7.91** a auf S. 189). Solche Elemente sind in Breiten von 1 m bis zu 20 m Länge lieferbar. Die Tafeln werden mit Kalotten und nichtrostenden Schneidschrauben auf der Unterkonstruktion befestigt. Die Längsfuge ist mit einem Dichtungsband versehen und wird durch die Deckschicht des Elements mit Beilage eines Dichtungsbands so überlappt, daß kein Wasser in die Fuge eindringen kann. Wo keine Auflagerbefestigung erforderlich ist, verschraubt man die Überlappung mit nichtrostenden Blechschrauben (**7.91** b).

188

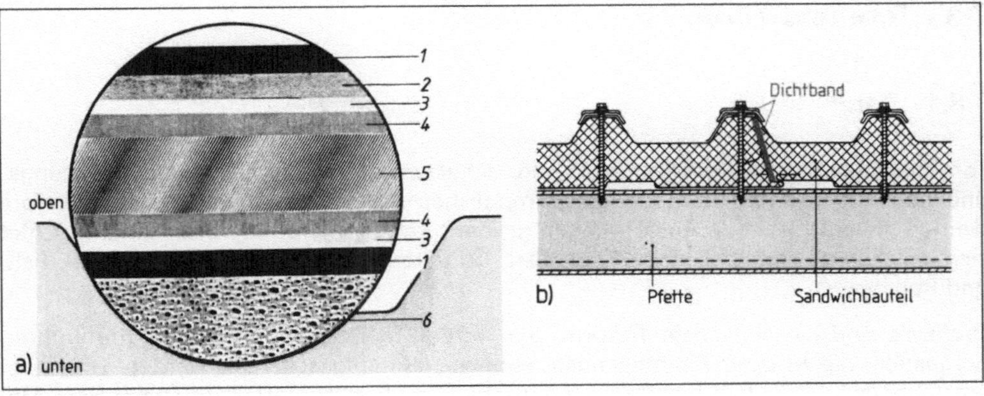

7.91 a) Aufbau und b) Montage eines Sandwichbauteils

1 Kunststoffbeschichtung
2 Haftgrund
3 Vorbehandlung

4 Zinkschicht
5 Stahlkern
6 Polyurethan-Hartschaum

Regeln für Dachmontagen

- Überlappungen an Längsstößen so legen, daß der Wind kein Regenwasser in die Fugen drücken kann.
- Querstöße so überlappen, daß die Überlappung in Fließrichtung des Wassers zeigt.
- Nur zugelassene Befestigungsmittel verwenden.
- Profiltafeln sofort nach dem Auslegen befestigen.
- Auskragende Profiltafeln erst dann betreten, wenn sie sicher befestigt sind.

Aufgaben zu Abschnitt 7.7

1. Welche Aufgaben haben Fassaden?
2. Nennen Sie Fassadenwerkstoffe und begründen Sie die Auswahl.
3. Ein Bürogebäude und eine untergeordnete Lagerhalle sollen mit Fassaden bekleidet werden. Welche Art von Fassade ist jeweils zu montieren?
4. Wärmegedämmte Fassaden müssen hinterlüftet werden. Warum?
5. Warmfassaden sind an der Innenseite der Raumtemperatur und an der Außenseite der Außentemperatur ausgesetzt. Sie müssen an der Raumseite eine Dampfsperre erhalten. Warum?
6. Wenn Fassaden vorgefertigt werden, kann sich die Längenänderung durch Temperatureinwirkung direkt auf die Pfosten auswirken. Was für Pfosten werden erforderlich?
7. Eine Decke wird im Trägerverbund hergestellt. Was bedeutet das?
8. Wie können Trapezprofildecken brandgeschützt werden?
9. Bei Verbunddecken muß sichergestellt sein, daß sich Beton und Profilblech nicht lösen und gegeneinander verschieben können. Wie erreicht man das?
10. Welche Vorteile bieten Metalldächer?
11. Nennen Sie Montageverfahren für Metalldächer.
12. Was versteht man unter Sandwichbauteilen?
13. Durch welche Maßnahmen bei der Dachmontage verhindert man, daß Regenwasser eindringt?
14. Was ist bei der Auswahl von Befestigungsmitteln für Dächer zu beachten?

7.8 Tore und Türen

7.8.1 Tore

Tore verschließen Hallenöffnungen und schützen den Innenraum vor Witterungsunbilden. Als Teil von Einfriedungen ermöglichen sie den Zugang zum Gelände. Tore werden in verschiedenen Ausführungen geliefert und montiert. Ihre Bezeichnung richtet sich im allgemeinen nach der Öffnungsart. So unterscheiden wir Dreh-, Schiebe-, Falt- und Rolltore.

Drehtore sind die einfachste Torform. Sie werden meist zweiflügelig aus Profilrohren hergestellt, die zu einer Rahmenkonstruktion zusammengeschweißt werden. Die dabei entstehenden Felder füllt man je nach optischen und Praxisanforderungen mit Holz, Metall oder Glas aus.

Bei *zweiflügeligen* Toren dient ein Flügel dem Durchgang – der *Gehflügel*. Der zweite muß verriegelt werden können – der *Stehflügel* (7.92). Zum Verriegeln dienen Treibriegel, zum Verschließen des Gehflügels Schubstangenschlösser. Bei großen Toren befindet sich im Gehflügel häufig noch eine normale Tür, die *Schlupftür*. Der Stehflügel wird nur geöffnet, wenn ein größerer Durchgang erforderlich ist.

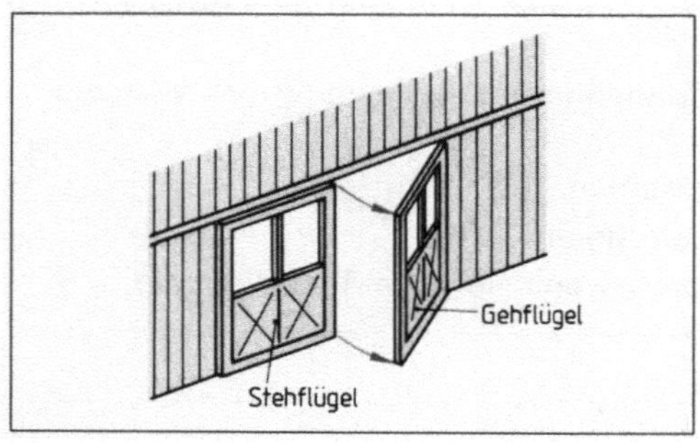

7.92 Bezeichnungen an einem zweiflügeligen Tor

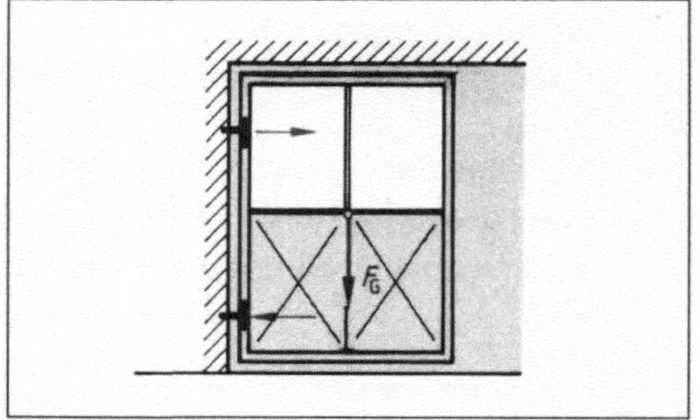

7.93 Kräfte am Tor

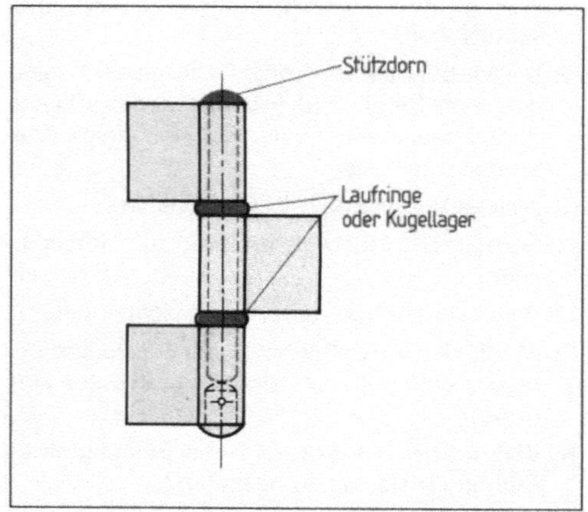

7.94 Aufbau eines Konstruktionsbands

Je nach Torgröße können durch das Gewicht an den Anschlagpunkten erhebliche Hebelkräfte wirken (7.93). Dies erfordert eine sichere Verankerung im Mauerwerk oder am Pfosten. Zur Aufhängung verwendet man meist Zapfenbänder, bei besonders schweren Toren Konstruktionsbänder (7.94). Sie bieten den Vorteil einfacher Montage, weil der Torflügel beim Einhängen nicht über einen Zapfen gehoben werden muß. Bei herausgezogenem Stützdorn setzt man Bandober- und -unterteil mit den Stützringen übereinander und treibt dann den Stützdorn ein. Ein so montiertes Tor ist gleichzeitig gegen unbefugtes Ausheben gesichert.

Drehtore im Außenbereich werden meist für Durchfahrten oder Durchgänge montiert. Sie sind einseitig an Mauer- oder Stahlpfosten angeschlagen. Als Anschlagmittel dienen Anschweißbänder. Mit Spezialbändern lassen sich besonders größere Tore nach der Montage ausrichten.

Größere Tore oder Torhälften müssen zur ausreichenden Stabilität *ausgesteift* werden. Die durch das Eigengewicht wirkende Kraft ist bestrebt, den Torflügel zu verformen. Die nicht angeschlagene Seite senkt sich so ab, daß das Rechteck des Torflügels zu einem Parallelogramm verformt wird (**7.95a**). Eingeschweißte Diagonalstäbe stützen ein solches Tor gegen den unteren Anschlagpunkt ab (**7.95b**). Es entsteht ein statisch stabiles Dreieck, worin der Diagonalstab auf Druck beansprucht wird. Ein Stab in der zweiten Diagonale würde auf Zug beansprucht werden. Durch geschickte Kombination der Diagonalstäbe und durch Einschweißen von Zierstäben kann der Metallbauer optisch ansprechende Tore gestalten.

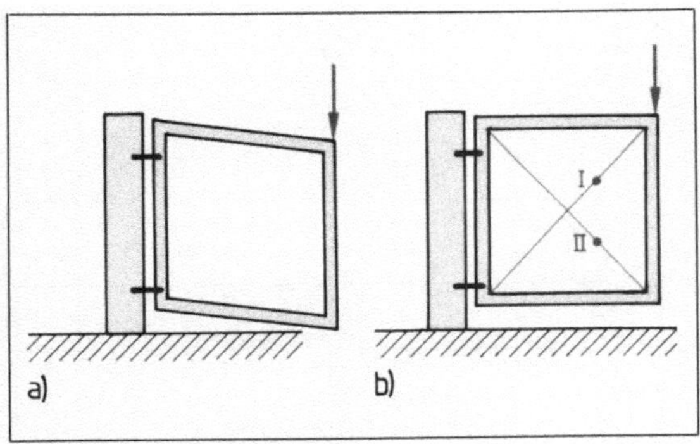

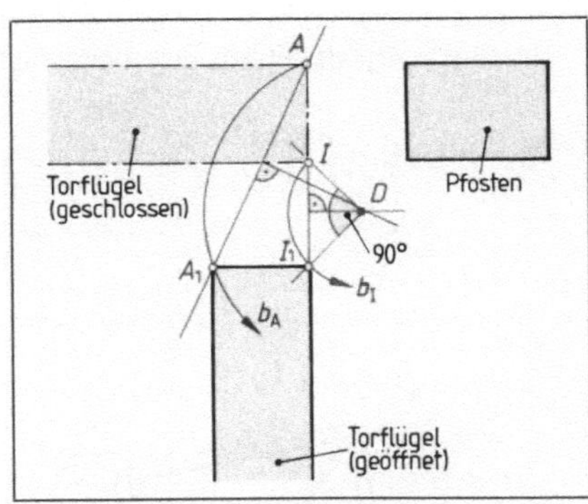

7.95 Kräfte am Tor
    a) Die Kraft verschiebt die Rahmenkonstruktion,
    b) die Kraft wird in die Druck- (I) bzw. Zugstrebe
    (II) geleitet. Für die Druckstrebe ist ein biege-
    steifes Profil erforderlich

7.96 Drehpunkte am Torflügel
    A, I Außen- bzw. innenliegender Rahmenpunkt
    D Drehpunkt
    b_A, b_I Drehkreis des außen- bzw. innenliegenden Rahmenpunkts

Bestimmen der Drehpunkte von Torflügeln

Drehpunkte an ebenen Einfahrten. Damit ein Tor einwandfrei öffnet, muß es richtig angeschlagen werden. Dazu sind die Bänder so anzuschweißen, daß ihre Drehpunkte fluchten. Bild **7.96** veranschaulicht die Drehbewegung beim Öffnen eines Tores. Wird der Torflügel um 90° geöffnet, bewegt sich der Punkt A auf dem Bogen b_A bis zum Punkt A_1 und der Punkt I auf dem Bogen b_I bis zum Punkt I_1. Damit das Tor einwandfrei dreht, müssen die Bögen b_A und b_I denselben Mittelpunkt haben. Diesen finden wir, indem wir das Tor in geschlossener und geöffneter Stellung zeichnen und zu den Sehnen $A \dots A_1$ des Drehkreises b_A und $I \dots I_1$ des Drehkreises b_I die Mittelsenkrechten konstruieren. Sie schneiden sich im Drehpunkt D. Durch ihn verläuft die Drehachse.

> Die Drehachse ist eine Linie, die durch die Drehpunkte der Torflügel geht. Bei einem über ebenen Grund angeschlagenen Tor verläuft sie lotrecht.

Drehpunkt an steigenden Einfahrten. Häufig öffnen Tore im Außenbereich gegen eine Steigung. Sie müssen dann so angeschlagen werden, daß die geöffneten Torflügel parallel zur Steigung liegen und außerdem geschlossen wie geöffnet senkrecht stehen. In diesem Fall legt man die Drehachse so an, daß sich der Torflügel beim Öffnen selbständig schräg stellt. Dies erreicht man, indem man die Drehpunkte der Bänder in einem bestimmten Maß gegeneinander verschiebt.

Im Bild 7.97 ist zu erkennen, daß das Tor bei einem Öffnungswinkel von 90° um das Maß x aus dem Lot gekippt werden muß, damit der Torflügel parallel zur Einfahrt verläuft. Der Abstand a ergibt sich aus der Konstruktion des Torflügels. Die Längen l und h lassen sich messen oder sind über die Steigung gegeben. Dabei handelt es sich um den Tangens des Steigungswinkels α, der sich durch h als Gegenkathete und l als Ankathete ausdrükken läßt. Die Steigung wird als Verhältnis angegeben. So bedeutet z. B. die Angabe 1:20, daß eine Strecke auf 20 m um 1 m ansteigt. Weil es sich bei den rotgedruckten Dreiecken um ähnliche Dreiecke handelt, sind die Verhältnisse entsprechender Seiten gleich. Mit einer einfachen Rechnung läßt sich x ermitteln.

In den rotgedruckten Dreiecken ist $\dfrac{h}{l} = \dfrac{x}{a}$.

Dann ist $x = \dfrac{a \cdot h}{l}$.

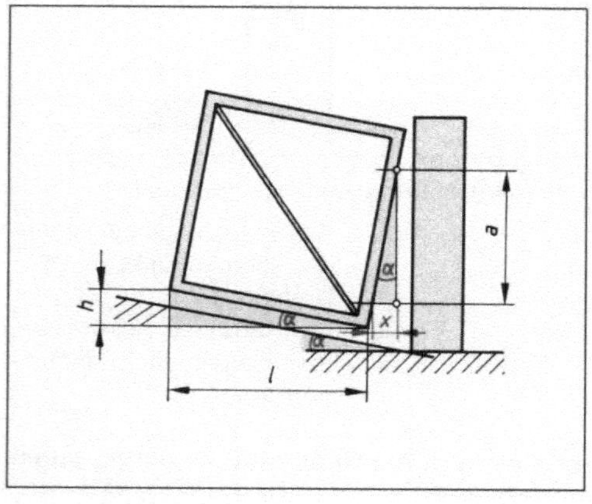

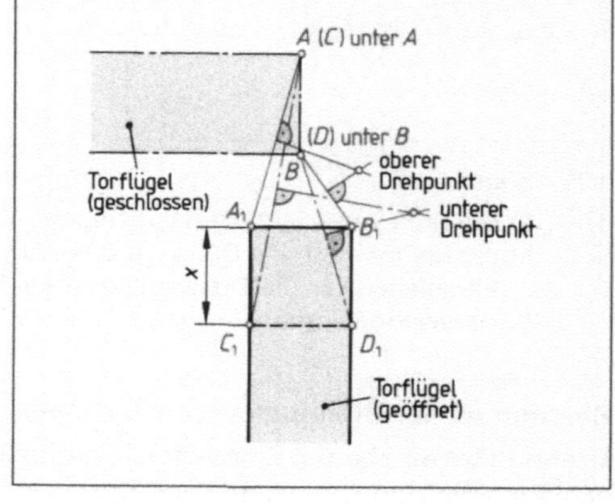

7.97 Öffnungsgeometrie am schräg öffnenden Torflügel

    a senkrechter Abstand der Drehpunkte
    x Versatz
   h/l Steigung
   α Steigungswinkel

7.98 Drehpunktbestimmung am schräg öffnenden Tor

  $A{-}A_1$ $B{-}B_1$ obere Rahmenpunkte
  $C{-}C_1$ $D{-}D_1$ untere Rahmenpunkte

Der Abstand x wird auch als *Versatz* bezeichnet. Wir können ihn auch aus einer maßstabsgerechten Zeichnung entnehmen. Wenn der Wert vorliegt, lassen sich nach dem bereits bekannten Verfahren die Drehpunkte konstruieren (7.98). In der Zeichnung, die den Torflügel geöffnet und geschlossen zeigt, verbinden wir die Punkte auf einem gemeinsamen Drehkreis durch eine Gerade. Dies sind $A \ldots A_1$ und $B \ldots B_1$ an der Oberseite sowie $C \ldots C_1$ und $D \ldots D_1$ an der Unterseite des Tores. Auf den Verbindungslinien errichten wir die Mittelsenkrechten. Sie schneiden sich im oberen beziehungsweise unteren Drehpunkt.

Drehtorantrieb. Drehtore werden häufig automatisch geöffnet oder geschlossen. Dies geschieht durch Gelenkarme oder durch direkte Koppelung der Torachse mit dem Antriebselement, meist einem Elektromotor. Er wirkt beim Antrieb der Gelenkarme direkt über die Hebel, beim Antrieb der Torachse im Verbund mit einem Hydraulikzylinder über eine Zahnstange.

Schiebetore. Sehr große Durchfahrten können wegen der Schwenkradien nicht mehr mit Drehtoren versehen werden. Der Platzbedarf zum ungehinderten Öffnen wäre zu groß. Deshalb montiert man Schiebetore. Sie dienen nicht nur als Außentore, sondern trennen auch in Hallen einzelne Sektionen ab. Automatisch schließende Schiebetore werden als *Brandschott* eingebaut. Beim Ausbruch von Feuer z.B. in einer Lagerhalle fährt das Tor automatisch zu und kann so das Übergreifen eines Brandes in eine andere Hallensektion verzögern.

Schiebetore bewegen sich mit einem Rollenlaufwerk in einer Laufschiene. Die Laufwerke werden am Tor angeschweißt oder höhenverstellbar angeschraubt. Am Boden befinden sich Führungsstücke. Sie verhindern, daß das Tor pendelt (**7.99**). Werden Schiebetore nicht innen sondern außen montiert, sind Laufwerk und Laufschiene durch ein Regenblech zu schützen (**7.100**). Sehr schwere Schiebetore bewegen sich auf einer Laufschiene im Boden. Dort kann man ohne Rücksicht auf die Statik des Bauwerks höhere Kräfte einleiten. Die obere Laufschiene hat dann nur noch die Funktion einer Führungsschiene (**7.101**).

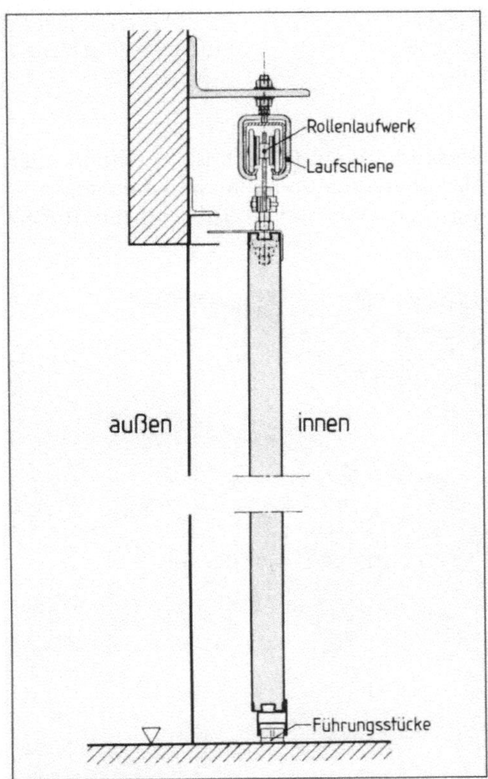

7.99 Handbetriebene Schiebetür (innen) mit obenliegendem Rollenwerk

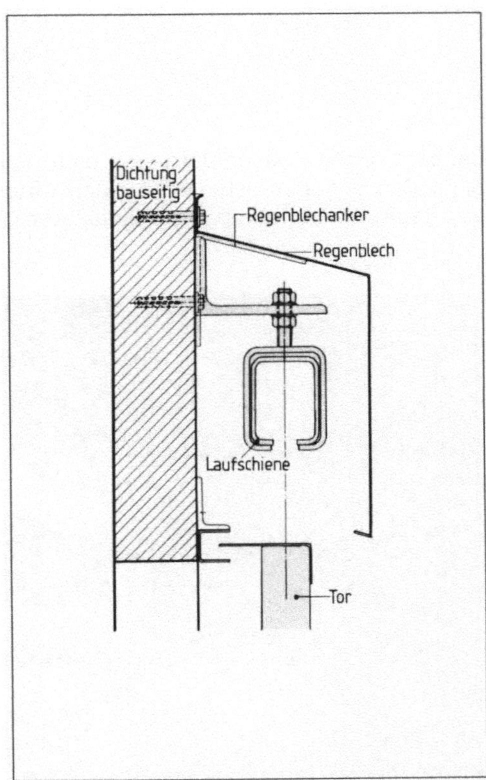

7.100 Laufschienenabdeckung bei außen laufendem Tor

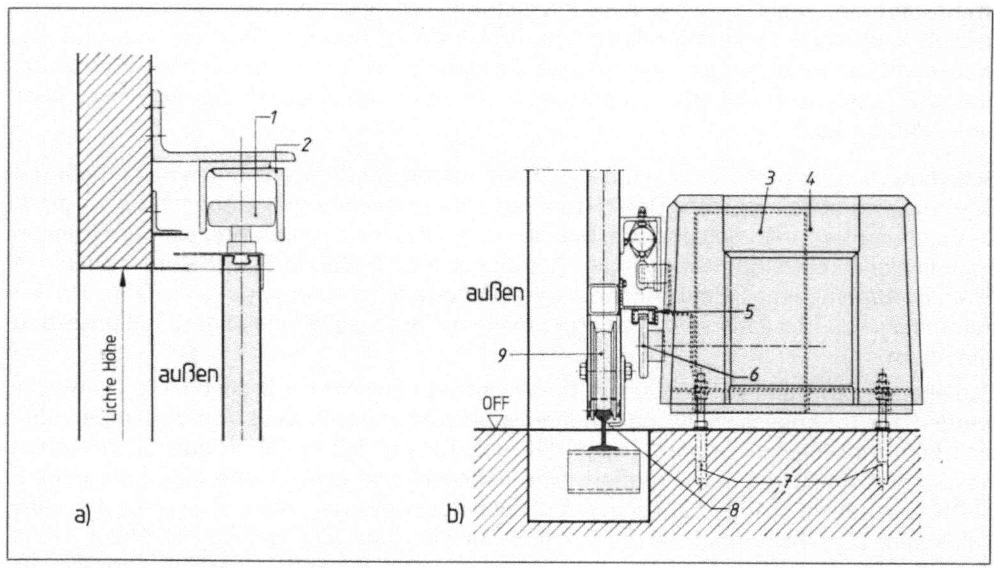

7.101 Unten laufendes Schiebetor

a) Führungsschiene (oben), b) Laufschiene mit Motorantrieb

1 Führungsrolle	*4* Abdeckhaube	*7* Schwerlastdübel
2 Führungsprofil	*5* Kettenschiene	*8* Feldbahnschiene
3 Motor	*6* Kettenrad	*9* Laufrolle

Bei sehr großen Hallenöffnungen baut man *Teleskoptore* ein (**7.102**). Beim Öffnen oder Schließen schieben sich die einzelnen Torteile hintereinander und beanspruchen so weniger Raum als bei einer zweiteiligen Ausführung. Zur seitlichen Abdichtung der Toröff-

7.102 Teleskoptor

nung dienen Anschlußprofile, die dem Tormodell entsprechend und für Innen- oder Außenmontage gestaltet sind. Zwei Möglichkeiten zeigt Bild **7.103**. Aus Sicherheitsgründen sind die Profile so dick zu wählen, daß schwerwiegende Verletzungen beim Klemmen der Hand vermieden werden.

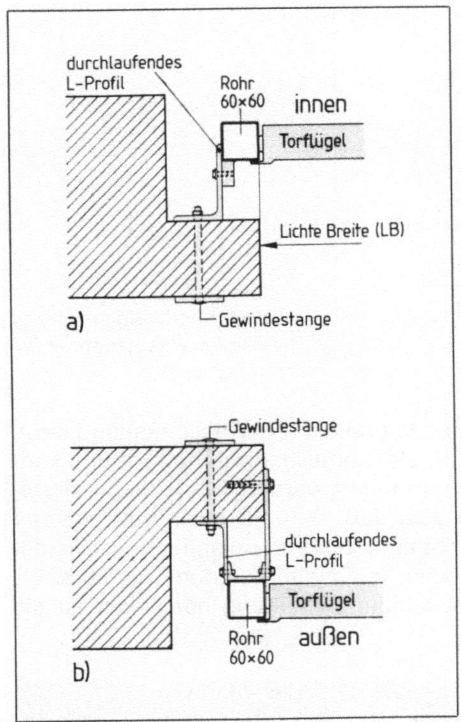

7.103 Montagebeispiel a) für innenliegenden, b) für außenliegenden Schiebetoranschlag

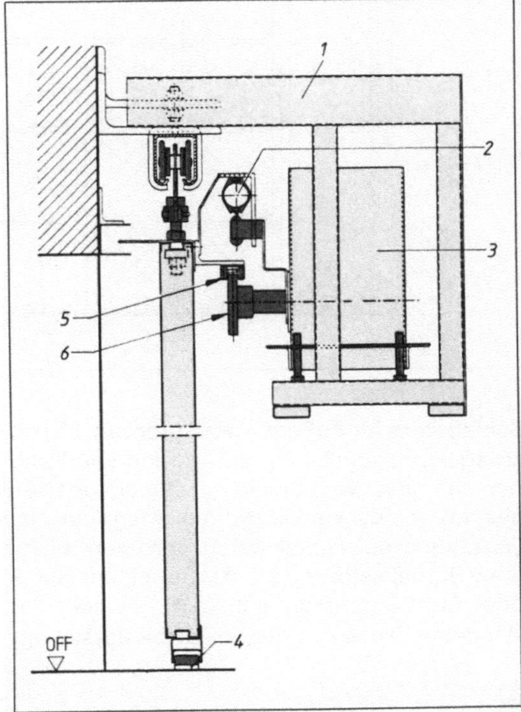

7.104 Anordnung des Antriebsmotors für ein automatisch öffnendes Schiebetor

1 Motorkonsole
2 Wendelleitung
3 Motor
4 Führungsstücke
5 Kettenschiene
6 Kettenrad

Schiebetorantrieb. Öffnen und Schließen von Schiebetoren erfolgt von Hand oder mittels Elektromotor. Ein Kettenrad greift in eine Kettenschiene. Durch seine Drehbewegung wird das Tor bewegt. Den Torweg begrenzt man durch einen Endabschalter (7.104). Aus Sicherheitsgründen muß ein auf die Schließkante wirkender Druck die Torbewegung stoppen. Bei handbewegten Schiebetoren begrenzen *Schienenstopper* in der Laufschiene den Torweg. Sie dienen nicht dazu, eine zu heftige Torbewegung aufzufangen. Diese Funktion übernimmt der *Anschlagstopper*. Er muß in Höhe des Torschwerpunkts montiert werden, wo die Wucht des sich bewegenden Tores wirkt (7.105). Andere Montagepunkte hätten eine Hebelwirkung zur Folge, deren Kräfte die Laufschienen verbiegen können. Das Tor würde dann nicht mehr einwandfrei laufen.

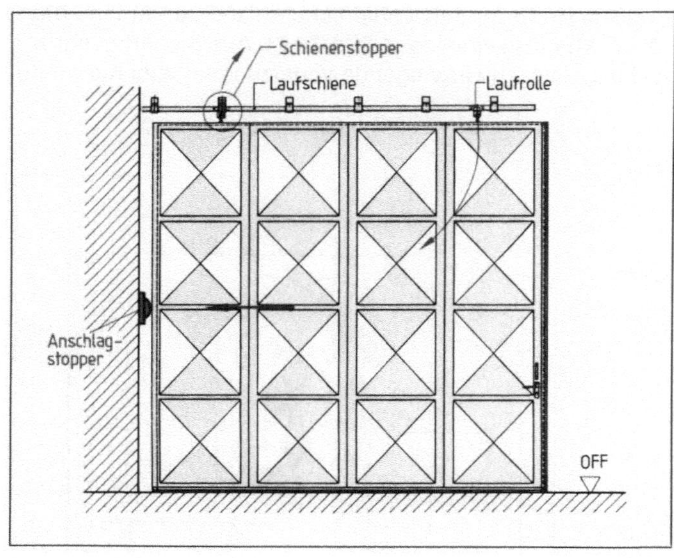

7.105
Vorschriftsmäßige Lage
eines Anschlagstoppers
am Schiebetor

Schiebetore im Außenbereich grenzen Werkstätten, Bauhöfe oder Wirtschafts- und Industriegelände ab (**7.106**). Sie werden von Hand oder elektromechanisch bewegt und können ein- oder zweiflügelig mit Dübeln oder Ankern montiert werden. Die Torflügel bestehen meist aus Vierkantrohren. Man legt sie so aus, daß man sie zusammen mit der Gestaltung der Felder durch Sprossen auch freitragend ausführen kann. So vermeidet man Betriebsstörungen, die bei einem auf Schienen laufenden Tor durch Schnee, Eis oder Straßenschmutz entstehen können. Bei bauseitiger Gestaltung der Felder ist die Windeinwirkung auf das Tor zu berücksichtigen.

7.106 Hofschiebetor

Um die Belastung durch Wind in zulässigem Rahmen zu halten, müssen die Felder im Außenbereich betriebener, freitragender Schiebetore zu 50% winddurchlässig sein.

Falttore werden in Hallenöffnungen eingebaut, die wegen ihrer Größe schlecht mit einem Schiebetor zu verschließen sind (7.107). Sie haben außerdem den Vorteil, sich schnell öffnen zu lassen. Dies wird z. B. bei Feuerwehrausfahrten gefordert. Ein Tor kann aus bis

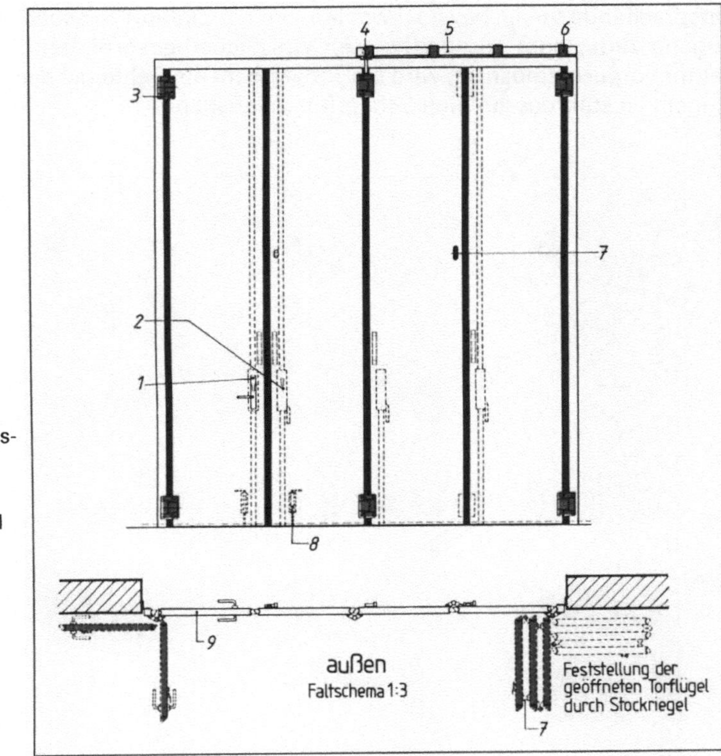

7.107
Konstruktion und Öffnungs-
schema eines Falttors

1 Einsteckschloß
2 Aufbaubasquillerieregel
  mit Schlaufenhebel
3 dreiteiliges Band mit
  Kugellagerring
4 Laufrolle
5 Röhrenlaufschiene
6 Laufschienenhalter
7 Flügelfeststeller
8 Stockriegel
9 Gehflügel

zu **12** gelenkig miteinander verbundenen Flügeln bestehen. Sie werden in einer Laufschiene geführt und falten sich beim Öffnen nach einem vorgegebenen Schema zusammen (7.108). Dieses Faltschema richtet sich nach den örtlichen Anforderungen und der Öffnungsbreite.

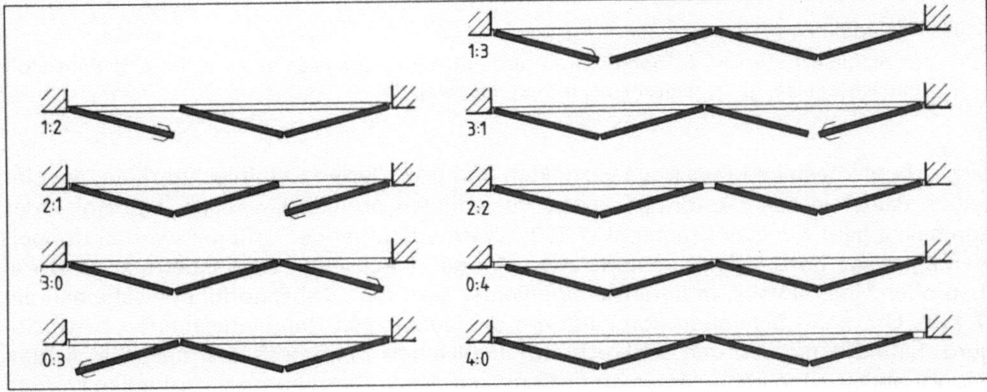

7.108 Faltschema von Falttoren

Weil sich der Torflügel beim Öffnen dreht, muß zwischen Laufrolle und Band eine drehbare Verbindung bestehen, die gleichzeitig die entsprechende Gewichtskraft aufnehmen kann. Dazu dienen kugelgelagerte Laufrollenbänder (**7.113** auf S. 200).

Wegen der Handhabung und der Statik soll ein Torflügel nicht breiter als 1,3 m sein. Das entsprechende Vielfache ist zu wählen, um die Einfahrt zu schließen. Sofern kein anderer Zugang zum Raum vorhanden oder aus Sicherheitsgründen ein Fluchtweg durch das Falttor vorgeschrieben ist, wird ein Torsegment als Gehflügel ausgebildet. Bei sehr hohen Flügeln ist statt dessen eine Schlupftür vorzusehen.

7.109 Felderfüllung an Toren

a) Stahlblech gesickt, b) bombiert, c) glatt, d) mit Lüftungslamellen, e) Holz, f) Kunststoff Einfachscheibe, g) Doppelscheibe, h) Stegdoppelplatte

Die Torflügel bestehen meist aus verzinkten und grundierten Stahlblechprofilen, die einzelnen Felder je nach Anforderung aus verschieden profiliertem Blech, aus Holz oder durchsichtigem Kunststoffmaterial (**7.109**). Wärmedämmende Torflügel werden doppelwandig ausgeführt. Als Dämmstoffe zwischen den Blechseiten verwendet man Polyurethan oder Mineralwolle, in durchsichtige Felder setzt man Kunststoffdoppelscheiben ein (**7.110**). Um beim Schließen von Falttoren die Gefahr von Handverletzungen zu verringern, befinden sich an den senkrechten Flügelkanten *Klemmschutzprofile*. Sie dichten das Tor ab, erhalten aber eine so breite Fuge, daß Handquetschungen vermieden werden (**7.111**).

198

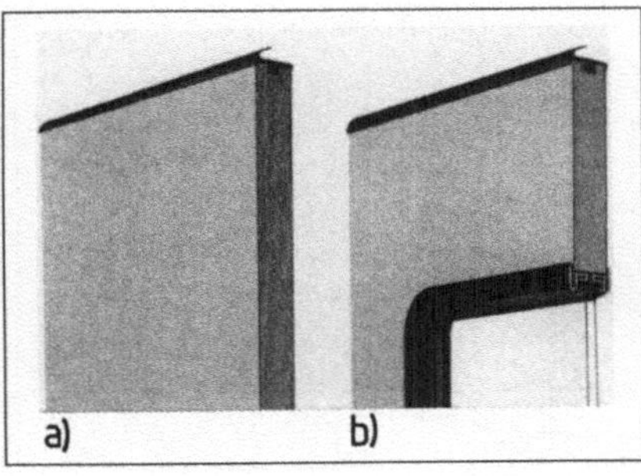

7.110 Gedämmte Torfelder
  a) Stahlblech, glatt mit Mineral-
     wolle
  b) Polyurethan mit Doppelscheibe

7.111 Klemmschutzprofil

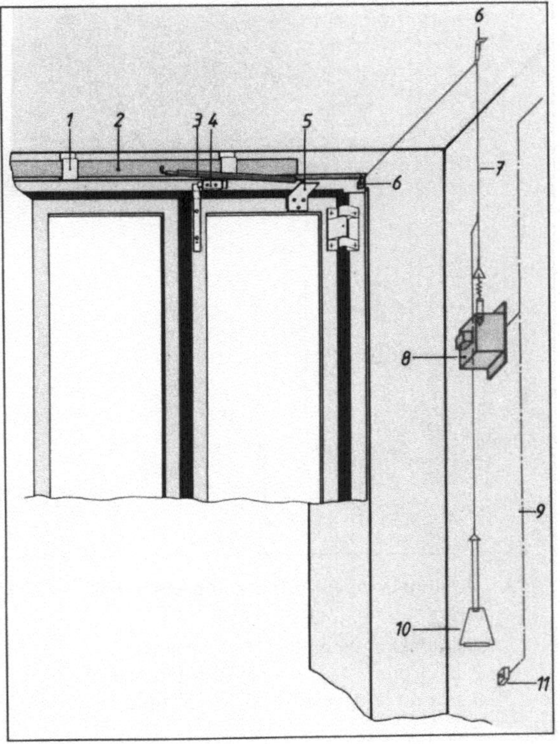

7.112 Prinzip eines schnellöffnenden Tores mit
Schnellentriegelung

  1 Laufschienenhalter *7* Seil
  2 Röhrenlaufschiene *8* Hubmagnet
  3 Druckfeder *9* Zuleitung
  4 Schnapper *10* Handgriff-Seilzug
  5 Konsole *11* Drucktaster
  6 Umlenkrolle

Geöffnet werden Falttore von Hand, halbautomatisch durch Druckfedern unterstützt oder elektromechanisch. Für Sonderfälle wie Ausfahrten für Rettungswagen oder die Feuerwehr gibt es schnellöffnende Tore mit Schnellentriegelung (**7.112**). Sobald das Tor durch Ziehen am Seil schnellentriegelt ist, wird es durch die im geschlossenen Zustand gespannten Druckfedern geöffnet. Beim Schließen des Tores (das geschieht von Hand) werden die Federn wieder gespannt.

Montage von Falttoren. Im allgemeinen sind industriell vorgefertigte Falttore zu montieren. Dann liegen die Befestigungs- und Anschlagteile als Bausatz vor. Die Montage der Zarge, der Laufschiene und etwaiger Abdeckungen sowie Regenbleche richtet sich danach, wie das Tor angeschlagen ist. Bild **7.113** auf S. 200 zeigt die Befestigung eines am Sturz angeschlagenen Tores. Die Laufschienenhalter sind in den vorgeschriebenen Abständen am Sturz befestigt, die Laufschiene wird mit Schrauben festgeklemmt. Die Lippendichtung am Sturzanschlag schließt die obere Fuge am Tor. Der untere Anschlag dient als Führungsschiene. Die Abdichtung erfolgt durch eine Bürstendichtung.

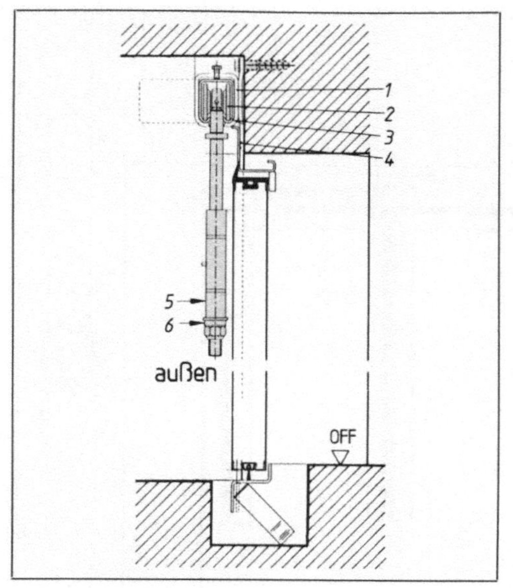

7.113 Montagebeispiel Aufhängung eines Falttors

1 Laufschienenhalter 4 Dübelanker
2 Laufrolle   5 Laufrollenband
3 Röhrenlaufschiene   6 Kugellager

7.114 Montagebeispiel Seitenanschlag eines
Falttors

Die Montage von Falttoren ist besonders sorgfältig durchzuführen. Die vorgegebenen Maße müssen genau eingehalten werden, damit das Tor einwandfrei läuft.

Die Gestaltung des Seitenanschlags hängt davon ab, ob das Tor nach innen oder außen
öffnet und ob es innen oder außen angeschlagen ist. Bild **7.114** zeigt die Ausführung
eines Seitenanschlags auf der Wand für ein nach außen öffnendes Tor.

Rolltore bieten eine einfach zu montierende Möglichkeit, Einfahrten in Hallen zu verschließen. Der *Panzer* rollt sich auf einer Walze aus Stahlrohr auf bzw. ab. Er besteht aus

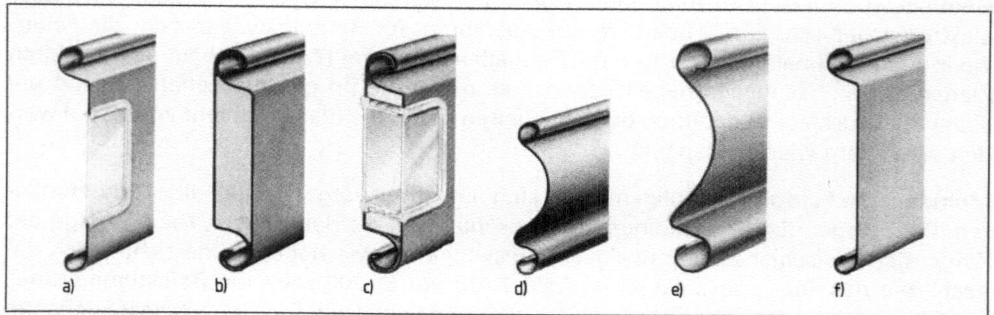

7.115 Rolltorprofile

a) einfach, verglast, b) glatt, gedämmt, c) gedämmt und verglast, d bis f) verschieden große
und geformte Aluminium- oder Stahlprofile

ein- oder doppelwandigen Stahl- oder Aluminiumprofilen. Die doppelwandigen Profile sind mit wärmedämmendem Material ausgeschäumt. In die Lamellen können Lichtbänder eingearbeitet sein (7.115).

Der Panzer eines Rolltors läuft in Führungsschienen. Um die Reibung zu vermindern, setzt man auf die Kanten der Führungsschienen Kunststoffprofile, die mit einer Bürstendichtung versehen sind (7.116). So läuft das Tor geräuscharm und ist gleichzeitig zufriedenstellend abgedichtet. Zum Boden hin wird immer ein doppelwandiges Sockelprofil mit Schlauchdichtung montiert. So ist auch dort trotz eventueller Bodenunebenheiten für angemessene Abdichtung gesorgt (7.117). Weil auf große Tore bei starkem Wind eine erhebliche Last wirken kann, werden *Sturmhaken* in die Enden der Profilstangen eingenietet (7.118). Sie gewährleisten auch bei hoher Windlast den einwandfreien Lauf in der Führungsschiene.

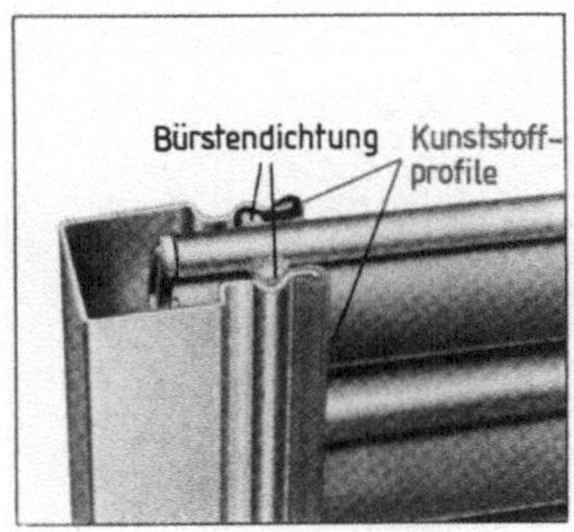
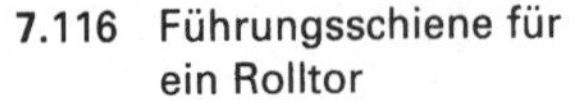

7.116 Führungsschiene für ein Rolltor

7.117 Sockelprofile zum Abdichten gegen Grund

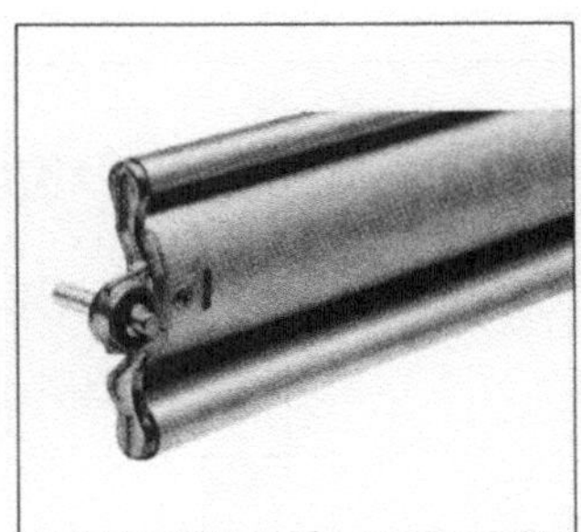

7.118 Sturmhaken zur Sicherung des Rolltors

Beim Bewegen eines Rolltors ändert sich der Durchmesser des sich wickelnden Panzers. Um ihn einwandfrei in die Führungsschiene zu leiten, wird diese am oberen Ende aufgeweitet (7.119). Gleichzeitig kann die Wickelwelle verschiebbar gelagert sein, damit der Panzer gut in die Führungsschiene einläuft. Es gibt auch Rolltorsysteme, bei denen sich die Wickelwelle entsprechend dem aufgewickelten Rolltorpanzer-Durchmesser gezielt verschiebt. An jeder Seite der Wickelwelle befindet sich ein Getriebe, das sie synchron zur Abrollbewegung so führt, daß der Panzer immer genau senkrecht in die Führungsschienen läuft (7.120). Dieses zwangsgeführte Anrollsystem bietet erhebliche Vorteile.

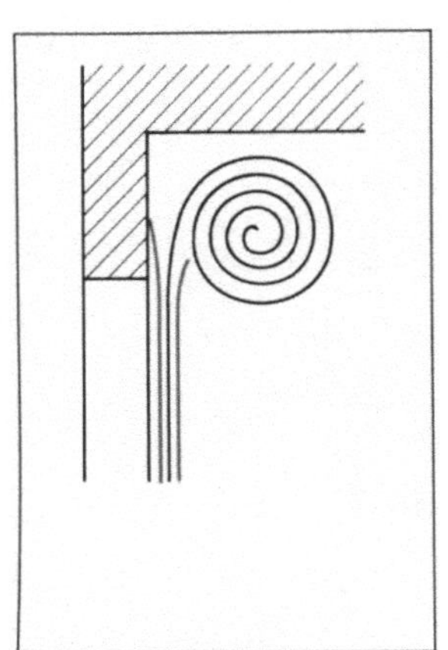

7.119 Aufgeweitete Führungsschiene

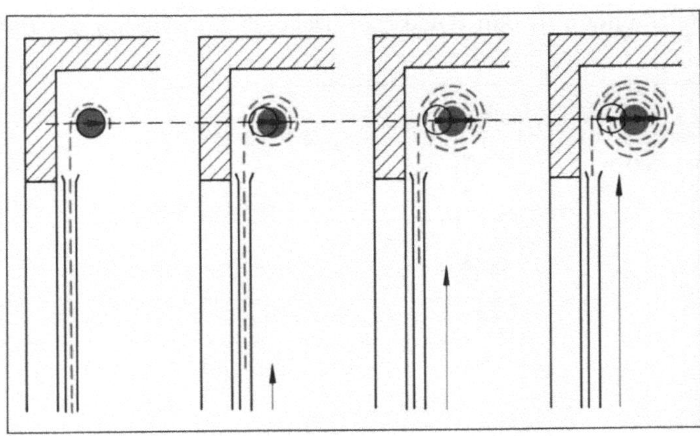

7.120 Prinzip eines zwangsgeführten Anrollsystems

Vorteile zwangsgeführter Anrollsysteme
- Bessere Abdichtung bei erhöhter Windlast,
- auch bei Verschmutzung des Tores präzises Anrollen,
- weniger Reibung in den Führungsschienen,
- geringe Laufgeräusche.

Montage von Rolltoren. Zur Aufnahme des Antriebs und zur Lagerung des Panzers auf der Wickelwelle werden in festgelegten Abständen Konsolen montiert. Als Befestigungsmittel dienen z. B. Schwerlastanker. Wird ein Rolltor an Leichtbauwänden (z. B. aus Gas-

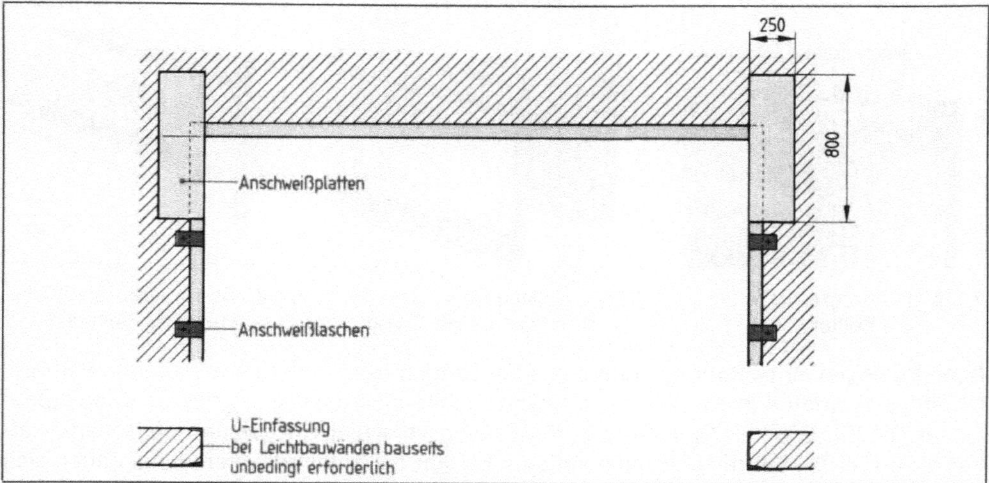

7.121 Beispiel für die Anordnung von Anschweißplatten an Leichtbauwänden

beton) montiert, sind bauseitig U-Einfassungen mit Anschweißplatten vorzusehen (**7.121**). Sie leiten die durch den Torbetrieb auftretenden Kräfte im Rahmen der zulässigen Belastungen in den Baukörper. Deshalb und wegen der Paßgenauigkeit sind die vom

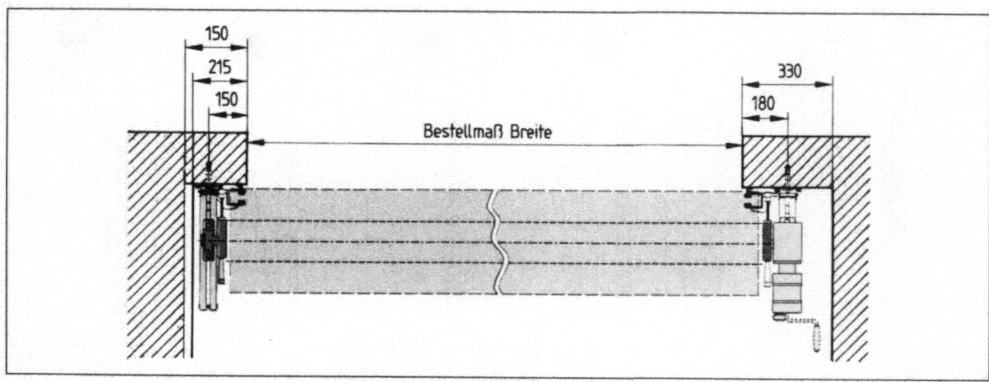

7.122 Auszug aus einer Montageanleitung für Rolltore

202

Hersteller gelieferten Einbaudaten bei der bauseitigen Montagevorbereitung und beim
Einbau angemessen zu berücksichtigen (7.122).

Sektionaltore bestehen aus Elementen, den Sektionen, die gelenkig miteinander verbunden sind. An den Seiten dieser Elemente befinden sich Rollen, die in Führungsschienen
laufen. Die Tore öffnen senkrecht nach oben und werden von Stahlseilen mit Federkraftunterstützung unter die Decke gezogen (7.123). Die Sektionen bestehen aus verzinktem
Stahlblech oder sind mit einer überlackierbaren Kunststoffbeschichtung versehen. Die
Elemente werden teilweise in Sandwichbauweise oder aus verzinkten Stahl- bzw. Aluminium-Rohrprofilen gefertigt, bei denen die offenen Felder mit Plexiglas ausgefüllt sind.
So erhält man ein Tor mit hohem Lichteinfall.

7.123   Sektionaltore in einer Halle

7.124   Torsionsfeder zum Gewichtsausgleich des Sektionaltors beim Öffnen oder Schließen

Bewegt werden die Sektionaltore von Hand, überwiegend aber elektromechanisch. Eine
Torsionsfeder unterstützt den Bewegungsablauf (7.124). Das Gewicht des ablaufenden
Tores spannt die Feder so, daß sich Federspannung und Gewicht des Tores weitgehend
ausgleichen – das Tor läuft gleichmäßiger.

Zudem verringert sich bei manuell bedienbaren Toren die Handkraft und können bei elektromechanischem Antrieb Motoren mit weniger Leistung eingebaut werden. Der Antrieb
wird dadurch billiger.

Sicherheitseinrichtungen an vertikal laufenden Toren. Die Abwärtsbewegung solcher
Tore muß zwangsgestoppt werden, wenn sie durch einen Defekt nicht mehr kontrolliert
erfolgt. Geschähe dies nicht, könnten beträchtliche Personen- und Sachschäden eintreten.

> Die Sicherheitsvorschriften der Berufsgenossenschaften schreiben für senkrecht
> laufende Tore Fangvorrichtungen und Auflaufsicherungen vor.

Fangvorrichtungen verhindern schlagartiges Absenken von Roll- und Sektionaltoren bei
Störungen an der Öffnungsmechanik. Reißt das Tragseil, verhindert eine Klinke, die in
eine Fangschiene an der Zarge einrastet, das Herabfallen des Tores (7.125). Bricht die

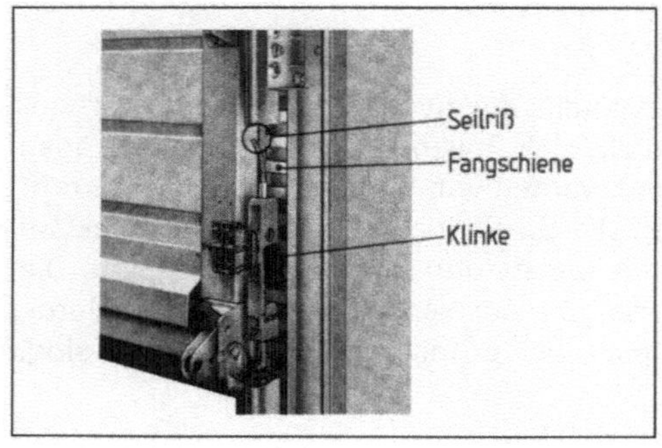

7.125   Fangvorrichtung

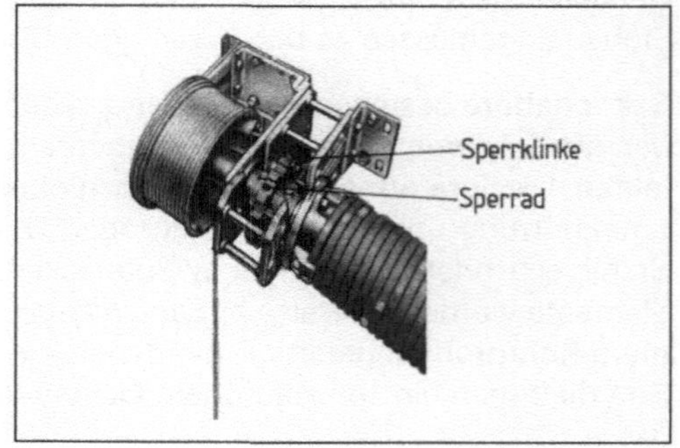

7.126   Federbruchsicherung

Torsionsfeder, wird eine Sperrklinke der Federbruchsicherung freigegeben, die sich an jedem Ende der Federwelle befindet. Sie rastet in ein Sperrad ein – das an den Drahtseilen hängende Tor wird gehalten (**7.126**).

Auflaufsicherung. Weil nicht auszuschließen ist, daß ein Tor mechanisch geschlossen wird, während sich in der Durchfahrt noch ein Fahrzeug oder Ladegut befindet, wird das untere Torglied mit einer Auflaufsicherung versehen. Sie spricht pneumatisch oder elektrisch an, wenn im Bereich des Absenkwegs ein erhöhter Widerstand auftritt – der Torantrieb wird dann automatisch abgeschaltet.

Aufgaben zu Abschnitt 7.8.1

1. Erklären Sie die Begriffe Stehflügel und Gehflügel.

2. Welche Tore werden mit Kontruktionsbändern versehen?

3. Ein großes Tor soll ausgesteift werden, damit der Flügel nicht hängt. Wie ist der Diagonalstab einzuschweißen?

4. Was versteht man unter dem Versatz?

5. Was ist ein Brandschott, welche Aufgabe hat es?

6. Wo montieren Sie den Anschlagstopper eines handbetriebenen Schiebetors?

7. Was ist bei der Gestaltung der Felder freitragender, im Außenbereich betriebener Tore zu beachten?

8. Welche Funktion haben Klemmschutzprofile an Falttoren?

9. Wo baut man Schnellentriegelungen ein?

10. In große Rolltore werden Sturmhaken eingearbeitet. Was bewirken sie?

11. Wo werden zwangsgeführte Anrollsysteme montiert und was bewirken sie?

12. Ein Rolltor ist in eine Gasbetonwand zu montieren. Was müssen Sie vorsehen?

13. Für vertikal laufende Tore sind Sicherheitseinrichtungen vorgeschrieben. Welche sind es, was bewirken sie?

7.8.2 Türen

Während Tore Hallen bzw. Hallensektionen nach außen hin oder untereinander abtrennen, werden Durchgänge und kleine Durchfahrten durch Türen verschlossen. Die Öffnungsart bestimmt die Türbezeichnung. So spricht man von ein- oder zweiflügeligen

204

Dreh- oder Pendeltüren, von Hebe-, Schiebe-, Hebe-/Dreh-/Kipp- oder Karusseldrehtüren. Je nach Einbauort müssen sie wärme- und schalldämmend wirken, dicht schließen, einbruchsicher und in bestimmten Bereichen auch rauchdicht und feuerhemmend ausgeführt sein.

Anforderungen an den Korrosionswiderstand erfüllt man durch die Auswahl der Türwerkstoffe bzw. ihre Oberflächenbehandlung. So gibt es Türen aus Kunststoff oder Aluminium, schützt man Stahltüren durch Verzinken, Lackierung oder einen Kunststoffüberzug.

Anschlagtüren sind Drehtüren, die an einer Seite (der Zarge) mit Bändern befestigt werden und rundum am Falz anliegen. Sie öffnen in eine Richtung. Solche Türen werden am häufigsten eingebaut. Zweiflügelige Drehtüren bezeichnen wir als *Stulptüren*.

Die Anschlagart ergibt sich aus der Bezeichnung DIN-links beziehungsweise DIN-rechts. Sie ist wichtig bei der Auswahl von Bändern, Schlössern und Beschlägen. Dazu betrachten wir die Tür aus der Richtung, nach der sie öffnet. Befinden sich die Bänder auf der rechten Seite, handelt es sich um eine Tür DIN-rechts. Sind die Bänder aus dieser Sicht links angeschlagen, ist eine Tür DIN-links vorhanden (7.127). Um die Bestellung industriell gefertigter Türen zu erleichtern und die Montage zu vereinfachen, sind diese sowohl für den Links- als auch den Rechtseinbau konstruiert.

> Türen in Fluchtwegen öffentlicher Gebäude müssen in Fluchtrichtung nach außen öffnen und sind gegebenenfalls mit Panikschlössern zu versehen.

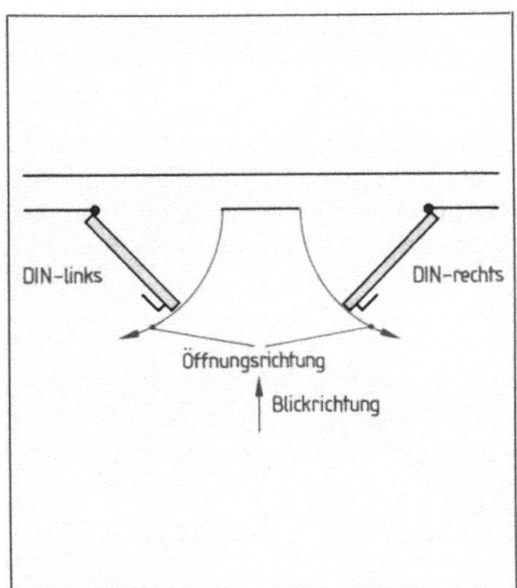

7.127 Benennungen von Anschlagtüren

7.128 Bezeichnung an Türen
1 Türblatt
2 Maueranker
3 Band
4 Zarge
5 Schloß mit Drückergarnitur

Bezeichnungen an der Tür. Aus Kostengründen werden überwiegend industriell gefertigte Türen montiert. Um die richtige Lieferung zu veranlassen, müssen wir die Bezeichnungen an Türen kennen (7.128).

Das *Türblatt* besteht aus Holz, Metalltafeln (die z.T. auch verglast sind) und Profilrohren mit eingesetzten Glastafeln. Je nach Türgröße und -gewicht sind am Türblatt zwei oder mehr *Bänder* angeschweißt oder angeschraubt. Sie verbinden das Türblatt drehbar mit der *Zarge*. Das kann ein Z-Profil oder (z.B. bei Türen in Rauchschutzabschlüssen) ein Vierkantrohr sein. An der Zarge befinden sich *Maueranker* zum Verankern der Tür im Durchgang. In das Türblatt wird das *Schloß* mit Drückergarnitur eingebaut.

Nur wenn besondere Bedingungen die Türfertigung in Handarbeit erfordern, sollte dies in der Werkstatt geschehen. Sonst ist die *Normtür* kostengünstiger. Sie wird nach dem *Baurichtmaß* bestellt, von dem das lichte Mauermaß und das lichte Durchgangsmaß abhängen (**7.129**).

Tabelle **7.129** **Normgrößen der Türen in mm**

Baurichtmaß (Bestellmaß) Breite × Höhe	Lichtes Mauermaß Breite × Höhe	Lichtes Durchgangsmaß Breite × Höhe
750 × 1705	760 × 1755	690 × 1720
750 × 1875	760 × 1880	690 × 1845
750 × 2000	760 × 2005	690 × 1970
800 × 1800	810 × 1805	740 × 1770
800 × 1875	810 × 1880	740 × 1845
800 × 2000	810 × 2005	740 × 1970
875 × 1750	885 × 1755	815 × 1720
875 × 1800	885 × 1805	815 × 1770
875 × 1875	885 × 1880	815 × 1845
875 × 2000	885 × 2005	815 × 1970
1000 × 1875	1010 × 1880	940 × 1845
1000 × 2000	1010 × 2005	940 × 1970

Stahltüren. In der einfachsten Form besteht das Türblatt aus Blech in einem Rahmen aus Vierkantrohr oder einem Profil aus gefalzten Blechen und einem Z-Profil als Zarge. Als Schloß dient ein Einsteckschloß. Um das Türblatt biegesteifer zu machen, kann man das Türblech mit Sicken versehen oder aus Profilblech herstellen (**7.130**). Beim Rahmen mit

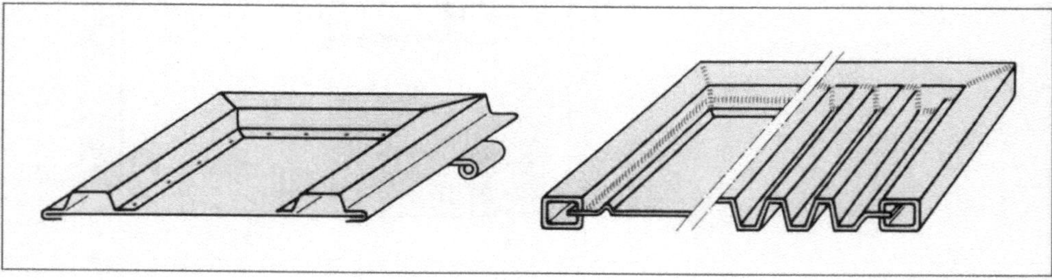

7.130 Türblattformen

zwei Füllungen spricht man von doppelwandigen Türen. Um die Wärmedämmung zu verbessern und die Stabilität zu erhöhen, finden wir doppelwandige Türen, die ausgeschäumt sind. Während die obere und die seitlichen Türkanten gefalzt sind, führt man die untere Kante oft glatt abschließend und zusätzlich verstärkt aus. Ein Beispiel dafür zeigt Bild **7.131**. Hier schlägt das Türblatt gegen eine Schwelle, die durch ein L-Profil gebildet wird.

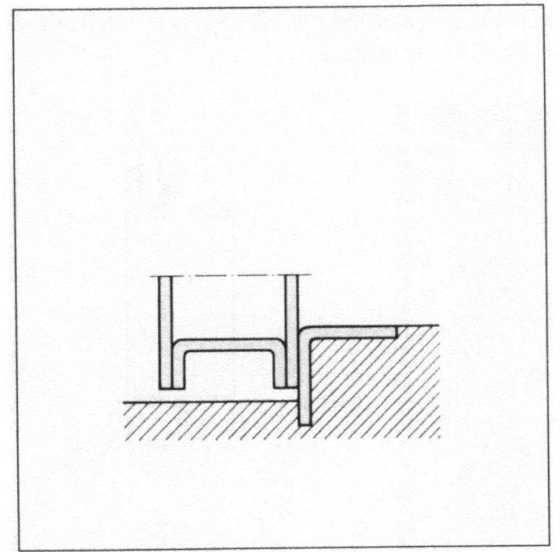

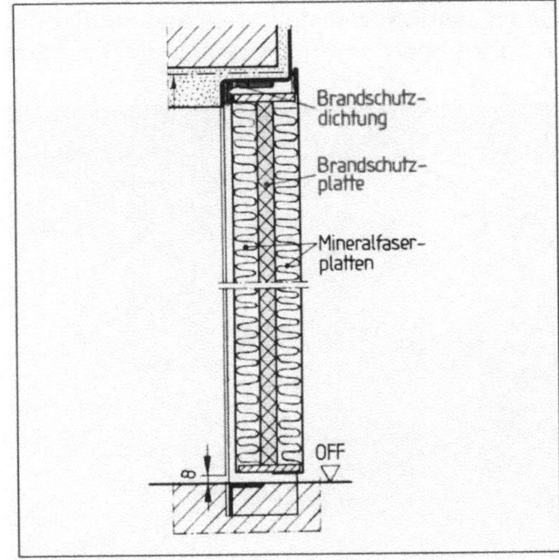

7.131 An der Unterkante verstärktes Türblatt   7.132 Schnitt durch eine Brandschutztür

Feuer- und Rauchschutztüren. Rauchschutztüren sollen im Brandfall verhindern, daß sich Rauchgase ausbreiten, Feuerschutztüren dagegen der Brandausbreitung Widerstand entgegensetzen. Dazu müssen sie besondere Bedingungen erfüllen und entsprechend konstruiert sein.

Feuerschutztüren. Um festzustellen, wie eine Tür der Feuereinwirkung widersteht, sind umfangreiche Tests erforderlich. In einem praxisgerecht ausgestatteten Testraum setzt man dazu die Tür Temperaturen aus, die bei einem Brand im Raum auftreten können. An der Außenseite der Tür mißt man an festgelegten Punkten zeitabhängig die Temperaturen. Die Zeit, bis zu der noch keine Flammen durchschlagen und an keinem Punkt mehr als 180 °C gemessen werden, bezeichnet man als *Feuerwiderstandsdauer* und teilt danach die Türen in die *Feuerwiderstandsklassen* T30, T60, T90, T120 und T180 ein.

T120 bedeutet also, daß eine Tür dieser Klasse 120 Minuten der Ausbreitung eines Brandes widersteht. Man erreicht dies mit Mineralfaser- und Brandschutzplatten zwischen den Blechen des Türblatts (7.132). Die Zarge oder die Türkante wird mit Brandschutzmaterial versehen, das bei Wärmeeinwirkung aufquillt. Dadurch wird die Tür so abgedichtet, daß keine Flammen durch den Falz schlagen können.

Weil eine Tür nur dann bauaufsichtlich als Feuerschutztür anerkannt wird, wenn auch Beschläge, Zargen und Schlösser eine entsprechende Zulassung haben und die Montage sachgerecht erfolgte, müssen zusätzliche Auflagen eingehalten werden.

Zusätzliche Auflagen für Feuerschutztüren

- Die Tür muß mit einem verstärkten Rahmen hergestellt werden, damit sie sich bei einem Brand nicht verzieht.
- Die Aufnahme für das Schloß, der Schloßkasten, muß mit feuerdämmendem Stoff ausgekleidet sein.
- Die Tür muß in Fluchtrichtung öffnen und selbständig schließen.
- Die Tür darf nicht mit Kunststoffdübeln montiert werden. Die Zarge muß vollständig eingeputzt werden. Die Verwendung von Montageschaum ist unzulässig.

Rauchschutztüren stellt man aus Stahl- oder Aluminiumprofilen her. Sie sind in normalen Türöffnungen oder in Feuerschutzabschlüssen (**7.133**) eingebaut.

7.133   Feuerschutzabschluß

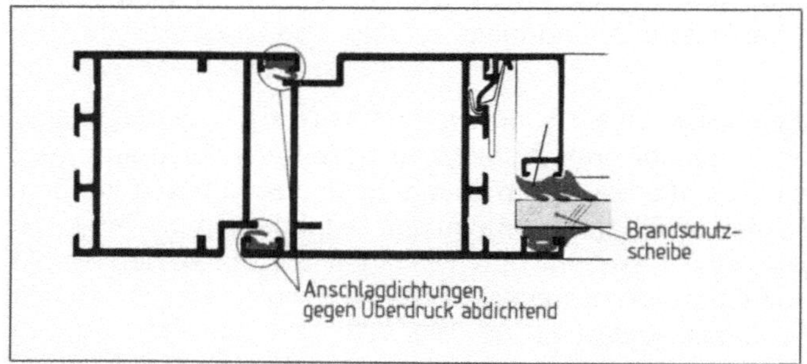

7.134   Teilschnitt durch eine Rauchschutztür

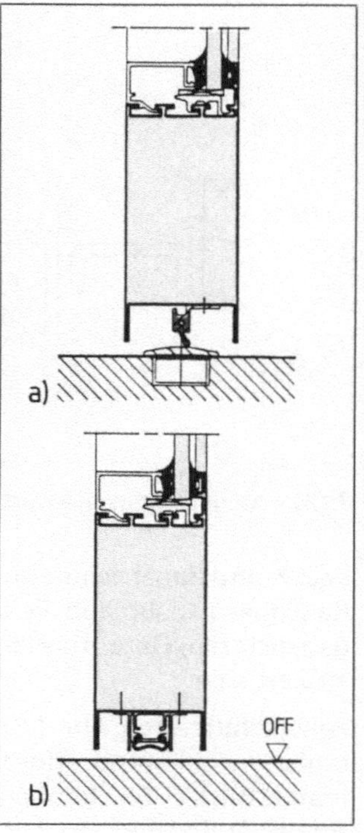

7.135   Bodendichtungen an
          Rauchschutztüren
          a) Schleifdichtung
          b) absenkbare Boden-
          dichtung

Rauchgase sind sehr giftig. Beim Brand in einem Gebäude geht von ihnen eine große Gefahr aus, weil sie sich in einem weit größeren Bereich als dem eigentlichen Brandherd ausbreiten können. Das verhindern Rauchschutztüren. Sie halten Fluchtwege weitgehend rauchfrei.

Gase dehnen sich bei Erwärmung um 1 K um $^1/_{273}$ ihres Volumens aus. Weil Rauchgase Temperaturen bis maximal 200 °C erreichen können, entsteht im rauchgefüllten Raum ein Überdruck. Die Gase wollen durch die Fugen an den Türen entweichen. Um die austretende Rauchmenge zu verringern, sind Rauchschutztüren im Falz mit besonders widerstandsfähigen Dichtungen versehen (**7.134**). Sie sind so ausgeformt, daß sie sich durch den Überdruck der Rauchgase gegen den Türflügel pressen. Zum Boden hin verwendet man *Schleifdichtungen* (**7.135a**). Bei einer durchgehenden Bodenfläche ist diese Tür wegen der fehlenden Schwelle nicht mehr rauchdicht. Deshalb setzt man Türen mit absenkbaren Bodendichtungen ein. Sie senken beim Schließen automatisch eine Dichtleiste ab, die sich fest auf die Bodenoberfläche legt (**7.135b**).

Feuer- und Rauchschutztüren müssen automatisch schließen.

Am einfachsten erreicht man dies durch *Federbänder.* Bei ihnen steht eine Feder so unter Spannung, daß die Tür nach jedem Öffnen automatisch wieder schließt. Andere Systeme schließen sie elektromechanisch mit hydraulischer Unterstützung. Die automatische Schließanlage enthält neben dem Türantrieb einen Rauchmelder, der bei außergewöhnlicher Rauchentwicklung die Schließautomatik auslöst. Bei zweiflügeligen Türen schließt der Türschließer erst den Steh- und dann den Gehflügel. Andernfalls würden die Flügel am Stulp so aneinander schlagen, daß sich durch den verbleibenden Spalt erhebliche Rauchmengen ausbreiten können.

Verglasung von Feuer- und Rauchschutztüren. In Büroräumen, Schulen und Krankenhäusern sind Feuer- und Rauchschutztüren aus architektonischen und Sicherheitsgründen verglast. Das Glas und sein Einbau müssen ebenfalls bauaufsichtlich zugelassen sein. Verwendet wird ein besonderes *Brandschutzglas* der Feuerwiderstandsklassen T30 und T90. Zwischen mehreren Glasscheiben befindet sich eine im Normalfall durchsichtige Brandschutzschicht. Bricht ein Brand aus und steigt die Temperatur auf der dem Feuer zugewandten Seite über 120 °C, springt die Scheibe, und die Brandschutzschicht schäumt auf. Das Aufschäumen bindet Wärme und verhindert für die der Feuerwiderstandsklasse entsprechenden Zeit die unzulässige Erhitzung der dem Feuer abgewandten Seite der Glasscheibe.

Die Montage von Türen erfordert Sorgfalt, damit die Tür einwandfrei öffnet und schließt. Leicht kann sich die Zarge verziehen; als Folge schlägt die Tür nicht richtig an und fällt nicht ins Schloß. Wenn es die örtlichen Gegebenheiten zulassen, ist es günstig, die Zarge mit verschlossener Tür – also als Einheit – auszurichten und festzusetzen. Damit ist sichergestellt, daß die fertige Tür einwandfrei öffnet und schließt.

Regeln zur Montage von Türen

- Tür nach dem Meterriß oder OK Fußboden mit der Richtwaage ausrichten.
- Als Hilfe beim Ausrichten kleine Holzkeile oder evtl. mitgelieferte Montagekeile aus Kunststoff verwenden.
- Im Rohbau Putzdicke durch Verwendung von Distanzklötzen berücksichtigen.
- Tür mit Holzkeilen zwischen Zarge und Baukörper festsetzen, ein Verziehen der Zarge durch Keile zwischen Türblatt und Zarge verhindern.
- Dübellöcher bohren und Tür mit Dübeln festschrauben.
- Zarge gegebenenfalls ausschäumen – aber nicht bei Feuerschutztüren!
- Tür beiputzen.

Aufgaben zu Abschnitt 7.8.2

1. Welcher Unterschied besteht zwischen Anschlag- und Stulptüren?
2. Es gibt DIN-rechts- und DIN-links-Türen. Wie ist die Bezeichnung zu verstehen?
3. Sie sollen Normtüren bestellen und einbauen. Nach welchem Maß bestellen Sie?
4. Was versteht man unter der Feuerwiderstandsdauer?
5. Eine Tür ist der Feuerwiderstandsklasse T180 zugeordnet. Was bedeutet diese Angabe?
6. Was ist bei der Montage von Feuerschutztüren zu beachten?
7. Wie breiten sich Rauchgase durch Türen aus?
8. Wie sind die Dichtungen an Rauchschutztüren ausgeführt?
9. Dürfen Feuer- und Rauchschutztüren verglast werden? Wenn ja, womit?
10. Wodurch wirkt Brandschutzglas?

7.9 Schlösser

7.9.1 Aufbau und Sicherung

Schlösser dienen dazu, Türen und in besonderen Ausführungen auch Tore zu schließen, zu sichern und unbefugten Zugang zu verhindern.

Wir lassen hier besondere Schloßkonstruktionen unberücksichtigt und wollen statt dessen Grundkenntnisse erwerben, um die einwandfreie Funktion von Schlössern beurteilen, Fehlerquellen einkreisen, Schlösser montieren und gegebenenfalls reparieren zu können. Dazu dient uns ein einfaches Schloß, das *Buntbartschloß* (7.136 a). Es verdankt seinen Namen der *bunt*en Vielfalt des *Bart*es an den Schlüsseln.

Aufbau. Bild **7.136** b zeigt die Einzelteile eines Schlosses. Fallen- und Riegelführung sowie Stifte z. B. zum Fixieren der Nußfeder oder Distanzstifte sind mit dem Schloßboden vernietet. Das Gegenstück zum Schloßboden ist die Schloßdecke. Sie wird auf die Distanzstifte gelegt und mit deren Innengewinde verschraubt. So befindet sich die Mechanik des Schlosses zwischen zwei Blechplatten. Unser Schloß ist ein *Einsteckschloß.* Zur Montage steckt man es so in eine Aussparung der Tür, daß der Stulp bündig mit der Türkante abschließt. Im Stulp befinden sich Bohrungen, so daß sich das Schloß mit der Tür verschrauben läßt.

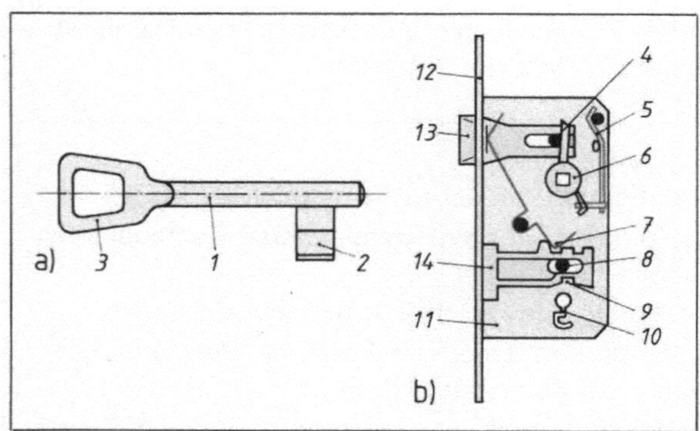

7.136 Buntbartschlüssel (a) und Buntbartschloß (b)

1 Halm	*8* Riegelführung
2 Bart	*9* Riegeleingriff
3 Kopf	*10* Schlüsselloch
4 Fallenführung	*11* Schloßplatte
5 Rückholfeder	*12* Stulp
6 Nuß	*13* Falle
7 Zuhaltung	*14* Riegel

7.137 Schloßfunktionen

a) Schließen: Durch Druck gegen die Tür springt die Falle ins Schließblech – die Tür ist geschlossen

b) Öffnen: Durch Niederdrücken des Türdrückers wird die Falle zurückgezogen – die Tür kann geöffnet werden

Schließfunktion. Wird die Tür in die Zarge gedrückt, bewegt sich die Falle gegen die Spannung der Fallenfeder in Pfeilrichtung nach rechts (7.137 a). Liegt die Falle vollständig vor der Öffnung im Schließblech, schnappt sie durch den Druck der Fallenfeder ein – die Tür ist „ins Schloß gefallen".

Öffnungsfunktion. Die Tür läßt sich öffnen, wenn die Falle aus dem Schließblech gezogen wird. Dazu muß sich die Nuß soweit drehen, bis der Hebel an ihr die Falle bündig in den Stulp gezogen hat (7.137 b). Die Betätigung des Drückers löst die Drehbewegung aus. Ist die Tür geöffnet und läßt man den Drücker los, zieht die Nußfeder die Nuß und damit den Hebel zurück, und die Fallenfeder drückt die Falle wieder in die Ausgangsstellung.

An den meisten Außentüren befindet sich nur innen ein Türdrücker, während außen ein Knauf angebracht ist. Damit die Tür von außen zu öffnen ist, baut man ein Schloß mit *Wechsel* ein (7.138). Mit der Schlüsseldrehung drückt der Bart gegen den Wechsel. Dieser wirkt als Hebel und zieht die Falle ins Schloß – die Tür läßt sich öffnen.

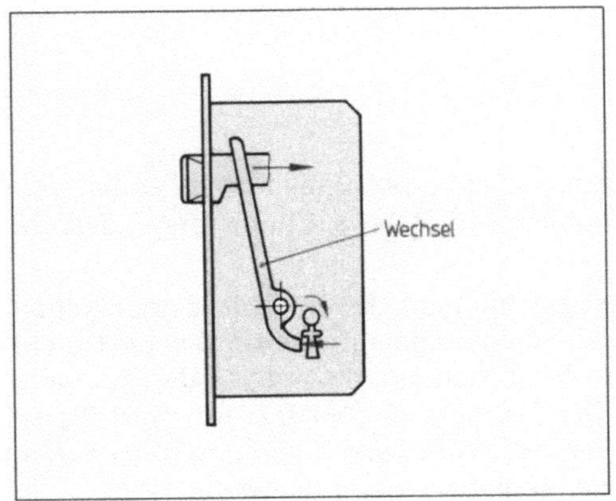

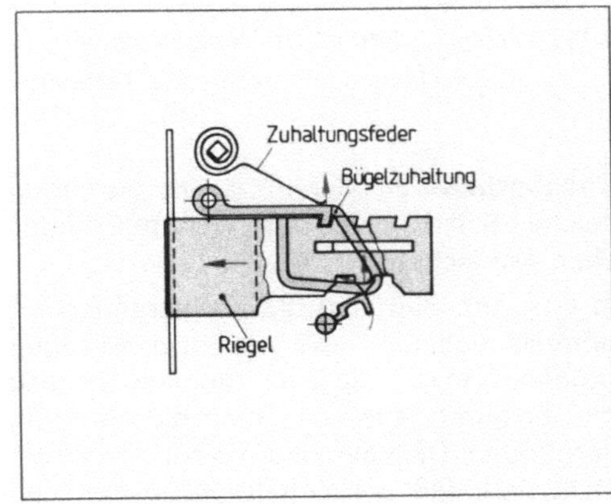

7.138 Wechsel. Beim Drehen des Schlüssels drückt der Bart gegen den Wechsel – die Falle wird zurückgezogen

7.139 Sicherungsfunktion durch Zuhaltung

Sicherungsfunktion. Eine *ge*schlossene Tür ist gegen unbefugtes Öffnen gesichert, wenn sie *ver*schlossen wird. Dies geschieht durch den *Riegel,* der in eine Öffnung im Schließblech greift (7.139). Dreht man den Schlüssel, drückt der Bart gegen den Bügel der Zuhaltung und hebt sie an. Der Riegel wird freigegeben und durch die Schlüsseldrehung in Pfeilrichtung weitergeschoben. Der gleiche Vorgang läuft ab, wenn man den Schlüssel ein zweites Mal dreht – man hat dann „zweimal rumgeschlossen". Dabei drückt die Zuhaltungsfeder bei jedem Mal Schließen die Zuhaltung in die Raste des Riegels und sperrt diesen gegen Zurückschieben. Die Strecke, um die sich der Riegel bei einer Schlüsseldrehung bewegt, bezeichnet man als *Tour.*

Panikfunktion. Türen im Fluchtweg von Gebäuden, die der Öffentlichkeit zugänglich sind, müssen sich in Fluchtrichtung auch in verschlossenem Zustand mit dem Türdrücker öffnen lassen. Baupolizeilich wird in solchen Fällen das Panikschloß vorgeschrieben. Es hat zwei Nüsse und wird über höhenversetzte Drücker betätigt. Der Drücker auf der Türinnenseite wirkt auf eine *Zwingnuß;* sie öffnet Falle und Riegel. Der Drücker an der Türaußenseite bewegt nur die Falle. Ist die Tür verschlossen, kann sie von dort nicht geöffnet werden.

Buntbartschlösser lassen sich problemlos auch von Unbefugten öffnen. Nur die Form des Bartes, die mit der Form des Schlüssellochs im Schloßboden oder -deckel übereinstimmen muß, und Ausbrüche in der Mitte oder am Rand des Bartes schränken die Schließungsberechtigung ein (7.140 auf S. 212). Sie ist mit Hilfe eines *Sperrhakens* leicht zu umgehen, weil nur eine Zuhaltung zu entsperren ist.

Verbesserte Sicherungsfunktionen bieten das Chubb- oder Zylinderschloß.

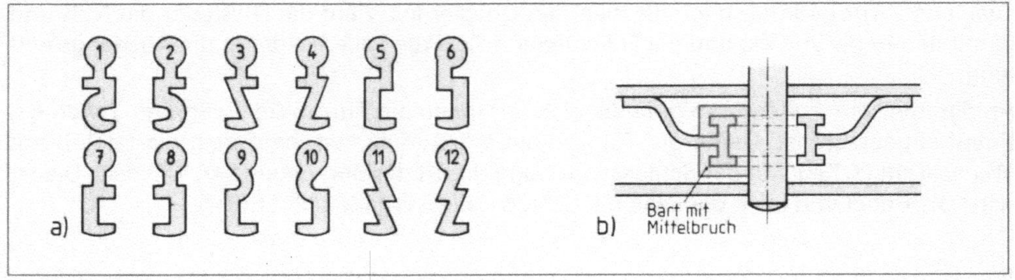

7.140 Schließsicherheit am Buntbartschloß
a) verschiedene Bartformen, b) Mittelbruchbesatzung

Chubbschloß. Ein Schloß ist um so besser gesichert, je mehr Zuhaltungen es hat. Ein solches Schloß heißt nach seinem Erfinder Chubbschloß (**7.141**a, Chubb, engl., gesprochen wie tschab).

In unserem Bild sind drei Zuhaltungen im Schloß montiert. Es sind Messingplättchen unterschiedlicher Dicke und Form. Werden sie aufeinander gelegt, decken sich die Durchbrüche (**7.141**a). Die Zuhaltungsfedern drücken die Zuhaltungen so gegen den Tourstift, daß er durch jede von ihnen blockiert wird. Der Tourstift ist aber fest mit dem Riegel verbunden. Deshalb kann dieser erst bewegt werden, wenn alle Zuhaltungen so eingestellt sind, daß kein Zuhaltungsfenster mehr die Riegelbewegung blockiert.

Um den Riegel eines Chubbschlosses zu bewegen, muß der Bart so geformt sein, daß er bei der Schlüsseldrehung jede Zuhaltung in eine Lage bringt, die den Tourstift freigibt (**7.141**b). Ausschlaggebend ist dabei nicht nur die Höhe der Abstufungen des Bartes, sondern auch ihre Breite, weil die Zuhaltungsplättchen unterschiedlich dick sein können.

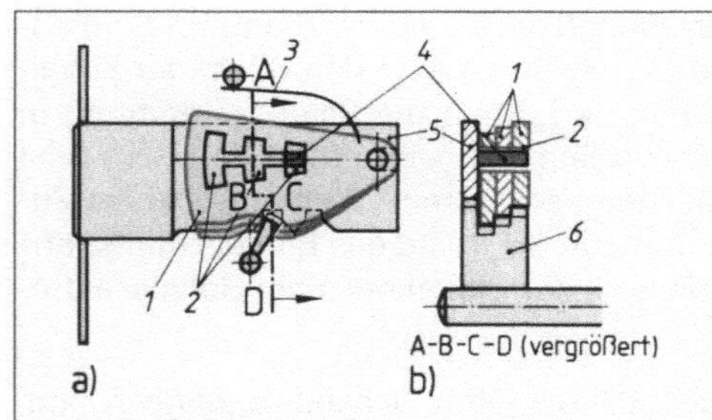

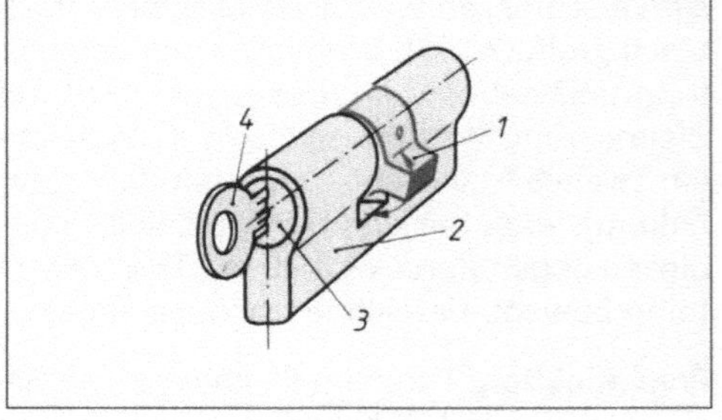

7.141 Chubbschloß
a) Aufbau, b) Schließen

1 Zuhaltungen   4 Tourstift
2 Zuhaltungsfenster   5 Riegel
3 Zuhaltungsfedern   6 Schlüssel

7.142 Bezeichnungen am Schließzylinder

1 Schließbart   3 Zylinderkern
2 Zylinder   4 Schlüssel

Zylinderschloß. Mehr Zuhaltungen erfordern eine aufwendigere Schloßkonstruktion. Um diesen Aufwand zu begrenzen, hat man bei einem Zylinderschloß Schließ- und Sicherungsfunktion konstruktiv getrennt, indem man ein einfaches Schloß mit einem Schließzylinder kombiniert. Die hohe Zahl von Sperrmöglichkeiten, vielleicht noch in Verbindung mit Elektronikbauelementen, verbessert die Sicherungsfunktion erheblich. Der Schließzylinder (ihn gibt es oval, rund oder als Profilzylinder) wird nach Montage des Schlosses in den Schloßkasten gesteckt und mit einer Schraube vom Stulp her gesichert. Mit dem passenden Schlüssel läßt sich der Zylinderkern drehen. Der daran befindliche Schließbart greift in den Riegel ein und bewegt ihn (7.142).

Prinzip des Schließzylinders (7.143). In einem Gehäuse befindet sich ein drehbarer Kern. Bohrungen darin fluchten mit entsprechenden Bohrungen im Gehäuse. Bringt man in gegenüberliegende Bohrungen geteilte Stifte – die ein Federdruck in ihrer Lage hält – läßt sich der Kern nur drehen, wenn die Trennstelle des jeweiligen Stiftes genau in die Berührungsebene von Kern und Gehäuse gebracht wird. Dies geschieht mit einem Schlüssel, dessen Profil so ausgebildet ist, daß er die Stifte in eine entsprechende Lage drückt. Nur dann läßt sich der Kern drehen; in jedem anderen Fall verhindert dies der Stift.

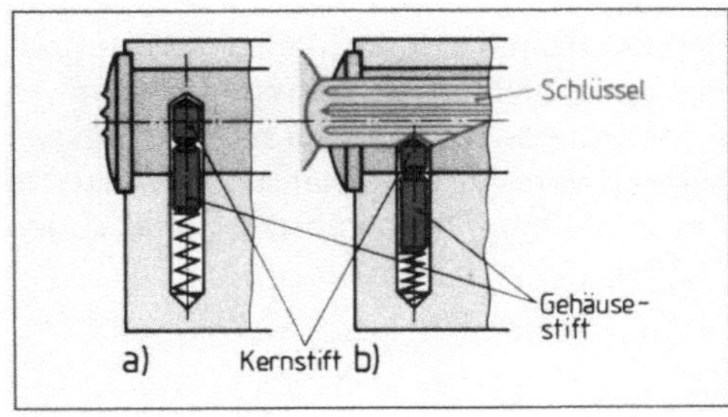

7.143 Funktion des Schließzylinders
a) Schließzylinder mit gesperrtem Kern
b) entsperrt

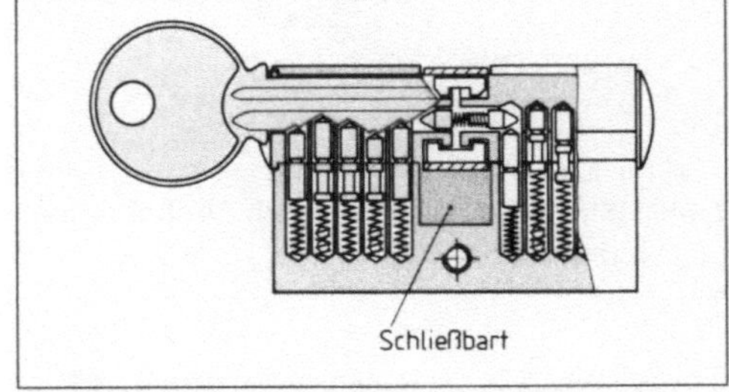

7.144 Schnitt durch ein Sicherheitsschloß

Ein Schließzylinder enthält viele dieser Stiftzuhaltungen. Sie geben den Kern erst frei, wenn das richtige Schlüsselprofil mit den richtigen Schlüsseleinschnitten eingeführt wird. Bild 7.144 zeigt einen von beiden Seiten schließbaren Zylinder. Deutlich ist zu erkennen, wie durch das Schlüsselprofil Kern und Schließbart freigegeben werden.

Zusätzliche Sicherungsmaßnahmen

Aus naheliegenden Gründen werden Schließzylinder noch besonders gegen unbefugtes Öffnen gesichert. Dies betrifft die Aufbruch-, Nachsperr- und Nachschließsicherheit.

Aufbruchsicherheit. Gehärtete Stahlstifte verhindern ein Aufbohren des Schließzylinders zwischen Kern und Gehäuse und damit die Möglichkeit, die Zuhaltungsstifte von außen abzutasten und zu blockieren.

Aufsperrsicherheit. In Bild 7.144 erkennen wir unterschiedlich geformte Sperrstifte. Sie verhindern den Versuch, den Kern eines Schließzylinders so zu verdrehen, daß sich die Zuhaltungsstifte verklemmen. Dann könnte man die Sperrstifte mit einem geeigneten Werkzeug in eine Position schieben, die die Sperrung aufhebt. Die Formgebung der Stifte erschwert oder verhindert dies, weil sich die Stifte im Schlüsselkanal verhaken und ihre Lage dann nicht mehr verändert werden kann.

Nachschließsicherheit. Um die Öffnung eines Zylinderschlosses mit einem ähnlichen Schlüssel zu verhindern, hat man in DIN 18285 die Anforderungen an die Nachschließsicherheit festgelegt.

7.145 Sicherheitsschlüssel mit Anbohrungen (beidseitig)

Konstruktiv werden diese Anforderungen durch unterschiedliche Profilierung der Schlüssel oder durch einen querliegenden Schlüsselkanal erfüllt. Die Sperrstifte greifen dann nicht in Einschnitte, sondern in Anbohrungen des Schlüssels. So lassen sie sich versetzt anordnen und verhindern ein unbefugtes Abtasten der Zuhaltungen (**7.145**).

7.9.2 Elektronische Schließsysteme

Die Sicherheit von Einzelschließungen und Schließanlagen verbessert sich erheblich durch die Kombination mechanischer Schließzylinder und elektronischer Abtastung. Hinzu kommt die Möglichkeit, bestimmte Bereiche einer Firma, Forschungseinrichtung oder Fabrikanlage nach Gesichtspunkten der Sicherheit zu sperren oder zu überwachen. Eine elektronisch gesicherte Schließanlage besteht aus einem Schließzylinder mit Sperrmagnet und Antenne, einem Schlüssel und einer Elektronikeinheit zur Steuerung des Systems (**7.146**).

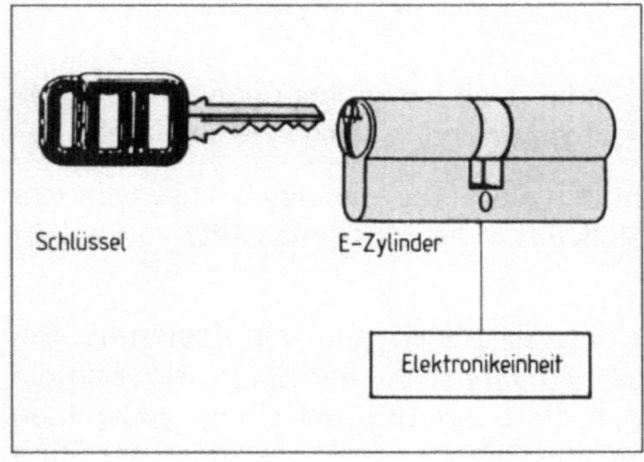

7.146 Bestandteile elektronischer Schließsysteme

Der Schließzylinder entspricht im mechanischen Aufbau einem normalen Profilzylinder (**7.147a**). Er wird jedoch durch Antenne und Sperrmagnet ergänzt. Um das Schloß zu öffnen oder zu schließen, müssen die Stiftzuhaltungen mit einem passenden Schlüssel in eine Position gebracht werden, die den Zylinderkern mechanisch freigibt. Die Schließung – sie entspricht der *mechanischen* Codierung des Schlüssels – läßt die Betätigung des Schlosses zu. Sie wird aber noch durch den Sperrmagneten verhindert. Er gibt das Schloß erst frei, wenn auch die *elektronische* Codierung übereinstimmt. Dazu wird die Schlüsselcodierung über die Antenne des Schließzylinders abgefragt und mit der vorgegebenen Codierung in der Steuereinheit verglichen. Erst wenn auch diese Überprüfung erfolgreich verlaufen ist, wird das Schloß freigegeben.

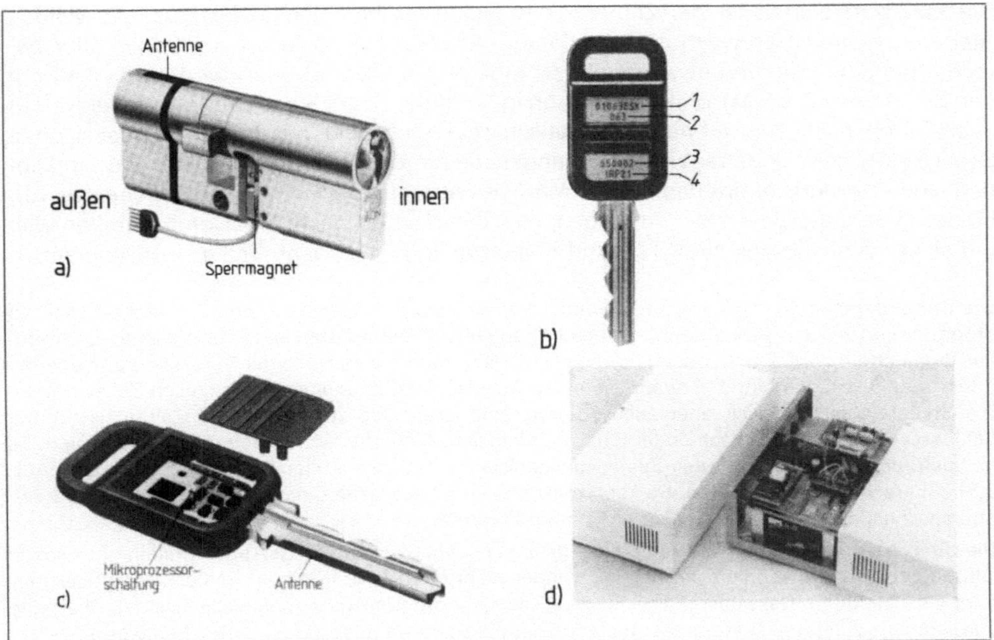

7.147 Elektronisches Schließsystem

a) Schließzylinder, b) Schlüssel mit Schlüsseldaten auf der Reide, c) Mikroprozessoranordnung in der Schlüsselreide, d) Zentralgerät

1 Fabrikationsnummer
2 Organisationsnummer
3 Schließungsnummer
4 Profilbezeichnung

Der Schlüssel unterscheidet sich auf den ersten Blick nicht von einem normalen Sicherheitsschlüssel (**7.147** b). Sofern sein Profil der Codierung eines mechanischen Schließzylinders entspricht, kann man diesen auch damit betätigen. Der Schließzylinder prüft mechanisch, ob der Schlüssel schließberechtigt ist.

Beim Schließen eines elektronischen Schließzylinders prüft zusätzlich die Elektronikeinheit des Systems die Schließberechtigung. Über die Antenne des Schließzylinders und des Schlüssels wird der Mikroprozessor in der Schlüsselreide induktiv, das heißt berührungslos aktiviert und sein Code abgefragt (**7.147** c). Die Software der Elektronikeinheit überprüft den Code und gibt den Schließzylinder erst frei, wenn für den Schlüssel eine Schließberechtigung vorliegt. Codiert wird der Schlüssel vom Hersteller. Der Code gilt nur für einen und keinen weiteren Schlüssel. Die Bit-Kombinationen erlauben über 10^9 = mehr als 1 Milliarde (1 000 000 000) Codierungsmöglichkeiten. Zusammen mit der mechanischen Codierung des Schlüssels ist mithin davon auszugehen, daß kein Schlüssel doppelt vorkommt.

Die Kenndaten des Schlüssels sind auf der Reide ausgewiesen (**7.147** b). Soll eine Schließberechtigung verändert oder aufgehoben werden, verändert oder löscht man entsprechend die Schlüsselcodes in der Elektronikeinheit. Dazu braucht man nicht den Schlüssel, sondern ändert oder löscht über eine Einstelleinheit. Auf diese Weise lassen sich auch verlorengegangene Schlüssel elektronisch unbrauchbar machen. Sie passen zwar noch, aber schließen nicht mehr.

Die Elektronikeinheit ist die Zentrale des elektronischen Schließsystems mit Melde-, Steuerungs- und Überwachungsfunktionen (7.147 d). Sie speichert die Codes aller berechtigten Schlüssel und etwaigen Einschränkungen. Programmiert wird die Einheit mit den Schlüsseln. Die Elektronikeinheit kann in Verbindung mit einem Motorzylindersystem auch Türen nach dem Öffnen automatisch schließen oder mit einem Schlüssel ohne Schließbart, dem Codeträger, die Zugangsberechtigung überprüfen. Derartige Funktionen sind erforderlich, um das unrechtmäßige Betreten von Sicherheitsbereichen zu verhindern und außerdem dafür zu sorgen, daß Türen sofort nach dem Durchschreiten wieder sicher verschlossen sind. Tür- und Riegelzustand überwacht die Elektronikeinheit.

Die Steuerungsfunktion gilt für das gesamte angeschlossene Schließsystem. Die Einheit kann so programmiert werden, daß die Schließberechtigung nur zu festgelegten Zeiten und/oder an bestimmten Tagen erteilt wird. Dann können Personen z.B. Büroräume außerhalb der Bürozeiten und/oder an Sonn- und Feiertagen betreten, wenn sie einen Schlüssel mit Zugangscode zu diesen Zeiten haben. Die Steuereinheit läßt sich aber auch so programmieren, daß zu bestimmten Zeiten bestimmte Schlösser nur mit mechanisch codierten, d.h. einfachen Sicherheitsschlüsseln zu betätigen sind. Es ist auch möglich, zu bestimmten Zeiten mechanischen Schlüsseln eine Zuschließ-, aber keine Aufschließberechtigung zu erteilen. So kann man z.B. eine Lagerhalle oder ein Büro abends verlassen und abschließen, anschließend aber nicht mehr betreten.

Die Überwachungsfunktion kontrolliert das gesamte Schließsystem (Riegel- und Türstellungen sowie Öffnungszeiten). Funktioniert ein Schließzylinder nicht oder wird an einem Schloß manipuliert, erfolgt eine Meldung. Dasselbe gilt, wenn eine Tür nicht ordnungsgemäß verschlossen ist, über eine vorgegebene zulässige Öffnungszeit nicht wieder geschlossen oder gar aufgebrochen wurde.

7.9.3 Montage von Schlössern

Voraussetzung für eine einwandfreie Montage ist die Bestellung des richtigen Schlosses. Außerdem sind einige Grundregeln beim Einbau zu berücksichtigen. Sie sollen im wesentlichen verhindern, daß ein Schloß bei der Montage (z.B. durch zu festes Anziehen der Stulpschraube beim Einbau eines Schließzylinders) verspannt wird. Dies kann zur Folge haben, daß Teile des Schlosses schwergängig sind, daß sie klemmen oder auch daß die Tür nicht einwandfrei schließt.

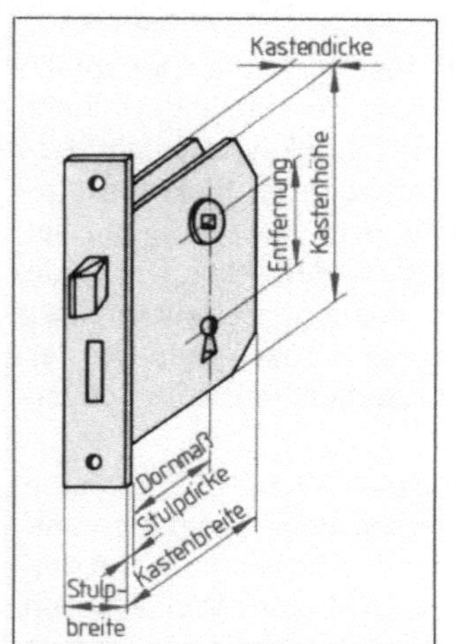

7.148 Normmaße an Schlössern

Die *Schloßbezeichnungen* sind nach DIN 18251 genormt (7.148). Schlösser lassen sich deshalb eindeutig bestellen.

Beispiel Bezeichnung eines Einsteckschlosses:

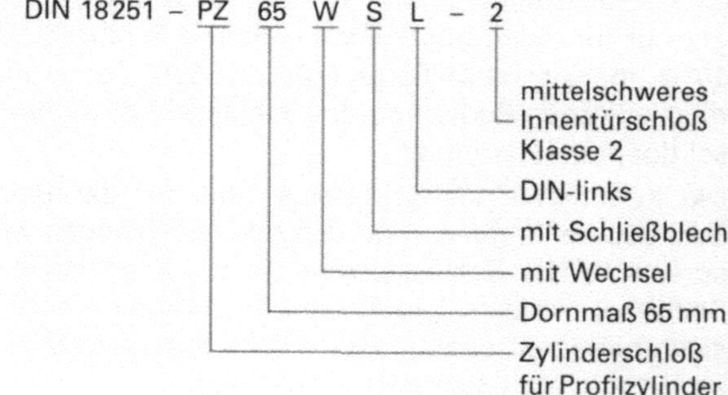

Grundregeln bei der Montage von Schlössern

- Einsteckschlösser sauber einpassen.
- Bei Profilzylindern Außenseite auch nach außen montieren (richtige Lage des Aufbohrschutzes).
- Richtige Zylinderlänge mit Meßschlüssel ermitteln. Der Zylinder soll an der Außenseite nicht mehr als 2 mm über den Schild hinausragen (Schutz gegen Abbrechen des Zylinders).
- Stellung des Schließbarts beachten; notfalls umschlagen.
- Stulpschraube nicht zu fest anziehen.
- Zylinder nur mit Graphitstaub oder speziellen Kriechmitteln gängig halten. Nicht ölen oder fetten! Die Zuhaltungsstifte können sich sonst festsetzen.

7.9.4 Schließanlagen

Unter Schließanlagen versteht man eine Vielzahl von Schlössern, die gruppenweise mit einem Schlüssel, aber nur unter bestimmten Voraussetzungen alle mit demselben Schlüssel betätigt werden können.

In Schließanlagen sind General-Hauptschlüssel-, Hauptschlüssel- und Zentralschloßanlagen üblich.

In der General-Hauptschlüssel-Anlage lassen sich alle Schlösser mit dem General-Hauptschlüssel S_{GH} betätigen. Andere Schlösser sind bereichsweise zusammengefaßt und können nur mit dem Obergruppenschlüssel S_{OG}, dem Gruppenschlüssel S_G oder dem Einzelschlüssel S_n betätigt werden. Die Hierarchie in dieser Anlage stellt die Grafik 7.149 dar.

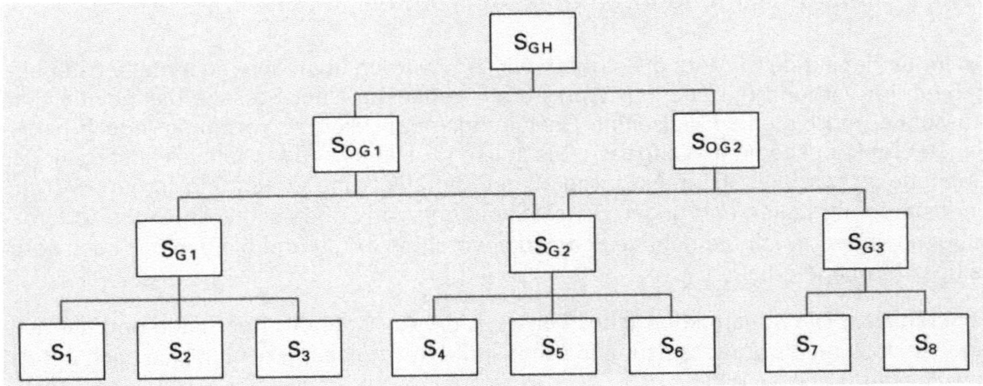

7.149 Hierarchie der General-Hauptschlüssel-Anlage

Für diese Anlage gibt es 8 Einzelschlüssel (für die Räume S_1 bis S_8). Sie schließen jeweils nur dort. Mit den Gruppenschlüsseln S_{G1} bis S_{G3} können je 2 bzw. 3 Schlösser der Räume S_1 bis S_8 betätigt werden. Der Obergruppenschlüssel S_{OG1} schließt S_1 bis S_6, der Obergruppenschlüssel S_{OG2} die Schlösser S_4 bis S_8, der General-Hauptschlüssel S_{GH} schließlich alle Schlösser.

Solche Schließanlagen finden sich z. B. in größeren Bürohäusern, Schulen oder Hotels.

Hauptschlüssel- und Zentralschloßanlagen sind einfacher organisiert. Bei der ersten schließt der Hauptschlüssel alle vorhandenen Zylinder, während alle anderen Schlüssel nur den Zylinder betätigen, der mit ihrer Codierung übereinstimmt. In Zentralschloßanlagen kann man mit jedem Schlüssel ein oder mehrere Schlösser, aber nur ein Einzelschloß schließen. Diese Anlagen finden wir z.B. in größeren Wohnanlagen: Das Schloß in der Haustür und im Tor der Gemeinschaftsgarage muß von allen Bewohnern des Hauses, das in der Wohnungstür aber nur vom Wohnungsinhaber betätigt werden können.

Aufgaben zu Abschnitt 7.9

1. Nennen Sie die wichtigsten Bestandteile eines Buntbartschlosses.

2. Nennen Sie vier Funktionen eines Schlosses.

3. Wodurch wird die Sicherheitsfunktion von Schlössern verbessert?

4. Wie nennt man ein Schloß, das durch mehrere Zuhaltungen sicherer wird?

5. Wodurch verbessern Zylinderschlösser die Sicherungsfunktion eines Schlosses?

6. Welche zusätzlichen Sicherungsmaßnahmen sind an Zylinderschlössern zu finden?

7. Welche Teile gehören zu einem elektronischen Schließsystem?

8. Der Schlüssel eines elektronischen Schließsystems paßt in den Schließzylinder. Was ist Voraussetzung dafür, daß er schließt?

9. Nennen Sie Funktionen, die eine elektronische Schließanlage übernehmen kann.

10. Welcher Unterschied besteht zwischen einer General-Hauptschlüssel- und einer Hauptschlüsselanlage?

7.10 Metallfenster und Sonnenschutzeinrichtungen

7.10.1 Fensterarten, -aufbau und -funktionen

An Industriebauten, Büro- und Geschäftshäusern werden überwiegend Metallfenster eingebaut. Im Verbund mit anderen Werkstoffen geben sie einer Fassade das gewünschte Aussehen und bieten so vielseitige Gestaltungsmöglichkeiten. Vorrangig jedoch haben Fenster funktionsbedingte Aufgaben. Sie sollen für ausreichendes Tageslicht sorgen, das Gebäude dicht schließen, unter Einschluß der Klimatisierung für Lüftung sorgen, Wärmeverluste gering halten und gegen Schalleinwirkung von außen schützen. Diese Anforderungen werden durch die richtige Fensterkonstruktion erfüllt und bleiben nur nach sorgfältiger Montage erhalten.

Fensterarten. Die Konstruktion eines Fensters, die Auswahl der Beschläge und die richtige Verklotzung als Voraussetzung für einwandfreie Verglasung richten sich nach der Art des Fensterflügels (**7.150**).

Aus dem in das Rahmensymbol eingezeichneten Dreieck lassen sich die angeschlagene Seite und die Öffnungsrichtung erkennen. Die Dreieckspitze zeigt zur öffnenden Seite. Die Strichlinie deutet an, daß das Fenster nach außen öffnet. Das Schwingflügelfenster z.B. ist in der Mitte angeschlagen. Seine untere Seite schwingt nach außen, die obere nach innen.

Die Fensterflügel können verschieden angeordnet werden. Wir unterscheiden Einfach-, Verbund- und Doppelfenster.

218

Tabelle 7.150 **Fensterarten nach DIN 18 059**

Bezeichnung	Symbol	Öffnungsart	Bezeichnung	Symbol	Öffnungsart
Drehflügel		nach innen rechts	Wendeflügel		mittig gelagert, 90° drehend, rechts oder links
Kippflügel		nach innen	Schwingflügel		90° drehend
Klappflügel		nach außen	Dreh-Kipp-Flügel		nach innen

Einfachfenster bestehen aus einem Flügel, der mit einer einfachen Scheibe verglast sein kann. Zur Wärmedämmung und Schalldichte wird meist jedoch wenigstens ein Zweischeiben-Isolierglas verwendet.

Verbundfenster bestehen aus zwei Flügeln. Sie sind durch Beschläge so verbunden, daß sie als Einheit bewegt werden können. Um sie zu reinigen, trennt man die Flügel (**7.151**). Zur Verglasung wählt man entweder je Flügel eine Scheibe Einfachglas oder eine Kombination aus einer Scheibe Einfachglas und einer Scheibe Isolierglas.

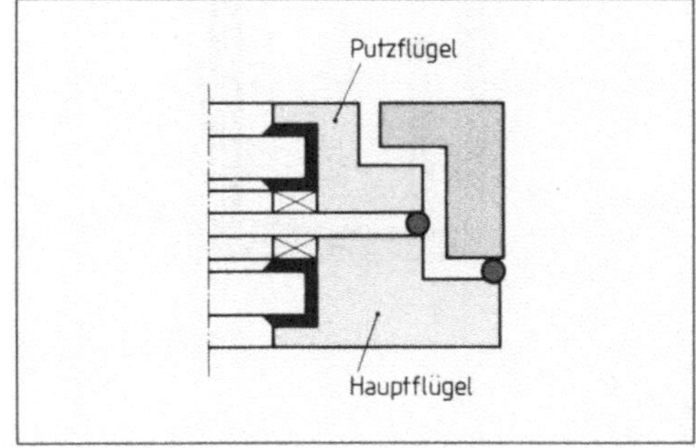

7.151 Aufbau eines Verbundfensters

Doppel- oder Kastenfenster bestehen aus einem Kastenrahmen, in den zwei Flügel montiert sind. Verglast sind sie gewöhnlich in einer Kombination aus Einfachglas und Isolierglas.

Fensterart und Glaswahl haben einen wesentlichen Einfluß auf die bauphysikalischen Eigenschaften. Durch entsprechende Kombinationen kann man Schallschutz und Wärmedämmung erheblich verbessern.

Aufbau und Funktion eines Fensters. Das Drehkippfenster in Bild **7.152** wird mit dem Blendrahmen in die Fensteröffnung des Bauwerks gesetzt. Die Mitteldichtung dichtet die Fuge gegen Zugluft und Schall von außen ab. Der Flügel des Drehkippfensters ist an einem Scheren- und Drehkipplager angeschlagen. Um das Fenster zu schließen, betätigt man über den Einhandgriff das Kantenverschlußgetriebe. Die Riegelbolzen fassen hinter die Schließplatte und ziehen den Flügel gegen die Mitteldichtung. Zum Lüften eintriegelt man durch Drehen des Handgriffs das Kantenverschlußgetriebe. Der Fensterflügel wird mit dem Kipphalter verbunden, gleichzeitig die Schere freigegeben, so daß das Fenster um einen genau abgegrenzten Weg nach innen kippt. Geöffnet wird es, indem man durch Drehen des Handhebels die Riegelbolzen freigibt. Die Schere bleibt verriegelt, so daß sich das Fenster um das Scheren- und Drehkipplager drehen läßt.

Fensterbeschlag. Damit ein Fenster zum Öffnen oder Schließen richtig ent- oder verriegelt werden kann, ist der geeignete Beschlag zu montieren. Die Industrie bietet einbaufertige Beschlagsätze an, die alle gewünschten Funktionen erfüllen. Maßgebend für die Bestellung sind Größe und Anschlag des Fensters. Für Bild **7.152** ist ein Einhand-Dreh-Kipp-Beschlag DIN-rechts erforderlich. Ohne seine Funktion einzuschränken, kann man ihn durch Kürzen der Schubstangen unterschiedlichen Fensterflügelgrößen anpassen.

Drehkippbeschläge sind entsprechend der überwiegend eingebauten Drehkippfenster am meisten verbreitet. Außerdem werden noch Hebe-Drehkippbeschläge und für Schiebefenster Hebe-Schiebeflügelbeschläge montiert. Damit die Beschläge einwandfrei arbeiten, müssen die Einbauvorschriften der Hersteller genau eingehalten werden.

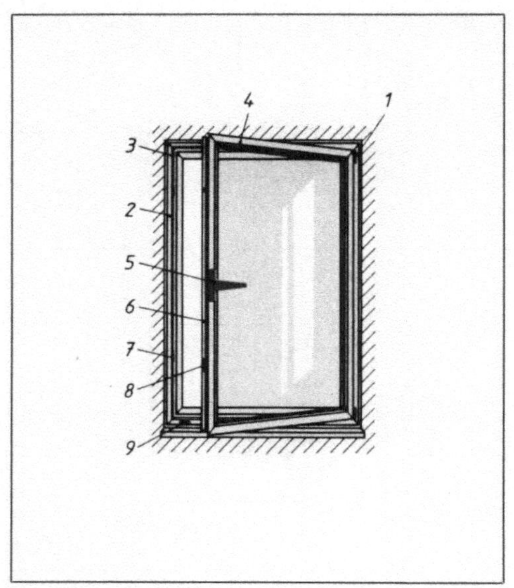

7.152 Fensterbezeichnungen

1 Scherenlager	6 Kantenverschluß-
2 Blendrahmen	getriebe
3 Mitteldichtung	7 Schließplatte
4 Flügel	8 Riegelbolzen
5 Einhandbedie-	9 Kipphalter
nungsgriff	

7.153 Aluminiumfenster mit Dämmstegen zur Vermeidung von Wärmebrücken

1 Mauerwerk	4 Dämmstege
2 Dämmstoff	5 elastische Dichtung
3 Isolierglas	6 Mitteldichtung

Fensterprofile. Metallfenster werden aus vorgefertigten Profilen hergestellt. Sie dienen nicht als tragende Elemente eines Bauwerks, müssen aber so ausgelegt sein, daß Belastungen durch die Verglasung und durch Witterungseinflüsse wie Wind und Schlagregen nicht zu Funktionsstörungen führen.

Für Industriebauten fertigt man Fensterflügel meist aus Stahlprofilen. Bei besonderen Anforderungen an das Aussehen und an die Korrosionsfestigkeit verwendet man Kunststoff oder Aluminiumprofile, deren Oberfläche z.B. durch Eloxieren oder Thermolackieren noch weiterbehandelt wird. Um die Vorzüge von Kunststoff oder Holz und Metallen zu nutzen, baut man Fenster auch aus Verbundprofilen. Für größere Bauvorhaben haben sich jedoch Fenster aus Aluminium durchgesetzt. Nachteilig ist die gute Wärmeleitfähigkeit des Aluminiums (**7.154**).

Tabelle 7.154 **Mittlere Wärmeleitzahl von Fensterbaustoffen in $\dfrac{W}{m \cdot K}$**

Aluminium	200
Stahl	40
Holz	0,2
Kunststoff (dicht)	0,35

Der Vergleich zeigt, daß die Wärmeleitfähigkeit von Aluminium etwa fünfmal größer als die des Stahls und fast 600mal größer als die des Kunststoffs ist. Um den Wärmeverlust im zulässigen Rahmen zu halten, sind besondere Profile entwickelt worden. In Bild **7.153** ist das außen- und innenliegende Profil metallisch getrennt und durch Dämmstege verbunden. Sie bestehen aus glasfaserverstärktem Polyamid. Dies gewährleistet sowohl die Stabilität des Profils als auch seine geringe Wärmeleitung. Weiter ist zu erkennen, daß die Mitteldichtung am Dämmsteg anliegt, so daß die Wärmeabstrahlung nach außen und das daraus entstehende Kälteempfinden an der Fensterinnenseite verringert werden.

7.10.2 Herstellen und Montieren von Metallfenstern

Sofern ein Fenster nicht genormten Maßen entspricht, muß es aus handelsüblichen Profilen hergestellt werden. Sie sind fachgerecht zu behandeln und zu bearbeiten, damit ein qualitativ hochwertiges Handwerksprodukt entsteht.

Regeln im Umgang mit Aluminiumprofilen

– Profile so lagern, daß sie nicht durchhängen.

– Profile nicht in Regalen oder über harte Unterlagen schieben oder ziehen – Gefahr der Oberflächenbeschädigung.

– Profile nicht in Transportverpackungen liegenlassen. In Lagerräumen Schwitzwasserbildung vermeiden.

Zuschnitt und Verbindung. Um die Profile in der richtigen Länge zuzuschneiden, nimmt man das Aufmaß. Die Fensteröffnung wird in der Breite und in der Höhe jeweils oben, in der Mitte und unten gemessen. Die kleinsten gemessenen Werte ergeben das Rohbaumaß. Danach bestimmt man die Abmessungen für den Blendrahmen. Er wird etwa 3 bis 5 cm kleiner als das Rohbaumaß gefertigt.

Zum Verbinden der Profile dienen Eckwinkel. Sie werden in die maßgerecht auf Gehrung zugeschnittenen Profile des Flügelrahmens gesteckt und mit Schrauben,

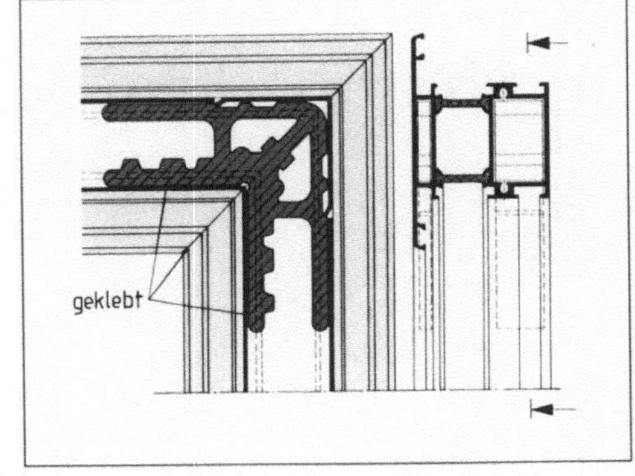

7.155 Eckverbindung eines Metallfensters

221

Keilstiften oder durch Verpressen so befestigt, daß sich die Rahmenteile an den Gehrungsschnitten gegeneinander pressen. Um die Festigkeit des Rahmens und die Dichtheit an den Gehrungsschnitten zu erhöhen bzw. sicherzustellen, verklebt man die Eckwinkel zusätzlich mit den Rahmenprofilen (7.155).

Dichtung. Bei geschlossenem Fenster, muß die Abdichtung des Flügels gewährleistet sein. Dazu drückt man ein Dichtungsprofil in eine vorgesehene Nut. Gleitmittel wie Seifenwasser oder Spülmittel erleichtern dies.

Die Mitteldichtung dichtet das Fenster vor allem gegen Regenwasser ab, das in die Wassersammelkammer läuft und von dort durch Entwässerungsschlitze nach außen abgeleitet wird. Diese Schlitze sollen verdeckt angeordnet sein, damit der Wind das Regenwasser nicht zurückdrückt.

Die Anschlagdichtung an der Flügelseite verbessert die Schalldämmung und dämpft gleichzeitig den Flügelanschlag beim Schließen des Fensters.

Bevor man ein Fenster einbaut, montiert man den Beschlag. Dabei sind die Montage- und Einstellhinweise des Herstellers genau zu beachten.

Verglasung. Wenn alle Metallarbeiten ausgeführt sind, wird das Fenster verglast. Damit die Verglasung auf Dauer beständig ist, merken wir uns folgende Richtlinien.

Richtlinien für Verglasungen

- Die Scheibe einwandfrei verklotzen, damit sich der Fensterflügel nicht verzieht.
- Die Scheibe muß berührungsfrei im Rahmen sitzen; sonst besteht Bruchgefahr!
- Glasscheibe einwandfrei abdichten, auf richtige Belüftung des Glasfalzes achten.

Damit sich ein Fensterflügel durch das Gewicht der Scheibe nicht verzieht, verklotzt man sie. Wir unterscheiden Lager- und Distanzklötze. Mit *Lagerklötzen* schafft man Auflager, die die Gewichtskraft der Scheibe in den Rahmen ableiten. *Distanzklötze* verhindern die Berührung von Scheibe und Rahmen. Beide Klötze müssen aus verrottungsfestem Material bestehen und sind so einzulegen, daß sie sich nicht verschieben können. Außerdem

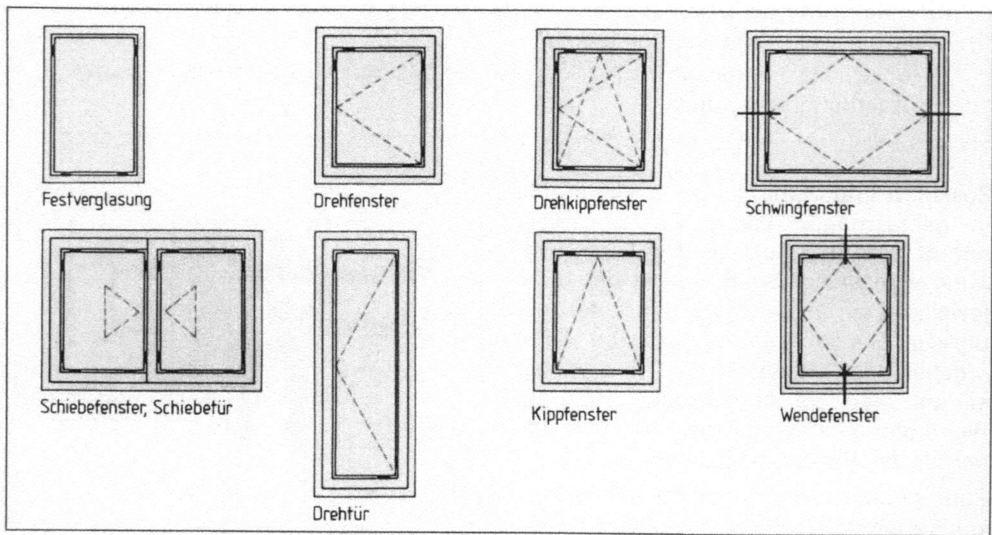

7.156 Verklotzung an verschiedenen Fenstertypen. Die rot markierten Stellen bezeichnen Lagerklötze, die dickschwarz markierten Distanzstücke

müssen sie so geformt sein, daß sie Belüftungsöffnungen nicht verdecken und den Abfluß von Kondenswasser behindern. Verklotzt wird immer so, daß die Scheibe an der Anschlagseite aufliegt und sich bei Dreh- oder Dreh-Kipp-Fenstern auf der gegenüberliegenden Seite diagonal abstützt. Sie wirkt so als Strebe (7.156).

Glasarten wählt man je nach Anforderung aus. Am bekanntesten ist wohl *Isolierglas,* das Wärmeverluste vermindert und in Grenzen auch schalldämmend wirkt. Bei besonderen Anforderungen verwendet man *Schallschutzglas.* Zunehmend werden Fenster auch mit *Sicherheitsglas* ausgestattet. Bei Scheiben in Glastüren senkt es das Verletzungsrisiko, bei Schaufenstern schützt es gegen Einbruch, in Sicherheitsbereichen verhindert es Durchschüsse. In Kombination mit anderen Eigenschaften gibt es für nahezu jede Spezialanforderung das geeignete Glas – z. B. Scheiben, die Infrarot- und elektromagnetische Strahlung abschirmen, oder *Alarmglas,* in das feine Drähte eingegossen sind, die bei Zerstörung der Scheibe reißen und eine Alarmmeldung abgeben.

Zum Abdichten der Scheibe gegen den Flügel benutzt man Dichtungsprofile oder Dichtstoffe. Mit *Dichtstoffen* verglaste Scheiben sind *naßverglast,* mit *Dichtungsprofilen* verglaste Scheiben dagegen *trockenverglast.*

Bei der Trockenverglasung verhindern Belüftungsschlitze im Glasfalz die Kondenswasserbildung und leiten Kondensat nach außen ab. Ohne solche Schlitze beschlagen Isolierglasscheiben zwischen den einzelnen Scheiben.

Bei der Naßverglasung ist aus dem gleichen Grund der Falzgrund dichtstofffrei auszuführen.

Fenstermontage. Wird ein Fenster eingebaut, wird es *angeschlagen.* Das kann auf verschiedene Arten geschehen. Am gebräuchlichsten ist die Montage mit Rahmendübeln (**7.157**) oder Ankern (**7.158**). Bei Stahlfenstern verwendet man auch Anschweißanker.

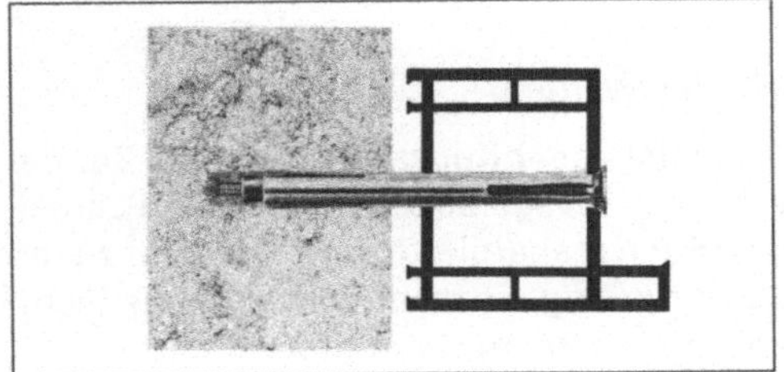

7.157 Fenstermontage mit Rahmendübeln   7.158 Fenstermontage mit Eindrehankern

Wenn der Blendrahmen mit der Richtwaage in der Fensteröffnung ausgerichtet ist, verkeilt man ihn so, daß er nicht mehr verrückt werden kann. Diese Arbeit ist sehr sorgfältig auszuführen, damit keine Verspannungen entstehen, die den Fensterflügel verklemmen oder nicht richtig schließen lassen. Anschließend setzt man die Rahmendübel und schraubt den Rahmen fest. Bei Eindrehankern kann man den Rahmen auch mit Setzbolzen befestigen. Die Fuge zwischen Bauwerk und Fenster wird so abgedichtet, daß keine Wärmebrücken entstehen und Längenänderungen durch Temperaturveränderungen ausgeglichen werden können.

> Ein Fenster ist kein tragendes Bauteil. Deshalb darf der Blendrahmen nicht starr mit dem Bauwerk verbunden werden.

Damit Fenster auch nach der Montage noch ansehnlich sind, sind sie während der Arbeiten vor mechanischen und von Baustoffen herrührenden Beschädigungen zu schützen.

Besonders empfindlich sind Aluminiumfenster, weil sie kaum noch nachbehandelt werden. So greifen Kalk- oder Zementspritzer die Oberfläche an und vergrößern damit die Korrosionsgefahr. Kratzer verursachen Schäden an thermolackierten oder eloxierten Oberflächen. Deshalb sollen die Fenster schon vor der Montage mit Schutzfolien versehen werden (industriell hergestellte Fenster sind normalerweise damit schon geschützt). Die Schutzfolie ist erst abzuziehen, wenn alle Montagearbeiten erledigt sind. Empfehlenswert ist nach der Montage von Aluminiumfenstern eine Grundreinigung.

7.10.3 Sonnenschutzeinrichtungen

Aus architektonischen Gründen und um durch zusätzliche Nutzung der Sonnenstrahlen Energie einzusparen, werden Bürobauten immer häufiger mit großflächigen Glasfassaden versehen oder im Wohnbereich Wintergärten angebaut. Zu bestimmten Jahreszeiten ist die von der Sonneneinstrahlung gelieferte Wärmeenergie erwünscht; im Sommer jedoch sind Maßnahmen gegen die manchmal unerträgliche Aufheizung zu treffen.

Sonnenlicht ist eine kurzwellige Strahlung. Sie durchdringt in hohem Maße Glas (sofern es sich nicht um besonderes Wärmeschutzglas handelt) und heizt den dahinterliegenden Raum auf. Die entstehende Wärmemenge entweicht nur zu einem Teil, so daß sich der Innenraum wie ein Treibhaus aufheizt. So können die Temperaturen hinter nicht beschatteten Fenstern bis zu 70 °C ansteigen. Um dies zu verhindern, sind schattenspendende Vorrichtungen erforderlich.

> Um die Aufheizung von Räumen hinter großen Glasflächen zu verringern, baut man Sonnenschutzanlagen ein.

Sonnenschutz kann auf verschiedene Art geschaffen werden.

Innenliegender Sonnenschutz besteht aus Leichtmetall- oder Kunstfaserlamellen. Zur Regelung des Lichteinfalls lassen sich die senkrecht oder waagerecht angeordneten Lamellen um ihre Längsachse drehen (7.159). Da die Sonnenenergie trotzdem in den Raum gelangt, wirkt der innenliegende Sonnenschutz nur gering. Er dient vorrangig als Sichtschutz und kann die Blendwirkung des Sonnenlichts im Raum reduzieren.

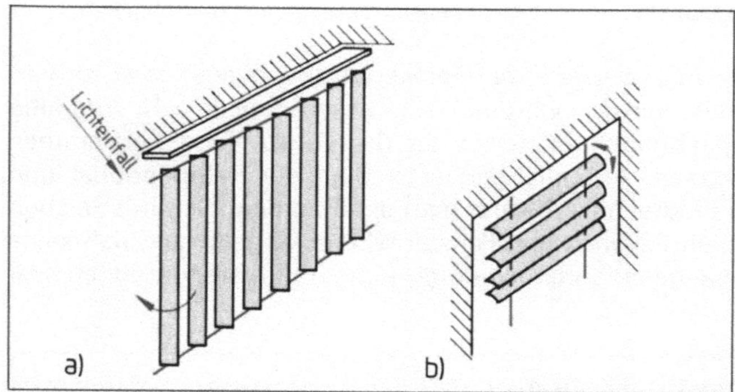

7.159
Innenliegender Sonnenschutz

a) mit senkrecht,

b) mit waagerecht verstellbaren Lamellen

Außenliegender Sonnenschutz ist die wirksamste Art, hinter großen Glasflächen liegende Räume zu beschatten. Ein gut ausgewählter und richtig montierter Sonnenschutz hält bis zu 90% der einstrahlenden Sonnenenergie zurück. Lieferbar ist er in verschiedenen Ausführungen und Werkstoffen. So finden wir Tuche, Glasfasergewebe, Kunststoffe oder Aluminium, die zu Raffstores, Markisen, Markisoletten oder Rolläden verarbeitet werden (7.160). Kombinationen sind möglich, wegen der Optik und des besseren Sonnenschutzes sogar erwünscht. Die Mechanik aller Beschattungsanlagen ist im Prinzip gleich. Der Behang ist so zu führen, daß er während des Öffnens oder Schließens nicht klemmt, nicht verkantet und in die gewünschte Position gefahren werden kann. Außer bei bestimmten freitragenden Markisenarten bewegen sich die Behänge in Führungsschienen und werden durch Spanndrähte oder Federn plangehalten.

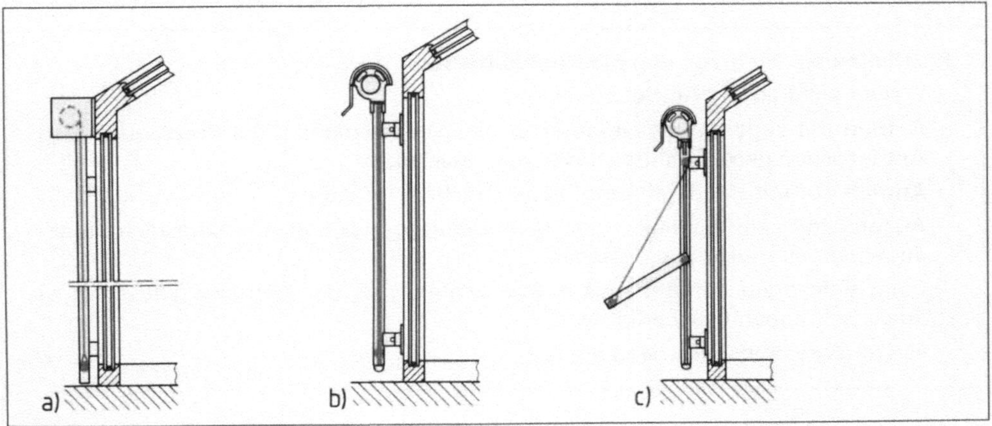

7.160 Beschattungsanlagen
   a) Senkrechtmarkise, b) Fassadenmarkise, c) Markisolette

Der Antrieb erfolgt bei kleineren Beschattungsanlagen von Hand über Kurbelgetriebe, sonst mit Elektromotoren. Verwendet werden im allgemeinen *Einsteckantriebe.* Das sind im Prinzip „umgekehrte Elektromotoren": Während sich sonst der Rotor im Stator (dem Gehäuse des Elektromotors) dreht, dreht sich hier das fest mit der Behangwelle verbundene Gehäuse um den in der Konsole oder an der Wand fixierten Rotor (7.161).

Für größere Sonnenschutzanlagen ist eine automatische Antriebssteuerung vorgesehen. Fotozellen und Windgeschwindigkeitsmesser erfassen die Lichtstärke und Windgeschwindigkeit, wandeln sie in elektrische Signale um und leiten sie an eine zentrale Steuereinheit. Diese setzt die Sonnenschutzanlagen je nach Programm in der Himmelsrichtung in Betrieb, wo zur Zeit die größte Sonneneinstrahlung gemessen wird. Um Schäden bei plötzlich festgestellten unzulässigen Windgeschwindigkeiten zu vermeiden, fährt die Steuerung die Sonnenschutzeinrichtung ein, sobald ein festgelegter Wert überschrit-

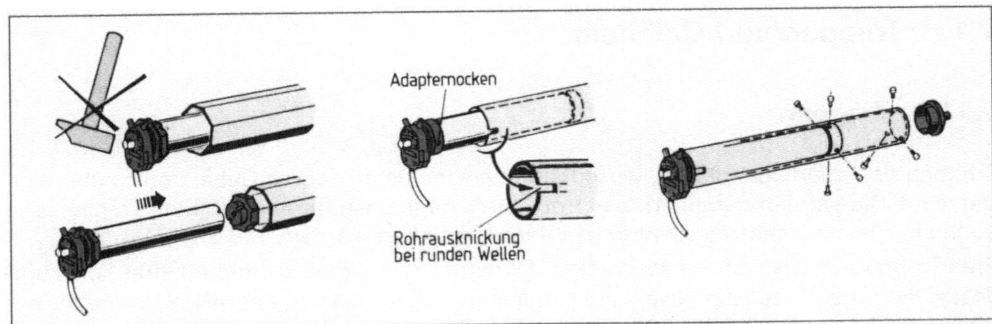

7.161 Prinzip und Montage von Einsteckantrieben für Beschattungsanlagen

ten wird. Ergänzt wird die Automatik durch Taster, die eine den persönlichen Bedürfnissen eigenhändige Bedienung erlauben.

Montage. Grundsatz ist auch hier, Führungsschienen und Konsolen bzw. Lagerungen der Wellen so zu montieren, daß sie fluchten und Betriebsstörungen durch Verklemmen ausschließen. Sonst ist davon auszugehen, daß die Sonnenschutzanlagen montagefertig geliefert werden. Müssen vor Ort Behangwellen gekürzt oder Einschubantriebe montiert werden, sind besondere Montagevorschriften einzuhalten.

Richtlinien zur Montage von Einschubantrieben

- Wellen nicht an der Antriebsseite kürzen.
- Antrieb mit zugehörigem Adapter in die Welle schieben. Bei Präzisionsrohren Antriebsseite gemäß Einbauanweisung ausklinken.
- Antrieb nur mit Handkraft einschieben, nicht einschlagen!
- Adapter mit selbstschneidenden Schrauben oder Blindnieten befestigen. Maßangaben des Herstellers beachten.
- Beim Befestigen des Behangs darauf achten, daß der Antrieb nicht durch zu lange Schrauben beschädigt wird.
- Nie im Bereich des Antriebs bohren!

Aufgaben zu Abschnitt 7.10

1. Nennen Sie mindestens vier Fensterarten nach DIN 18059.
2. Welcher Unterschied besteht zwischen einem Verbund- und einem Doppelfenster?
3. Aluminium ist ein sehr guter Wärmeleiter. Wie unterbricht man bei Aluminiumfenstern die Wärmeleitung?
4. Welche Aufgaben haben die Mittel- und die Anschlagdichtung?
5. Warum werden Scheiben in Fenstern beim Einsetzen verklotzt?
6. Welcher Unterschied besteht zwischen Naß- und Trockenverglasung?
7. Erläutern Sie, weshalb der außenliegende Sonnenschutz das Aufheizen des dahinterliegenden Raumes besser verhindert als der innenliegende.
8. Sonnenschutzanlagen können mit Motorantrieb montiert werden. Worauf ist dabei zu achten?

7.11 Treppen und Geländer

7.11.1 Treppen

Treppen baut man überall dort, wo Höhenunterschiede an oder in Gebäuden zu überwinden sind. Sie werden gemauert, aus Holz, Stahl oder Stein hergestellt. Eine Treppe kann auch als künstlerisches Element in das Bauwerk gefügt werden.

Eine Treppe zu bauen bedarf sorgfältiger Planung unter Berücksichtigung ihrer Form und Statik, der Vorschriften der jeweiligen Landesbauordnungen und der DIN-Normen. Sie benennen die Grundformen (**7.162**), vereinheitlichen die Bezeichnungen (**7.163** auf S. 228) und geben die je nach Einbauort erforderlichen Maße und Gestaltungsrichtlinien vor.

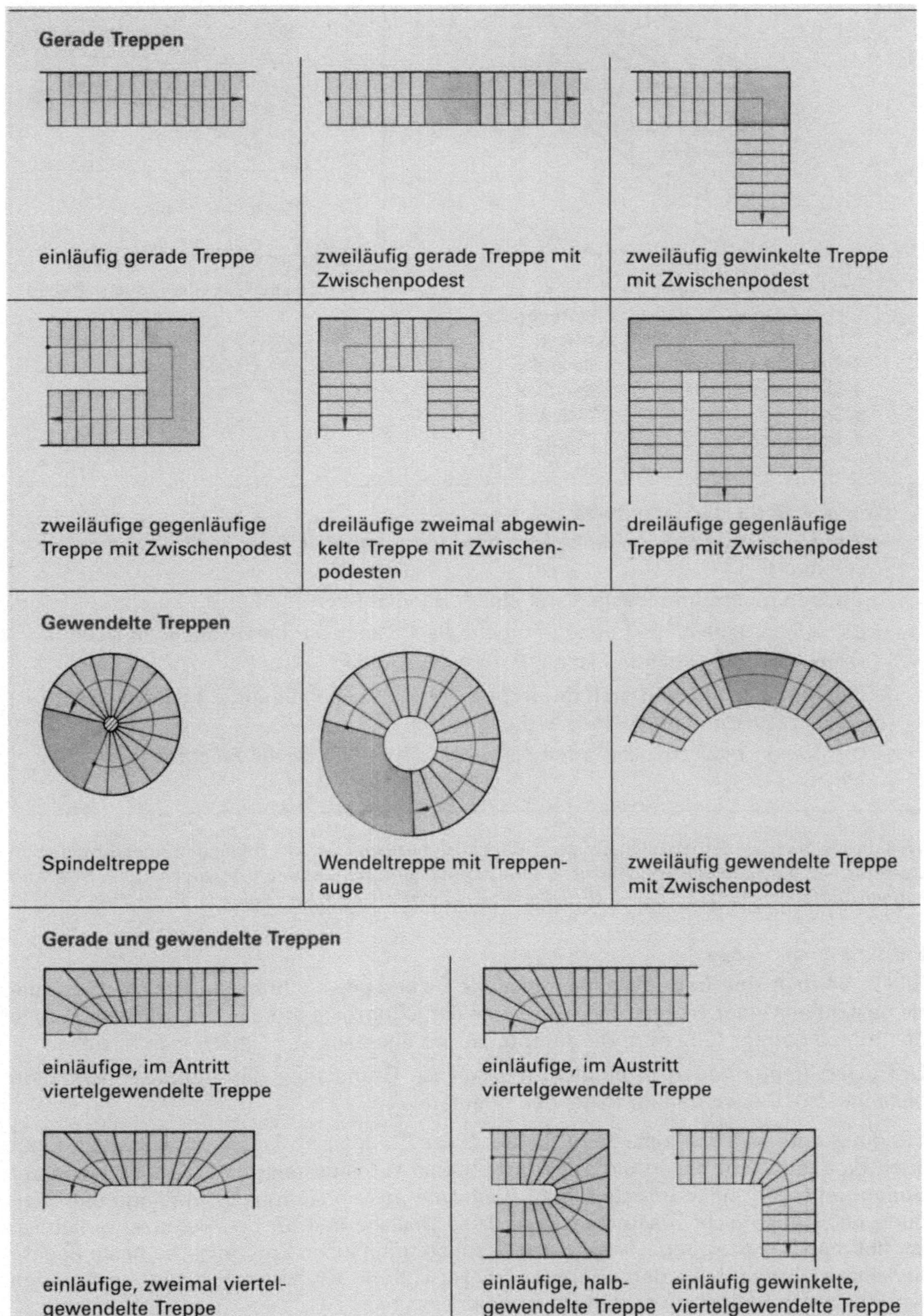

Gerade Treppen

einläufig gerade Treppe
zweiläufig gerade Treppe mit Zwischenpodest
zweiläufig gewinkelte Treppe mit Zwischenpodest

zweiläufige gegenläufige Treppe mit Zwischenpodest
dreiläufige zweimal abgewinkelte Treppe mit Zwischenpodesten
dreiläufige gegenläufige Treppe mit Zwischenpodest

Gewendelte Treppen

Spindeltreppe
Wendeltreppe mit Treppenauge
zweiläufig gewendelte Treppe mit Zwischenpodest

Gerade und gewendelte Treppen

einläufige, im Antritt viertelgewendelte Treppe
einläufige, im Austritt viertelgewendelte Treppe

einläufige, zweimal viertelgewendelte Treppe
einläufige, halbgewendelte Treppe
einläufig gewinkelte, viertelgewendelte Treppe

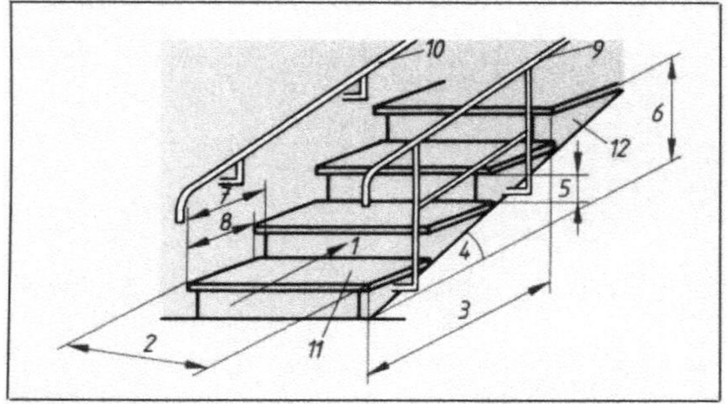

7.163 Treppenbezeichnungen

1 Laufrichtung	*7* Stufenbreite
2 Laufbreite	*8* Auftritt
3 Treppenlauflänge	*9* Geländer
4 Steigungswinkel	*10* Handlauf
5 Steigung	*11* Trittstufe
6 Treppenhöhe	*12* Wange

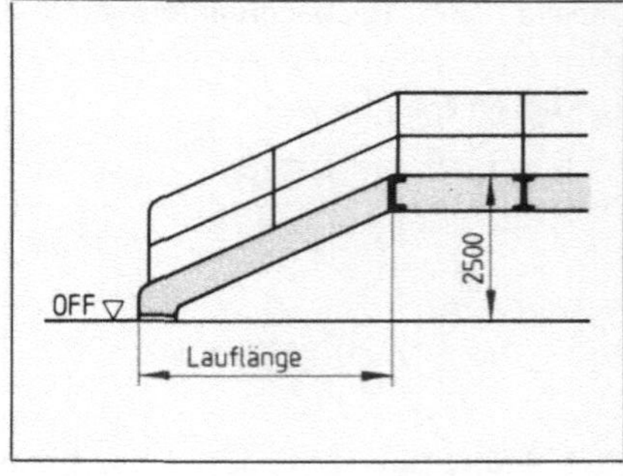

7.164 Beispiel für eine Industrietreppe

Grundsätze für den Treppenbau

- Nicht zu ebener Erde liegende Geschosse müssen über Treppen erreicht werden können.

- Treppen müssen mindestens mit einem Handlauf versehen sein.

- Die offene Seite einer Treppe mit mehr als 4 Stufen ist mit Geländer zu sichern.

- Nach achtzehn Trittstufen ist ein Podest vorzusehen.

- Bei normaler Nutzung muß die Treppe sicher zu begehen und für das vermutete Verkehrsaufkommen ausreichend bemessen sein.

- Die Treppe muß so beschaffen sein, daß sie bei Feuer als Fluchtweg erhalten bleibt.

Weil dieses Buch für den Metallbauer geschrieben ist, beziehen sich die folgenden Ausführungen im wesentlichen auf Stahltreppen, wie sie in Industrieanlagen, Hütten- und Walzwerken oder Kraftwerken vorzufinden sind. Dabei gelten Grundlagen des Entwurfs auch für alle anderen Treppen.

Entwurf einer Treppe

Bild **7.164** zeigt eine Treppe, über die man die Galerie einer Fabrikhalle erreicht. Die Galerie besteht aus einer Trägerkonstruktion, auf der Gitterroste montiert sind. Die Laufbreite der Treppe beträgt 1000 mm. Die Auftritte sollen ebenfalls aus Gitterrosten bestehen.

Um diese Treppe bauen zu können, müssen die Grundlagen der Treppenkonstruktion bekannt sein. Sie werden im folgenden erläutert.

Steigung und Begehbarkeit. Beim Begehen von Treppen im Freien, (z. B. in Park- oder auch Wohnanlagen) haben Sie sicher schon einmal festgestellt, daß man aufgrund der Stufenbreite und -höhe unsicher läuft. Irgendwie passen Auftritt, Schrittlänge und Steigung der Treppe nicht zusammen. Weil diese Unsicherheit für den Benutzer gefährlich ist, hat man das *Steigungsverhältnis* an Treppen untersucht. Ergebnis: Die beste Begehbarkeit erzielt man bei einem Steigungswinkel von $\alpha = 30°$, wenn er einem bestimmten Verhältnis von Steigung s zu Auftritt a entspricht.

$$\alpha = s : a = 1 : 1,73$$

Auftritt und Steigung wiederum sollen in einem bestimmten Verhältnis zum *mittleren Schrittmaß* des Menschen stehen, das auf geneigten Flächen mit 630 mm angenommen wird. Danach wurde die Schrittmaßregel als Grundlage für die gute Begehbarkeit einer Treppe ermittelt.

$$\text{Schrittmaßregel} = 2 \cdot s + a = 630 \text{ mm}$$

Nun stellt sich noch die Frage, wie der Auftritt und die Steigung bemessen sein müssen, damit alle Bedingungen für eine gut begehbare Treppe erfüllt sind. Dazu einige Überlegungen.

Auftritts- und Steigungsmaß. In dem Verhältnis $s:a = 1:1{,}73$ können wir den Doppelpunkt durch den Bruchstrich ersetzen und deshalb schreiben

$$\frac{s}{a} = \frac{1}{1{,}73}.$$

Durch Umstellen erhalten wir

$$s = \frac{a}{1{,}73}$$

und setzen diesen Wert in die Schrittmaßregel ein.

$$2 \cdot \frac{a}{1{,}73} + a = 630 \text{ mm}$$

7.165   Prinzip der besten Begehbarkeit

Den Auftritt a können wir nun nach einfachen Rechenregeln ermitteln.

$$2 \cdot a + 1{,}73 \cdot a = 1{,}73 \cdot 630 \text{ mm}$$
$$3{,}73 \cdot a = 1{,}73 \cdot 630 \text{ mm}$$

$$a = \frac{1{,}73 \cdot 630 \text{ mm}}{3{,}73} \approx \textbf{290 mm}$$

Die Steigung s läßt sich noch einfacher berechnen, indem wir für a in der Schrittmaßregel den Wert 290 mm einsetzen.

$$2 \cdot s + 290 \text{ mm} = 630 \text{ mm}$$
$$2 \cdot s = 630 \text{ mm} - 290 \text{ mm}$$

$$s = \frac{630 \text{ mm} - 290 \text{ mm}}{2} \approx \textbf{170 mm}$$

Diese Maße ergeben beim Entwurf einer Treppe die beste Begehbarkeit. Sie ist noch einmal grafisch in Bild **7.165** veranschaulicht. Das schließt nicht aus, daß für andere Treppen andere Maße vorgesehen sind (**7.166**).

Tabelle 7.166   **Steigungs- und Auftrittsmaße verschiedener Treppen**

Bezeichnung	Steigungswinkel	$s:a$	Steigung	Auftritt
Freitreppen	20° bis 30°	etwa 1:2,84	130	370
Haupttreppen	30° bis 38°			
beste Begehbarkeit bei 30°		etwa 1:1,73	170	290
Nebentreppen	38° bis 45°	etwa 1:1,32	190	250
Maschinentreppen	45° bis 75°	etwa 1:1	210	210

Die Treppenlauflänge ergibt sich aus der Treppenhöhe (das ist in unserem Beispiel 7.164 die Höhe der Galerie über Oberfläche Fußboden) und der Steigung. Weil über diese Treppe Personenverkehr mit Traglasten stattfindet, ist beste Begehbarkeit gefordert. Überlegungen dazu:

Anzahl der Steigungen. Von OK (Oberkante) Fußboden bis OK Galerie beträgt das Maß 2500 mm. Beste Begehbarkeit ist bei einer idealen Steigung von 170 mm gegeben. Teilen wir Treppenhöhe durch Steigung, erhalten wir die Zahl der Steigungen, die zur Überwindung des Höhenunterschied erforderlich sind.

$$\text{Anzahl der Steigungen} = \frac{\text{Treppenhöhe}}{\text{ideale Steigung}} = \frac{2500\ \text{mm}}{170\ \text{mm}} = \mathbf{14{,}7}$$

Mit dieser Zahl ist nicht allzuviel anzufangen, weil 0,7 Steigungen nicht sinnvoll sind. Deshalb rundet man auf 15 Steigungen auf.

gewählte Anzahl von Steigungen = **15**

Höhe der Steigungen. Weil die ideale Steigung von 170 mm zu einer gebrochenen Zahl führt, berechnen wir die neue Steigung aus der gewählten Steigungsanzahl.

$$\text{Steigung} = \frac{\text{Treppenhöhe}}{\text{Zahl der Steigungen}} = \frac{2500\ \text{mm}}{15} = \mathbf{166{,}7\ \text{mm}}$$

Anzahl der Auftritte. Da die Treppenhöhe bis OK Galerie gemessen ist, gilt diese als oberster Auftritt. Bei rechnerisch ermittelten 15 Steigungen mit 15 Auftritten ist somit in der Treppe ein Auftritt weniger vorzusehen.

Anzahl der Auftritte = **14**

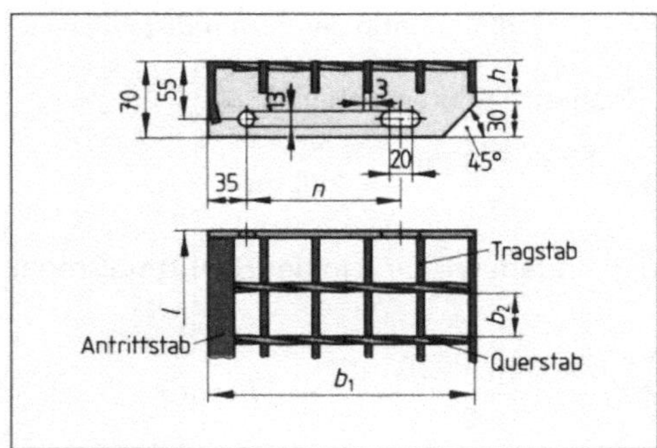

7.167   Gitterrost nach DIN 24531

h Tragstabhöhe = 40 mm
l Länge = 800 mm
b_1 Breite = 295 mm
b_2 Maschenweite = 44 mm

Berechnung der Treppenlauflänge unter Berücksichtigung der Unterschneidung. Für eine Stahltreppe, die über Gitterroste gegangen wird, schreibt die DIN-Norm eine Unterschneidung von mindestens 10 mm vor.

> Die Unterschneidung ist das Maß, um das eine Treppenstufe unter eine darüberliegende reicht.

Es ist sinnvoll, für die Treppe genormte Trittstufen aus Gitterrost zu verwenden (7.167). Angaben über deren Ausführung entnehmen wir der Bezeichnung.

Beispiel   Stufe DIN 24531 − SP-30 − 44 − 1000 × 295

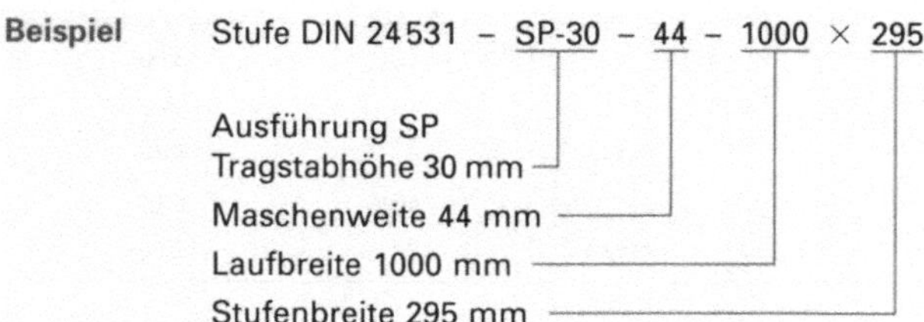

Wählen wir eine Unterschneidung von 45 mm, verbleiben als Auftrittsmaß 250 mm (7.168). Bei 14 Auftritten ergibt sich somit als mindeste

Treppenlauflänge = 14 · 250 mm = **3500 mm**.

Die Berechnung von Treppenmaßen kann recht aufwendig sein, wenn andere als einläufige, gerade Treppen entworfen werden. Dann berechnet man die nötigen Maße und die erforderlichen Bauteile mit Hilfe von Computerprogrammen.

Treppenbau. Für die Treppe muß eine Konstruktionszeichnung vorliegen. Nach ihren Maßangaben werden die Wangen angerissen, ausgebrannt und (sofern sie in Segmenten gefertigt werden) zusammengeschweißt. Die Teile sind mit der Handschleifmaschine nachzuarbeiten und durch Beschichtungen gegen Korrosion zu schützen. Um die Treppe am Boden und am U-

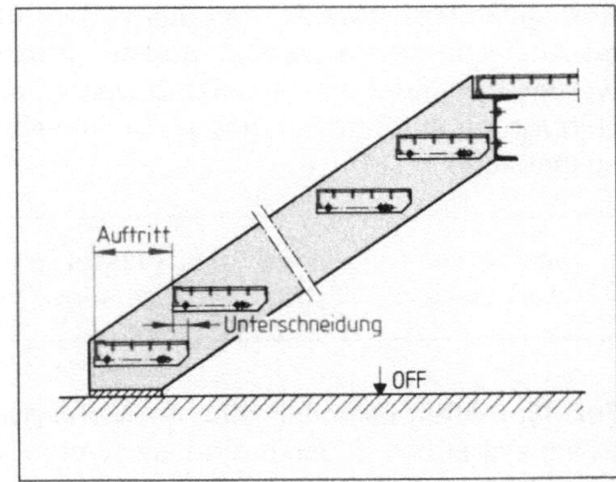

7.168 Entwurf einer Industrietreppe

Träger festschrauben zu können, schweißt man eine Bodenplatte und Winkel an. In sie und in die Wangen bohrt man die Löcher zur Befestigung der Treppe und der Gitterroste. Wenn Roste und Wangen verschraubt sind, wird die Treppe am U-Träger und am Boden festgeschraubt.

7.11.2 Geländer

Geländer (**7.169**) grenzen befahr- und begehbare Flächen gegeneinander ab. Sie sind für Treppen mit mehr als 5 Stufen oder bei höher als 1 m liegenden begehbaren Flächen als Absturzsicherung vorgeschrieben. Für den Bau und die Montage gelten die Bauvorschriften der Landesbauordnungen.

Geländer werden aus verschiedenen Materialien hergestellt. Im Hochbau sind Stahl oder Aluminium am gebräuchlichsten.

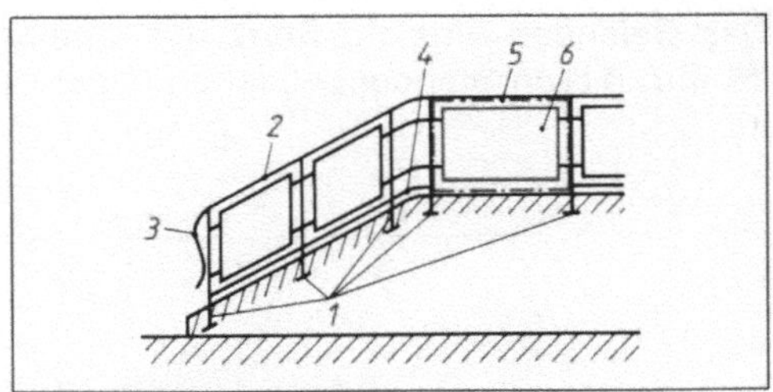

7.169 Geländerbezeichnungen

1 Geländerstützen   5 Geländerfeld
2 Handlauf   6 Ausfachung
3 Handlaufeinzug   oder Füllung
4 Untergurt

Anforderungen an Geländer

- Geländer müssen mindestens 900 mm hoch sein. Bei Absturzhöhen ab 12 m erhöht sich das Maß auf 1200 mm.
- Die Mindesthöhe für Geländer in Industrieanlagen und Kraftwerken beträgt 1000 mm.
- Bei Geländern in Wohnanlagen oder dort, wo Kinder verkehren, darf der Abstand zwischen Untergurt und Auftrittsfläche und zwischen senkrechten Geländerstäben im Geländerfeld nicht größer als 120 mm sein.
- Der Abstand zwischen waagerecht verlaufenden Geländerteilen darf 20 mm nicht überschreiten. (Überkletterungsgefahr!)

Stahlgeländer schweißt man aus Stäben und Profilen. Die Stäbe nimmt man meist für die Ausfachungen, während Handlauf, Pfosten, Ober- und Untergurt aus Profilen gefertigt werden. Geländer und Handläufe werden am Bauwerk mit Schrauben verankert oder im Untergrund mit Beton eingegossen. In diesem Fall ist das Pfostenende als Steinschraube ausgebildet.

> Besteht die Möglichkeit, daß Wasser in die Verankerung eines Geländers eindringt, muß diese mit Dichtungsmasse sorgfältig abgedichtet werden.

Für Aluminiumgeländer gibt es Montagesysteme. Mit Hilfe besonders konstruierter Spannschrauben, Pfosten- und Gurtverbindern werden die Profile kraft- und formschlüssig zusammengehalten.

Die Ausfachung eines Geländers hängt vom Montagebereich ab. In Industriebauten verwendet man Rohre oder Winkelprofile. In Bürohäusern oder Wohnbauten sind Stäbe ebenso vorzufinden wie Holz oder Sicherheitsglas. Die Gestaltung bleibt dem Architekten überlassen. Sie muß nur den örtlichen Baurichtlinien entsprechen.

Entwurf eines Geländers für eine Dachterrasse. Das Dach eines Anbaus soll nachträglich als Dachterrasse hergerichtet werden. Es ist bereits mit Dachdichtungsbahnen versehen und erhält einen begehbaren Belag. Zur Sicherung der Fläche ist ein Geländer zu montieren (7.170). Die Fläche liegt 3 m über Grund. Um Undichtigkeiten in der Dachhaut vorzubeugen, sollen die Pfosten nicht am Boden verschraubt, sondern nur aufgesetzt werden. Das Geländer wird am Sturz des Untergeschosses befestigt. Die Felder werden mit 16 mm dicken Stegdoppelplatten (einem durchscheinenden Werkstoff) ausgefüllt. Zum

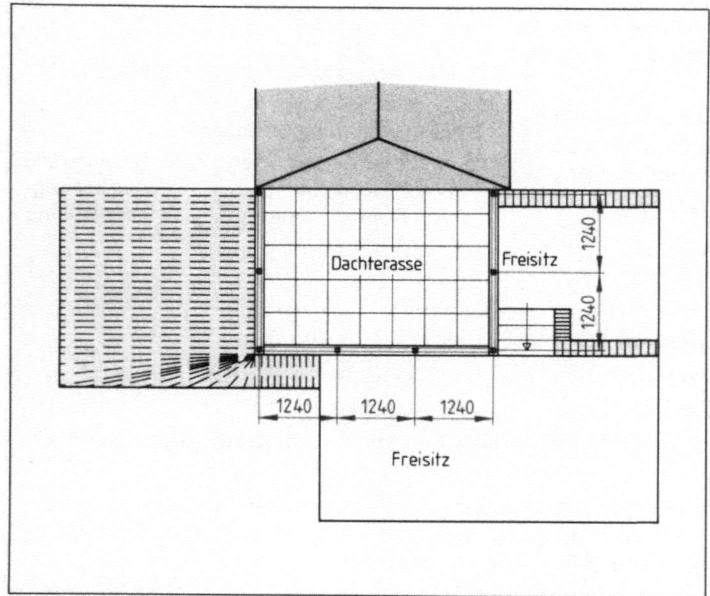

7.170   Geländeranordnung auf einer Dachterrasse

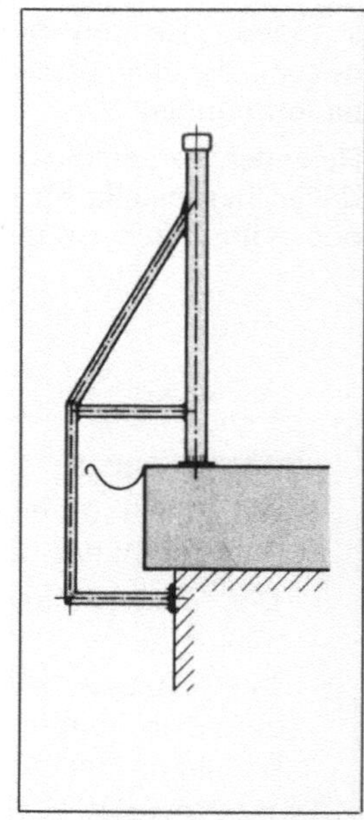

7.171   Entwurf der Pfostenkonstruktion

Schutz gegen Korrosion ist das Geländer zu verzinken. Es soll vorgefertigt und auf der Baustelle montiert werden. Vorausgehen sollte eine Zeichnung, mindestens aber eine sorgfältig ausgeführte Skizze, damit das Geländer maßgenau vorgefertigt und montiert werden kann. (Wir verzichten hier auf die detaillierte Zeichnung, die Aufgabe im Fach Techn. Kommunikation sein kann.)

Der Pfosten besteht aus Vierkantrohr Hohlprofil DIN 59 411 – R St 37-2 – 60 × 60 × 4 und erhält am Fuß eine 10 mm dicke Platte, mit der er auf die Dachoberfläche gesetzt wird. Zur Aufnahme der Horizontallast wird eine abgewinkelte Strebe aus Stahlrohr Hohlprofil DIN 59 411 – R St 37-2 – 30 × 30 × 2,6 angeschweißt und mit einer Ankerplatte versehen. Die Ankerplatte wird mit Schrauben und Mauerankern am Sturz befestigt (7.171).

Die Horizontallast ist eine Kraft, die z. B. durch Anlehnen an das Geländer entsteht. Dübel oder Maueranker zum Befestigen von Geländern müssen bauaufsichtlich zugelassen sein.

Den Handlauf fertigt man aus rechteckigem Stahlrohr Hohlprofil DIN 59 411 – R Stahl 37 – 80 × 40 × 4. Wegen der Größe des Geländers wird er in drei Teilen vorbereitet und auf der Baustelle zusammengeschweißt.

Die Ausfachung besteht jeweils aus einem Rahmen (scharfkantiger Winkelstahl L-Profil DIN 1022-St 37-2-LS 25 × 5), der mit dem Pfosten verschraubt wird und so das Geländer stabilisiert. In den Rahmen wird die maßgerecht zugeschnittene Stegdoppelplatte gelegt und durch einen Rahmen aus L-Profil DIN 1022-St 37-2-LS 20 × 3 gegengehalten (7.172). Um Kondenswasser aus der Stegdoppelplatte abzuleiten, bohrt man Löcher in die untere Rahmenseite.

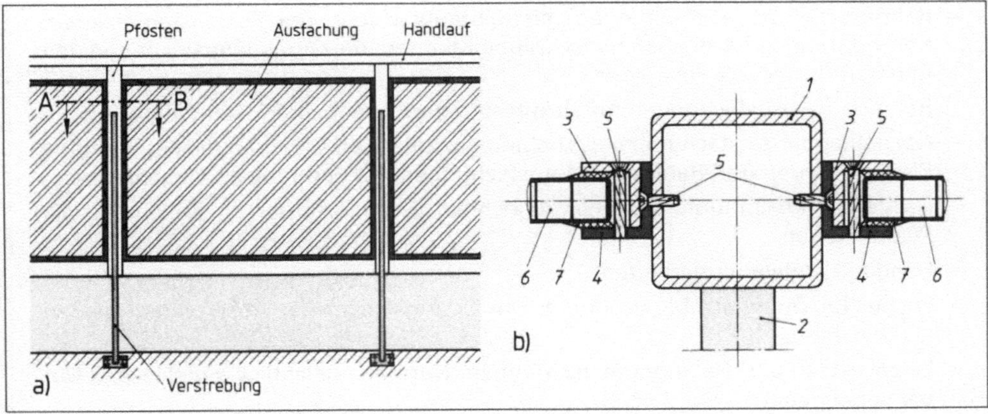

7.172 Teilansicht des Dachterrassengeländers

    a) Gestaltung der Ausfachung, b) Geländerschnitt *A–B*

1 Pfosten	*5* selbstschneidende Schrauben
2 Verstrebung	*6* Stegdoppelplatte
3 Rahmenprofil	*7* Dichtung
4 Ausfachungsprofil	

Bau und Montage des Geländers. Die einzelnen Geländerteile werden in der Werkstatt vorgefertigt und auf der Baustelle montiert.

Arbeitsplanung Geländerbau

Vorfertigung in der Werkstatt

- Die 8 Pfosten auf maßgerechte Länge sägen.

- 8 Fuß- und Ankerplatten aus 10 mm Blech schneiden/ausbrennen. Blech ggf. richten, Kanten entgraten, wenn nötig mit Handschleifer säubern. Ankerplatte bohren.

- Vierkantrohr der Verstrebung nach Anriß trennen, biegen und schweißen.

- Verstrebungen an Pfosten heften, ausrichten und schweißen. Fußplatte an Pfosten schweißen.

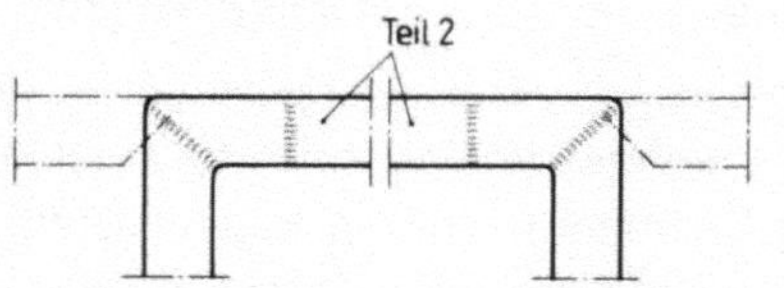

7.173   Abkantung und Schweißnahtlage am Handlauf

- Handlauf in drei Längen absägen. Profilecke ausklinken, um 90° biegen und schweißen. Die Verbindungsstelle sollte in die längere Seite des Handlaufs, etwa 200 mm von den äußeren Pfosten entfernt gelegt werden (7.173). In die Unterseite Löcher zum Belüften des Profils bohren und entgraten.

- Bleche, 4 mm dick, als Abschluß des Handlaufs zuschneiden und Enden des Handlaufs zuschweißen.

- Rahmen für die Ausfachungen zuschneiden, biegen und Gehrungen schweißen. Durchgangslöcher für die Schraubbefestigung am Pfosten und das Spannen der Stegdoppelplatte bohren und senken. Entlüftungslöcher in die Unterseite der Rahmen bohren und entgraten.

- Stegdoppelplatten in Höhe der Ausfachungen mit einer Kreissäge zuschneiden.

- Nun können die Metallteile als Korrosionsschutz verzinkt werden. Anschließend folgt die Montage.

Montage auf der Baustelle

- Rahmen für die Ausfachungen mit Schraubzwingen am Eckpfosten fixieren. Kernbohrungen für die Schneidschrauben bohren; die Durchgangslöcher an den Rahmen dienen als Schablone.

- Rahmen der Ausfachungen mit Eckpfosten verschrauben, Pfosten aufrichten.

- Nacheinander Ausfachungen ausrichten, fixieren, Kernlöcher in die zugehörigen Pfosten bohren und Rahmen der Ausfachungen mit den Pfosten verschrauben.

- Das fertig verschraubte Geländer ausrichten. Sofern erforderlich, Keile unter die Pfosten legen.

- Handlauf auflegen und heften.

- Löcher für Dübel am Sturz bohren. Durchgangslöcher der Ankerplatten dienen als Schablone.

- Dübel setzen und Geländer festschrauben. Nur bauaufsichtlich zugelassene Dübel verwenden!

- Handlauf festschweißen.

- Rahmen der Ausfachungen punktförmig mit Dichtungsmasse versehen und Stegdoppelplatte einsetzen.

- Rahmen zum Gegenhalten mit Schneidschrauben festschrauben.

- Platten mit Dichtungsmasse gegen Rahmen abdichten.

- Überstehende Gewinde der Schneidschrauben mit Handschleifmaschine glätten und mit Zinkfarbe gegen Korrosion schützen.

234

7.11.3 Gitter

Gitter dienen dazu, Bereiche abzugrenzen, zu schützen, manchmal aber auch nur zur Zierde. Zur Abgrenzung finden wir sie im Inneren von Gebäuden (z.B. in Gängen, als Raumteiler), manchmal transportabel auf öffentlichen Flächen. Sie schützen vor unbefugtem Zugang durch Fenster oder Türen. Als Werkstoff überwiegt Stahl, im Innenbereich auch Aluminium.

Je nach Anwendung werden Gitter unterschiedlich gestaltet (7.174). An Außenseiten sollen sie das Erscheinungsbild des Bauwerks nicht beeinträchtigen, sondern sich dem Gesamteindruck anpassen. Ein kunstvoll geschmiedetes Gitter an einem modernen Zweckbau wirkt häufig fehl am Platze – genauso wie ein einfaches Gitter an einem schön gestalteten Altbau. Dem Gestaltungsspielraum sind jedoch keine Grenzen gesetzt, sofern handwerkliche wie auch gestalterische Grundregeln eingehalten werden.

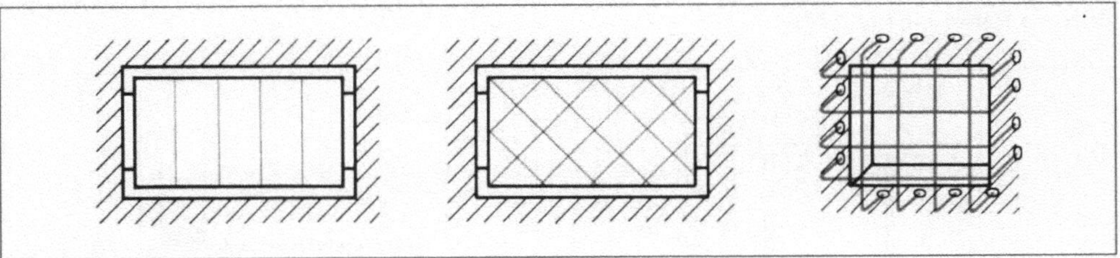

7.174 Gitterformen

Herstellung. Gitter sind dem Verwendungszweck und der Montage entsprechend zu entwerfen und herzustellen. Als Werkstoff dient meist Rund-, Flach- oder Vierkantstahl. Gitter können festgeschraubt oder ins Mauerwerk eingelassen werden. Für den Einbruchschutz gelten besondere Regeln.

Richtlinien zur Montage von Sicherungsgittern

- Füllungen mit Rahmen ebenso wie Stabkreuzungen miteinander verschweißen.
- Der Abstand zwischen waagerechten Gitterstäben darf nicht mehr als 200 mm, der zwischen senkrechten Stäben nicht mehr als 100 mm betragen.
- Sichere Verankerung im Mauerwerk ist gegeben, wenn die Stabenden mindestens 80 mm in das Mauerwerk eingelassen werden.

Ein einfaches Gitter für ein Kellerfenster (Fensteröffnung 750 × 500) läßt sich aus Flachstahl 40 × 10 und Rundstahl 20 mm Durchmesser herstellen (7.175). Der Rahmen ist so zu bemessen, daß der Abstand von der Leibung rundum 20 mm beträgt. Wenn die Längen maßgerecht zugeschnitten sind, biegt man den Flachstahl zum Rahmen und schweißt ihn zusammen. Das lichte Maß des Rahmens beträgt 690 mm. In den Rahmen werden 6 Stäbe eingefügt. Wenn die Abstände angerissen sind, rich-

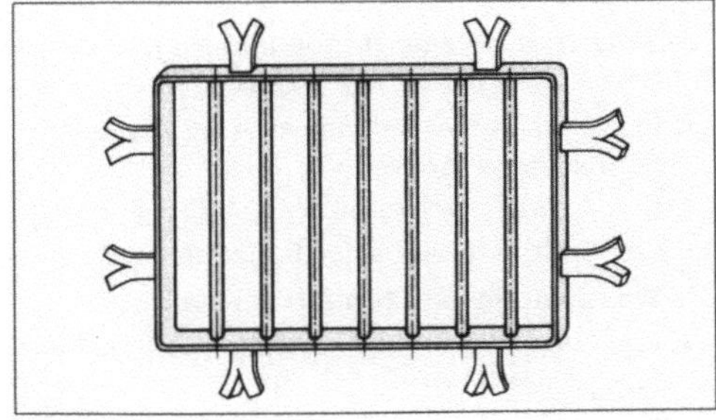

7.175 Einfaches Gitterfenster für ein Kellerfenster

tet man die Stäbe aus und heftet sie. Stimmen Maße und Winkligkeit, werden die Stäbe festgeschweißt. Auch Steinschrauben fertigt man aus Flachstahl. Es werden Längen von 110 mm zugeschnitten, an den Enden getrennt, aufgebogen und an den Rahmen geschweißt.

Montage. Das fertige Gitter richtet man in der Leibung mit Keilen so aus, daß die Maueranker in die vorgesehenen Öffnungen der Leibung einzementiert werden können (**7.176**).

Bei Altbauten treten Probleme auf, wenn ein Gitter nachträglich am Mauerwerk zu befestigen ist, das z. B. aus Verblendern besteht. Die notwendigen Stemm- und Maurerarbeiten beeinträchtigen nach Abschluß der Arbeiten nicht selten das Aussehen. Das läßt sich verhindern, wenn man das Gitter z. B. in die Leibung schraubt. Besonders geeignet dazu sind *Abwürgschrauben.* Man setzt in die dafür vorgesehene Stelle der Leibung Anker mit Innengewinde, hält das Gitter durch Distanzstücke auf Abstand und schraubt es mit den Abwürgschrauben fest. Die Schrauben werden so fest angezogen, daß man den Schraubenkopf abwürgt. Zurück bleibt eine Schraubenbefestigung, die sich nur noch durch Zerstörung lösen läßt (**7.177**).

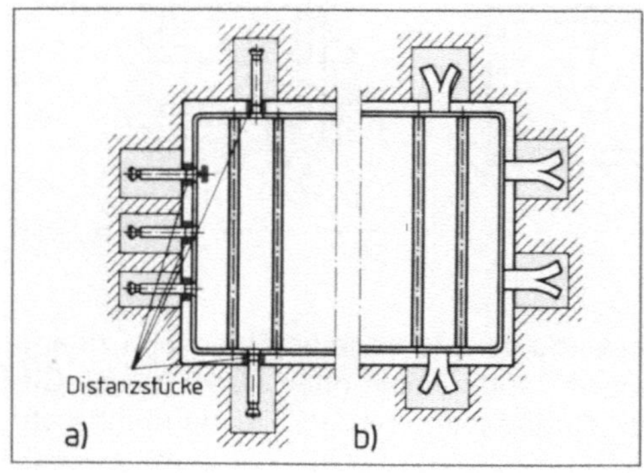

7.176 Befestigung des Gitters
   a) durch Schrauben, b) durch Steinanker

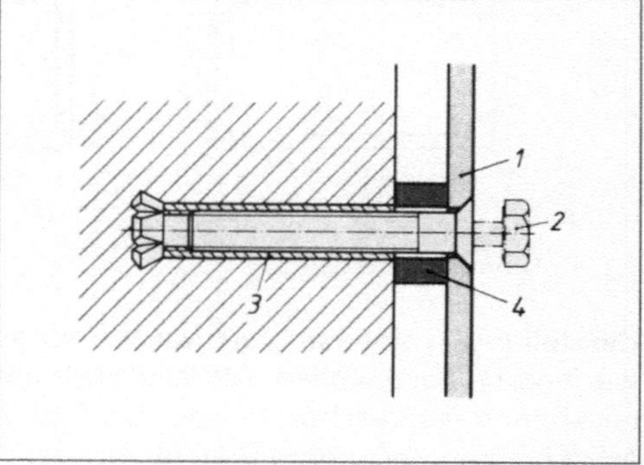

7.177 Gitterbefestigung mit Abwürgschrauben
   1 Gitter   *3* Anker
   2 Abwürgschraube   *4* Distanzstück

Aufgaben zu Abschnitt 7.11

1. Welche Grundformen von Treppen kennen Sie?

2. Nennen Sie mindestens vier Grundsätze, die nach DIN für den Treppenbau vorgegeben sind.

3. Skizzieren sie eine Treppe und tragen Sie die Bezeichnungen an der Treppe ein.

4. In welchem Fall rechnet man mit bester Begehbarkeit einer Treppe?

5. In welchem Maßverhältnis stehen Auftritt und Steigung bei bester Begehbarkeit?

6. Was sagt die Schrittmaßregel aus?

7. Was versteht man unter der Unterschneidung einer Treppe?

8. Benennen Sie wesentliche Geländerteile.

9. Welche Höhenmaße sind beim Bau eines Geländers einzuhalten?

10. Sie sollen Geländer für Balkons in einer Wohnanlage herstellen. Was müssen Sie besonders beachten?

11. Welchen Bereich eines Geländers bezeichnet man als Ausfachung?

12. Was bedeutet der Begriff Horizontallast?

13. Worauf ist beim Befestigen von Geländern zu achten?

14. Welche Stababstände sind bei Sicherungsgittern einzuhalten?

15. Was versteht man unter Abwürgschrauben? Wozu verwendet man sie?

Ohne Steuer- und Regelungsvorgänge wären viele Abläufe in weiten Bereichen der Industrie und Wirtschaft kaum noch oder gar nicht mehr zu beherrschen. Die menschlichen Sinne wären überfordert, wenn sie mit der technischen Systemen eigenen Schnelligkeit und Zuverlässigkeit unablässig Meßwerte erfassen und auswerten sollen, um Prozesse einzuleiten oder zu überwachen.

Fertigungs- und Prüfmethoden erfordern immer genaueres Messen und Umsetzen der Werte. In der Verfahrenstechnik werden Drücke und Temperaturen konstant gehalten, Füllmengen bestimmt, Werkstücke hergestellt, sortiert und montiert; Energie wird gewonnen, erzeugt und verteilt. Ohne Eingriff des Menschen wird der normale Ablauf einer Produktionskette eingehalten. Wenn wir uns z. B. bewußt machen,

- daß moderne Werkzeugmaschinen Verfahrbewegungen im Eilgang mit einer Geschwindigkeit bis zu 6 m/min (das sind mehr als 20 km/h) ausführen und dann auf den Punkt mit $^1/_{1000}$ mm Genauigkeit stoppen,
- daß Schiffe punktgenau an Bohrinseln andocken und so auch bei Wellengang die Übergabe von Versorgungs- und Ausführungsgütern ermöglichen,

können wir uns in etwa vorstellen, mit welcher Präzision die Steuerungs- und Regelungsprozeduren ablaufen.

Wir können hier keine umfassenden Kenntnisse über Steuerungs- und Regelungsvorgänge vermitteln. Dies würde die Ausbildungsziele des Metallfacharbeiters weit überschreiten. Dagegen wollen wir Ihnen Verständnis für den weiteren Anwendungsbereich der Steuerungs- und Regelungstechnik vermitteln, Sie in die Begriffe einführen und so eine Grundlage bilden, auf der Sie sich weiter spezialisieren können.

8.1 Messen von Soll- und Istwerten

Jeder Steuerungs- und Regelungsvorgang braucht Werte, von denen aus der Prozeß eingeleitet wird, abläuft oder beendet wird.

- Soll der Druck in einem Leitungssystem konstant gehalten werden, muß man den Druck messen.
- Soll die Temperatur in einen Härteofen gehalten werden, muß man die Temperatur messen.
- Fertigt man mit einer Drehmaschine ein Drehteil, muß die Position des Werkzeugs in bezug auf das Werkstück bekannt sein.

Die erforderlichen Meßwerte werden mit *Sensoren* oder Meßsystemen erfaßt.

Sensoren sind Meßwertgeber zum Erfassen physikalischer Größen.

Beispiel Das Thermometer eines Härteofens zeigt eine Temperatur von 640 °C an. Das ist die Temperatur, die im Augenblick des Ablesens im Ofen vorhanden *ist* – der *Istwert*. Bei dieser Temperatur ist das Gefüge des Werkstoffs aber noch nicht so umgewandelt, daß er gehärtet werden kann. Deshalb wird der Ofen weiter aufgeheizt. Seine Temperatur *soll* 840 °C betragen und auf dieser Höhe gehalten werden – auf dem *Sollwert*.

Der Istwert ist der Wert, der im Augenblick gemessen wird. Der Sollwert ist der Wert, der im Lauf eines Prozesses eingehalten werden soll.

Temperaturen mißt man mit Thermoelementen, Widerstandsthermometern oder Flüssigkeitsausdehnungsfühlern.

Thermoelemente wandeln Wärme direkt in elektrische Energie um. Das Anzeigegerät ist mit einer Skala versehen, auf der wir analog der gemessenen Spannung die Temperatur ablesen können (**8.1**).

Widerstandsthermometer nutzen die Eigenschaft bestimmter Werkstoffe, bei Temperaturänderungen den elektrischen Widerstand zu verändern. Weil die Änderung in Abhängigkeit von der Temperatur erfolgt, läßt sich ein Meßgerät so eichen, daß es zwar den Widerstand mißt, aber die Temperatur anzeigt.

Flüssigkeitsausdehnungsfühler wirken über eine sich ausdehnende Flüssigkeit und einen Faltenbalg entweder direkt oder über ein Meßwerk so, daß die Längenänderung in eine meßbare Größe umgewandelt wird (**8.2**).

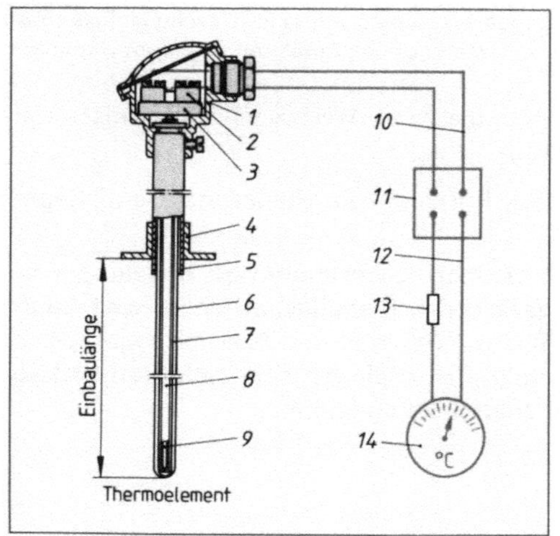

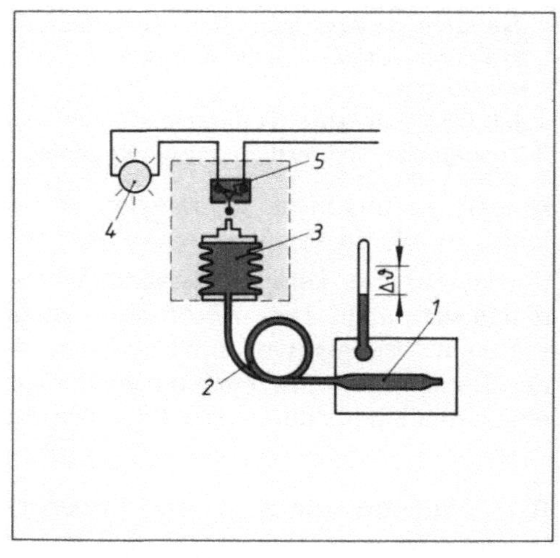

8.1	Thermoelement		
	1 Anschlußkopf	*9* Thermopaar	
	2 Anschlußklemmen	*10* Ausgleichs-leitung	
	3 Anschlußsockel		
	4 Anschlagflansch	*11* Thermostat	
	5 Halterohr	*12* Zuleitung	
	6 Außenschutzrohr	*13* Ausgleichs-widerstand	
	7 Innenschutzrohr		
	8 Isolierstab	*14* Anzeigegerät	

8.2	Flüssigkeitsausdehnungsfühler		
	1 Fühler	*4* Signallampe	
	2 Kapillarrohr	*5* Schalter	
	3 Faltenbalg		

Die Montagepunkte für Temperaturfühler sind nach besonderen Regeln auszuwählen, um Fehlmessungen zu vermeiden.

Montagehinweise für Temperaturfühler

- Der Meßpunkt muß so liegen, daß die Messung nicht durch Fremdwärme oder Kaltluftstrom beeinflußt wird.
- Das Schutzrohr eines Widerstandsthermometers oder Thermoelements gegen die Fließrichtung des zu messenden Mediums richten.
- Den Meßpunkt so legen, daß der Haupttemperaturbereich erfaßt wird.

Drücke werden im allgemeinen gemessen, indem man ihre Wirkung auf federnde Elemente ermittelt. Das können Plattenfedern in Druckdosen oder Rohrfedern sein. Die Bewegung der Elemente läßt sich in elektrische Signale umsetzen.

Strecken mißt man *absolut* oder *inkremental* mit Strichgittern oder Codelinealen, die optisch abgetastet werden. Die Verfahren dienen zur Wegstreckenmessung an computergesteuerten Werkzeugmaschinen.

> In absoluten Wegmeßsystemen kann die Länge einer Strecke nach einem Code direkt abgelesen werden.
>
> In inkrementalen Wegmeßsystemen wird die Länge einer Strecke durch die Addition von Streckeneinheiten berechnet.

Inkrementale Wegmessung. Ähnlich wie bei einem Lineal ist in eine Glasleiste ein Maßstab eingraviert. So entsteht ein Gitter, dessen Striche in gleichem Abstand voneinander entfernt sind. Führt man an diesem Glasmaßstab eine Lichtquelle vorbei, wird der Lichtstrahl durch die Strichmarkierung unterbrochen. Der Weg ist um so länger, je mehr dieser Unterbrechungen gezählt werden.

Um nach diesem Verfahren eine Strecke zu messen, bezieht man die Fahrbewegung auf einen Bezugspunkt, den *Referenzpunkt*. Er liegt auf einer zweiten Spur des Glasmaßstabs (8.3). Aus der Summe der Strichmarkenabstände, bezogen auf den Referenzpunkt, läßt sich die Wegstrecke exakt bestimmen.

Absolute Wegmessung. Mit Hilfe binärer Codierungen kann man die Position z. B. eines Werkzeugschlittens direkt ablesen und entschlüsseln.

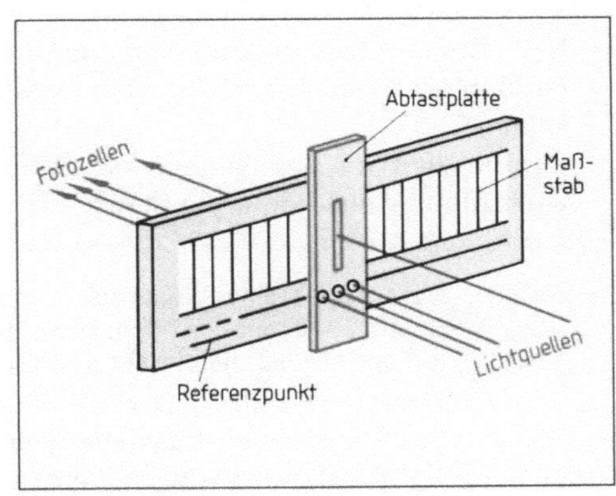

8.3   Inkrementale Wegmessung

Binärcodes bauen auf dem binären Zahlensystem auf. Um die Leistungsfähigkeit damals bekannter Rechenmaschinen zu verbessern, entwickelte Gottfried Wilhelm Leibnitz (1646–1716) das binäre Zahlensystem. Mit ihm kann man alle Zahlen des dezimalen Zahlensystems (Ziffern 0 bis 9) mit den Ziffern des binären Zahlensystems (0 und 1) darstellen. In beiden Zahlensystemen rückt die Ziffer eine Stelle nach links, wenn die vorhandenen Ziffern zur Darstellung der nächsten Zahl nicht mehr ausreichen (8.4).

Tabelle **8.4**   **Zuordnung von Dezimal- und Binärzahlen**

dezimal	0	1	2	3	4	8	*10*	11	12	13	14	15
binär	0	1	*10*	11	*100*	*1000*	1010	1011	1100	1101	1110	1111

In einem Wegemeßsystem kann man z. B. Spuren auf einem Glaslineal punktförmig so schwärzen, daß sich in jeder Position der Abstand binär codiert lesen läßt. Dazu schickt man Licht durch den Glasmaßstab und tastet den Lichtdurchgang mit Photozellen ab.

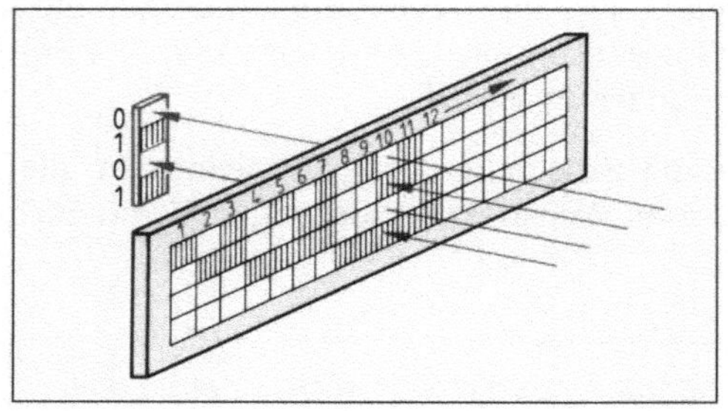

8.5 Direkte Wegmessung, Codierlineal mit Ablesung 1010 = 10

Fällt Licht durch das Lineal, entspricht das der Ziffer NULL, wird kein Licht empfangen, entspricht es der Ziffer EINS. Wie Bild 8.5 zeigt, wird der Binärcode 1010 als dezimal ZEHN entschlüsselt. Daraus ergibt sich der Abstand zu einem Referenzpunkt.

Der Vorteil der Binärcodierung liegt darin, daß sich Informationen mit NULL und EINS darstellen und so in Signale für Steuerungen und Regelungen umsetzen lassen.

8.2 Steuern

8.2.1 Begriffe

Beim Steuern beeinflussen eine oder mehrere Größen als *Eingangsgrößen* andere Größen als *Ausgangsgrößen*. Dies geschieht nach systemeigenen Gesetzmöglichkeiten.

Kennzeichen für das Steuern ist der *offene Wirkungsablauf* über das einzelne Übertragungsglied oder die Steuerkette.

Beispiel Geht man in einen Supermarkt, muß man vor dem Betreten des Warenbereichs eine Sperre passieren. Sie öffnet sich automatisch, wenn man einen Lichtstrahl durchschreitet, und schließt nach einer gewissen Zeit wieder.

Was ist – vereinfacht gesehen – abgelaufen?

Das Eingangssignal des Eingabeglieds (die Eingangsgröße) bewirkt ein Ausgangssignal (die Ausgangsgröße). Sie wird wiederum Eingangssignal für das Verarbeitungsglied. Dieses sendet ein Ausgangssignal an den Stellantrieb. So entsteht eine *Steuerkette* in der Steuereinrichtung, deren Ausgangsgröße auf die Steuerstrecke wirkt. Es ergibt sich ein offener Wirkungsablauf (**8.6**).

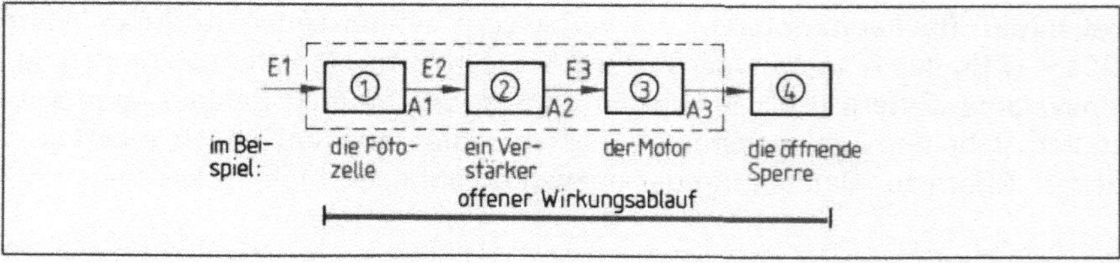

8.6 Beispiel für eine Steuerkette

Die Steuereinrichtung ist der Teil des Wirkungswegs, der über das Stellglied auf die Steuerstrecke wirkt.

Die Steuerstrecke ist der Teil des Wirkungswegs, der von der Steuereinrichtung beeinflußt wird.

Der Vorgang wird durch das Unterbrechen des Lichtstrahls ausgelöst. Ein optisches Medium, das Licht, dient hier als Steuerenergie. Eine Steuerung kann aber auch durch die Formgebung mechanisch hergestellter Teile (z.B. Kurvenscheiben, Nockenwellen) oder durch Elektrizität bewirkt werden. Der Mikroprozessor löst Steuerungsaufgaben aufgrund seiner Stellsignaldarstellung. Geöffnet wird das Gitter durch einen Elektromotor, also mit elektrischer Energie (hier als Arbeitsenergie bezeichnet). Andere Formen der Arbeitsenergie sind z.B. Gasdruck als pneumatische oder Flüssigkeitsdruck als hydraulische Energie. Den Weg, den das Gitter öffnet, nennt man *Steuergröße*. In anderen Steuerungen kann das auch der Füllstand von Flüssigkeiten, die Temperatur oder elektrische Spannung sein.

Aus diesen Angaben läßt sich eine Systematik von Steuerungen aufstellen.

Systematik von Steuerungen

Art der Steuerenergie: optisch, mechanisch, elektrisch

Art der Arbeitsenergie: pneumatisch, elektrisch, hydraulisch

Art der Steuergröße: Strecken, Temperatur, Füllstand, Spannung

Art der Stellsignaldarstellung: Mikroprozessoren

Mikroprozessoren sind in der Steuerungs- und Regelungstechnik universell einsetzbar. Während man früher Steuerungen durch Festverdrahtungen herstellte, die bei veränderten Anforderungen – wenn überhaupt – nur mit großem Aufwand zu ändern waren, läßt sich der Mikroprozessor für neue Aufgaben programmieren. Man spricht in diesem Zusammenhang von *Speicherprogrammierbarer Steuerung* (SPS).

Steuerungen, die nach einem Programm ablaufen, nennt man programmgesteuert. Programm in diesem Sinn ist ein Ablauf, bei dem Eingangs- und Ausgangssignale in einer vorgegebenen Abfolge erzeugt werden. Dies geschieht Schritt für Schritt – das Programm wird *sequentiell* abgearbeitet.

8.2.2 Logische Schaltungen

Ganz gleich, wie eine Steuerung technisch realisiert wird, sie baut immer auf Schaltzuständen unterschiedlicher Bauelemente auf. Das können elektromechanische oder elektronische Bauteile oder Fluidikelemente sein. Die Funktionszusammenhänge werden in einem *Logikplan* beschrieben, dessen wichtigste Verknüpfungen das UND, das ODER und das NICHT sind. Im Logikplan stellt man die logischen Funktionen mit Symbolen nach DIN 40100 dar und kennzeichnet die Signale in den Wertetabellen mit 0 oder 1, O L (low) oder H (high).

UND-Funktion. Eine Stanze ist durch einen Kontakt am Schutzgitter gesichert. Um sie in Betrieb zu setzen, muß der Bediener zusätzlich einen Taster bedienen. Es müssen zwei Bedingungen erfüllt sein, damit die Stanze arbeitet.

Wenn die erste Bedingung: das Schutzgitter muß geschlossen sein,

UND

die zweite Bedingung: der Taster muß bedient sein erfüllt ist, arbeitet die Stanze.

Bild **8.**7 zeigt das Symbol für die UND-Funktion. Mit E1 und E2 bezeichnet man die Eingänge, mit A den Ausgang. Die Wertetabelle dazu beschreibt den Zustand und das jeweils vorhandene Signal am Ein- beziehungsweise Ausgang der Funktion.

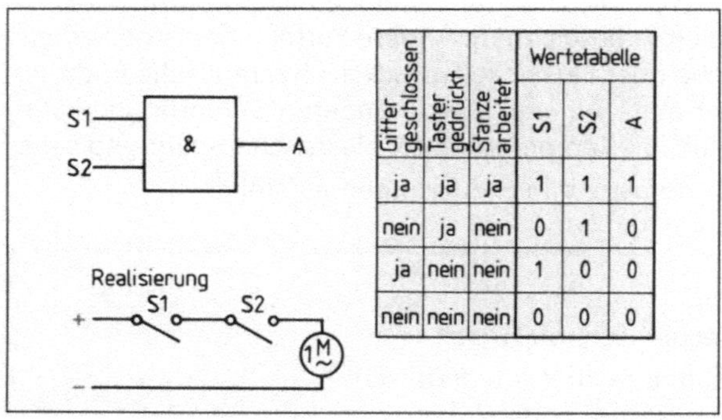

8.7
Symbol und Wertetabelle
für logisches UND

ODER-Funktion. Die Luftklappe in einem Raum soll automatisch öffnen, wenn die Raumtemperatur auf Werte über 25 °C ansteigt. Unabhängig davon soll sie auch von Hand eingeschaltet werden können. Also:

> Wenn die erste Bedingung: die Raumtemperatur steigt über 25 °C,
>
> ODER
>
> die zweite Bedingung: ein Schalter wird betätigt erfüllt ist, öffnet die Luftklappe.

Bild **8.**8 zeigt das Symbol für die ODER-Funktion und beschreibt das vorhandene Signal am Ein- bzw. Ausgang der Funktion.

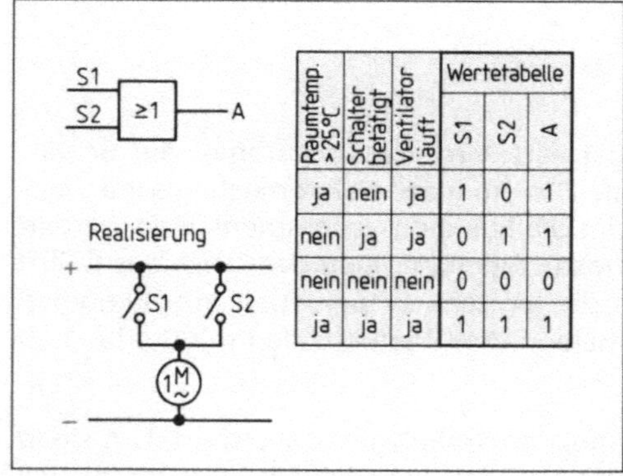

8.8 Symbol und Wertetabelle für logisches ODER

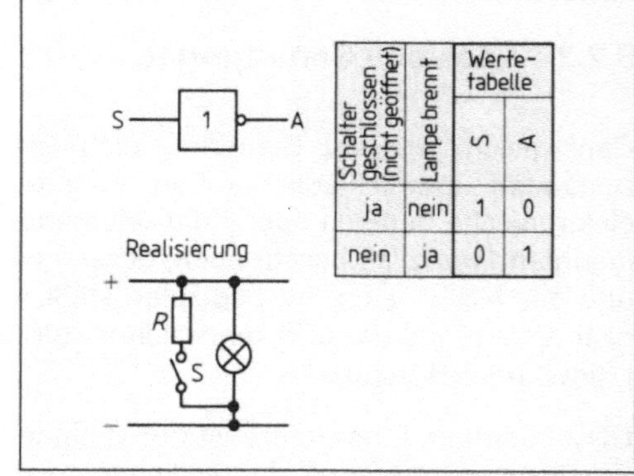

8.9 Symbol und Wertetabelle für NICHT-Funktion

Die NICHT-Funktion wandelt ein Eingangssignal in das Gegenteil um. Manche Kontrollanzeigen arbeiten als NICHT-Verknüpfung. So leuchtet z.B. die Ladekontrolleuchte des Generators an einer Verbrennungsmaschine dann nicht, wenn die Batterie geladen wird (**8.9**).

Beispiel für einen Logikplan. Bei der UND-Funktion haben wir das Beispiel einer Stanze angeführt, die sich nur in Betrieb nehmen läßt, wenn das Schutzgitter geschlossen und der Taster bedient werden. Erweitern wir dieses Beispiel dahingehend, daß die Stanze nicht nur durch einen Hand-, sondern auch mit einem Fußschalter betrieben und die Anlage im Notfall sofort gestoppt werden kann. Dann lauten die Bedingungen so:

1. Bedingung Hand- *ODER* Fußschalter müssen betätigt werden,
2. Bedingung *UND* Schutzgitter muß geschlossen sein,
3. Bedingung NOT-AUS darf *NICHT* betätigt sein.

Den Logikplan zu diesem Beispiel zeigt Bild **8.10**. Zur Umsetzung in funktionierende Technik stehen verschiedene Bauelemente zur Verfügung. Je nach Verwendungsbereich können das Transistoren, Elektronenröhren, integrierte Schaltkreise oder hydraulisch oder pneumatisch betriebene Elemente (Fluidiks) sein.

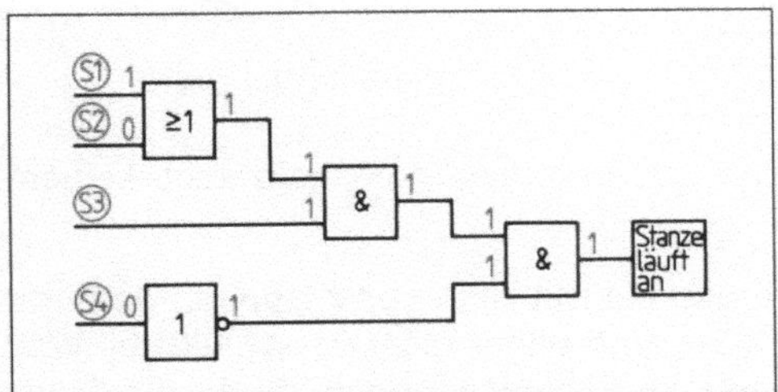

8.10 Beispiel für einen Logikplan. Anhand der an den Eingängen anstehenden Signale 0 oder 1 läßt sich die Logik nachvollziehen.

S1 Handschalter   S3 Kontakt Schutzgitter
S2 Fußschalter   S4 NOT-Aus

8.11 Arbeitsprinzip eines Relais
a) als Öffner, b) als Schließer

Beispiele für digitale Steuerelemente

Ein Relais ist ein elektromagnetischer Schalter (8.11). Zieht der Magnet an, drückt der Anker die Kontaktfeder A nach oben und schließt somit den Kontakt – der Stromkreis wird geschlossen. Sind zwei Kontaktpaare am Relais vorgesehen, handelt es sich um einen Öffner und einen Schließer. Wenn das Relais anzieht, schließt der Kontakt bei A, der bei B öffnet. Solche Relais lassen sich im ersten Fall als NICHT-Glied, im zweiten als ODER-Glied benutzen.

Elektromechanische Bauteile werden zunehmend von Fluidik- und Elektronikbauteilen verdrängt, weil sie flexibler zu handhaben sind und weniger verschleißen als z. B. Relais.

Bei den Fluidiks nutzt man Gesetzmäßigkeiten der Strömungslehre. Sie schalten ohne elektrische Kontakte, also auch ohne Funkenbildung. Deshalb sind Fluidiks gut in explosionsgefährdeten Bereichen zu verwenden. Ihre Unempfindlichkeit gegenüber Beschleunigungskräften, elektromagnetische Einwirkung und Strahlungen öffnet ihnen ein weiteres Einsatzfeld z. B. im Fahrzeug- und Werkzeugmaschinenbau sowie in der Klimatechnik. Die Drücke in fluidikgesteuerten Systemen sind relativ gering; sie liegen bei etwa 15 mbar. Nachteilig ist, daß dieser Druck konstant gehalten werden muß.

Bei den dynamischen Fluidiks unterscheiden wir Wandstrahlelemente und Pneumistoren.

Im Wandstrahlelement sind die Kanäle so ausgelegt, daß z.B. ein Gasstrom immer in Richtung $A-A_1$ strömt. Solange bei S kein Druck anliegt, bleibt die Strömungsrichtung erhalten. Erst wenn ein Steuerstrahl auf den Gasstrom einwirkt, verändert dieser seine Richtung und tritt bei A_2 (**8.12**) aus. Auf diese Weise lassen sich die Signale 0 und 1 erzeugen.

Der Pneumistor arbeitet nach gleichem Prinzip, nur wird die Strömung hier nicht abgelenkt, sondern verwirbelt (**8.13**). Solange bei S kein Druck anliegt, tritt der Signalstrahl bei A_1 aus und erzeugt das Signal 1. Durch Druck bei S verwirbelt der Steuerstrahl die Strömung. Der Luftstrom entweicht nun durch S_1, der Druck am Ausgang A_1 fällt zusammen. Das Signal wird 0.

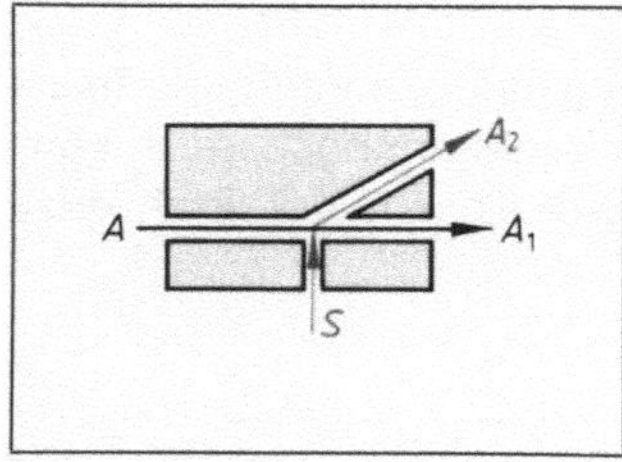

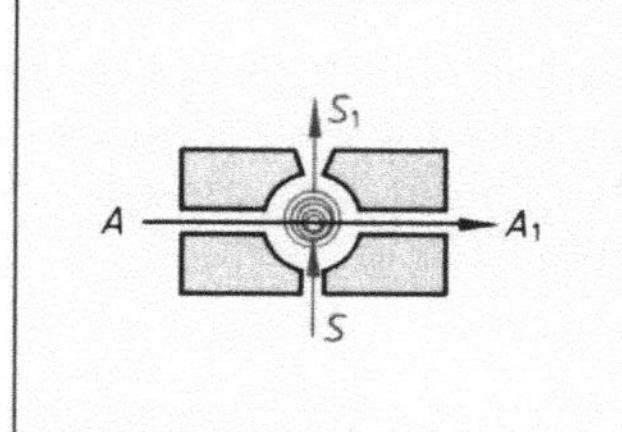

8.12   Wandstrahlelement   8.13   Pneumistor   8.14   Statische Fluidiks

Dynamische Fluidiks haben keine beweglichen Teile, unterliegen deshalb auch keinem Verschleiß.

Statische Fluidiks sind Elemente, in denen die Signale mit Hilfe von Klappen, Membranen oder Ventilen umgewandelt werden (**8.14**). Sie sind daher nicht verschleißfrei. Weil sie mit Drücken bis zu 10 bar arbeiten, erreichen sie Schaltleistungen, die in der Regel keine nachgeschaltete Signalverstärkung erfordern.

Bild **8.15** stellt ein statisches UND und ein statisches ODER dar.

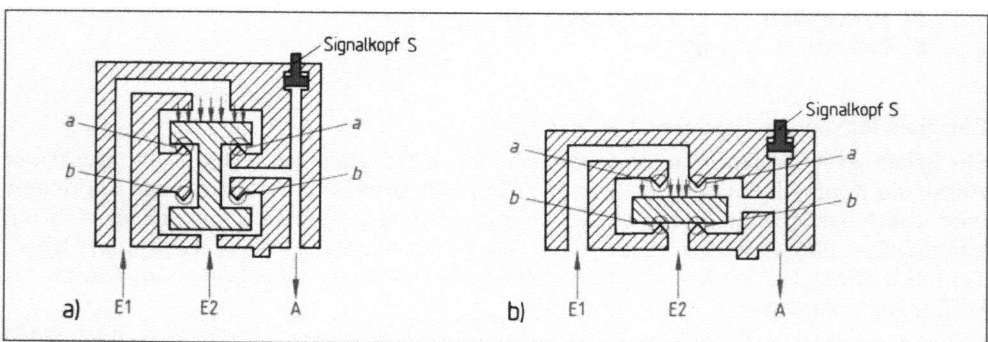

8.15   Funktionsprinzip statischer Fluidiks
       a) UND, b) ODER

Im UND-Element sind E1 und E2 die Eingangssignale. Liegt Druck nur auf E1, dichtet der Kolben gegen *a* ab. Liegt Druck nur auf E2, dichtet er gegen *b* ab. Erst wenn auf E1 und E2 Druck ansteht, ist der Kanal bei A offen. Dort steht das Signal 1 an. Der Signalknopf *S* zeigt den Schaltzustand an.

Im ODER-Element bezeichnet man die Eingänge ebenfalls mit E1 und E2, den Ausgang mit A. Steht Druck bei E1 an, wird gegen *a* abgedichtet; steht er gegen E2 an, wird gegen *b* abgedichtet. In beiden Fällen lautet das Signal bei A 1. S zeigt wiederum den Schaltzustand an.

Speicherprogrammierbare Steuerungen (SPS)

Sie werden in vielen Bereichen der Steuerungstechnik angewendet und lösen immer umfangreichere Aufgaben in der Automation und Prozeßtechnik. Zur Realisierung speicherprogrammierbarer Steuerungen braucht man Geräte, die Programme umsetzen, mit denen gesteuert wird. Diese *Automatisierungsgeräte* enthalten die Technik, um Steuerungsaufgaben zu übernehmen.

Arbeitsweise einer SPS (8.16). Auch bei einer SPS findet sich das EVA-Prinzip (*E*ingabe *V*erarbeitung *A*usgabe) Man gibt die einzelnen Programmierschritte des Anwenderprogramms ein, stellt die entsprechenden Verknüpfungen her und schaltet die Ausgangssignale. Diesen Prozeß führen die Systemprogramme aus, die der Gerätehersteller so gespeichert hat, daß der Anwender nicht darauf zugreifen, sie also nicht verändern kann. Zum Programmieren stehen besondere Programmiergeräte zur Verfügung.

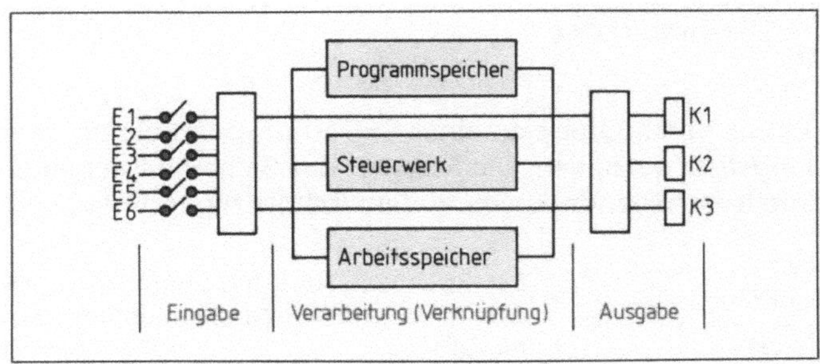

8.16
Prinzip einer speicherprogrammierbaren Steuerung

Programmieren von SPS. DIN 19239 definiert die vereinbarten Bezeichnungen, Symbole und Zeichen. Im folgenden sollen die Grundlagen erklärt werden.

Ein SPS-Programm setzt sich aus einer Folge von *Steueranweisungen* zusammen. Sie bestehen aus einem *Operations*teil und einem *Operanden*teil. Im Operationsteil wird die Funktion beschrieben, die mit dem im Operandenteil genannten Bereich ausgeführt werden soll. Dies geschieht in einer Symbolsprache.

Beispiel für den Aufbau von Steuerungsanweisungen

Operationsteil		**Operandenteil**	
Funktion	*Symbol*	*ausführen mit*	*Symbol*
UND-Verknüpfung	U	Eingang	E
ODER-Verknüpfung	O	Ausgang	A
durchschalten	=	Zeit-/Zählglied	T/Z

Gleiche Operanden werden zu Baugruppen zusammengefaßt. So gibt es z.B. mehrere Ein- oder auch Ausgabebaugruppen, deren Ein- bzw. Ausgänge jeweils wieder von 0 bis 7 durchnumeriert sind. Weil z.B. ein Einang genau zu bestimmen ist, sind noch *Parameter* (genaue Kennzeichen) anzugeben. Die Angabe für die Baugruppe steht an erster Stelle, die z.B. für einen Eingang an zweiter, wobei die Ziffern durch einen Punkt getrennt werden. E 3.2 ist somit Eingang 2 in Baugruppe 3. Eine vollständige Steueranweisung kann also lauten:

UE 3.2

Erinnern wir uns an das Beispiel für die UND-Verknüpfung: die vereinfachte Schutzvorrichtung an einer Stanze, die nur in Betrieb genommen werden kann, wenn das Schutzgitter geschlossen und ein Taster bedient wird. Den entsprechenden Stromlaufplan zeigt Bild **8.17**.

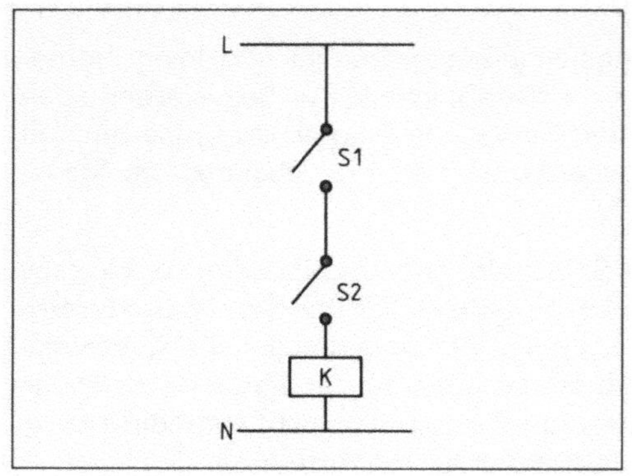

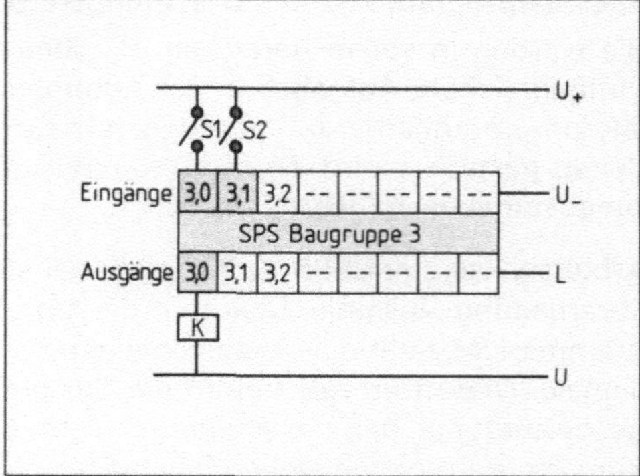

8.17 Stromlaufplan einer einfachen Sicher- 8.18 SPS-Zuordnungsliste
heitsvorrichtung

Um die Verknüpfung an einer SPS zu programmieren, müssen wir zunächst eine *Zuordnungsliste* aufstellen. Die Schalter der Sicherheitsschaltung werden den Eingängen, der durchzuschaltende Ausgang dem Schütz zugeordnet (**8.**18).

Zuordnungsliste
S1 : E 3.0
S2 : E 3.1
K : A 3.0

Der Stromlaufplan (**8.**17) zeigt, daß es sich um eine Reihenschaltung handelt. Sie stellt eine UND-Verknüpfung dar, die entsprechend zu programmieren ist.

Die Steueranweisungen lauten:

```
U     E 3.0
U     E 3.1
=     A 3.0
PE
```

PE steht für Programmende.

8.3 Regeln

Ereignisse, bei denen Vorgänge geregelt werden, sind in wesentlich mehr Bereichen des menschlichen Lebens anzutreffen, als man annehmen sollte. Menschliches Handeln ist häufig unbewußt ein Regelungsvorgang.

Beispiele Fährt man ein Auto mit möglichst gleichbleibender Geschwindigkeit, handelt es sich um einen Regelvorgang. Man achtet auf den Geschwindigkeitsmesser und gibt je nach Fahrgeschwindigkeit etwas mehr oder weniger Gas.

Sitzt man in einem Raum und empfindet die Temperatur als zu hoch, dreht man das Heizkörperventil etwas zu. Wenn es zu kalt wird, öffnet man es wieder.

Diese beiden Beispiele zeigen das Bestreben, die Geschwindigkeit bzw. die Temperatur konstant zu halten. Sehr großzügig können wir formulieren: Die menschlichen Sinne erfassen einen vorhandenen Wert, der mit einem gewünschten Wert verglichen wird. Stimmen sie nicht überein, werden Maßnahmen eingeleitet, um den vorhandenen Wert dem gewünschten anzugleichen (das Gasgeben oder Ventildrehen). Weil dies durch den Menschen geschieht, spricht man auch von *manueller* Regelung.

Sehr viele Regelungsvorgänge können jedoch Menschen nicht kontinuierlich ausführen. Sei es, daß sie überfordert werden oder die Monotonie des Ablaufs unzumutbar ist. Deshalb hat man technische Einrichtungen geschaffen, die das Regeln übernehmen – die *automatische* Regelung.

> Manuell wird durch Eingriff des Menschen, automatisch durch eine selbsttätig wirkende technische Einrichtung geregelt.
>
> Regeln ist nach DIN 19 226 ein Vorgang, bei dem die *Regelgröße* fortlaufend erfaßt und mit der *Führungsgröße* verglichen wird. Stimmen beide nicht überein, wird eine Einrichtung wirksam, die Regelgröße an die Führungsgröße anzugleichen.
>
> Das ganze findet in einem geschlossenen Wirkungsablauf, in einem *Regelkreis* statt.

An einem Regelungsvorgang wollen wir das näher erläutern (**8.19**). Ein Warmwasserbereiter *soll* Wasser von 60 °C (das ist die Regelgröße) liefern. Diese Temperatur wird auf dem *Sollwertgeber* eingestellt. Der Temperaturfühler mißt ständig die Temperatur und gibt den Wert, der vorhanden *ist,* als Signal an den *Regler.* Dort werden Istwert und Sollwert ständig verglichen. Stimmen sie nicht überein, wirkt die Regelung auf das *Stellglied* (die Pumpe), um die Stellgröße (den Volumenstrom des Heizwassers) zu verändern. Die Pumpe springt an, das Heizwasser zirkuliert so lange, bis der Istwert dem Sollwert angeglichen ist. Dann schaltet die Pumpe wieder ab. Auf die Warmwassertemperatur wirken nun wieder *Störgrößen* ein, die die Temperatur absinken lassen. Das können die Wasserentnahme und die damit verbundene Kaltwasserzufuhr oder ein Wärmeverlust durch den Mantel des Warmwasserbereiters sein. Den sich ergebenden Regelkreis stellt man als *Signalflußplan* dar (**8.20**). Die Regelstrecke liegt zwischen dem Meßglied und dem Stellglied.

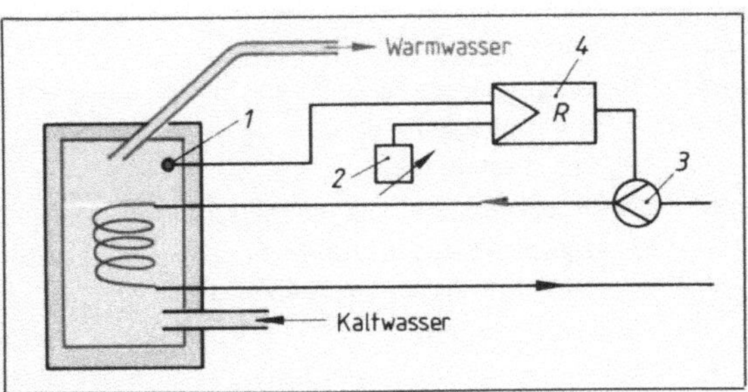

8.19 Prinzip der Brauchwasserregelung
  1 Temperaturfühler   *3* Pumpe
  2 Sollwertgeber   *4* Regler

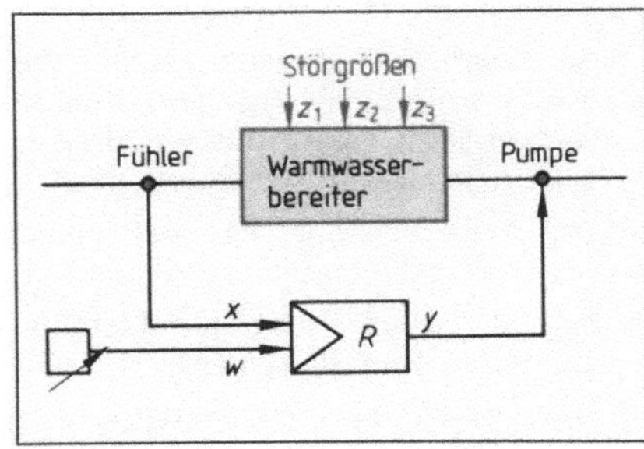

8.20 Signalflußplan zum Bild **8.19**

> Regeln ist durch ständiges Messen gekennzeichnet. Gemessen wird der Istwert, der fortlaufend mit dem Sollwert verglichen wird. Stimmen sie nicht überein, greift die Regeleinrichtung ein.

Im Idealfall stimmen Soll- und Istwert immer überein. Da der Einfluß der Regeleinrichtung auf die Regelgröße (den Istwert) nicht ohne Zeitverzögerung erfolgt, ist zeitweilig mit einer Abweichung vom Sollwert auszugehen. Der Unterschied zwischen diesen beiden Werten wird als *Regelabweichung* bezeichnet.

Fassen wir noch einmal die Begriffe der Steuer- und Regelungstechnik zusammen (**8.21**).

Tabelle **8.21**   **Begriffe der Steuerungs- und Regelungstechnik**

Regelstrecke	Teil einer Einrichtung zwischen Meßort und Stellort, der von der Regelung beinflußt wird. Das kann ein Glühofen, ein beheizter Raum, ein Warmwasserbereiter oder ein Druckluftbehälter sein. Allgemein spricht man von Temperatur- oder Druckregelstrecken (andere Beispiele: Drehzahl- oder Durchflußregelstrecken)
Regelgröße	die zu regelnde Größe. Beispiele: Drehzahl, Temperatur, Druck, Volumenstrom, elektrische Spannung
Istwert	der im Augenblick gemessene Wert
Sollwert	der Wert, dem die Regelgröße angeglichen werden soll
Führungsgröße	entspricht dem Sollwert
Störgrößen	Einflüsse, die von außen auf die Regelstrecke und damit die Regelgröße einwirken. Beispiele: von außen wirkende Temperaturänderungen, Druckschwankungen, Spannungsänderungen im Netz durch sprunghaft ansteigenden Verbrauch
Regelabweichung	Unterschied zwischen der Regelgröße und der Führungsgröße
Stellgerät	die Baueinheit aus Stellglied und Antrieb. Beispiel: motorgetriebenes Ventil
Stellglied	Gerät am Beginn der Regelstrecke, mit dem die Regelgröße beeinflußt wird
Stellantrieb	Antrieb des Stellglieds. Beispiele: Elektromotor, Membran in einem Ventil

Aufgaben zu Abschnitt 8

1. Was versteht man unter Sensoren?

2. An einem Sollwertgeber ist ein Wert von 600 °C eingestellt. Mit dem Thermometer werden 580 °C gemessen. Wie groß sind Regelabweichung, Istwert und Sollwert?

3. Was mißt man mit Thermoelementen, und wie kommt die Messung zustande?

4. Sie sollen einen Temperaturfühler montieren. Worauf müssen Sie achten?

5. Erläutern Sie das inkrementale und absolute Meßsystem.

6. Warum werden Streckenlängen über Binärcodes gemessen?

7. Was versteht man unter einer Steuerstrecke und einer Steuerkette?

8. In einer technischen Beschreibung taucht der Begriff offener Wirkungsablauf auf. Handelt es sich um eine Regelung, ein Stellsignal, eine logische Schaltung oder eine Steuerung?

9. Welcher logischen Verknüpfung entspricht eine Reihenschaltung?

10. Was sind Fluidiks?

11. Wo werden Fluidiks bevorzugt eingesetzt?

12. Erläutern Sie den Unterschied zwischen statischen und dynamischen Fluidiks.

13. Was heißt SPS?

14. Wie ist die Steuerungsanweisung einer SPS aufgebaut?

15. Was besagt die Steueranweisung U E 3.2?

16. Welche Regelungsarten unterscheiden wir?

17. Eine Steuerung haben wir als offenen Wirkungsablauf bezeichnet. Was gilt für die Regelung?

18. Erläutern Sie den Begriff Störgrößen und nennen Sie Beispiele dazu.

9 CNC-Technik

9.1 Grundlagen

Das Bestreben, Fertigungsprozesse zu vereinfachen und zu verbessern, läßt sich in der technischen Entwicklung immer wieder belegen. Techniker und Ingenieure waren und sind bestrebt, Fehlerquellen zu beseitigen und gleichbleibende Qualität in der Großserienfertigung zu erzielen. Dies führte mehr und mehr zur Teilautomatisierung und schließlich zu vollautomatischen Fertigungsstraßen. Hinzu kommt die Forderung, menschliche Unzulänglichkeiten auszugleichen.

Mit der Entwicklung des Mikroprozessors waren u. a. die Voraussetzungen zu einer vielseitigen Steuerung von Werkzeugmaschinen geschaffen. Nun konnte man Maschinen so steuern, daß sie Teile herstellten, die mit herkömmlichen Methoden gar nicht oder nur mit erheblichem Aufwand von wenigen, besonders spezialisierten Facharbeitern zu fertigen waren. Solche Werkstücke waren entweder extrem teuer oder mußten in ihrer technisch begründeten Formgebung so vereinfacht werden, daß sie die angestrebte Funktion nur bedingt erreichten.

Analoge / numerische Steuerungen. Bild **9.**1 zeigt die Kontur eines einfachen Drehteils. Dieses maßgenau herzustellen, ist schon deshalb schwierig, weil der Durchmesser bei A schlecht zu messen ist. An einer konventionellen Drehmaschine hilft man sich, indem man über die Zustellung am Querschlitten ein möglichst genaues Maß zu erreichen sucht. Es ist jedoch offensichtlich, daß bei einer Serie solcher Teile abweichende Maße zu verzeichnen sind.

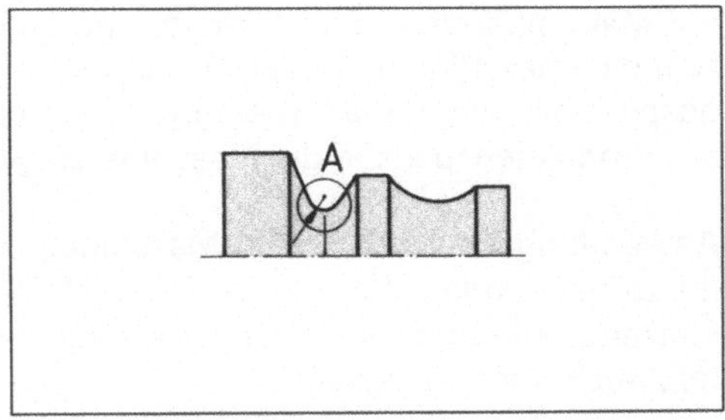

9.1   Kontur eines Drehteils

Zur Verbesserung der Produktionsbedingungen wurden Maschinen entwickelt, die eine vorgegebene Kontur kopieren. So folgt z. B. der Drehmeißel an der Kopierdrehmaschine einer Blechschablonenkontur, die durch einen Taststift hydraulisch auf das Werkzeug übertragen wird. Ähnlich arbeiten Fräsmaschinen, an denen ein Modell aus Ton, Kunststoff oder Holz abgetastet wird. Die Fertigung erfolgte also *analog* der Modellkontur. Das Programm zur Herstellung des Werkstücks ergab sich aus der Form der Schablone bzw. des Modells. Dabei wurden auch Maßabweichungen der Schablone (die z. B. für eine Kopierdrehbank gefeilt werden kann) auf das zu fertigende Werkstück übertragen.

Die Weiterentwicklung der Steuerungen führte dazu, nicht nur die Werkzeugbewegung *analog* einer vorgegebenen Kontur zu steuern, sondern den gesamten Fertigungsablauf *numerisch* durch Zahlen, Buchstaben und Symbole zu beschreiben. Von der Steuerung ausgehende Signale schalten z. B. auch Elektromotoren für die Vorschub- oder Zustellbewegungen oder Kühlmittelpumpen.

> Bei analogen Steuerungen wird die Werkzeugbewegung mechanisch von der Form eines Modells oder einer Schablone abgetastet.
> Bei numerischen Steuerungen wird sie durch Zahlen, Buchstaben und Symbole beschrieben.

Die Bezeichnungen numerischer Steuerungen für Werkzeugmaschinen gelten international und sind der englischen Sprache entnommen (**9.2**).

Tabelle **9.2**   **Bezeichnung numerischer Steuerungen**

NC	(*Numerical Controlled*) ist eine Steuerung, die unter der Kontrolle von Zahleneingaben, Buchstaben oder Symbolen abläuft.
CNC	(*Computerized Numerical Controlled*) Mikroprozessoren berechnen nach einem Programm die Fertigungsdaten (z.B. Bahnpunkte einer zu fräsenden Kurve) und leiten sie zur Ausführung an die Maschinensteuerung.
DNC	(*Direct Numerical Controlled*) Hier sind mehrere Werkzeugmaschinen mit einer zentralen Rechenanlage verbunden, die die Maschinen steuert und die Fertigung überwacht. Der Datenaustausch erfolgt sowohl von der Maschine zum Rechner als auch umgekehrt.

Datenträger für NC-Maschinen. Informationen zum Steuern einer Werkzeugmaschine werden binär verschlüsselt. Grundlage sind die Signale 0 und 1. Für ältere Maschinen wurden sie als Lochcode in Lochstreifen gestanzt, heute sind sie in magnetisierter Form auf Magnetbändern oder Disketten aufgezeichnet. Für robusten Betrieb (z.B. an Brennschneidemaschinen) werden Programme auch auf scheckkartenähnlichen Datenträgern gespeichert. Sie enthalten ein Modul, in dem das Programm gespeichert ist, das direkt am Produktionsplatz in die Maschine eingelesen wird.

Anwendungsbereiche für NC-Maschinen. Numerisch gesteuerte Maschinen sind vielseitig zu verwenden. So gibt es Fräs-, Dreh-, Schleif-, Laserschneid-, Brennschneid- und Funkenerodiermaschinen. In der Montage verwendet man sie als Handhabungsautomaten, auch Roboter genannt.

Fertigungsgenauigkeit mit NC-Maschinen. Eine numerisch kontrollierte Werkzeugmaschine ist von hoher Präzision. Sie wird so konstruiert, daß die *Eingabefeinheit* (das ist die Anzeige von Werkzeugposition und Bearbeitungsmaß) im Bereich von $^1/_{1000}$ mm liegt. Allerdings ist die Wiederholgenauigkeit geringer. Sie ist ausschlaggebend für die Maßgenauigkeit eines Werkstücks.

Unter der Wiederholgenauigkeit versteht man Maßabweichungen, die sich aus dem Betrieb einer NC-Maschine ergeben. Ursachen sind Lagerspiel und Wärmeausdehnung während des Betriebs.

CNC-Maschinen können Fertigungsdaten senden, empfangen und verarbeiten. Deshalb lassen sie sich in Rechnerverbundsystemen betreiben. Häufig finden wir sie im Verbund mit CAD-/CAM-Systemen (CAD = *Computer Aided Design* = computerunterstütztes Entwerfen; CAM – *Computer Aided Manufacturing* = computerunterstützte Fertigung). So konstruiert man z.B. Blechteile am Bildschirm und simuliert dort auch den Herstellungsablauf. Aus den im Rechner gespeicherten Daten wird automatisch das CNC-Programm erstellt, das die Produktionsmaschine steuert.

Andere Anwendungen ergeben sich durch CNC-gesteuerte *Brennschneidmaschinen* (**9.3**). Mehrere Brenner werden über die zu trennenden Bleche geführt und brennen Teile aus den bis zu 300 mm dicken Blechen. Zum Biegen von Rohren, Profilen und Hohlprofi-

9.3 CNC-gesteuertes Brennschneiden

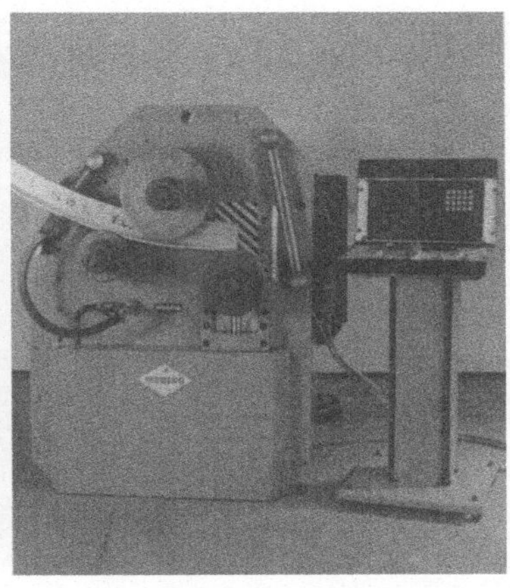

9.4 CNC-gesteuerte Rohrbiege-
maschine

len setzt man CNC-gesteuerte *Biegemaschinen* ein. Sie biegen in zwei Ebenen, d. h. in einem Durchgang sowohl in der waagerechten wie auch senkrechten Ebene (**9.4**).

9.2 Erstellen von CNC-Programmen

Bei der CNC-Programmierung unterscheiden wir die manuelle und die maschinelle Programmierung.

Die maschinelle Programmierung finden wir gewöhnlich in der Arbeitsvorbereitung an besonderen Programmierplätzen. Sie erfolgt entweder nach DIN 66025 oder in einer problemorientierten Benutzersprache. In diesem Fall müssen die Programme über einen *Postprozessor* in Anweisungen nach DIN 66025 übersetzt werden, bevor sie auf die Maschine gehen.

Die manuelle Programmierung beschränkt sich fast ausschließlich darauf, das Programm in der Werkstatt zu erstellen und die Anweisungen direkt in die Maschine einzugeben.

Wir wollen nun ein Programm anhand eines einfachen Beispiels entwickeln und dabei lernen, wie eine CNC-Maschine gerüstet, programmiert und der Programmlauf simuliert wird. Weil Auszubildende am ehesten Zugang zu Dreharbeiten finden und der Arbeitsablauf dabei leicht verständlich ist, wählen wir als Beispiel ein einfaches Drehteil (**9.5**).

Wir planen die Fertigung und überlegen uns die erforderlichen Arbeitsgänge an einer normalen Drehmaschine.

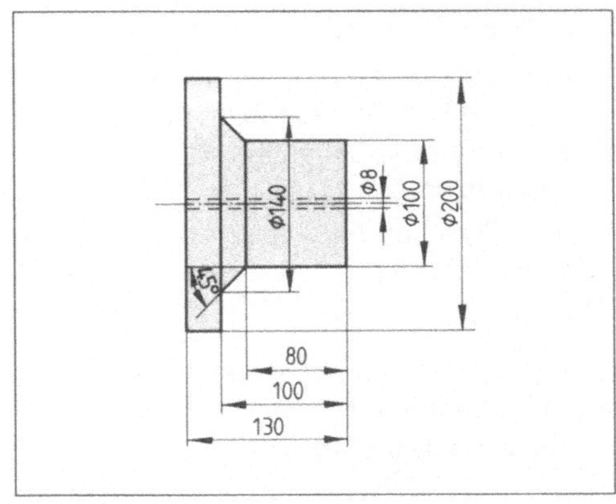

9.5 Drehteil

Vorüberlegungen zur Fertigung des Drehteils

Rohteildefinition

Das Werkstück wird aus blankem Rundstahl gefertigt.

Rohteilmaße sind $\varnothing$ 200 × 135

Werkzeuge

Plandrehmeißel (Hartmetall)

linker Seitendrehmeißel (Hartmetall)

linker Eckdrehmeißel (Hartmetall)

Bohrer $\varnothing$ 8 mm (HSS-Stahl)

Meßwerkzeug

Meßschieber mit Tiefenmeßstange

Technologische Daten

zulässige Schnittgeschwindigkeit v_c

beim Schruppen   180 m/min

beim Schlichten   280 m/min

beim Bohren   40 m/min

danach bestimmte Drehfrequenz s der Arbeitsspindel

beim Schruppen   286 min^{-1}

beim Schlichten   445 min^{-1}

beim Bohren   1590 min^{-1}

Vorschub f

beim Schruppen 0,8 mm/U

beim Schlichten 0,2 mm/U

beim Bohren   0,15 mm/U

Die Werte für die Schnittgeschwindigkeit und die zuzuordnenden Vorschübe wurden Tabellenbüchern entnommen, die Drehfrequenz hier berechnet. Sie wird normalerweise aus Drehzahldiagrammen abgelesen, die sich an den Maschinen befinden. Sind diese Daten ermittelt, wird die Maschine eingerichtet und mit der Fertigung begonnen.

Arbeitsgänge zur Fertigung des Drehteils

1. Rohteil einspannen

2. Werkzeug einspannen. Wenn die Maschine mit einem Werkzeugrevolver ausgestattet ist, können alle Drehmeißel sofort eingespannt werden

3. Drehfrequenz und Vorschub für das Plandrehen schalten

4. Plandrehmeißel auf größten Durchmesser anfahren, zustellen und einen Span plandrehen

5. Plandrehmeißel zurückfahren

6. linken Seitendrehmeißel (Schruppmeißel) in Arbeitsposition bringen

7. Schruppmeißel anfahren (anritzen)

8. Stellring auf 0 stellen

9. zustellen

10. Vorschub einlegen, Maschine starten

11. Schlitten von Hand zurückfahren

12. messen

13. Meißel von Hand anfahren

14. zustellen

15. Vorschub einlegen, Maschine starten

16. Schlitten von Hand zurückfahren

17. messen

18. Meißel von Hand anfahren

19. zustellen

usw. Diese und ähnliche Arbeitsgänge werden so lange wiederholt, bis das Werkstück fertig ist.

Betrachten wir den Fertigungsablauf, ist festzustellen, daß er nach einem ganz bestimmten Schema abläuft:

– Fertigungsablauf analysieren

– Maschine einrichten

– bearbeiten

– messen

– bearbeiten

– messen usw.

In der Praxis führt man viele dieser Handlungen schon fast automatisch aus. Hat man etwas vergessen, merkt man es. Man kann jederzeit in den Fertigungsablauf eingreifen, kann korrigieren oder Vergessenes nachholen.

Soll das skizzierte Teil an einer CNC-Maschine gefertigt werden, muß der Fertigungsablauf vor der Fertigung geplant und in Form eines Programms niedergeschrieben werden. Dieses Programm ist vor dem Fertigungsprozeß unbedingt zu überprüfen, Fehler sind
auszumerzen. Geschieht dies nicht, besteht nicht nur die Gefahr von Herstellungsfehlern,
sondern es können durch fehlerhafte Programmierung auch große Schäden an der Maschine, am Werkstück und am Werkzeug auftreten. CNC-Programme prüft man deshalb
an *Simulatoren.*

CNC-Programmierung in zwei Achsen. Als günstig hat sich erwiesen, beim Programmieren nach einem bestimmten Verfahren vorzugehen.

Verfahren bei der CNC-Programmierung

Vorbereitende Arbeiten
↓ Analyse der Zeichnung, Ermitteln technologischer Daten, bestimmen eines Ar-
beitsplans

Programmierung
↓ Aufstellen der Programmsätze in der Logik des Fertigungsablaufs

Programmsimulation
↓ Überprüfen des Programms mit Simulationssoftware, Beseitigen von Pro-
grammfehlern

Programmspeicherung
↓ Programm auf Programmspeicher sichern

Programmeingabe
↓ Programm in die Steuereinheit einlesen

Probelauf und Fertigung
Programm an der Maschine im Einzelsatzbetrieb ohne Werkzeug prüfen. Sind
alle Voraussetzungen zur Fertigung erfüllt, wird die Maschine endgültig gerüstet
und das Programm im Automatikbetrieb gefahren.

Einmal erstellte Programme sind mit Befehlslisten, Programmträgern und anderen
für die Fertigung wichtigen Unterlagen abzuheften und sicher aufzubewahren.

Aufbau eines CNC-Programms. Ein CNC-Programm besteht aus einer Folge von Pro-
grammsätzen. Jeder Satz enthält programmtechnische, geometrische und technologische Informationen. Sie sind in Wörtern zusammengefaßt. Jedes Wort besteht aus einem
Adreßbuchstaben und einer Schlüsselzahl, deren Bedeutung der DIN 66025 zu entnehmen ist. Die Programmsätze werden vom Prozessor der Steuerung der Reihe nach, d.h.
sequentiell, abgearbeitet.

Programmtechnische Informationen sichern die richtige Bearbeitungsabfolge in
der Steuerung.

Geometrische Informationen sind in einem Wort enthalten, das die Wegbedingung
beschreibt und durch die Weginformationen ergänzt wird.

Technische Informationen sind in unterschiedlichen Wörtern enthalten, die Werk-
zeugauswahl, Vorschub, Drehfrequenz und Zusatzfunktionen der Maschine kontrollieren.

Einrichteblatt. Bevor man mit dem Programmieren beginnt, sollte man die erforderlichen Daten in einem Einrichteblatt erfassen (**9.6**). Im Kopf dieses Blattes trägt man alle Daten ein, die das Programm zuordnen. Die technologischen Daten enthalten Angaben zum Bestimmen der Verfahrbewegungen des Werkzeugs. Sie führen die Werkzeuge und deren Position im Werkzeughalter auf.

In diesem Zusammenhang sollen Besonderheiten erläutert werden, die sich aus der Arbeitsweise von CNC-Maschinen ergeben.

E I N R I C H T E B L A T T					
Zeichng.Nr.	*Teil*		*Name*		
	Werkstoff		*Datum*		
Technologische Daten					
Rohteilmaße	*Anschlagpunkt*		*Werkzeugwechselpunkt*		
X	Z_A		X		
Z	*Werkstücknullpunkt*		Z		
	Z_{O1}				
	Z_{O2}				
Werkzeuge					
Pos.	*Kat.*	*Benennung*	v_c	*s*	*f*
T1					
T2					
T3					
T4					

9.6 Einrichteblatt

Koordinaten und Bezugspunkte. Bei Rohteilmaße und Werkzeugwechselpunkt tauchen die Buchstaben X und Z auf. Sie kennzeichnen Achsen in einem Koordinatensystem. Bild **9.7** veranschaulicht die Lage der Koordinaten beim Drehen. Die Z-Achse liegt in Richtung

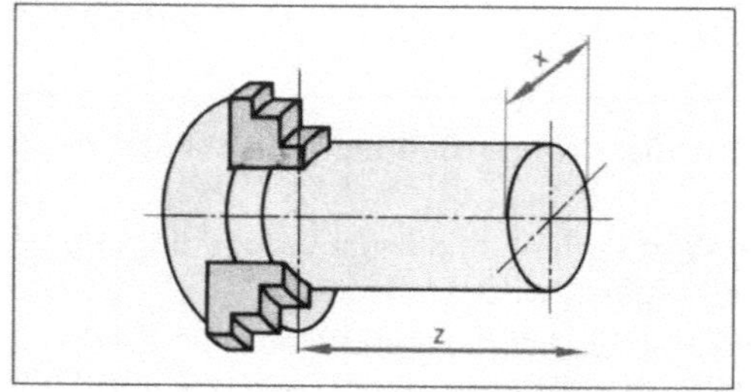

9.7 Lage der Koordinaten beim Drehen

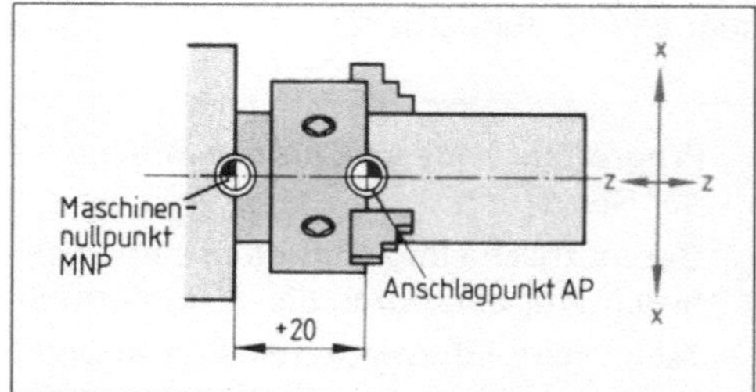

9.8 Lage des Maschinennullpunkts und des Anschlagpunkts bei einer CNC-Simulation

der Arbeitsspindel, die X-Achse in Richtung der Zustellbewegung des Werkzeugs. X und Z sind Strecken, die in diesen Achsen liegen. Bei der Maßangabe für das Rohteil bezeichnen somit X den Durchmesser und Z die Länge.

Verfahrbewegungen des Werkzeugs müssen sich immer auf einen bestimmten Punkt im Koordinatensystem beziehen. Schon bei der Konstruktion einer CNC-Maschine wird ihr *Maschinennullpunkt* MNP festgelegt. Er ist durch die Lage der Meßsysteme bestimmt und kann nicht verändert werden. Ähnlich verhält es sich mit dem *Anschlagpunkt* AP. Er liegt bei einer Drehmaschine auf der Achse der Arbeitsspindel dort, wo das Rohteil am Spannmittel anschlägt (**9.**8). Für unser Beispiel nehmen wir an, daß der Anschlagpunkt gegenüber dem Maschinennullpunkt um +20 mm verschoben liegt. Den *Werkstücknullpunkt* WNP kann der Programmierer frei wählen. Er ist am besten so zu legen, daß Verfahrbewegungen des Werkzeugs ohne besondere Umrechnungen der Zeichnung zu entnehmen sind. In unserem Fall ist es sinnvoll, ihn in die Ebene zu legen, in der die geplante Fläche des Drehteils liegt. Die Verfahrbewegungen sind dann auf den WNP zu beziehen.

Alle Verfahrbewegungen des Werkzeugs beziehen sich auf den Werkstücknullpunkt WNP. Bewegungen in der Z-Achse nach links erhalten ein negatives Vorzeichen (−), Bewegungen nach rechts dagegen ein positives Vorzeichen (+).

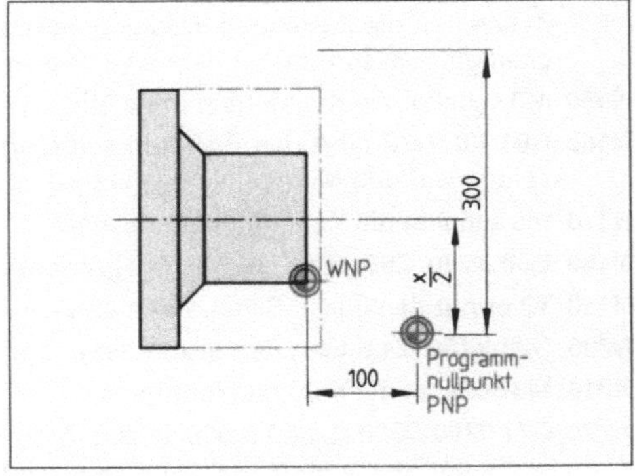

9.9 Werkstück- und Programmnullpunkt bei einer CNC-Simulation

Der *Werkzeugwechselpunkt* dient gleichzeitig als *Programmnullpunkt*. Er soll so gelegt werden, daß dort ohne Kollisionsgefahr mit dem Werkstück ein automatischer Werkzeugwechsel erfolgen kann (**9.9**).

Zurück zum Einrichteblatt. Die Werkzeuge sind entsprechend den Arbeitsgängen auszuwählen (**9.10**). In unserem Beispiel werden sie in einen Werkzeugwechsler eingespannt (**9.11**) und durch entsprechende Anweisungen in Arbeitsposition gebracht. Die zulässigen Schnittgeschwindigkeiten, Drehzahlen und Vorschübe entnimmt man Tabellen.

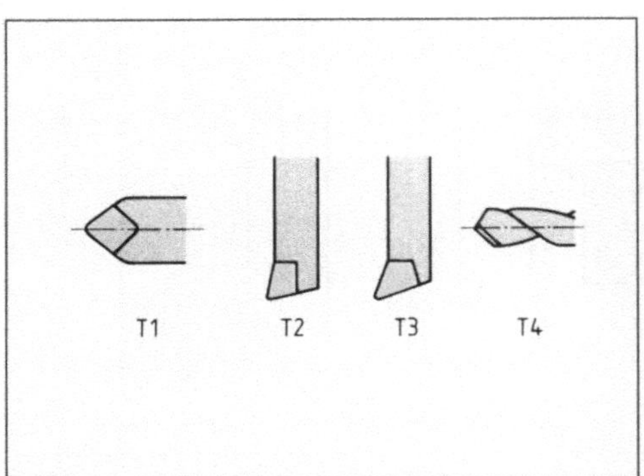

9.10 Werkzeuge zum Übungsbeispiel

9.11 Werkzeughalter an einer CNC-Maschine

Programm. Das Drehteil **9.5** läßt sich mit folgendem Programm herstellen. Es wurde mit der Ausbildungssoftware ADI-turn geschrieben und getestet.

N100 G90 Zu Beginn wird mit dieser Anweisung auf Absolutbemaßung eingestellt. Alle Maßangaben beziehen sich auf den WNP.

N110 G95 stellt den Vorschub auf mm/U ein.

N120 G96 stellt konstante Schnittgeschwindigkeit ein. Die Schnittgeschwindigkeit v_c berechnet sich beim Drehen aus dem Durchmesser und der Drehfrequenz des Werkstücks. Je kleiner der Durchmesser, desto geringer die Umfangsgeschwindigkeit bei gleicher Drehzahl. Die Maschine hält die Schnittgeschwindigkeit beim Plandrehen konstant, indem sie die Drehzahl bis zu einem bestimmten Wert automatisch erhöht.

N130 S286 M4 bringt den Plandrehmeißel, der in Werkzeugposition T1 eingespannt ist, in Arbeitsposition. Die Maschine wird eingeschaltet und läuft mit einer Drehfrequenz von 286 min⁻¹.

N140 G00 X205. Z1. fährt den Plandrehmeißel im Eilgang auf eine Position Z = 1 und X/2 102,5 (9.12). Eilgang bedeutet, daß keine Rücksicht auf zulässige Schnittgeschwindigkeiten genommen werden muß. Es geht darum, den Drehmeißel möglichst schnell in Arbeitsposition zu bringen. Das Maß X gibt den Durchmesser an. Die Steuerung berechnet die Position zur Z-Achse und die Zustellung. Dadurch wird die Programmierarbeit erleichtert, ein möglicher Rechenfehler des Programmierers vermieden.

N150 M8 schaltet die Kühlmittelpumpe ein.

N160 G01 X0. F0.8 fährt den Plandrehmeißel im Vorschub bei zunehmender Drehzahl der Arbeitsspindel auf den Mittelpunkt des Werkstückquerschnitts. Sein Durchmeser ist dort 0.

N170 M9 schaltet die Kühlmittelpumpe aus.

N180 G00 X250. Z50. fährt den Werkzeugwechselpunkt im Eilgang an.

N190 T2 bringt den linken Seitendrehmeißel in Arbeitsposition.

N200 G00 X180. Z1.5 fährt den linken Seitendrehmeißel im Eilgang an das Werkstück heran (9.13).

N210 M8 schaltet die Kühlmittelpumpe ein.

N220 G71 P260 Q300 I1.5 K1.5 D10. F0.8 G71 ruft den Längsschruppzyklus auf. Zyklische Bearbeitung heißt, daß der Drehmeißel die in den Programmzeilen N230–N260 beschriebene Kontur (9.14) so lange bearbeitet, bis das unter I genannte Aufmaß von 1,5 mm zur Fertigkontur in X-Richtung und das unter K genannte Aufmaß von ebenfalls 1,5 mm in Z-Richtung erreicht ist. D gibt die vorgesehene Schnittiefe, F den Vorschub an.

N230 M9 schaltet die Kühlmittelpumpe aus.

N240 G00 X250. Z50. fährt im Eilgang auf Werkzeugwechselpunkt zurück.

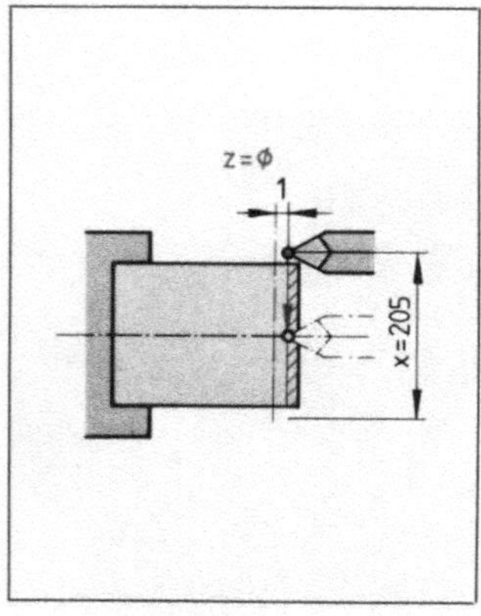

9.12 Position nach Anfahren des Plandrehmeißels

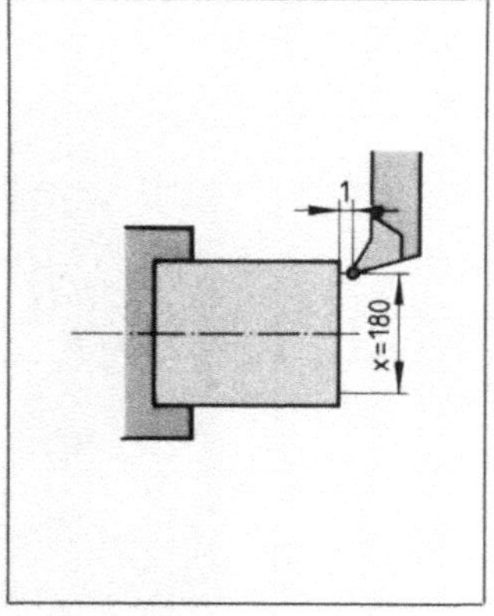

9.13 Position nach Anfahren des Schruppmeißels

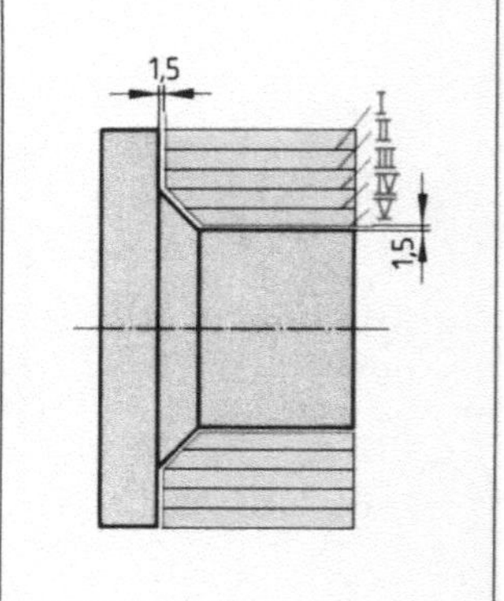

9.14 Spanabnahme im Schruppzyklus

N250 T3 S445 bringt den in Position des Werkzeughalters T3 eingespannten linken Eckdrehmeißel in Arbeitsposition. Drehfrequenz 445 min⁻¹.

N260 G00 X100. Z1.5 fährt den linken Eckdrehmeißel im Eilgang auf Z = 1,5 mm an das Teil heran, um auf Fertigmaß X100. zu schlichten.

N270 M8 schaltet die Kühlmittelpumpe ein.

N280 G01 Z-80. F0.2   Diese drei Weginformationen beschreiben die Kontur des Werkstücks, die
N290 G01 X140. Z-100.   der Drehmeißel spanend abfährt **(9.15)**. Sie sind in der Anweisung für den
N300 G01 X200.   Längsdrehzyklus (P260–P300) enthalten.

N310 M9 schaltet die Kühlmittelpumpe aus.

N320 G00 X250. Z50. fährt den Schlitten im Eilgang zum Werkzeugwechselpunkt.

N330 T4 S1590 bringt den Bohrer in Arbeitsposition und schaltet die Drehfrequenz der Arbeitsspindel auf 1590 min⁻¹.

N340 G00 X0. Z2. fährt den Bohrer im Eilgang an den Mittelpunkt der Querschnittsfläche und stoppt 2 mm davor **(9.16)**.

N350 M8 schaltet die Kühlmittelpumpe ein.

N360 G83 Z-140. D30. H3 F0.15 G83 ruft den Bohrzyklus auf. Das Werkzeug fährt so, daß der Bohrvorgang mehrmals zur Spanabfuhr unterbrochen wird, indem der Bohrer aus der Bohrung herausgefahren wird – die Spannuten können sich entleeren. D bezeichnet die erste Anbohrtiefe, hier 30 mm. H gibt die Zahl der Spanentleerungen für die Restbohrtiefe an; in diesem Fall nach jeweils ¹¹⁰/₃ mm. Nach Beendigung des Bohrzyklus fährt der Bohrer auf die Position, die zu Beginn mit dem Eilgang angefahren wurde (s. N340).

N370 M9 schaltet die Kühlmittelpumpe aus.

N380 G00 X250. Z50. fährt den Bohrer im Eilgang zum Werkzeugwechselpunkt.

N390 T3 S445 bringt den Schlichtmeißel in Arbeitsposition. Drehfrequenz 445 min⁻¹.

N400 G00 X7.5 Z0. fährt den Schlichtmeißel im Eilgang in eine Position, von der aus die Planfläche geschlichtet werden kann **(9.17)**.

N410 M8 schaltet die Kühlmittelpumpe ein.

N420 G01 X101. F0.2 fährt das Werkzeug spanabnehmend planend auf einen Durchmesser >100 mm.

N430 M9 schaltet die Kühlmittelpumpe aus.

N440 G00 X250. Z50. fährt den Werkzeugwechselpunkt an.

N450 M2 Programmende, Maschine ausschalten.

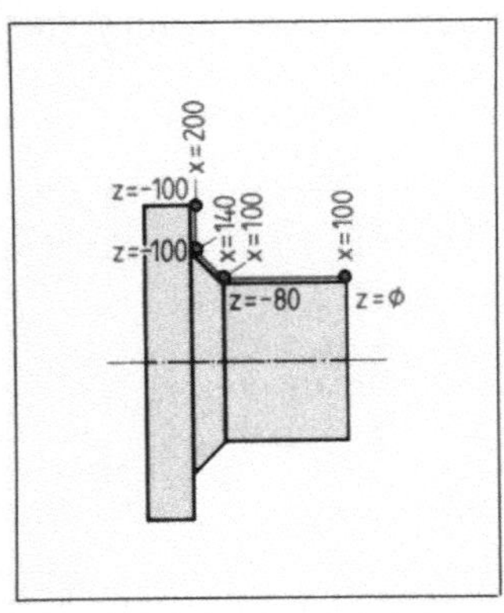

9.15 Koordinaten des Konturzugs am Drehteil

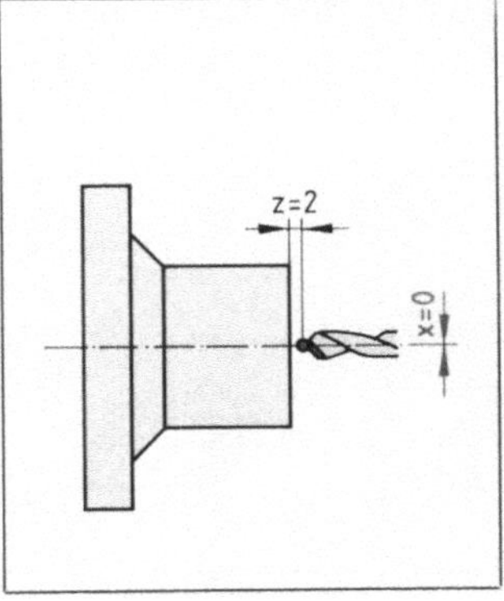

9.16 Position nach Anfahren des Bohrers

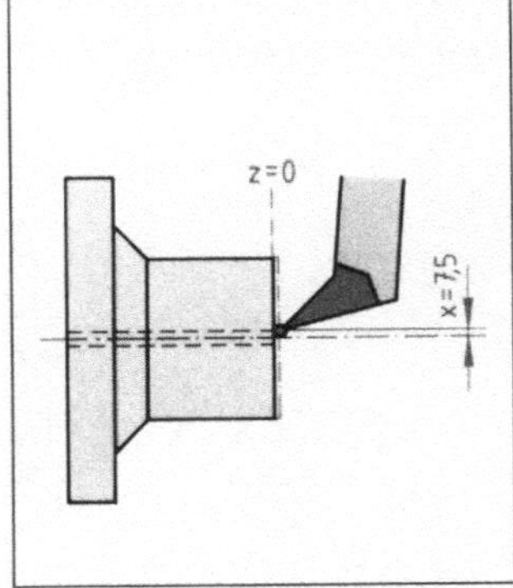

9.17 Plandrehmeißel in Arbeitsposition zum Schlichten der geplanten Fläche

Tabelle **9**.18 **Zusammenfassung der verwendeten Befehle**

Wegbedingungen		Technologische Funktionen	
G00	Gerade im Eilgang	M02	Programmende
G01	Gerade im Vorschub	M04	Arbeitsspindel Linkslauf
G71	Längsdrehzyklus	M08	Kühlmittel ein
G83	Bohrzyklus	M09	Kühlmittel aus
G90	Bezugsmaßprogrammierung (absolut)	T01	
G95	Vorschub in mm/U	⋮	Werkzeugnummer 1 bis 4
G96	konstante Schnittgeschwindigkeit	T04	

Weitere Informationen über Adreßbuchstaben, Wegbedingungen und Zusatzfunktionen sind der DIN 66025 oder Tabellenbüchern zu entnehmen.

CNC-Programmierung in drei Achsen. Wir haben die Bedeutung der Bezugspunkte und die Programmierung im Koordinatensystem erklärt. Das Beispiel bezog sich auf ein Teil, das an der Drehmaschine herzustellen war. Um ein Programm für eine Maschine zu erstellen, deren Werkzeug in einer *dritten* Ebene gefahren wird, müssen wir das Koordinatensystem um die Y-Achse ergänzen. Bewegungen erfolgen dann in Richtung der X-, Y- und Z-Achse.

Lage der Achsen an CNC-Maschinen

Z-Achse Sie verläuft in Richtung der Mittelachse der Arbeitsspindel, häufig deckungsgleich mit ihr. An Maschinen ohne Arbeitsspindel steht sie senkrecht zur Aufspannfläche des Werkstücks.

X-Achse Bewegungen in der X-Achse erfolgen parallel zur Aufspannfläche des Werkstücks.

Y-Achse Sie steht senkrecht zu einer Fläche, die durch die X- und Z-Achse begrenzt wird.

Die X-, Y- und Z-Achse bilden ein rechtshändiges, rechtwinkeliges Koordinatensytem.

Aus dieser Definition ergeben sich für unterschiedliche Maschinentypen verschiedene Achsrichtungen (**9**.19). Zu beachten ist weiter, daß die Z-Achse vom Werkstück zum Werkzeug positiv verläuft.

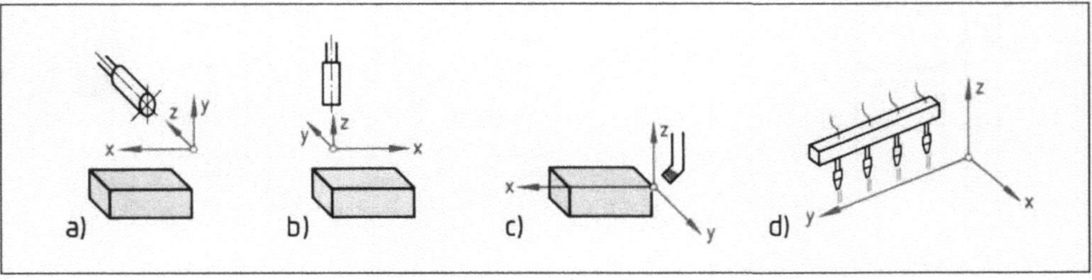

9.19 Lage der Achsen im rechtshändigen Koordinatensystem
a) Waagerechtfräsmaschine, b) Senkrechtfräsmaschine, c) Waagerechtstoßmaschine, d) Brennschneiden

Das CNC-Programm für eine Werkstückbearbeitung in drei Achsen muß in den geometrischen Informationen die Weginformationen für alle drei Achsen enthalten. Für eine CNC-Fräsmaschine wäre folgende Anweisung möglich:

Beispiel für eine CNC-Fräsmaschine
N130 G00 X10 Y10 Z3

Bei einer Nullpunktbestimmung, wie sie in Bild **9.20** dargestellt ist, wird der Fräser auf einen Punkt im Koordinatensystem gefahren, der jeweils 10 mm von der Werkstückkante entfernt liegt. Der Sicherheitsabstand zur Werkstückoberfläche beträgt 3 mm.

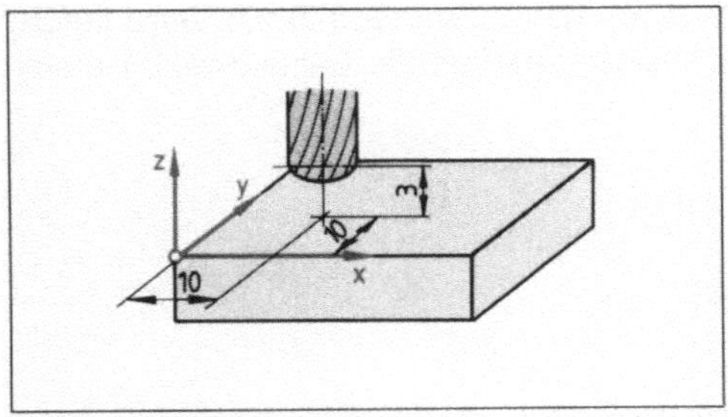

9.20 Position eines Fingerfräsers im rechtshändigen Koordinatensystem

9.21 Verfahrbewegung beim Fräsen einer Nut

Beispiel Um eine 10 mm tiefe Nut zu fräsen, taucht der Fräser ein. Die Verfahrbewegung, die sich auf die letzte Werkzeugposition bezieht, wird danach mit einer G-Anweisung unter Änderung der entsprechenden Koordinaten programmiert.
N140 G01 X10 Y10 Z-10 Eintauchen des Fräsers
N150 G01 X10 Y80 Z-10 Das Werkzeug fräst eine Nut von 10 mm Tiefe und 70 mm Länge (**9.21**).

Ähnliche Verfahrbewegungen sind z. B. für Brennschneidmaschinen zu programmieren.

Bahnkorrektur. Bei der Beschreibung des Werkzeugwegs über die Koordinaten in einem CNC-Programm handelt es sich um einen idealen Weg. Beim Drehmeißel z. B. ergibt sich eine Maßverfälschung durch den Schneidenradius (**9.22**), der die Schneide verkürzt. Um den Fehler bei der Spanabnahme zu korrigieren, werden die Werkzeuge vermessen. Bereits beim Rüsten der Maschine gibt man die Größe des Schneidenradius und die Lage der Schneide im Koordinatensystem ein. Die Steuerung berechnet dann die *Äquidistante*. Sie verhindert, daß die programmierte Kontur durch die Schneidengeometrie verändert wird.

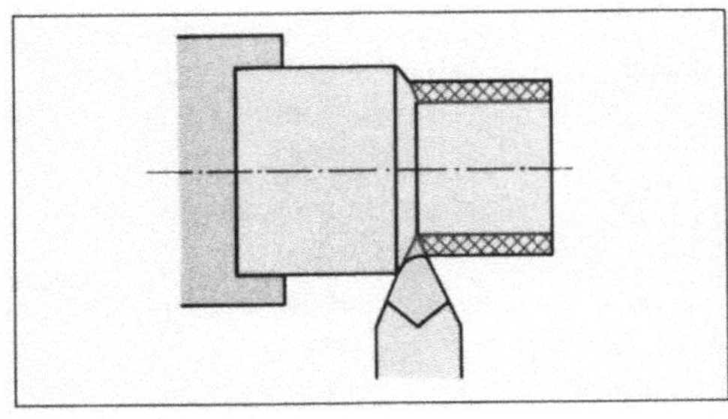

9.22 Bahnkorrektur beim Drehen

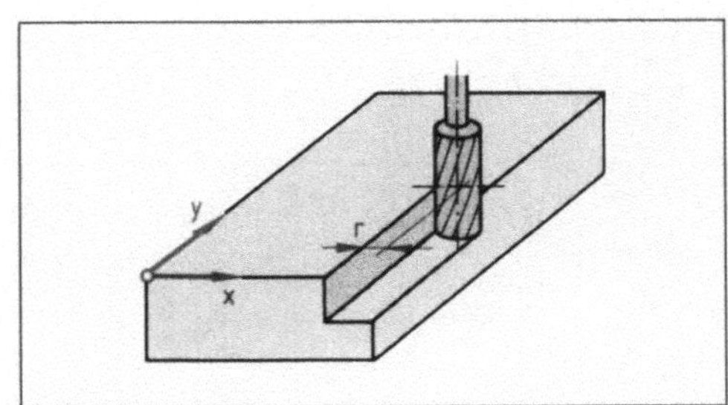

9.23 Äquidistante beim Fräsen

Die Äquidistante ist die Abweichung von der ideal programmierten Werkzeugbahn. Die Abweichung ergibt sich aus den Werkzeugeigenheiten, bedingt durch den Schneidenradius beim Drehmeißel oder den Durchmesser des Fräsers.

Beim Fräser ergibt sich die Äquidistante aus dem Werkzeugradius. Er ist in den Anweisungen des CNC-Programms zunächst nicht berücksichtigt, weil sich die Wegbedingungen der Verfahranweisung auf die Mittellinie des Fräswerkzeugs beziehen. Um maßgenau zu fertigen, muß man die Werkzeugbahn so korrigieren, daß die Werkzeugmittellinie um den Werkzeugradius versetzt parallel zur Werkstückkontur verläuft (**9.23**). Dazu liefert DIN 60025 Anweisungen, die bei Eingabe des Werkzeugradius die Bahnkorrektur automatisch berücksichtigt.

9.3 Bedienung von CNC-Maschinen

Für die Werkstattprogrammierung hat man Symbole entwickelt, deren Bedeutung DIN 55003 beschreibt. Sie befinden sich auf den Eingabeeinheiten der Steuerungen von CNC-Maschinen und beziehen sich sowohl auf die Programmierung als auch auf die Steuerung des Programmablaufs. Wir finden sie am Betriebsartenschalter wie auch am Bedienfeld der Steuerung (**9.24**).

Tabelle 9.24 **Symbole für CNC-Handhabung nach DIN 55003** (Auswahl)

Symbol	Bedeutung	Symbol	Bedeutung
→	Richtungsangabe	⊘	Veränderung, z. B. eines Programms
➡	Funktionspfeil	⫽	Löschtaste
⬠	verwendeter Datenträger	➡	Beim Drücken der so gekennzeichneten Taste wird das Programm in den Speicher gelesen, ohne daß eine Maschinenfunktion ausgelöst wird.
	Programm ohne Maschinenfunktion		
	Programm mit Maschinenfunktion	➡	Mit der so gekennzeichneten Taste wird das Programm satzweise eingelesen.
⊕	Bezugspunkt	➡Ⓝ	Aufsuchen eines Programmsatzes mit aufsteigender Programmsatznummer
▢	Programmsatz	Ⓝ⬅	Aufsuchen eines Programmsatzes mit fallender Programmsatznummer
◇	Speicher	%>	Sprung auf den ersten Satz des Programms

Fortsetzung s. nächste Seite

Tabelle **9**.24, Fortsetzung

	programmierter Halt		inkrementale Maßangaben (Verfahrbewegungen im Kettenmaß)
	Steuerung schaltet auf Hand-eingabe		Anzeige der Werkzeugposition im Koordinatensystem
	Einlesen von Daten in den Speicher		Wiederanfahren der Kontur nach einer Programmunter-brechung (z.B. weil ein Werk-zeug außerplanmäßig gewech-selt werden mußte)
	Lesen von Daten aus dem Speicher		
	Referenzpunkt		Korrektur der Werkzeuglänge
	Maschinennullpunkt		Korrektur des Werkzeugradius
	absolute Maßangaben (Verfahr-bewegungen im Bezugsmaß-system)		Übernahme eines Wertes zur Werkzeugkorrektur

---

Aufgaben zu Abschnitt 9

1. Es ist eine Serie von 20 Drehteilen herzustel-len. Vergleichen sie die Fertigung an einer herkömmlichen Drehmaschine mit der einer CNC-Maschine. Welche Unterschiede stellen Sie fest?

2. Welcher Unterschied besteht zwischen einer analogen und einer numerischen Werkzeug-maschinensteuerung?

3. Was versteht man unter den Begriffen NC, CNC, und DNC?

4. Welche Datenträger verwendet man für CNC-Maschinen?

5. Erläutern Sie die Begriffe Eingabefeinheit und Wiederholgenauigkeit.

6. Wodurch entstehen Maßabweichungen bei der Fertigung an CNC-Maschinen?

7. Geben Sie die Arbeitsabfolge zum Erstellen eines einwandfrei arbeitenden CNC-Pro-gramms an.

8. Welche Informationen sind in den Pro-grammsätzen eines CNC-Programmes ent-halten?

9. Die folgenden Zeilen zeigen Sätze aus einem CNC-Programm. Welche Informationen sind geometrische, welche technologische Daten?
   N110 T1 S1500 M3
   N120 G00 X120 Z1

10. Erläutern Sie die Informationen der Pro-grammsätze in Aufgabe 9.

11. Wenn man ein CNC-Programm z.B. für eine Fräsmaschine schreibt, gibt man Werkzeug-daten ein, nach denen eine Bahnkorrektur vorgenommen wird. Warum ist diese Korrek-tur erforderlich?

12. Was versteht man unter Äquidistante?

13. Welche Funktion hat ein Postprozessor?

14. Erklären Sie den Unterschied zwischen ma-schineller und manueller Programmierung.

15. Welche drei wesentlichen Informationen muß ein CNC-Programm enthalten?

16. Warum müssen Koordinaten in einem CNC-Programm genau bestimmt werden?

17. Erklären Sie die Begriffe Maschinennullpunkt, Anschlagpunkt und Werkstücknullpunkt.

18. An einer Drehmaschine soll der Drehmeißel vom Werkstücknullpunkt und einem Durch-messer von 100 mm spanabnehmend 75 mm nach links auf einen Durchmesser von 150 mm gefahren werden. Wie lautet die An-weisung?

19. Worauf müssen Sie achten, wenn Sie den Werkzeugwechselpunkt festlegen?

20. Erklären Sie den Unterschied zwischen der 2-Achsen- und 3-Achsenprogrammierung.

Bildquellenverzeichnis

Arbeitsgemeinschaft der Metallberufsgenossenschaften, Hannover: **3.17**, **6.5**, **6.13**, **6.15** bis **6.18**, **6.37**, **6.49**

Belzer-Dowidat, Wuppertal: **2.20**

BKS, Velbert: **7.144**

Blasberg Anlagentechnik GmbH, Solingen: **1.44**

bug Alutechnik GmbH, Vogt: **5.2**, **7.154** bis **7.156**

Karl Deutsch GmbH & Co KG, Wuppertal: **1.58**

Deutscher Stahlbau-Verband, Köln: **7.62**

dipa Matthias & René Dick GmbH, Siegburg: **1.27**

DSD Dillinger Stahlbau GmbH, Saarlouis: **7.51**

Druckgußwerk Ortmann GmbH, Velbert: **1.21**

Elektroform GmbH & Co KG, Norderstedt: **1.43**

Helmut Elges KG, Bielefeld: **6.26**

Engel/Kestner, Metallfachkunde 1 und 2, Stuttgart: **1.45**, **1.48**, **3.10**

Fischerwerke Artur Fischer GmbH & Co KG, Tumlingen: **7.6** bis **7.8**, **7.10**, **7.11**, **7.13** bis **7.15**, **7.157**

GEFAP Ges. für Ausbildungs- und Produktionsmaschinen, Wermelskirchen: **9.11**

Goldbeck GmbH, Bielefeld: **5.1**

Haacon Hebetechnik GmbH, Freudenberg: **6.20**

Hertel AG, Fürth: **1.13**

HILTI Deutschland GmbH, München: **7.17**

Hoechst AG, Frankfurt: **1.37**

Hörmann, Steinhagen: **7.99** bis **7.133**

Hoesch AG, Dortmund: **7.88** bis **7.90**

IKON AG, Berlin: **7.146**, **7.147**

International Farbenwerke, Hamburg: **1.42**

Kaefer Isoliertechnik, Bremen: **1.33**, **1.34**

Karnasch GmbH, Mannheim: **9.4**

Krupp Industrietechnik, Wilhelmshaven: **6.31b**, **7.67**

Krupp Mak Maschinenbau GmbH, Kiel: **1.4**

LAWA Laser-Meßtechnik GmbH, Unna: **5.9**, **5.10**

Liebherr-Werk GmbH, Biberach: **6.31a**, **6.32**, **7.20**

MAN B & W Diesel AG, Hamburg: **1.4**

MAN GHH Logistics GmbH, Heilbronn: **6.33**

Mannesmann REXROTH Lohmann & Stolterfoth, Witten/Ruhr: **1.3**

Materialprüfungsanstalt, Hamburg: **1.39**

Messer Griesheim GmbH, Frankfurt: **9.3**

Salzgitter AG, Salzgitter: **1.7a**, **1.50**, **1.57**, **2.79**

Rich. Seifert & Co GmbH & Co KG, Röntgenwerk, Ahrensburg: **1.56**

SOMFY GmbH, Tübingen: **7.161**

Staatliche Landesbildstelle, Hamburg: **1.8a**

Still GmbH, Hamburg: **6.48**

STN Systemtechnik Nord, Hamburg: **1.9a**

Teckentrup GmbH & Co KG, Verl-Sührenheide: **7.134**, **7.135**

Telemecanique GmbH, Ratingen: **8.14**

Theis Feinwerktechnik GmbH, Breidenbach-Wolzhausen: **5.14**, **5.16**

Thyssen Bausysteme GmbH, Dinslaken: **7.91**

Thyssen Engineering GmbH, Essen: **7.102**

Thyssen Stahl AG, Duisburg: **1.2**, **1.5**, **6.1**, **7.26**

Trumpf GmbH & Co, Ditzingen: **3.23**

TÜV Norddeutschland: **1.38**

VARTA Batterie AG, Hagen: **1.20**

YALE Industrial Products GmbH, Velbert: **6.30**

Carl Zeiss, Oberkochem: **5.17**

Alle übrigen Bilder stammen aus dem Verlagsarchiv B.G. Teubner, Stuttgart

Sachwortverzeichnis

f. = und folgende Seite, ff. = und folgende Seiten

266